二技、插大、甄試、普考

電子學題庫大全（上）

（結合補習界及院校教學精華的著作）

（含最新試題及詳解）

賀升　蔡曜光　編著

賀序

　　電子學是一門繁重的科目，如果沒有一套研讀的技巧，往往是讀後忘前，本人累積補界經驗，將本書歸納分類成題型及考型，並將歷屆二技、甄試、插大、普考題目依題型考型分類。如此，有助同學在研讀時加深印象，熟悉解題技巧。並能在考試時，遇到題目，立即判知是屬何類題型下的考型，且知解題技巧。

　　本人深知同學在研讀電子學時的困擾：教科書內容繁雜，難以吞嚥。坊間考試叢書，雖然有許多優良著作，但依然分章分節，且將研究所、高普考、二技、甄試等，全包含在內，造成同學無法掌握出題的方向。其實不同等級的考試，自然有不同的出題方向，及解題技巧。混雜一起，不但不能使自己功力加深，反而遇題難以下筆。本人深知以出題方向而言，二技、插大、甄試、普考是屬於同一類型。而高考、高等特考、研究所又是屬於另一類型。因此本書方向正確。再則，同學看題解時，往往不知此式如何得來？為何如此解題？也就是說題解交待不清，反而增加同學的困惑。本人站在同學的立場，加以深思，如何編著方能有助同學自習？因此本書有以下的重大的特色：

　1. 應考方向正確——不混雜不同等級的考試內容
　2. 題型考型清晰——即出題教授的出題方向
　3. 題解井然有序——並含快速解題法及觀察法
　4. 理論精簡扼要——去蕪存菁方便理解
　5. 題庫收集充沛——有助同學理解出題方式

本人才疏學淺，疏漏之處在所難免。尚祈各界先進不吝指正，不勝感激（板橋郵政 13 之 60 號信箱，e-mail：ykt@kimo.com.tw）

誌謝
　　謝謝揚智文化公司於出版此書時大力協助。
　　謝謝李宗鎮、劉炎炆、謝易達、謝宗儒、田博文等同學的幫忙。也謝謝黃麗燕、蔡念勳、謝馥蔓女士及蔡沅芳、蔡妮芳小姐的鼓勵，本書方能完成。並謝謝所有關心我的朋友，及我深愛的家人。

賀升　謹誌
2000 年 4 月

蔡序

　　對理工科的同學而言，電子學是一門令人又喜又恨的科目。因為只要下功夫把電子學學好，幾乎在二技、插大、高普考、研究所的考試中，皆能無往不利。但面對電子學如此龐大的科目中，為了應考死背公式，死記解法，背了後面忘了前面，真是苦不堪言。因此有許多同學面臨升學考試的抉擇中，總是會因對電子學沒信心，而升起「我是不是該轉科？」唉！其實各位同學在電子、電機的領域中已數載，早已奠下相關領域的基本基礎，而今只為了怕考電子學，卻升起另起爐灶，值得嗎？實在可惜！因此下定決心，把電子學學好，乃是應考電子學的首要條件。想想！還有哪幾種科目，可以讓您在二技、插大、高普考、碩士班乃至博士班，一魚多吃，無往不利？

　　一般而言，許多同學習慣把電子學各章節視為獨立的，所以總覺得每一章有好多的公式要背。事實上電子學是一連貫的觀念，唯有建立好連貫的觀念，才能呼前應後。因此想考高分的條件，就是：

$$\boxed{連貫的觀念} + \boxed{重點認識} + \boxed{解題技巧} = \boxed{金榜題名}$$

電子學連貫觀念的流程：

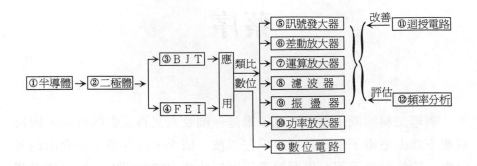

本書有助同學建立解題的邏輯思考模式。例如：BJT放大器的題型，其邏輯思考方式如下：

一、直流分析

1. 判斷 BJT 的工作區 ⇒ 求 I_B，I_C，I_E

　(1)若在主動區，則

　　①包含 V_{BE} 的迴路，求出 I_B

　　②再求出 $I_C = \beta I_B$，$I_E = (1+\beta) I_E$

　(2)若在飽和區，則

　　①包含 V_{BE} 的迴路，求出 I_B

　　②包含 V_{CE} 的迴路，求出 I_C

　　③$I_E = I_C + I_B$

2. 求參數

$$r_\pi = \frac{V_T}{I_B} \text{，} r_e = \frac{V_T}{I_E} \text{，} r_o = \frac{V_A}{I_C}$$

二、 小訊號分析

    1. 繪出小訊號等效模型

    2. 代入參數（r_π，r_e，r_o 等）

    3. 分析電路（依題求解）

      如此的邏輯思考模式，幾乎可解所有 BJT AMP 的題目。所以同學在研讀此書時，記得要多注意，每一題題解所註明的題型及解題步驟，方能功力大增。

      預祝各位同學金榜題名！

蔡曜光   謹誌

2000 年 4 月

目　　錄

CH4 BJT 放大器（BJT Amplifier） 245

CH8　功率放大器（Power Amplifier）....................671

附錄

CH1　半導體（Semiconductor）

引讀

1. 本章是冷門題型，出題機率不高，其中以觀念題偏重。但若考甄試或普考，則需注意考型6、考型7。而題型七霍爾效應，則為本章重點。

2. 觀念題需注意，移動率、傳導率，能隙等與溫度之效應，即：成正比或成反比。

1-1〔題型一〕：導體電的特性

考型 1　導體電特性的觀念

1. 導體上的電流，需有外加電場存在，此電流稱為漂移電流。

2. 半導體的電流，受下列二個因素影響：

　①外加電場⇒此種電流稱為**漂移電流**。
　②濃度不均⇒此種電流稱為**擴散電流**。

3. 導體上的電流，是因自由電子移動所致。

4. 自由電子移動，稱為電子流。與工業界上所指的電流，方向相反。

5. 電子移動，相對為電洞移動，稱為電洞流，其方向與電子流方向相反。與電流方向同。

6. 所以先有電子移動，後才有電洞移動。因此電子移動率（μ_n）大於電洞移動率（μ_p）

7. $\because \sigma = nq\mu$，所以 $\left.\begin{array}{l} n\uparrow \\ \mu\uparrow \end{array}\right\} \Rightarrow \sigma\uparrow \Rightarrow \rho_R\downarrow$（$\because \sigma = \dfrac{1}{\rho_R}$）

即電子濃度（n）或移動率（μ）越高，會使得傳導率（σ）變高，使得電阻係數（ρ_R）下降。

考型2 電流、漂移速度、移動率、傳導率

1. $J = \dfrac{I}{A} = nqv_d = nq\mu E = \sigma E = \dfrac{E}{\rho_R}$

2. $\rho_e = nq$

3. $\sigma = nq\mu = \dfrac{1}{\rho_R}$

4. $\rho_R = \dfrac{1}{\sigma} = \dfrac{1}{nq\mu}$

5. $R = \dfrac{\rho_R \ell}{A}$

6. 宏觀歐姆定律：$I = \dfrac{V}{R}$

7. 微觀歐姆定律：$J = \dfrac{E}{\rho_R}$

其中：

J：電流密度（A／m^2）

I：通過材料之電流（A）

A：材料之截面積（m^2）

v：電子的平均漂移速度。v（m／sec）

E：外加電場（v／m）

μ：移動率（m^2／v-sec）

q：（電子的電荷）＝ 1.6×10^{-19} 庫侖（coulomb）

n：導體中的導電子數

σ：傳導率（conductivity），單位：（1／Ω-m）

ρ_e：電荷密度

ρ_R：電阻係數（Ω-m）

歷屆試題

1. 荷電載子在半導體內之漂移運動,是緣自 (A)熱效應 (B)外加電場 (C)載子密度不均勻 (D)光線照射 【73年二技電子】
   解☞: (B)

   ---

2. 電洞的移動實際上是 (A)原子移動 (B)離子移動 (C)價電子移動 (D)自由電子移電
   解☞: (C)

   ---

3. 電洞是 (A)電子離開導電帶後所留下的空位 (B)原子核移動後所留下的空位 (C)價電子離開共價鍵後所留下的空位 (D)自由電子移動後所留下的空位
   解☞: (C)

   ---

4. 在同一材料中,自由電子與電洞之移動率何者較大? (A)電洞 (B)電子 (C)一樣大 (D)不一定
   解☞: (B)

1-2〔題型二〕：能帶結構

考型3 能帶結構

1. 我們可依能帶（energy band）結構，判斷材料是絕緣體或半導體或導體。

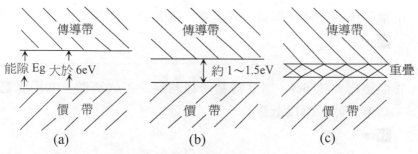

材料之能帶圖：(a)絕緣體　(b)半導體　(c)導體

2. 價帶（Valence band）為充滿電子的區域。傳導帶（Conduction band）是缺乏電子的區域即充滿電洞的區域。介於價帶與傳導帶之間的為能隙（energy gap）。

3. 絕緣體：能隙大於6電子伏特（electron-Volt, eV）。

4. 半導體：在半導體未接外加電場，仍同絕緣體。若溫度升高時，則只需極小的外加電場，就能使電子移動而導電。因此溫度越高，半導體的導電能力就越強。

   常溫時的E_G值的大小如下：

   $$\begin{cases} ① E_G(G_aA_s) = 1.42eV \\ ② E_G(Si) = 1.12eV \\ ③ E_G(G_e) = 0.66eV \end{cases}$$

5. 導體：其價帶與傳導帶重疊，故能導電。

6. 電子伏特：$1eV = 1.6 \times 10^{-19}$焦耳（joule）（電子伏特是能量單位）

題型變化

5. 能帶結構可用來判斷什麼　(A)半導體種類　(B)電流大小　(C)絕緣體、半導體及導體　(D)以上皆是

解☞：　(C)

---

6. 電子伏特是何種單位　(A)能量　(B)電位　(C)電量　(D)以上皆非

解☞：　(A)

---

7. 能隙E_g大於 6ev，則此物為何種材料？　(A)導體　(B)絕緣體　(C)半導體　(D)以上皆非

解☞：　(B)

---

8. 在能帶結構中，其中價帶是充滿　(A)電子　(B)電洞　(C)原子　(D)以上皆非

解☞：　(A)

---

9. 半導體受溫越高　(A)越容易導電　(B)越不易導電　(C)不受影響　(D)以上皆非

解☞：　(A)

---

10. 下列何者正確？　(A)絕緣體的電子都位於禁帶，因此不導電　(B)金屬的電子都位於禁帶，因此可導電　(C)施體雜質會在禁帶中靠近價電帶的位置形成一新的能階　(D)受體雜質會在禁帶中靠近價電帶的位置形成一新的能階

解☞：　(D)

1-3〔題型三〕：半導體的種類

考型 4 半導體的種類

一、半導體的種類

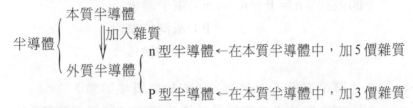

二、半導體材料：

    1. 半導體最常用的材料是矽（Si）

    2. 矽的特性：

      (1)產量豐富。

      (2)能隙較鍺 Ge 大，漏電流小。

      (3)其氧化物 SiO_2 或 Si_3N_4 特性較穩定。

    3. 砷化鎵的特性：

      (1)是光電元件之主要材料。

      (2)電子移動率高可製成高速元件。

      (3)可製成高效率發光二極體或光導體雷射。

      (4)電子移動率（μ_n）比矽大。

    4. 鍺的特性：

      (1)因為能隙小，所以漏電流大。

      (2)以鍺為材料的 MOS，特性不穩定。

      (3)鍺的本質濃度 n_i 值較大，所以作為二極體則漏電流 I_s 較
        大，而切入電壓 V_r 較小。

(4)因鍺材料的能隙 Eg 較小，所以本質濃度 n_i 較大，因而導電係數 σ 較大，而電阻係數 ρ 較小。

三、半導體可分為本質及外質半導體：

1. 本質半導體（或稱 純質（intrinsic）半導體）：

(1)不含雜質的純半導體稱為本質半導體（純質半導體）

(2)本質半導體的電洞數等於自由電子數。

(3)公式：$n = P = n_i$　　　n：電子濃度

　　　　　　　　　　　　P：電洞的濃度

　　　　　　　　　　　　n_i：本質濃度

2. 外質半導體（extrinsic）（或稱雜質半導體）：

(1)含雜質的半導體稱為外質半導體（雜質半導體）

(2)在純質半導體中若加五價的雜質，則此半導體就為 N 型半導體。而所加的雜質，稱為施體（donors）雜質（N_D）如：銻、磷、砷。

(3)在純質半導體中若加（N_A）三價雜質，則此半導體就為P型半導體。而所加的雜質，稱為受體（acceptors）雜質（N_A）：硼、銦、鎵、鋁。

四、多數載子和少數載子：

(1)N型半導體中，電子為多數載子，電洞為少數載子。$n \approx N_D$

(2)P型半導體中，電洞為多數載子，電子為少數載子。$P \approx N_A$

五、本質半導體和外質半導體之實用性：

本質半導體因電子與電洞濃度相同，所以沒有擴散電流。而外質半導體，因電子與電洞濃度不均，所以具有擴散電流。因而外質半導體，較具實用性。

11. 在純四價原子之材料內摻加之五價原子,稱為 (A)受體 (B)載子 (C)施體 (D)離子 【73 年二技電子】

解☞: (C)

---

12. 在純四價原子之材料內摻加之三價原子,稱為 (A)受體 (B)載子 (C)施體 (D)離子 【74 年二技電子】

解☞: (A)

題型變化

13. 請選出正確的敘述 (A)半導體中摻雜的五價原子稱為受體 (B)半導體中摻雜的三價原子稱為施體 (C) n-type 半導體帶負電 (D) p-type 半導體為電中性

解☞: (D)

---

14. 本質半導體在絕對零度(0°K)時, (A)性質如同金屬 (B)性質如同絕緣體 (C)有很多的電洞及自由電子 (D)有很少的電洞及自由電子

解☞: (B)

---

15. 下列對 p 型半導體的敘述,何者錯誤? (A) p 型半導體的多數載子是電洞 (B) p 型半導體所加入的雜質稱為受體 (C) p 型半導體的導電性比本質半導體高 (D) p 型半導體是摻入五價的元素

解☞: (D)

16. 對單一矽結晶體而言，下列何種敘述是錯誤的？　(A)元素半導體　(B)鑽石結構　(C)在 25℃ 時之 $E_g = 1.12Ev$　(D)共價鍵　(E)導電載子是電子　【78年交大材料所】

解☞：　(E)

1-4〔題型四〕：半導體的濃度

考型 5　半導體的濃度

一、半導體的濃度計算

1. 質量作用定律（mass-action law）：

$$np = n_i^2$$

2. 電中性定律（electrical neutrality law）：

$$N_D^+ + \dot{P} = N_A^- + n$$

N_D：五價施體正離子濃度（單位 1/cm³）

N_A：三價受體負離子濃度（單位 1/cm³）

註：此公式適合於熱平衡狀態。當有外加偏壓下，則此公式不成立。

已知半導體為 N 型或 P 型。或已知 n 濃度或 P 濃度時：

	N 型半導體	P 型半導體
多數載子濃度	$n_n \simeq N_D$	$p_p \simeq N_A$
少數載子濃度	$p_n \simeq \dfrac{n_i^2}{N_D}$	$n_p \simeq \dfrac{n_i^2}{N_A}$

只知雜質濃度 N_A 和 N_D，求電子濃度 n，電洞濃度 P 時：

$$n = \frac{1}{2} \left[(N_D - N_A) + \sqrt{(N_D - N_A)^2 + 4n_i^2} \right]$$

$$p = \frac{1}{2} \left[(N_A - N_D) + \sqrt{(N_A - N_D)^2 + 4n_i^2} \right]$$

重要公式

1. $np = n_i^2$

2. $N_D + P = N_A + n$

3. $n = \frac{1}{2} \left[(N_D - N_A) + \sqrt{(N_D - N_A)^2 + 4n_i^2} \right]$

$P = \frac{1}{2} \left[(N_A - N_D) + \sqrt{(N_A - N_D)^2 + 4n_i^2} \right]$

17. 一 P 型半導體受熱（thermal）影響所產生的新電子或電洞數何
者為多？　(A)電洞數　(B)電子數　(C)電子和電洞數一樣多
(D)不會產生新電子或電洞數　　　　　　　　【88 年二技電子】

解☞：　(C)

18. 在摻入磷雜質之矽半導體內，常溫下那一種載子比較多？正或
負電荷數量比較多？請分別說明原因？　　　　　　【79 年普考】

記憶技巧

五價原子：森林地⇒砷、磷、銻
三價原子：彭英嫁女⇒硼、銦、鎵、鋁

解☞：
①因磷為五價原子，所以電子為多數載子。
②因為在熱平衡情況下，即為電中性。

$\therefore N_D + P = N_A + n$

故以正負電荷數量觀點分析：
$N_A = 0 \Rightarrow N_D + P = n$

所以正負電荷數量一樣多。

題型變化

19. (1)設鍺半導體之施體原子濃度為 2×10^{14} 原子／cm^3，受體原子濃
度為 3×10^{14} 原子／cm^3，試求在室溫下電子及電洞之濃度，又
此半導體係 P 或 N？

(2)設施體及受體之濃度均為 10^{15} 原子／cm^3，重算(1)之計算，又此半導體之傳導型為何？

(3)設施體濃度為 $10^{16}cm^{-3}$，受體濃度為 $10^{14}cm^{-3}$，試重覆(1)。（設 $n_i = 2.5×10^{13}$ 原子／cm^3）

解☞：

(1)已知 $N_D = 2×10^{14}$ 原子／cm^3，$N_A = 3×10^{14}$ 原子／cm^3，

$n_i = 2.5×10^{13}$ 原子／cm^3

$n = \dfrac{(N_D-N_A)+\sqrt{(N_D-N_A)^2+4n_i^2}}{2} = 6×10^{12}$／$cm^3$

$P = \dfrac{n_i^2}{n} = 1.06×10^{14}$／$cm^3$

∵$P \gg n \Rightarrow P$ 型

(2)∵$n = \dfrac{(N_D-N_A)+\sqrt{(N_D-N_A)^2+4n_i^2}}{2} = n_i = p = 2.5×10^{13}$／$cm^3$

∴$n = P = n_i \Rightarrow$ 本質半導體

(3)已知 $N_D=10^{16}$／cm^3，$N_A=10^{14}$／cm^3

∴$n = \dfrac{(N_D-N_A)+\sqrt{(N_D-N_A)^2+4n_i^2}}{2} = 10^{16}$／$cm^3$

∴$P = \dfrac{n_i^2}{n} = 6.25×10^{10}$／$cm^3$

∵$n \gg P \Rightarrow N$ 型

20.若在本質半導體中同時摻雜硼和砷原子，硼原子濃度為 $3×10^{15}$ 原子／cm^3，砷原子濃度為 $2×10^{15}$ 1／cm^3。則

(A)形成 p 型半導體，電洞濃度約為 $3×10^{15}$ 1／cm^3

(B)形成 p 型半導體，電洞濃度約為 $2×10^{12}$ 1／cm^3

(C)形成 n 型半導電，電子濃度約為 $3×10^{15}$ 1／cm^3

(D)形成 n 型半導電，電子濃度約為 $2×10^{12}$ 1／cm^3

解☞：　(A)

1-5〔題型五〕：半導體的電流

考型8 半導體電流的觀念

1. 擴散電流與電子的濃度梯度（$\frac{dn}{dx}$）成正比。

2. 由導電係數觀點
   ① 導體：$\sigma > 10^2\ (\Omega-cm)^{-1}$
   ② 半導體：$10^{-8} < \sigma < 10^2\ (\Omega-cm)^{-1}$
   ③ 絕緣體：$\sigma < 10^{-8}\ (\Omega-cm)^{-1}$

3. μ與溫度、摻雜濃度及電場強度：
   (1)溫度：$\begin{cases} 在（200°K\sim400°K）時：T\uparrow\Rightarrow\mu\downarrow \\ 在（T < 200°K）時：T\uparrow\Rightarrow\mu\uparrow \end{cases}$

   (2)摻雜濃度：濃度$\uparrow\Rightarrow\mu_n$ 及 $\mu_p\downarrow$

4. (1)因為 $\mu_n > \mu_p$，所以 npn 元件速度比 pnp 元件快，NMOS 比 PMOS 速度快

   (2)砷化鎵元件電子移動率（μ_n）較大，故比矽更適合作為高速元件材料。

   (3)鍺的本質濃度 n_i 值最大，所以作為二極體則其漏電流 I_S 較大，而切入電壓 V_r 較小。

   (4)鍺：①能隙 Eg 較小，②本質濃度 n_i 較大，③導電係數 σ 較大，④電阻係數 ρ 較小。

考型9 電阻、雜質濃度、傳導率的計算

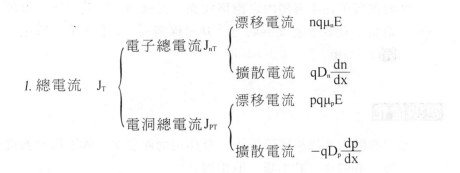

1. 總電流 J_T

電子總電流 J_{nT}
- 漂移電流 $nq\mu_n E$
- 擴散電流 $qD_n\dfrac{dn}{dx}$

電洞總電流 J_{PT}
- 漂移電流 $pq\mu_p E$
- 擴散電流 $-qD_p\dfrac{dp}{dx}$

2. 總電流＝漂移電流＋擴散電流

(1)電洞淨電流 $J_{pT} = pq\mu_p E - qD_p\dfrac{dp}{dx}$

(2)電子淨電流 $J_{nT} = nq\mu_n E + qD_n\dfrac{dn}{dx}$

(3)半導體中總淨電流 $J_T = J_{pT} + J_{nT}$

3. 愛因斯坦關係式：

$$\frac{D_p}{\mu_p} = \frac{D_n}{\mu_n} = V_T = \frac{T}{11600} = \frac{kT}{q}$$

4. V_T：溫度的伏特當量。在溫度 $T = 300°K$ 下，$V_T = 0.026$ 伏特，
k：波茲曼常數。

5. 傳導率 $\sigma = nq\mu_n + pq\mu_p$

21. 荷電載子在半導體內之漂移運動，是緣自　(A)熱效應　(B)外加電場　(C)載子密度不均勻　(D)光線照射　【73 年二技電子】

　　解☞：　(B)

題型變化

22. 半導體內的漂移電流是受什麼作用而產生？　(A)不均勻濃度梯度　(B)磁場　(C)力場　(D)電場

　　解☞：　(D)

---

23. 半導體內因不均勻之濃度梯度所形成的電流稱為　(A)漂移電流　(B)傳導電流　(C)擴散電流　(D)以上皆非

　　解☞：　(C)

---

24. 擴散電流的產生是因為　(A)半導體內載子濃度不同　(B)外加電場　(C)自由電子的移動率大於電洞　(D)以上皆非

　　解☞：　(A)

---

25. 已知某塊純矽的電阻是 40Ω，加入硼雜質後變為 0.2Ω，試求所加的雜質濃度。（已知：$n_i = 1.5 \times 10^{10} \diagup cm^3$，$\mu_n = 1300$，$\mu_p = 500$）。

　　解☞：

　　① 電阻形狀公式：$R = \dfrac{\rho\ell}{A} = \dfrac{\ell}{\sigma A}$

　　∴ 在同一材料　$\dfrac{R_1}{R_2} = \dfrac{\ell \diagup \sigma_1 A}{\ell \diagup \sigma_2 A} = \dfrac{\sigma_2}{\sigma_1} \Rightarrow \sigma_2 = \sigma_1 \dfrac{R_1}{R_2}$

　　② 純矽為本質半導體，加入 3 價的硼，即成為 P 型的雜質半

導體。即 $P \gg n$，$P \approx N_A$

③在 $R_1 = 40\Omega$ 時

$\sigma_1 = n_i\,(\mu_n + \mu_p) = 4.32{\times}10^{-6}(\Omega{-}cm)^{-1}$

在 $R_2 = 0.2\Omega$ 時

$\sigma_2 = \dfrac{R_1}{R_2}\sigma_1 = \dfrac{40}{0.2}\,(4.32{\times}10^{-6}) = 8.64{\times}10^{-4}\,(\Omega{-}cm)^{-1}$

④又 $\sigma_2 = pq\mu_p \approx N_A q\mu_p$

$\therefore N_A = \dfrac{\sigma_2}{q\mu_p} = 1.08 \times 10^{13}\,/\,cm^3$

---

26. 一摻雜砷的 n 型矽晶體，其施體濃度 $N_D = 10^{16}\,/\,cm^3$，試算其室溫時的電阻係數。（$\mu_n = 1300cm^2\,/\,V{-}sec$）。

已知：n 型，$N_D = 10^{16}\,/\,cm^3$，$\mu_n = 1300cm^2\,/\,V{-}sec$，求 $\rho = ?$

解☞：

因為是 n 型半導體，所以 $n \approx N_D$

又 $\rho = \dfrac{1}{nq\mu_n} \cong \dfrac{1}{N_D q\mu_n} = \dfrac{1}{(10^{16})(1.6{\times}10^{-19})(1300)} = 0.48\Omega{-}cm$

1-6〔題型六〕熱阻器和敏阻器

考型 10 熱阻器和敏阻器的特性

	電阻性溫度檢知器	熱阻器	敏阻器
材料	白金金屬	本質半導體	高雜質濃度半導體
溫度特性	T↑→n 不變 T↑→μ↓	T↑→n_i↑↑ T↑→μ↓	T↑→n≃N_D T↑→μ↓
導電及電阻係數	T↑→σ↓→ρ↑	T↑→σ↑→ρ↓	T↑→σ↓→ρ↑
溫度係數	正電阻溫度係數	負電阻溫度係數	正電阻溫度係數
感測器名稱	RTD	NTC	PTC

(1)本質半導體：T↑⇒σ↑⇒R↓，故為負電阻溫度係數。性屬熱阻器。

(2)外質半導體：T↑⇒σ↓⇒R↑，故為正電阻溫度係數。性屬敏阻器。

(3)熱阻器具有負的電阻溫度係數

　　本質半導體或低雜質濃度半導體均屬於熱阻器

(4)敏阻器具有正的電阻溫度係數

　　高雜質濃度的半導體屬於敏阻器

歷屆試題

27.何謂熱敏電阻（Thermistor）及敏阻器（Sensistor）？【72 年二技電子】

　　解☞：

(1)熱敏電阻(Thermistor)：溫度升高時，電阻下降 $\Rightarrow \dfrac{dR}{dT} < 0$

敏阻器（Sensistor）：溫度升高時，電阻上升 $\Rightarrow \dfrac{dR}{dT} > 0$

題型變化

28.請選出錯誤的敘述　(A)一般金屬的電阻隨溫度上升而增加　(B)Si半導體的電阻隨溫度上升而下降　(C)電洞的移動事實上是價電子的移動　(D)本質半導體的導電性會因摻雜雜質原子而降低

解☞：　(D)

29.下列敘述何者為真？
(A)半導體的電阻溫度係數為正；一般金屬的電阻溫度係數為正
(B)半導體的電阻溫度係數為正；一般金屬的電阻溫度係數為負
(C)半導體的電阻溫度係數為負；一般金屬的電阻溫度係數為正
(D)半導體的電阻溫度係數為負；一般金屬的電阻溫度係數為負

解☞：　(C)

1-7〔題型七〕：霍爾效應

考型11　霍爾效應

1. 電磁學領域：$i\vec{\ell} \times \vec{B}$

①$\vec{F_B} = q\vec{V} \times \vec{B}$，$\vec{F_B} = i\vec{\ell} \times \vec{B}$
　$\vec{F_B}$：電荷所受的靜磁力
　q：電荷

$\vec{V}$：電荷移動的速度，其方向即為電荷運動方向

$\vec{B}$：磁場

$\vec{I}$：導體延伸的方向，即電流方向

②方向判斷的二種方法：

　　a.右手安培定則：大姆指，指的是（電流方向）；食指，指
　　　的是（磁場方向）；中指，指的是（磁力方向）。

　　b.右手開掌定則：大姆指，指的是（電流方向）；四指，指
　　　的是（磁場方向）；掌心，指的是（磁力方向）。

2.霍爾效應之應用

①一塊金屬或半導體的材料，帶有電流 I，若被放在一個橫向
　的磁場 B 中，則在垂直於 I 與 B 的方向上就會感應出一個電
　場區。此效應稱之為霍爾效應。

②應用霍爾效應，可測知半導體為 n 型或 P 型。

③應用霍爾效應，亦可算出移動率，或傳導率。

考型 12 判斷半導體為 P 型或 N 型

若電流 I 與磁場 B 的方向，如下圖所示，則不論載體是電子或電
洞，均朝 a 的方向進行。（需先判斷 $\vec{F_B} = i\vec{I} \times \vec{B}$，$\vec{F}$ 的方向）

· 若半導體是 n 型：則電子聚集在 a 側，對 a 側而言，則呈負電性。

· 若半導體是 P 型：則電洞聚集在 a 側，對 a 側而言，則呈正電性。

①因此其判斷半導體為 P 型或 n 型的方法為：

　　若 $V_{ab} < 0$，則為 n 型材料。

　　若 $V_{ab} > 0$，則為 p 型材料。

②此時在材料 a、b 側所產生的電位，即為霍爾電壓 V_H

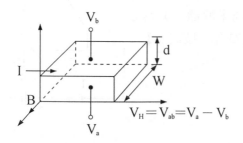

$$V_H = V_{ab} = V_a - V_b$$

考型 13 計算霍爾電壓、移動率

霍爾電壓：$V_H = V_{ab} = E_d = BV_d = \dfrac{BJd}{\rho_e} = \dfrac{BI}{\rho_e w}$

其中，d：a 與 b 之距離　　ρ_e：電荷密度

　　　　w：材料之寬度　　B：磁場強度

　　　　E：電場強度　　V_d：漂移速度

若用電表量得，V_H、B、I、W，則由上式可求得電荷密度 ρ_e。

若 σ 為已知，或量測得之。則由下式可求得移動率 μ。$\sigma = \rho_e \mu$

歷屆試題

30. 何謂霍爾效應（Hall effect），在半導體中何作用？【71 年二技電子】

　　解☞：

　　　　1. 可判斷半導體為 P 型或 N 型。

　　　　2. 可計算出移動率 μ 或傳導率 σ。

31. 如圖，B為磁場。電位差（$V_a - V_b$）大於零，則此塊半導體材料為：(A) P型 (B)N型 (C)純半導體 (D)無法判斷。i　　　　【73年二技電子】

解☞：(A)

重要技巧

1. 判斷 $\bar{F}$ 方向：$\bar{F}$ 朝上（即多數載子被偏壓至上，a 側）
2. 判斷極性：$V_a - V_b = V_{ab} > 0$
　　　　　即 a 側之多數載子帶正電。
3. 判斷 N 型或 P 型：因 a 側為正極性，故為 P 型。

題型變化

32. 假設一塊P型矽材料，電阻率為 200kΩ-cm，磁場為 0.1 wb/m²，d ＝ w ＝ 3mm，量得之電流I與霍爾電壓分別為 10μA 與 500mV，試求 N_A 與 μ_p。

已知：P 型，矽，$\rho_R = 200K\Omega-cm$，　　$B = 0.1wb／m^2$
　　　　$d = w = 3mm$，$I = 10\mu A$，$V_H = 50mV$，求N_A，μ_P

Thinking：$\because V_H：\dfrac{BI}{\rho_e W} \Rightarrow \rho_e = ?$（解題第一步驟）

sol：① $\because V_H = \dfrac{BI}{\rho_e W}$

$$\therefore \rho_e = \frac{BI}{V_H W} = \frac{(0.1)(10^{-5})}{(3mm)(50mV)} = 6.67 \times 10^{-4}$$

又 $\rho_e = Pq \approx N_A q$（$\because$ P 型）

$$\therefore N_A = \frac{\rho_e}{q} = \frac{6.67 \times 10^{-4}}{1.6 \times 10^{-19}} = 4.169 \times 10^{15} \diagup cm^3$$

② $\because \sigma = \rho q \mu_p = \rho_e \mu_P$

$$\therefore \mu_P = \frac{\sigma}{\rho_e} = \frac{1}{\rho_e \rho_R} = \frac{1}{(200K \times 10^{-2})(6.67 \times 10^{-4})}$$
$$= 7500 cm^2 \diagup V-S$$

CH2 二極體（Diode）

引讀

1. 本章是熱門題型，出題機率極高，以計算題偏重。

2. 本章考型 19,20,21,22,23,24,25,28,29,33,34 相當重要，電機科同學，尤其要注意考型 29,33,34。

3. 二極體的電路應用（截波器、定位器…等），若出題方式是選擇題，大半部份是考 Vi 與 Vo 的關係。但若出題方式是計算題，（例如甄試、插大、普考），則需要懂得如何繪出轉移特性曲線及輸出波形。

4. 分析電路應用的解題步驟：

   (1)建表，判斷二極體的 ON，OFF，(2)繪等效圖，(3)求出 Vi 與 Vo 的關係，(4)繪轉移特性曲線及輸出波形。

5. 閘流體 SCR 及 TRIAC 近年有加熱的趨勢，宜注意。

6. 二極體的圖解法，電子、電機科同學，均須注意。

2-1〔題型八〕：有階半導體

考型 14 有階半導體

一、半導體若是雜質濃度摻入的不均勻就形成有階。如下圖所示。

二、在 a 點及 b 點之間的電位，與濃度有關，而與距離無關。

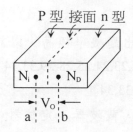

P 型 接面 n 型

N_i • | • N_D

V_o

a | b

三、半導體材料：

　(1)在無外加電場時，不會產生漂移電流。若載子濃度均勻相等，則不會產生擴散電流，此時半導體內不會有電位差及內建電場強度。

　(2)在未加電源下，若載子濃度不相等，則產生擴散電流，且有內建電場強度，因自產生一種阻止擴散電流的漂移電流，經平衡後，擴散電流與漂移電流互相抵消，則總電流為零。

四、步階式 PN 接面：

　1. 步階式 PN 接面，其接面處會感應出接觸電位 V_{bi}，其極性為 n 側高於 P 側，以阻止電洞擴散。

　2. 由 PN 面會產生空乏區（depletion region），此區無自由電子和電洞。而此區的正負離子外圍沒有自由電子和電洞，故亦稱為空間電荷區（space charge region）典型寬度為 0.5μm。

五、有外加電壓 V_{DD} 時：

　1. 若無外加電壓（$V_{DD}=0$），則在 PN 接面處（X＝0）之**電場強度 E 最大**。

　2. 若有外加電壓（$V_{DD}\neq0$），且為**順偏時**，則其**空乏區寬度 W 變小**。並有擴散電容（diffusion capacitance）〔又稱儲存電容（storage capacitance）〕C_D 效應，而位障（內建電位）降低。

　　（$C_D = KI_s e^{V_D/\eta V_T}$）或（$C_D = \dfrac{\tau I_D}{\eta V_T}$）

3. 若有外加電壓（$V_{DD} \neq 0$），且為**逆偏時**，則其**空乏區寬度** W **變大**。並有空乏區電容（depletion capacitance）〔又稱過渡電容（transition capacitor）〕C_T效應，而位障（**內建電位**）升高（$C_T = \dfrac{\varepsilon A}{W}$）。整理如下：

$$\begin{cases} 順偏：V_F \uparrow \Rightarrow V_{bi} \downarrow \Rightarrow w \downarrow \Rightarrow C_T \uparrow \\ 逆偏：V_R \uparrow \Rightarrow V_{bi} \uparrow \Rightarrow w \uparrow \Rightarrow C_T \downarrow \end{cases}$$

4. 外加電壓V_A固定時，雜質濃度增加，（N_A或N_D變大）則空乏區寬度 W 變窄。（$N \uparrow \Rightarrow w \downarrow$）

5. 雜質濃度固定時，反向偏壓愈大（$V_A < 0$）則 W 愈寬空乏區電容C_j愈大。

6. 圖形說明

   (1)

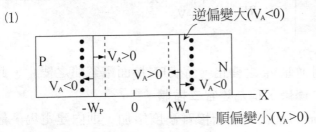

   (2)

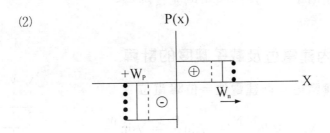

(3)

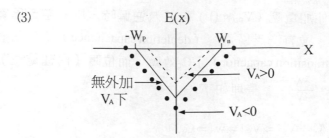

(4)

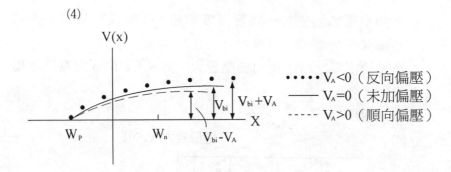

7. 利用逆偏V_{DD}之變化，而使PN接面電容隨之變化。此種設計之二極體，稱為**變容二極體**。

8. 對 pn 接面而言，若摻雜濃度增加，則內建電場、最大電場強度、切入電壓、空乏電容將會增加而空乏區寬度會愈小。且崩潰電壓、反向飽和電流會降低。

考型 15 內建電位及載子濃度的計算

一、接觸電位＝內建電位＝位障電位

$$V_{21} = V_{bi} = V_T \ln \frac{N_A N_D}{n_i^2} = V_T \ln \frac{P_1}{P_2} = V_T \ln \frac{n_2}{n_1}$$

二、載子濃度與內建電位之關係

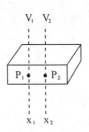

$$p_1 = p_2 e^{v21/v_T}$$
$$n_1 = n_2 e^{-v_{21}/v_T}$$

考型 16 空乏區寬度及電容值計算

一、無外加電壓時，空乏區之寬度

$$W = \sqrt{\frac{2\varepsilon V_{bi}}{q} \cdot \frac{N_A+N_D}{N_A N_D}} \cong \sqrt{\frac{2\varepsilon V_{bi}}{q} \cdot \frac{1}{N_b}}$$

N_b：濃度最小者。例 $N_D \gg N_A$，則 $N_b = N_A$

二、有外加電壓時（V），空乏區之寬度

$$W = \sqrt{\frac{2\varepsilon(V_{bi}-V)}{q} \cdot \frac{N_A+N_D}{N_A N_D}} \cong \sqrt{\frac{2\varepsilon(V_{bi}-V)}{q} \cdot \frac{1}{N_b}}$$

ε：電容率

三、擴散電容

$$C_D = \frac{dQ}{dV} = \frac{\tau I_D}{\eta V_T} = \frac{\tau}{r_d}$$

四、空乏區電容

$$C_j = \frac{\varepsilon A}{W} = \frac{A}{2}\left[\frac{2\varepsilon q}{(V_{bi}-V)} \cdot \frac{N_A N_D}{N_A+N_D}\right]^{\frac{1}{2}} = \frac{A}{2}\left[\frac{2\varepsilon q}{(V_{bi}-V)} \cdot N_b\right]^{\frac{1}{2}}$$

歷屆試題

33. 二極體的逆向恢復時間（reverse recovery time, trr），是由那些區段時間所組成？

(A)少數載子儲存時間（minority carrier storage time）

(B)過渡時間（transition time）

(C)多數載子儲存時間（majority carrier storage time）加過渡時間

(D)少數載子儲存時間加過渡時間　　　　【88 年二技電子】

解☞：　(D)

---

34. 有關 p-n 接面二極體（p-n junction diode）的特性，下列敘述何
　　者為非？（✢題型：PN 接面）
　　(A)受到逆向偏壓時空乏區的寬度變大（與不加偏壓時比較）
　　(B)空乏區電場方向為由 p 區域指向 n 區域
　　(C)當順向偏壓時其擴散電容值隨電流值之變大而增大
　　(D)空乏區電場強度的最大值出現在 p 區域與 n 區域的接面上
　　　　　　　　　　　　　　　　　　　　【86 年二技電子】

解☞：　(B)

---

35. LC 共振電槽（tank circuit）之 C 以變容二極體（varactor）擔任，
　　今欲提高共振頻率，則應將此二極體之偏壓　(A)在逆向偏壓
　　範圍內，朝逆向增大　(B)在逆向偏壓範圍內，朝 0V 方向調動
　　(C)在順向偏壓範圍內，朝 0V 方向調動　(D)在順向偏壓範圍
　　內，朝順向增大。（✢題型：空乏區電容）
　　　　　　　　　　　　　　　　　　　　【83 年二技電子】

解☞：　(A)

$$\because f_o = \frac{1}{2\pi\sqrt{LC}} \text{，} f_o \uparrow \Rightarrow \sqrt{LC} \downarrow \rightarrow C \downarrow \rightarrow W \uparrow \rightarrow 逆偏 \uparrow$$

$$(\because C = \frac{\varepsilon A}{W})$$

---

36. 將所處物理環境完全相同，皆為中性且原本分離的 p 型矽及 n
　　型矽直接緊密地接在一起，則：（✢題型：PN 接面）
　　(A)一開始會有電流由 n 型矽流向 p 型矽
　　(B)一開始流動的電流大部份是由雙方的少數載子（minority car-

riers）移動所造成

(C)平衡後 p 型矽內電洞的數目會較平衡前為多

(D)以上皆非 　　　　　　　　　　　　　　　　【81 年二技電子】

解☞：(D)

　∵PN 接面必須在同一塊半導體中形成，才會有PN 接面的特性。

---

37. 在 pn 二極體的累增崩潰（avalanche breakdown）特性中，其溫度係數的變化情形為何？（✛題型：二極體崩潰）

(A)正或負　(B)負　(C)零　(D)正 　　　　　　　【87 年二技電子】

解☞：(D)

累積崩潰的溫度係數為正，崩潰電壓大於6V。

題型變化

38. 考慮一個單側 PN 接面二極體，若將摻雜較少側之雜質濃度再降低，則會產生何種現象？（✛題型：二極體之雜質濃度）

(A)內連電位將會增加。　　(B)逆偏時，空乏區寬度將會增加。

(C)逆偏時，空乏電容將會增加。

解☞：(B)

---

39. 考慮一 PN 接面二極體，若 P 區的空乏區寬度大於 N 區的空乏區寬度，則N_A與N_D之關係，為：（✛題型：PN 接面）

(A)$N_A > N_D$　(B) $N_A = N_D$　(C) $N_A < N_D$　(D)未能決定

解☞：(C)

　∵$N_A \cdot W_P = N_D \cdot W_n$

　∵$W_P > W_n$　∴$N_A < N_D$

40. 對 pn 接面二極體而言，若 n 與 p 的雜質濃度均增加，則下列何者不正確？　(A)崩潰電壓增加　(B)空乏區寬度減少　(C)空乏電容增加　(D)最大電場強度增加（✥題型：二極體之雜質濃度）

　　解☞：(A)

41. 考慮一個單側 pn 接面二極體，若將摻雜較少側之雜質濃度再降低，則會產生何種現象？　(A)內建電位將會增加　(B)逆向偏壓時，空乏區寬度將會增加　(C)逆向偏壓時，空乏區電容將會增加（✥題型：二極體之雜質濃度）

　　解☞：(B)

42. 當二極體的雜質濃度降低時，請選出不正確的敘述：　(A)切入電壓增加　(B)空乏電容降低　(C)反向飽和電流增加（✥題型：二極體之雜質現象）

　　解☞：(A)

2-2〔題型九〕：二極體工作區分析

考型 17　二極體特性

一、二極體特性曲線可分為三個區域：

　　1. 順向偏壓區（forward bias region）：$V_D > 0$

　　2. 反向偏壓區（reverse bias region）：$-V_z < V_D < 0$

　　3. 逆向崩潰區（reverse breakdown region）：$V_D < -V_z$

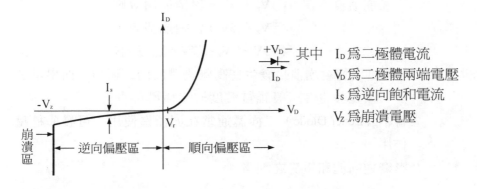

其中　I_D 為二極體電流
　　　　V_D 為二極體兩端電壓
　　　　I_S 為逆向飽和電流
　　　　V_Z 為崩潰電壓

4. 順向偏壓區時：$I_D \approx I_S e^{V_D/\eta V_T}$

5. 逆向偏壓區時：$I_D \approx -I_S$

6. 二極體有二種崩潰：

(1) 累增崩潰：當逆偏電壓增加時，空乏區電場隨著增加，使得自由電子的速度增加，而將共價鍵內的電子撞出，又形成另一自由電子。如此循環，使自由電子的數量以累增的方式加倍而至崩潰。此種崩潰方式為累增崩潰（Avalanche breakdown），通常累增崩潰電壓 $V_z > 7V$，**溫度係數為正的。**

(2) 曾納崩潰：當逆偏電壓增加時，空乏區電場亦隨之增加，而使共價鍵受力，因而破壞共價鍵，釋放出束縛電子，而形成自由電子，直至發生崩潰現象。此種崩潰方式為曾納崩潰（Zener breakdown）。通常曾納崩潰電壓 $V_z < 5V$。**溫度係數為負的。**

(3) 觀念整理：

① millman ⇒ 累增崩潰 $V_z > 6V$，曾納崩潰 $V_z < 6V$。

　Smith ⇒ 累積崩潰 $V_z > 7V$，曾納崩潰 $V_z < 5V$。

② 由於逆向偏壓增加，空乏區的電場隨之增加。因此累增崩潰效應與曾納崩潰效應是同時發生的。

③崩潰發生在：㊀$V_z > 7V \Rightarrow$ 累積崩潰效應。

　　　　　　　㊁$V_z < 5V \Rightarrow$ 曾納崩潰效應。

　　　　　　　㊂$5V < V_z < 7V \Rightarrow$ 難以判斷。

④通常曾納崩潰是發生在高雜質濃度的二極體。而累增崩潰是發生在一般雜質濃度的二極體。

7. 曾納（Zener Diode）二極體通常在崩潰區使用。可發揮**穩壓**作用。

8. 影響逆向飽和電流之因素

$$I_s = Aq\left[\frac{D_p}{L_P N_D} + \frac{D_n}{L_n N_A}\right]n_i^2 \text{（此式二技同學不用背）}$$

所以

(1) I_s 正比 $n_i^2 \Rightarrow I_s \propto n_i^2$

(2) 溫度 T 正比 n_i^2，$\Rightarrow T \propto n_i^2$

(3) 能隙 Eg 反比 $n_i \Rightarrow Eg\downarrow \Rightarrow n_i\uparrow$

9. 結論：

$$I_s \propto n_i^2 \begin{cases} T\uparrow \Rightarrow n_i^2\uparrow \Rightarrow I_s\uparrow \\ Eg\downarrow \Rightarrow n_i\uparrow \Rightarrow I_s\uparrow \end{cases}$$

二、半導體材料採用矽，而較少採用鍺的原因：

1. 矽產量多，較經濟。

2. 鍺的電特性較差

(1) 矽（Si）與鍺（Ge）之 i－V 特性曲線比較：

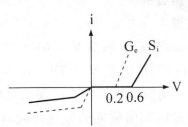

$(2)\,V_D \begin{cases} G_aA_S \Rightarrow 1.2V \\ Si \Rightarrow 0.7V \\ Ge \Rightarrow 0.2V \end{cases}$ ，由下式可知，主要是本質濃度（n_i）不同

的原故。

$$V_0 = V_T \ln \frac{N_A N_D}{n_i^2} \text{（接觸電壓）}$$

$(3)\,\begin{cases} Si \Rightarrow nA \\ Ge \Rightarrow \mu A \end{cases}$ ，由下式可知，主要是 n_i 不同的原故。

$$I_S = Aq\left(\frac{D_P}{L_P N_D} + \frac{D_n}{L_n N_A}\right)n_i^2$$

$(4)\,\begin{cases} Si \Rightarrow 很大 \\ Ge \Rightarrow 很小 \end{cases}$ V_{ZK}：崩潰電壓

(5)所以，鍺（Ge）較少採用，因為 V_{ZK} 小，I_S 大。

$\begin{cases} V_{ZK} 小：逆向偏壓區小，可使用範圍小 \\ I_S 小：逆偏截止能力差 \end{cases}$

三、在定電流下，溫度每升高 $1°C$，電壓約降低 $2mV$（大約）。

考型 18 二極體電流方程式的應用

一、二極體電流方程式 $\quad I_D = I_S\left(e^{V_D/\eta V_T} - 1\right)$

1. 在順偏區時 $\quad I_D \approx I_S e^{V_D/\eta V_T}$

2. 在逆偏區時 $\quad I_D \approx -I_S$

3. 在截止時 $\quad I_D = 0$

二、定義

1. V_T 熱電壓（Thermal voltage）：

$$V_T = \frac{T(°K)}{11600} = \frac{℃ + 273}{11600}$$

$$T = 22℃ \Rightarrow V_T = 25mV$$

$$T = 27℃ \Rightarrow V_T = 26mV$$

2. η（理想因素）：

η為參數，稱為理想因素（ideality factor）或稱材料係數（material factor）。

①η大小和半導體材料及二極體電流大小有關。

$$②η = \begin{cases} 1 \text{ 鍺二極體} \\ 1 \text{ 矽二極體}（I_D \geqq 25mA） \\ 2 \text{ 矽二極體}（I_D < 25mA） \end{cases}$$

3. I_S 逆向飽和電流（Reverse Saturation current）

考型 19 二極體的溫度效應

一、逆向飽和電流

1. I_s 與 Pn 接面之截面積成正比。

2. I_s 與溫度之關係：溫度每升高 10℃，I_s 會加倍。

3. $I_s(T_2) = I_s(T_1) \times 2^{\frac{T_2 - T_1}{10}}$

二、二極體接面電位（接觸電壓）

1. 接面電位與溫度之關係：溫度每升高 1℃，則 V_D 約下降 2mV

2. $\frac{\Delta V_D}{\Delta T} \cong -2 \; ^{mv}/_℃$

3. $V_{D2} \approx V_{D1} - 0.002(T_2 - T_1)$

考型 20 二極體在不同外加條件時的電壓差

$$V_{21} = V_{D2} - V_{D1} = \eta V_T \ln \frac{I_{D2}}{I_{D1}}$$

歷屆試題

43. 一般二極體電流開始有效增加時之電壓稱為起始電壓或切入電壓，以矽半導體為例，此電壓約為 (A) 0.3V (B) 0.6V (C) 1.0V (D) 1.2V（❖題型：PN 接面）

【85 年二技電機】

解☞：(B)

---

44. 兩個 PN 矽製二極體串接如圖，並供給 5V 電源，則二極體 D_1 之個別電壓 V_{D1} 為多少？（$\eta V_T = 0.052V$, $\ln 2 = 0.693$） (A) 0.7V (B) 0V (C) 0.036V (D) 0.15V（❖題型：二極體順偏及逆偏）

【84 年二技】

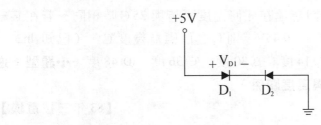

解☞：(C)

①∵D_1順偏⇒$I_1 = I_S(e^{v_{Di}/\eta V_T} - 1)$

D_2逆偏⇒$I_2 = -I_S$

又串連時$I_1 = -I_2$

二極體 39

$$\therefore I_Se^{V_{D1}/\eta V_T} - I_S = I_S$$

② 即 $e^{V_{D1}/\eta V_T} = 2$

$$\therefore \frac{V_{D1}}{\eta V_T} = ln2$$

故 $V_{D1} = \eta V_T ln2 = (0.052)(0.693) = 0.036V$

---

45. 一個矽二極體在反偏壓區內之飽和電流大約是 $0.1\mu A(T = 20℃)$，當溫度升高至 $40℃$，試決定該飽和電流的近似值為何？ (A) $0.1\mu A$ (B) $0.2\mu A$ (C) $0.3\mu A$ (D) $0.4\mu A$ （❖題型：逆向飽和電流與溫度關係）

【84 年二技電子】

解☞：(D)

$$\therefore I_{s2} = I_{s1} \cdot 2^{\frac{T_2 - T_1}{10}} = (0.1\mu) \cdot 2^{\frac{40-20}{10}} = 0.4\mu A$$

---

46. 對於一般的矽二極體而言，其順向電流 I 與順向電壓 V 的關係，可約略表示為 $I = I_0 e^{kv/T}$，其中 $K = 5800$，T 為愷氏溫度，而 I_0 為逆向飽和電流。假設溫度每增加 $10℃$ 時，I_0 增加一倍，且已知在 $25℃$ 時，$I_o = 5mA$，$V = 0.5V$。調整電壓 V 使得流經二極體的電流 I 無論在任何溫度下皆與 $25℃$ 時相同。若在某一溫度 T_2 時，$V = 0.45V$，則 T_2 之值應為幾度℃。（已知 ln2 = 0.69315） (A) 14 度 (B) 30 度 (C) 36 度 (D) 48 度（❖題型：逆向飽和電流與溫度關係）

【83 年二技電機】

解☞：(D)

依題意：

$$I_1 = I_2 \Rightarrow I_{01}e^{kv_1/T_1} = (I_{02})e^{kv_2/T_2} = (I_{01} \cdot 2^{\frac{T_2 - T_1}{10}})e^{KV_2/T_2}$$

$$\therefore e^{kV1/T1} = 2^{\frac{T_2 - T_1}{10}} \cdot e^{KV_2/T_2}$$

兩邊取 ln，則

$$\frac{KV_1}{T_1} = \frac{T_2 - T_1}{10} \ln 2 + \frac{KV_2}{T_2}$$

即

$$\frac{(5800)(0.5)}{(25 + 273)} = \frac{T_2 - 25}{10} \ln 2 + \frac{(5800)(0.45)}{(T_2 + 273)}$$

$$\therefore T_2 = 48℃$$

註：此題需留意

$$I = I_O e^{KV/T} \quad 之 \ T \ 為愷氏溫度$$

$$I_{02} = I_{01} \cdot 2^{\frac{T_2 - T_1}{10}} \quad 之 \ T \ 為攝氏溫度$$

---

47. 一個二極體其順向偏壓為 0.60V 通過電流為 1mA，如果現在通過電流為 50mA，則其順向偏壓應為若干？（已知該二極體的物理特性η＝1，室溫的電壓等效值為 V_T＝25mV，相關數據：ln2＝0.693，ln3＝1.099，ln5＝1.609）。　(A) 0.70V　(B) 0.50V　(C) 0.65V　(D) 0.75V（✢ 題型：二極體在不同外加條件時之順向偏壓值）

【83 年二技電子】

解☞：(A)

$$\because V_{21} = V_{D2} - V_{D1} = \eta V_T \ln \frac{I_2}{I_1}$$

$$\therefore V_{D2} = V_{D1} + \eta V_T \ln \frac{I_2}{I_1}$$

$$= 0.6 + (1)(25mV) \ln \frac{50}{1} = 0.6 + (25mV) \ln(2 \cdot 5^2)$$

$$= 0.6 + (25mV)(\ln 2 + 2\ln 5)$$

$$\approx 0.7V$$

---

48. 二極體電流 I_D 與電壓 V_d 之關係為 $I_d = I_O(e^{\frac{V_d}{V_T}} - 1)$，式中 I_O 與 V_T 皆為常數，則在 $V_d = V_q$ 時，此二極體之動態（小信號）電導為

(A) $\dfrac{I_o}{V_q}$ (B) $\dfrac{I_o(e^{\frac{V_q}{V_T}}-1)}{V_q}$ (C) $\dfrac{I_o}{V_T}$ (D) $\dfrac{I_o}{V_T}e^{\frac{V_q}{V_T}}$ （✥題型：動態電阻）

【79 年二技】

解☞： (D)

$$\because r_d = \dfrac{\partial V_d}{\partial I_d} = \dfrac{1}{g_d}$$

$$\therefore g_d = \dfrac{\partial I_d}{\partial V_d}\Big|_Q = \dfrac{I_o}{V_T}e^{\frac{V_d}{V_T}}\Big|_{V_d=V_g} = \dfrac{I_o}{V_T}e^{\frac{V_q}{V_T}}$$

49.(1)右圖，$I(V) = I_o(e^{\frac{V}{V_T}} - 1)$，式中 V_T 與 I_o 為常數，工作點為（I_Q，V_Q）時，則靜態電阻為

(A) $\dfrac{V_Q}{I_o}$ (B) $\dfrac{V_Q}{I_Q}$ (C) $\dfrac{V_T}{I_o}$ (D) $\dfrac{V_T}{I_Q}$

(2)在 $V = V_Q$ 時，動態電阻為 (A) $\dfrac{V}{I}$ (B) $\dfrac{dV}{dI}$

(C) $\dfrac{V_Q}{I_Q}$ (D) $\dfrac{V_T}{I_o}$ （✥題型：動態電阻及靜態電阻）

【77 年二技電子】

解☞：(1) (B) ，(2) (B)

---

50. 如圖，二極體反向飽和電流（reverse saturation current）為 10^{-6}Amp，反向電壓上限為 50 伏特，則串聯電阻最少需要多大？ 【74 年二技電子】

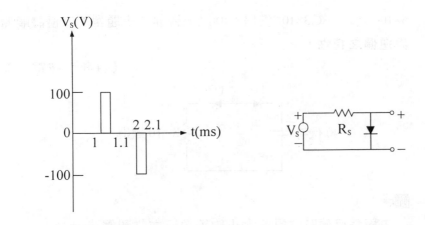

解☞：因二極體逆向電壓上限為 50 伏特，則 V_s 在 -100 伏特時，

　　　R_s 壓降至少為 50 伏特，因此 $50 = 10^{-6} \Rightarrow R_s = 50M\Omega$

51.有一矽二極體，在順向電流為 1mA，溫度為 25℃ 時順向電壓為 0.7V。設在 5℃ 時，如電流仍保持在 1mA，則順向電壓　(A) 0.6V　(B) 0.66V　(C) 0.74V　(D) 0.84V（✤題型：二極體偏壓與溫度之關係）

【74 年二技電子】

解☞：　(C)

　　　$\because \dfrac{\Delta V}{\Delta T} = -2 \, ^{mv}\!/_{\! ℃}$

　　　$\therefore V_2 = V_1 + (\dfrac{\Delta V}{\Delta T}) \cdot (\Delta T) = 0.7 - (0.002)(5 - 25) = 0.74V$

52.下圖中，D_1 與 D_2 均為相同之二極體，其特性為

$$i_D = 3 \times 10^{-5}(e^{50V_D} - 1)$$

i_D 為流經二極體電流，單位為安培，v_D 為跨越二極體之電壓，單位為伏特。則此電路上流經 R 之電流 I 為　(A) 0 安培　(B)

二極體　43

5×10^{-6}安培　(C)3×10^{-5}安培　(D)以上皆非（✦**題型：二極體順偏與逆偏之特性**）

【74 年二技電子】

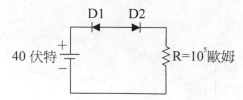

解☞：(C)

二極體反偏時的電流大小約等於反向飽和電流。

53.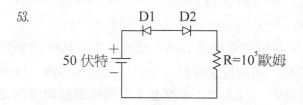

上圖電路中，D1 與 D2 均為兩相同之二極體，其特性為 $i_D = 10^{-6}(e^{50v_D}-1)$，$i_D$為流經二極體電流，單位為安培，$v_D$為跨越二極體之電壓，單位為伏特。則此電路上流經R之電流 1 為
(A) 0 安培　(B)5×10^{-4}安培　(C)10^{-6}安培　(D)以上皆非（✦**題型：二極體順偏與逆偏之特性**）

【72 年二技電機】

解☞：(C)

---

54. 在步階式的鍺半導體中，$N_D = 10^2 N_A$，又N_A相當於每10^8個鍺原子中有一個受體原子，試計算在室溫 300°K 下該半導體之接觸電位。(已知：$n_i = 2.5\times10^3$，原子量：72.6g/mole，密度 5.32g/cm^3，$V_T = 26mV$，亞佛加厥常數6.02×10^{23}原子／mole) （✦題

型：PN 接面之特性）

【70 年二技電子】

解☞：鍺濃度 $= 6.02 \times 10^{23}$ 原子／mole$\times \dfrac{1}{72.6}$mole/g$\times$5.32g/cm^3

$\qquad\qquad = 4.41 \times 10^{22}$ 原子／cm^3

$\qquad \therefore N_A = \dfrac{4.41 \times 10^{22}}{10^8} = 4.41 \times 10^{14}$/cm^3

$\qquad N_D = 10^2 N_A = 4.41 \times 10^{16}$/cm^3

$\qquad V_o = V_T \ln \dfrac{N_A N_D}{n_i^2} = 0.269$V

題型變化

55. 某矽二極體在 20℃ 時的逆向飽和電流為 0.1PA，試求當順向偏
壓為 0.55V 時之二極體電流。又溫度上升到 100℃ 時電流為何？

（✤題型：逆向約飽和電流與溫度之關係）

解☞：(1)設 η $= 1$

$\qquad I = I_S(e^{v/\eta vT} - 1) = 0.1P(e^{0.55/25m} - 1) = 0.276$mA

$\qquad$(2)當 T $= 100$℃ 時：

$\qquad I_S(100℃) = 0.1PA \times \dfrac{100 - 20}{10} = 25.6$PA

56. 已知 pn 接面中 p 型半導體的雜質濃度為 2.5×10^{16}1/cm^3，n 型半導
體的雜質濃度為 9×10^{14}1/cm^3，$n_I = 1.5 \times 10^{10}$1/cm^3，$V_T = 26$mV，
則接觸電位為何？（ln2 $= 0.693$，ln3 $= 1.099$，ln5 $= 1.603$）

(A) 0.50V　(B) 0.60V　(C) 0.65V　(D) 0.70V（✤題型：接觸電位）

解☞：(C)

$\qquad V_O = V_T \ln \dfrac{N_A N_D}{n_i^2} = 26mV\times \ln \dfrac{9 \times 10^{14} \times 2.5 \times 10^{16}}{(1.5 \times 10^{10})^2} = 26mV\times \ln 10^{11}$

$$= 26\text{mV}\times11\times\ln10 = 26\text{mV}\times11\times(\ln2+\ln5) = 656\text{mV}\cong0.65\text{V}$$

57. 如下圖，若$N_{D1} = N_{D2}$，$N_{A1} > N_{A2}$，當累增崩潰發生時，V_1與V_2間的大小關係為何？

(A)$V_1 > V_2$　(B)$V_1 = V_2$　(C)$V_1 < V_2$　(D)未能決定。（✥**題型：PN接面特性**）

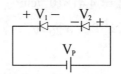

解☞：(D)

　　$\because N_{D1} = N_{D2}$，$N_{A1} > N_{A2}$　$\therefore$反向飽和電流 $I_{S1} < I_{S2}$，而崩潰電壓：

　　$V_{Z1} < V_{Z2}$。但V_1與V_2的大小，視V_P而定：

　　(1)若V_P無法使兩個二極體同時崩潰，則$V_1 > V_2$。

　　(2)若V_P可以使兩個二極體同時崩潰，則$V_1 < V_2$。

2-3〔題型十〕：二極體直流分析及交流分析

考型21　二極體的直流分析－圖解法

直流分析方法有二：

$\begin{cases} 1.\text{圖解法} \\ 2.\text{電路分析法} \end{cases}$

一、直流分析前的處理：

1. 遇到電容 C，則斷路，遇到電感 L，則短路。

2. 將小訊號電壓源短路。

3. 選適當的直流等效模式。

二、二極體在順向偏壓區之直流模式：

1. 理想二極體模式：

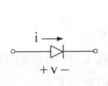
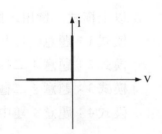

2. 定電壓模式：

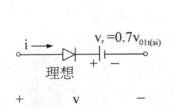
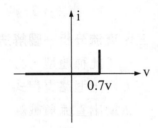

3. 電壓＋電阻模式：

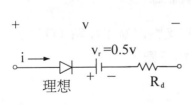
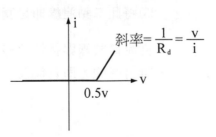

4. 指數模式：$I_{DQ} = I_S e^{\frac{V_{DQ}}{\eta V_T}}$

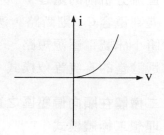

5. 以上模式之選用，則依題意。例如：

模式 1：題意：理想二極體。

模式 2：題意：二極體有切入電壓 V_r。

模式 3：題意：二極體含有切入電壓 V_r 及內部電阻 R_d。

模式 4：題意：題中註明有逆向飽和電流 I_s。

6. 不同材料的二極體導通電壓不同 $\begin{cases} 對矽而言：V_{D(ON)} = 0.7V \\ 對鍺而言：V_{D(ON)} = 0.25V \\ 對砷化鎵而言：V_{D(ON)} = 1.2V \end{cases}$

三、直流分析—圖解法

（此種題型，必會附二極體的特性曲線）

1. 寫出迴路方程式

2. 繪出直流負載線。方法如下

(1) 求截止點　令 $I_D = 0 \Rightarrow$ 求 $V_D = ?$

(2) 求飽和點　令 $V_D = 0 \Rightarrow$ 求 $I_D = ?$

(3) 將此二點連線即是直流負載線。

3. 直流負載線與特性曲線之交叉點即為工作點（Q 點）

4. 所對應的，即為 I_{DQ} 及 V_{DQ}（如下圖）

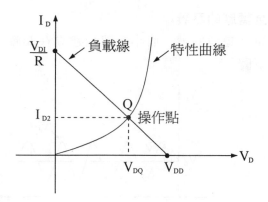

考型22 二極體的直流分析－電路分析法

　　直流分析－電路分析法的解題步驟：

一、先判斷二極體是 ON 或 OFF

二、繪出等效圖

三、寫出迴路方程式

四、求出 I_{DQ} 及 V_{DQ}

考型23 二極體的交流分析及完全響應分析

一、交流分析前的處理

　　1. 遇到電容 C，則短路。遇到電感 L，則斷路

　　2. 將直流電壓源就地短路。

　　3. 將直流電流源斷路。

二、大訊號（直流）及小訊號（交流）符號的表示法

　　1. 大訊號：V_D　（即直流訊號）

　　2. 小訊號：υ_d　（即交流訊號）

　　3. 完全訊號＝大訊號＋小訊號，即 $\upsilon_D = \upsilon_D + \upsilon_d$

三、完全嚮應的意義

直流訊號是作偏壓,而小訊號則建立在偏壓的工作區上。
(如下圖)

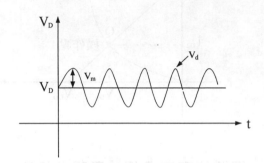

四、小訊號(交流訊號)的表示式:

$v_d = v_m \sin(\omega t + \Phi)$

Φ:相位差(即角度)

ω:角頻率。$\omega = 2\pi f$

f:頻率。 $f = \dfrac{1}{T}$

T:週期。

v_m:振幅

v_d:小訊號電壓值。

五、交流分析—小訊號分析法

1. 在直流分析後,求出參數:動態電阻r_d。

$$r_d = \dfrac{\eta V_T}{I_{DQ}}$$

2. 以動態電阻r_d,取代迴路中之二極體

3. 繪出等效圖

4. 寫出迴路方程式,求出 i_d 及 v_d

六、完全響應之步驟

1. 先作直流分析，求出I_{DQ}，及V_{DQ}，並求出動態電阻r_d

$$r_d = \frac{\eta V_T}{I_{DQ}}$$

2. 再作小訊號分析，以r_d替代二極體，繪出等效圖作分析，求出i_d及v_d

3. 完全響應 $i_D = I_{DQ} + i_d$

$$v_D = V_{DQ} + v_d$$

歷屆試題

58.(1)參考下圖，圖1中，三個二極體均具有圖2所示的順向特性曲線，當開關S開啟（OPEN）時，V_o的電壓為：   (A) 1.99V (B) 2.15V   (C) 2.26V   (D) 2.48V

(2)當開關 S 關閉（CLOSE）時，V_o的電壓為：   (A) 1.97V   (B) 2.05V   (C) 2.14V   (D) 2.34V

(3)當開關 S 關閉（CLOSE）時，電流I_D為：   (A) 5.72mA   (B) 4.92mA   (C) 2.87mA   (D) 1.27mA（❖題型：**二極體直流模式**）

【88年二技電子】

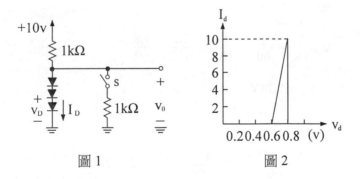

圖 1   圖 2

解☞：(1) (C)   (2) (C)   (3) (A)

(1) *1.* 判斷二極體：3 個 D 均 ON

　　2. 分析等效電路

　　　①由特性曲線圖知，二極體含有切入電壓 V_D 及順向電
　　　　阻 R_D

$$V_D = 0.6V$$

$$R_D = \frac{0.8-0.6}{10mA} = 20\Omega$$

　　　②等效圖如右，且分析如下

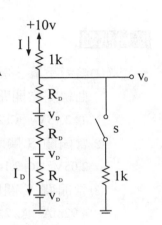

$$\therefore I = \frac{10-3V_D}{1K+3R_D} = \frac{10-(3)(0.6)}{1K+60} = 7.74mA$$

$$\therefore V_o = V_{DD}-I_D(1K)$$

$$= 10-(7.74m)(1K) = 2.26V$$

(2) S:Close

$$V_O(\frac{1}{1K} + \frac{1}{3R_D} + \frac{1}{1K}) = \frac{10}{1K} + \frac{3V_D}{3R_D}$$

即

$$V_o(\frac{1}{1K} + \frac{1}{60} + \frac{1}{1K}) = \frac{10}{1K} + \frac{1.8}{60}$$

$$\therefore V_o = 2.14V$$

(3) S = Close

$$I_D = \frac{V_o - 3V_D}{3R_D} = \frac{2.14 - 1.8}{60} = 5.67mA$$

59. 圖中電路，二極體 D 具有如圖所示的順向特性曲線，則V_o為

(A) 1.3V　(B) 1.5V　(C) 1.1V　(D) 2V（❖題型：DC 圖解法）

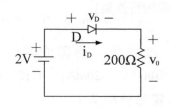 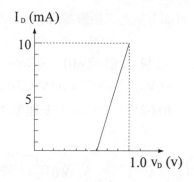

解☞：(A)

① 建立迴路方程式

$$2 = V_D + (0.2K) i_D$$

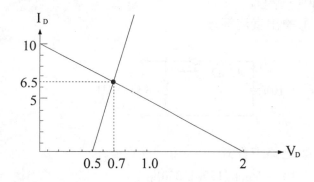

② 找出負載線

令 $i_D = 0 \Rightarrow V_D = 2V$
令 $V_D = 0 \Rightarrow i_D = 10mA$ 　} 連線即 DC load line

③ 與特性曲線之交叉點為工作點，對應求出 $I_{DQ} = 6.5mA$

，$V_{DQ} = 0.7V$

④所以

$$V_o = (0.2K)i_D = 1.3V$$

---

60. 如下圖之二極體電路中，若二極體的特性為 $\begin{cases} i_D = 2\times10^{-2}v_D^2 A, v_D \geq 0 \\ i_D = 0 \quad , \quad v_D < 0 \end{cases}$，

且輸入信號 $v_i(t) = 0.2\cos\omega_0 t V$，試求該二極體的靜態工作點

(V_{DQ}, I_{DQ})　(A)(1V，20mA)　(B)(-1V，-20mA)　(C)(2V，10mA)

(D)(-2V，-10mA)（❖題型：DC 電路分析法）

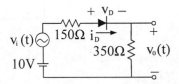

【87 年二技電子】

解☞：(A)

①繪出直流等效圖

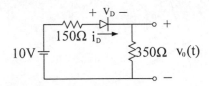

②迴路方程式

$$10 = V_D + (150 + 350)i_D$$
$$= V_D + (0.5K)(2\times10^{-2}V_D^2)$$

即

$$10V_D^2 + V_D - 10 = 0 \Rightarrow V_D \approx 1V$$

代入 $i_D = 2\times10^{-2}V_D^2 = 20mA$

③工作點

$(V_{DQ}，I_{DQ})=(1V，20mA)$

---

61. 承上題，依輸入信號$v_i(t)$之大小，求出此二極體的動態電阻r_D (A) 50Ω (B) 20Ω (C) 25Ω (D) 10Ω（✣**題型：小訊號分析**）

【87年二技電子】

解☞：(C)

$$\because r_D=\frac{\partial V_D}{\partial i_D}\Rightarrow g_D=\frac{1}{r_D}=\frac{\partial i_D}{\partial V_D}=4\times10^{-2}V_D|_{V_{DQ}=1V}=4\times10^{-2}V$$

$$\therefore r_D=\frac{1}{g_D}=25\Omega$$

---

62. 一η值為2之二極體在順向偏壓$v_D=0.6V$時，其電流$i_D=1mA$；當電流上升至$i_D=75mA$時，其v_D為何？（熱電壓$V_T=25mV$，ln2 = 0.693，ln3 = 0.693，ln5 = 1.609） (A) 0.750 (B) 1.5V (C) 1.1V (D) 2V（✣**題型：**$V_{21}=V_{D2}-V_{D1}=\eta V_T\ln\frac{I_2}{I_1}$**之應用**）

解☞：(C)

$$\because V_{21}=V_{D2}-V_{D1}=\eta V_T\ln\frac{I_2}{I_1}$$

$$\therefore V_{D2}=V_{D1}+\eta V_T\ln\frac{I_2}{I_1}=0.6+(2)(25m)\ln\frac{75}{1}\cong0.816V$$

---

63. 設$V_D=0.7V$，$\eta=2$，且熱電壓（thermal voltage）$V_T\approx25mV$，試求圖(6)電路之v_o值

(A) 0.00049sinωt V

(B) 0.00037sinωt V

(C) 0.7 + 0.00049sinωt V

(D) 0.7 + 0.00037sinωt V

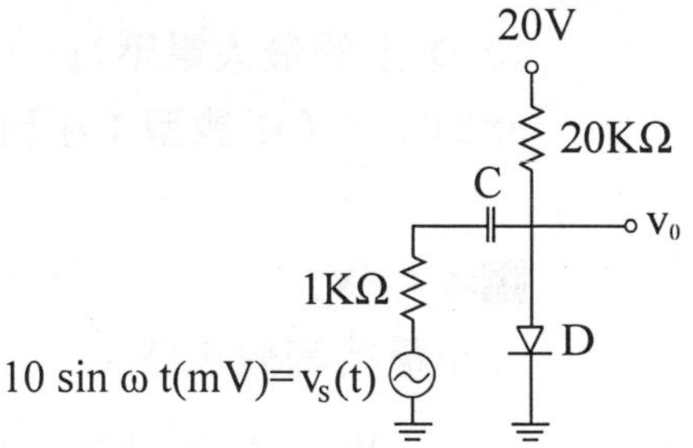

（❖題型：小訊號分析）

解☞： (C)

① DC 分析：將電容斷路，則

$$I_D = \frac{V_{DD} - V_D}{R} = \frac{20 - 0.7}{20K} = 0.965mA$$

$$r_D = \frac{\eta V_T}{I_D} = \frac{(2)(25m)}{0.965m} = 51.8\Omega$$

$$V_o = V_D = 0.7V$$

② 小訊號分析：

$$\therefore \upsilon_o = \frac{(r_d /\!/ 20k)\upsilon_s}{1k + (r_d /\!/ 20K)} = \frac{(0.0518K /\!/ 20K)(10)}{1K + (0.0518K /\!/ 20K)} = 0.49mV$$

③ 完整訊號：

$$\upsilon_o = V_o + \upsilon_o = 0.7 + 0.00049 \sin \omega t \ V$$

---

64. 有一電路包含一直流電壓源$V_{DC} = 2V$，一峰對峰值為 60 毫伏的交流電壓源V_s，一只矽二極體D，及一只電阻R = 100 歐姆。在電路中，V_{DC}的正極接到V_s，V_s的另一端則串接D，D的另一端再與 R 串聯，而 R 的另一端則接到V_{DC}的負（地）端。若 D 的交流電阻為 3.5 歐姆，而跨於 D 上的直流電壓為 0.7V，則跨於 D 上的最大電壓為　(A) 0.701 伏　(B) 0.703 伏　(C) 0.712 伏 (D) 2.03 伏（❖題型：小訊號分析）

解☞： (A)

小信號等效電路：

$$V_{D,max} = V_D + \upsilon_d = 0.7 + \frac{3.5}{100 + 3.5}×0.03 = 0.701V$$

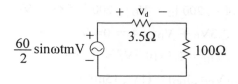

65.(1)有一二極體電路如圖所示，圖中
二極體的特性表示為

$$i_D = \begin{cases} 1.5 \times 10^{-2} V_D^2 \,, & V_D \geq 0 \\ 0 & , V_D < 0 \end{cases}$$

則該二極體的直流工作點（v_{DQ}，I_{DQ}）為

(A) 1.33V，26.53 mA　(B) 1.16V，20.18 mA

(C) 1V，15 mA　(D) 0.85V，10.84 mA

(2)上題中，若輸入信號v_i(t) = 0.1sin ωt 伏特，則輸出電壓
v_L(t) = v_{LM} sin ωt之最大值 v_{LM} 為若干？（❖題型：完全響應）

(A) 34.62 mV　(B) 42.86 mV　(C) 30.33 mV　(D) 16 mV

【82 年二技】

解☞：(1) (C)　(2) (A)

一、① DC 分析等效圖

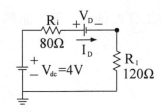

② Loop equ：

4 = $R_i I_D$ + V_D + $R_1 I_D$：

即

$$4 = 200\,I_D + V_D = 200\,(1.5 \times 10^{-2} V_D^2) + V_D$$

$$\therefore 3V_D^2 + V_D - 4 = 0 \Rightarrow V_D = 1V$$

$$\text{故}\ i_D = 1.5 \times 10^{-2} V_D^2 = 15mA$$

③ $(V_{DQ}, I_{DQ}) = (1V, 15mA)$

二、① 求動態電阻 r_d

$$g_d = \frac{1}{r_d} = \frac{\partial i_D}{\partial V_D} = 3 \times 10^{-2} V_D|_{V_{DQ}} = 0.03V$$

$$\therefore r_d = \frac{1}{g_d} = 33.3\Omega$$

② 繪出小訊號等效圖

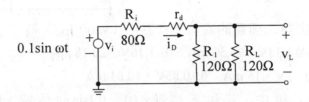

③ 分壓法則

$$V_{LM} = (0.1)\frac{(R_1 /\!/ R_L)}{R_I + r_d + R_1 /\!/ R_2}$$

$$= 34.62mV$$

---

66. 假設有一種二極體其工作曲線如下圖，試問：

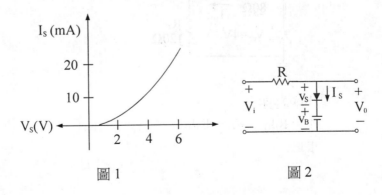

圖 1   圖 2

(1)如圖 2 中的電路，$V_i = 5Volt$，$R = 250\Omega$，$V_B = 0Volt$，此時輸出 V_0 最接近　(A) 1 Volt　(B) 2 Volt　(C) 3 Volt　(D) 4 Volt。

(2)若將第(1)題的 V_B 改成 + 2.5 Volt，此時輸出 V_0 最接近　(A) 0.5 Volt (B) 1.5 Volt　(C) 3 Volt　(D) 4.5 Volt。

(3)若將第(1)題中的二極體由一個改成兩個並聯，如圖 3，此時輸出 V_0 最接近　(A) 1.5 Volt　(B) 2.5 Volt　(C) 3 Volt　(D) 4.5 Volt。

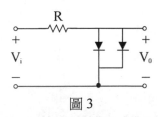
圖 3

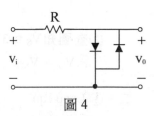
圖 4

(4)若將第(3)題中的兩個二極體中的一個倒過來擺，如圖 4，此時輸出 V_O 最接近　(A) 2 Volt　(B) 2.5 Volt　(C) 3 Volt　(D) 3.5 Volt。

（✥題型：圖解法）

【80 年二技電子】

解☞ ：(1) (C)　　(2) (D)　　(3) (B)　　(4) (C)

一、① Loop equ：

$$V_i = RI_S + V_S + V_B \Rightarrow 5 = 250I_S + V_S$$

②繪出負載線

$$令 I_S = 0 \Rightarrow V_S = V_i = 5V$$
$$令 V_S = 0 \Rightarrow I_S = \frac{5}{250} = 20mA$$
$\left. \right\}$繪出負載線

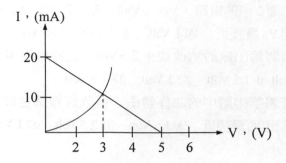

③查圖知 $V_S \cong 3V$

$\therefore V_D = V_{SQ} = 3V$

二、① Loop equ

$V_i = RI_S + V_S + V_B \Rightarrow 2.5 = 250I_S + V_S$

② 繪出負載線

令 $I_S = 0 \Rightarrow V_S = 2.5\ V$
令 $V_S = 0 \Rightarrow V_S = 10\ mA$ } 繪出負載線

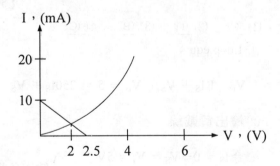

③ 由圖知 $V_{SQ} \cong 2V$

$\therefore V_D = V_S + V_B = 4.5V$

三、① Loop equ

$V_i = 2I_SR + V_S \Rightarrow 5 = 0.5KI_S + V_S$

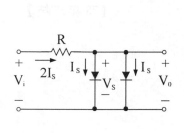
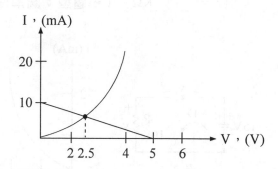

② 找負載線

令 $I_S = 0 \Rightarrow V_S = V_I = 5V$
令 $V_S = 0 \Rightarrow I_S = \dfrac{5}{0.5K} = 10mA$ $\Big\}$ 繪出負載線

由圖知 $V_{SQ} \cong 2.5V$

∴$V_O = V_{SQ} = 2.5$ V

四、圖 4 反向之二極體不通，所以

① Loop equ

$v_i = RI_S + V_S \Rightarrow 5 = 250I_S + V_S$

令 $I_S = 0 \Rightarrow V_S = V_I = 5V$

令 $V_S = 0 \Rightarrow I_S = \dfrac{5}{250} = 20$ mA

與第(1)題同，

所以 $V_O = V_{SQ} = 3V$

67.如下圖 1 中，D 是矽 (Si) 二極體，本質數（intrinsic number）$\eta =$ 2，v-i 特性曲線示於下圖 2。若有一交流信號 $\Delta V_i = 1V$ 串聯於

15V，計算 i 的變化量，$\Delta i = $_____mA。當 $\Delta v_i = 0V$時，圖 1
中$v_o = $_____V，v/i = _____KΩ，在室溫下，二極體的動態電
阻 r = _____KΩ。（✥題型：圖解法）

【78 年二技】

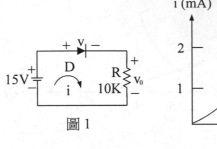

圖 1

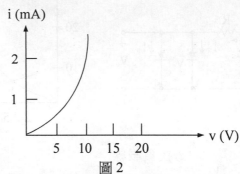

圖 2

解☞：$\Delta i = 0.095mA$，$V_o = 10V$，$\dfrac{V}{i} = 5KΩ$，$r = 0.052KΩ$

① Loop equ⟵

　　$15 = V + iR \Rightarrow 15 = V + (10K)i$

②找負載線

　　令 $i = 0 \Rightarrow V = 15V$

　　令 $V = 0 \Rightarrow i = \dfrac{15}{10K} = 1.5mA$ } 繪出負載線

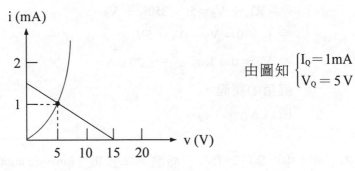

由圖知 $\begin{cases} I_Q = 1mA \\ V_Q = 5\,V \end{cases}$

③動態電阻 $r_d = \dfrac{\eta V_T}{I_Q} = \dfrac{(2)\,(26m)}{1m} = 52Ω = 0.052\ kΩ$

④且 $\dfrac{V}{i} = \dfrac{5}{1m} = 5k\Omega$

⑤ $V_o = 15-V = 15-5 = 10V$

⑥ Δi 即小訊號電流

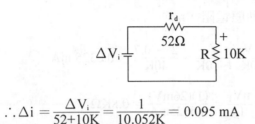

$$\therefore \Delta i = \dfrac{\Delta V_i}{52+10K} = \dfrac{1}{10.052K} = 0.095 \text{ mA}$$

---

68. 若下圖 1 中兩個二極體的電流—電壓特性曲線如圖 2 所示，則 AB 端的最大電壓約為： (A) 2.8 伏 (B) 3.5 伏 (C) 4.8 伏 (D) 11.3 伏。（✛題型：完全嚮應）

【77 年二技電機】

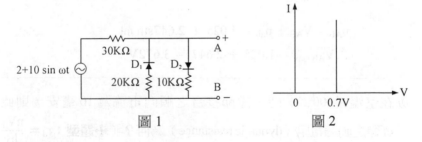

圖 1 　　　　　　　　圖 2

解☞： (B)

由特性曲線知二極體，含有切入電壓 $V_r = 0.7V$

一、先作直流分析，$V_S = 2V$

　1. 判斷二極體：$D_1 \Rightarrow$OFF，$D_2 \Rightarrow$ON

2. 分析等效電路

$$V_{AB}\left(\frac{1}{30}+\frac{1}{10K}\right)=\frac{2}{30K}+\frac{0.7}{10K}$$

$$\therefore V_{AB}=1.025V$$

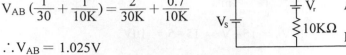

二、再作小訊號分析，$V_S=10V$

1. 先求動態電阻，r_d

$$I_D=\frac{V_S-V_r}{30K+10K}=\frac{2-0.7}{40K}=0.0325\ mA$$

$$\therefore r_d=\frac{\eta V_T}{I_D}=\frac{(1)(26mV)}{0.0325mA}=0.8K\Omega$$

2. 分析小訊號等效電路

$$\upsilon_{ab}\left(\frac{1}{30K}+\frac{1}{10K+0.8K}\right)=\frac{10}{30K}$$

$$\therefore \upsilon_{ab}=2.647V$$

3. 完全響應

$$\upsilon_{AB}=V_{AB}+\upsilon_{ab}=1.025+2.647\sin\omega t$$

$$\therefore V_{AB,max}=1.025+2.647=3.672V$$

---

69. 在室溫（300°K）時，設pn接合之順向電流為10毫安，則此二極體之動態電阻（dynamic resistance）為何？（❖題型：$r_d=\frac{\eta V_T}{I_D}$）

【74年二技電子】

解☞：$r=2.6\Omega$

$$\therefore r_d=\frac{\eta V_T}{I_D}=\frac{(2)(26m)}{10m}=5.2\Omega$$

（$\eta=2$）

70. 二極體反向飽和電流為 $1\mu A$，反向電壓上限為 50V，則串聯電阻最少需多大？（❖題型：二極體順向偏壓）

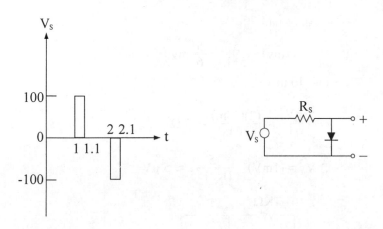

解☞：∵二極體之逆向電壓上限為 50V，則當 $V_S = -100V$ 時，

R_S 之壓降至少為 50V

∴$50 = 1\mu A \cdot R_S$

$R_S = 50M\Omega$

---

71. 求 $I = 10\mu A$ 與 $10mA$ 之 V_O（❖題型：小訊號分析）

$$V_0 = 1mV$$

解☞：① $I = 10 \ \mu A \Rightarrow V_O = \dfrac{5}{6}$ mV

② $I = 10$ mA $\Rightarrow V_O = 5$ μV

一、$I = 10$ μA

$$r_d = \frac{\eta V_T}{I} = \frac{(2)(25m)}{10\mu} = 5 \text{ K}\Omega$$

分壓法則

$$V_O = (1mv) \cdot \frac{5}{5+1} = \frac{5}{6} \text{ mv}$$

二、$I = 10$ mA

$$r_d = \frac{\eta V_T}{I} = \frac{(2)(25m)}{10 \text{ m}} = 5 \text{ }\Omega$$

$$\therefore V_o = (1mV) \cdot \frac{5}{1K + 5} \approx 5 \text{ μV}$$

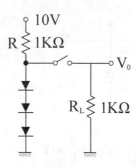

小訊號等效圖

---

72. 利用三個串聯二極體以提供 2.1V 電壓，當電源發生 10 ％的變化，試求(1)無載時　(2)負載為 1KΩ時的輸出電壓變化？（❖ **題型：二極體順向偏壓**）

解☞：(1) $\Delta V_O = \pm 18.5$ mV　(2) $\Delta V_O = \pm 18$ mV

(1)無載時：

① $I_D = \dfrac{10-2.1}{1K} = 7.9$ mA

② 動態電阻：$r_d = \dfrac{\eta V_T}{I_D} = \dfrac{2 \times 25m}{7.9m} = 6.3\Omega$

③ 二極體總電阻 $3 \times 6.3 = 18.9\Omega$

④ $V \times (\pm 10\%) = \pm 1V$

⑤ $\therefore \Delta V_O = \Delta V \times \dfrac{18.9}{18.9 + 1K} = (\pm 1V) \times \dfrac{18.9}{18.9+1K} = \pm 18.5$ mV

(2)加上負載 $1K\Omega$ 時：

同理

$$\Delta V_O = \Delta V \times \dfrac{(r \,//\, R_L)}{R + (r \,//\, R_L)} = (\pm 1V) \times \dfrac{(18.9 // 1000)}{(18.9 // 1000) + 1000}$$
$$= \pm 18.2 mV$$

2-4〔題型十一〕：曾納（Zener）二極體

考型 24 曾納二極體電路的分析

一、曾納二極體一般在崩潰區使用。（電子符號如下圖）

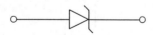

二、曾納二極體，若在崩潰區使用時，具有定位特性，即穩壓特性，（通常以並聯方式接線，且 $v > V_{ZK}$）（如下圖1）。

三、曾納二極體在逆偏時（即達到崩潰區），其等效如下圖2。
所以 $V_O = V_{ZK}$，不受 R_L 影響（注意 V_{ZK} 之極性）

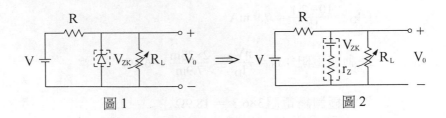

圖1 $\implies$ 圖2

四、曾納二極體在順偏時，其等效與一般二極體相同。如下圖。

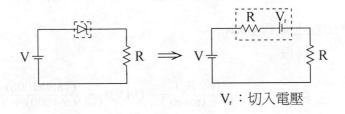

V_r：切入電壓

五、曾納二極體之特性曲線，如下圖。

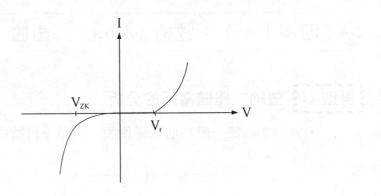

六、曾納二極體，若要發揮穩壓作用（電壓調整器），必須的條
件為，流體 D_Z 之電流 I_Z 要大於 I_{ZK}。

73.下圖，曾納二極體之 $V_Z = 10V$，$V_i = 30\sin\omega t$，若忽略二極體順向導通電壓時，V_O 之峰對峰 $V_{P-P} = ?$

(A) 10V　(B) 20V　(C) 30V　(D) 40V（✤ 題型：曾納二極體）

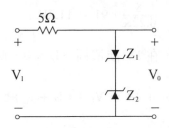

【85 南台二技電機】

解☞：(B)

(1)當 $V_i > V_Z$ 時，D_{Z1}：ON，D_{Z2}：崩潰

∴ $V_{01} = V_{Z1} + V_{Z2} = 0 + 10 = 10V$（正半週之輸出振幅）

(2)當 $V_i > -V_Z$ 時，D_{Z1}：崩潰，D_{Z2}：ON

∴ $V_{02} = V_{Z1} + V_{Z2} = -10 + 0 = -10V$（負半週之輸出振幅）

(3)所以 $V_{0(P-P)} = 10 - (-10) = 20V$

74.如右圖所示電路而言，試決定 V_i 的最大範圍值（$V_{i,max}$ or $V_{i,min}$），使其能夠保持 V_L 在 8V，且不超過曾納二極體的最大功率額定（$P_{max} = 400mW$）：

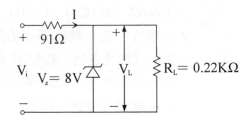

(A) $V_{i,min} = 8.2V$　(B) $V_{i,min} = 12.5V$　(C) $V_{i,max} = 11.3V$　(D) $V_{i,max} = 15.8V$。（✤ 題型：曾納二極體）

解☞： (D)

(1)求$V_{i,min}$，（在D_Z：OFF 時，$I_Z = 0$，此時 $I = I_L$）

$$\therefore V_{i,min} = V_L + IR = V_L + I_L R = V_L + \frac{V_L}{R_L}R$$

$$= 8 + \frac{8}{0.22K} \cdot 91 = 11.3V$$

(2)求$V_{i,max}$，（在D_Z 崩潰區，$I_Z \neq 0$，此時 $I = I_Z + I_L$）

$$\therefore V_{i,max} = V_L + IR = V_L + (I_Z + I_L)R = V_L + (\frac{P_Z}{V_Z} + \frac{V_L}{R_L})R$$

$$= 8 + (\frac{400mw}{8} + \frac{8}{0.22\ K}) = 15.8V$$

75.(1)有一電壓調整器如右圖所示，
其中曾納二極體（Zener di-
ode）為 4.7V，且其最小工作
電流為 12 mA，若負載的變
化範圍為由 15 mA 至 100
mA，已知電源為$V_{dc} = 15V$，
試求最佳 R_i 值為若干？

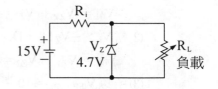

(A) 686Ω　(B) 103Ω　(C) 91Ω　(D) 381Ω

(2)上題中，若負載R_L不小心開路可能會造成曾納二極體的負
擔，試問此曾納二極體至少應承受多少瓦功率，本電路才能
安全工作？　(A) 127 mW　(B) 766 mW　(C) 470 mW　(D) 527 Mw

（✤題型：曾納二極體）

解☞： (1) (C) ，(2) (D)

(1)求最佳 R_i 值，即求 R_i 最小值，意即 I 為最大時

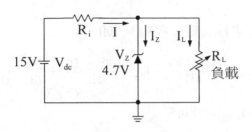

$$R_I = \frac{V_{dc} - V_Z}{I_{ZK} + I_{L,max}} = \frac{15 - 4.7}{12 + 100} = 0.092K\Omega = 92\Omega$$

(2)$P_Z = I_Z V_Z = (12 + 100) \times 4.7 = 526.4 \, mW$

76.曾納二極體的特性是　(A)能在定電壓下調整電流，故可用來設計穩壓電路　(B)一種發光二極體，可做數字顯示器　(C)能做光耦合，是一種光感測元件　(D)閘流體的一種，適合做相位控制電路　　　　　　　　　　　　【81 年二技電機】

解☞：(A)

77.如下圖，若 Zener Diode 之逆向飽和電流可予以忽略，試問

(1)通過 Zener Diode 之最大及最小電流？

(2)以電流為 Y 軸，輸入電壓為 X 軸，繪出通過Zener Diode 之電流對輸入電壓圖形。（✦題型：曾納二極體）

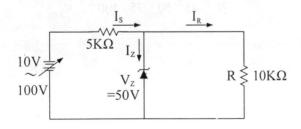

【81 年乙等特考】

解☞：

(1) a. 求$I_{Z,max}$時，取$V_S = 100$

$$I_{Z,max} = \frac{V_S - V_Z}{5K} - I_R = \frac{100 - 50}{5K} - \frac{50}{10K}$$

$$\therefore I_{Z,max} = 5 \text{ mA}$$

(2) $\because I_S = I_Z + I_R$

$$\therefore \frac{V_S - V_{ZK}}{5K} = I_Z + \frac{V_{ZK}}{10K}$$

即 $\frac{V_S - 50}{5K} = I_Z + \frac{50}{10K}$

$$\therefore I_Z = \frac{V_S}{5K} - 15mA$$

意即 $V_S \leq 75V$時，$I_Z = 0 \text{ mA}$

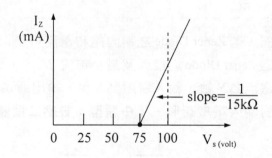

78. 右圖中，若 $14V \leq V_S \leq 20V$，$R_1 = 16\,\Omega$，$50\,\Omega \leq R_L \leq 100\,\Omega$，若採用 10V 理想增納（Zener）二極體，則　(A) I_Z 最大為 0.625A　(B) I_Z 最大為 0.525A　(C) I_Z 最小為 0.15A　(D) I_Z 最小為 0.25A（❖題型：曾納二極體）

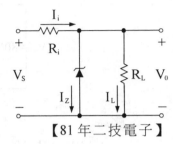

【81 年二技電子】

解☞：　(B)

1. 在 $V_{s,max}$ 及 $R_{L,max}$ 時，可求 $I_{Z,max}$

$$\therefore I_{z,max} = I_{max} - I_{L,min} = \frac{V_{s,max} - V_{zk}}{R_i} - \frac{V_{ZK}}{R_{L,max}}$$

$$= \frac{20-10}{16} - \frac{10}{100} = 0.525 \text{ A}$$

2. 在 $V_{s,min}$ 及 $R_{L,min}$ 時，可求 $I_{z,min}$

$$I_{z,min} = I_{min} - I_{L,max} = \frac{V_{s,min} - V_{zk}}{R_i} - \frac{V_{zk}}{R_{L,max}}$$

$$= \frac{14-10}{16} - \frac{10}{50} = 0.05\text{A}$$

---

79. 下圖中 Zener Diode $V_z = 10V$，曾納電阻 $R_z = 5\Omega$，額定功率 $P_{ZM} = \dfrac{1}{2}W$

(1) 求最大額同曾納電流 $I_{ZM} = ?$

(2) 若 V_O 保持 10 伏特，求負載 R_L 之範圍

(3) 曾納二極體動作正常時，求 R_S 的消耗功率 P_{R_S}？

(4) 若 R_S 採用額定功率為 7.5 W，負載 R_L 不成為開路狀態，V_O 是否能長久維持 10 伏特？何故？（❖題型：曾納二極體）

【78 年基層特考】

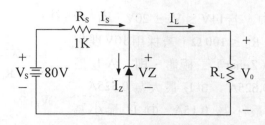

解☞：

(1) $\because P_{ZM} = I_{ZM}V_Z$

$$\therefore I_Z = \frac{P_{ZM}}{V_Z} = \frac{\frac{1}{2}}{10} = 50 \text{ mA}$$

(2) a. 求$R_{L,min}$，即求$I_{L,min}$

$$I_{L,min} = I_S - I_{ZM} = \frac{V_S - V_0}{R_S} - I_{ZM} = \frac{80-10}{1K} - 50 \text{ mA} = 20 \text{ mA}$$

$$\therefore R_{L,max} = \frac{V_0}{I_{L,min}} = \frac{10}{20 \text{ m}} = 500\Omega$$

b. 求$R_{L,max}$，即求$I_{L,max}$，此時 $I_{ZM} = 0$，$I_{L,max} = I_S$

$$I_S = \frac{V_S - V_0}{R_S} = \frac{80-10}{1K} = 70 \text{ mA}$$

$$\therefore R_{L,min} = \frac{V_0}{I_{L,max}} = \frac{10}{70m} = 143\Omega$$

c. R 之範圍：$143\Omega \leq R_L \leq 500\Omega$

(3) $P_{RS} = I_S{}^2 R_S = (70 \text{ mA})^2 (1K) = 4.9$ watt

(4) $\because P_{RS} = I_S{}^2 R_S$

$$\therefore I_S = \sqrt{P_{RS}/R_S} = 86.6 \text{ mA}$$

$$\because I_Z > I_{ZM} = 50mA$$

$\Rightarrow V_o$ 不可能長久維持 10 伏特

$\Rightarrow$ 此刻 Zener Diode 會損壞

80.下圖中若曾納二極體的內阻為 125Ω，且其逆向潰電壓為 50V，當電源電壓介於 80V 至 120V 之間時，求此曾納二極體兩端之最大電壓與最小電壓。（✛題型：曾納二極體（含內阻））

【74 年二技電機】

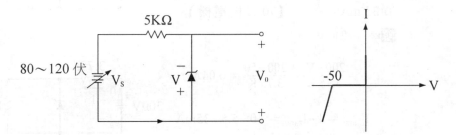

解☞：

1. 求 $V_{0,min}$，取 $V_s = 80V$

$$V_{0,min}(\frac{1}{5K} + \frac{1}{0.125K}) = \frac{80}{5K} + \frac{50}{0.125K}$$

$$\therefore V_{0,min} = 50.732V$$

2. 求 $V_{0,max}$，取 $V_s = 120V$

$$V_{0,max}(\frac{1}{5K} + \frac{1}{0.125K}) = \frac{120}{5K} + \frac{5}{0.125K}$$

$$\therefore V_{0,max} = 50.707V$$

81.曾納二極體最常用於　(A)電流　(B)穩定電壓　(C)檢波　(D)混波
【73二技】

解☞：(B)

82.如右圖所示電路，Zener 二極體
之 $V_z = 50V$，電流之範圍為 5
mA～40 mA，則負載電流 I_L 最大
為　(A) 5 mA　(B) 15 mA　(C) 25 mA
(D) 35 mA　　　　【70二技電機】

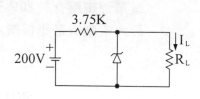

解☞：(D)

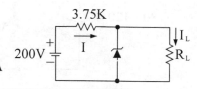

$$\because I = \frac{200 - V_z}{3.75\ K} = \frac{200 - 50}{3.75\ K} = 0.04A$$

$$\therefore I_{L,max} = I - I_{z,min} = 40 - 5 = 35mA$$

題型變化

83.如右圖所示電路，$E > V_z$，若使
用一般三用電表測量曾納二極
體之崩潰點。當 D_z 到達崩潰點
後，再改變 VR 值，則電表的
讀數：

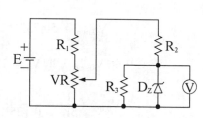

(A)將隨VR之減小而下降，卻不
隨 VR 之增加而升高　(B)將隨 VR 之增減而升降　(C)等於 V_z
(D)等於 V_{R2}

解☞：(A)

84. 下圖中電路為直流電壓表,滿額讀值為 25V 電表電阻為 560Ω,滿載電流為 200μA,且曾納電壓 $V_Z = 20V$,試求當 $V_i > 25V$ 時,二極體會導通,而將超載電流自電表分開之 R_1、R_2 值?

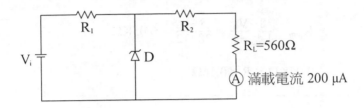

解☞:(1)當 $V_i > 25V$ 時,D_Z 崩潰,$V_Z = 20V$

$\therefore 20 = (0.2\,mA)(R_2 + 0.56k\Omega)$

$\therefore R_2 = 99.44K\Omega$

(2) $V_i = 25V$ 時,D_Z:OFF

$\therefore 25V = (0.2\,mA)(R_1 + R_2 + 0.56K)$

$\therefore R_1 = 25\,K\Omega$

---

85. 曾納二極體崩潰電壓(V_Z)的溫度係數 (A)等於零 (B)大於零 (C)小於零 (D)不一定。

解☞: (D)

---

86. 右圖中所示電路,已知 $V_Z = 6V$,$0.5mA \le I_Z \le 28mA$,請求出

(1) I_L 值

(2) R 的合理值為何?

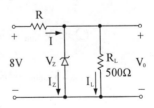

解☞:

(1) $I_L = \dfrac{V_o}{R_L} = \dfrac{6}{500} = 0.012A = 12\,mA$

(2) 求 R_{max} 時,即 I 為最小值時,(即 $I_{z,min}$)

$$R_{max} = \frac{8 - V_o}{I_{z,min} + I_L} = \frac{8 - 6}{0.5 + 12} = 0.16 \text{ K}\Omega$$

求 R_{min} 時，I 為最大值時，（即 I_{max}）

$$R_{min} = \frac{8 - V_o}{I_{z,max} + I_L} = \frac{8 - 6}{28 + 12} = 0.05 \text{K}\Omega$$

$$\therefore 0.05 \text{K}\Omega \leq R \leq 0.16\Omega$$

87. 如下圖所示電路，試求確保輸出為穩壓狀態的 v_i 變動範圍。

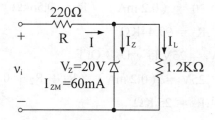

解☞：

(1)求 $V_{i,max}$ 時，$I_z = 60$ mA（即 D_z 為崩潰）

$$\therefore V_{i,max} = I_R + V_z = (I_z + I_L) R + V_z$$

$$= (0.22 \text{ K})(60 \text{ mA} + \frac{20}{1.2 \text{K}}) + 20 = 36.87\text{V}$$

(2)求 $V_{i,min}$ 時，$I_z = 0$（即 D_z：OFF）此時 V_o 仍為 20V

$$\therefore V_{i,min} = IR + V_o = (\frac{V_o}{R_L}) R + V_o$$

$$= (\frac{20}{1.2 \text{K}})(0.22\text{K}) + 20 = 23.67\text{V}$$

$$\therefore 23.67\text{V} \leq V_i \leq 36.87\text{V}$$

88.設一曾納二極體之額定功率為 0.5 瓦特，崩潰電壓為 100 伏特，則最大電流為何？

解☞：$I_{ZM} = \dfrac{P_Z}{V_Z} = \dfrac{0.5}{100} = 5 \times 10^{-3} A = 5 \text{ mA}$

2-5〔題型十二〕：截波器電路

考型 25 截波器電路的分析（Clipper）

一、前言

  1. 亦稱為限制器。

  2. 通常為二極體電阻器所組成。

  3. 是將輸入電壓在某個電壓準位以上或以下的部份截去的電路。

二、解題技巧

  1. 假設二極體為 ON 或 OFF，以列出 V_i 範圍。

  2. 將 D 以等效圖代替。

  3. 求出 v_i 及 v_o 關係。

  4. 繪出 $v_i - v_o$ 轉移特性曲線，或繪出 v_o 波形。

三、截波器輸出波形觀察法

  1. 並聯截波器：

  (1)二極體箭頭朝上 ⇒ 截上面

  (2)二極體箭頭朝下 ⇒ 截下面

  至於所截的準位，則要看二極體串聯的電壓而定。

  2. 串聯截波器：

  分析技巧如下：

  (1)二極體順偏 ⇒ 截下面。

(2)二極體逆偏⇒截上面。

至於所截的準位，亦是決定於二極體所串聯的電壓而定。

(1)串聯正電壓 V_R⇒截 + V_R

(2)串聯負電壓 V_R⇒截 − V_R

歷屆試題

89. 下圖中假設 D_1 與 D_2 為理想二極體（ideal diode, $V_{on} = 0$），已知輸入電壓 V_i 太大或太小時其輸出電壓 V_o 的值皆為定值。試求輸入電壓 V_i 的範圍使輸出電壓 V_o 的值隨 V_i 之增大而變大。
(A) $7V \geq V_i \geq 1V$　(B) $8V \geq V_i \geq 2V$　(C) $9V \geq V_i \geq 3V$　(D) $10V \geq V_i \geq 4V$（❖題型：V_i 與 V_o 之關係）

【86 年二技電子】

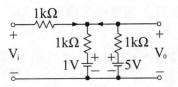

解☞ (C)

1. 建表

CASE	D_1	D_2	V_i	V_o
1	OFF	ON	$V_i \leq 3V$	$V_o = 3V$
2	ON	ON	$3 \leq V_i \leq 9V$	$V_o = 2 + \frac{1}{3}V_i$
3	ON	OFF	$V_i > 9V$	$V_o = 5V$

判斷法：
(1) D_1，D_2 OFF 或 ON，以 V_i 輸入由小至大判斷，列表分析。
(2) V_o 及 V_i 之關係，需分析 CASE。

2. 分析各 CASE 之等效電路

（繪出等效圖）

＜ CASE 1 ＞

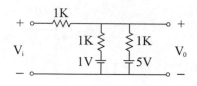

(1)分析電路（節點法）

$$V_o(\frac{1}{1K}+\frac{1}{1K})=\frac{1}{1K}+\frac{5}{1K}$$

$$\therefore V_o = 3V$$

(2)即在 $V_i < 3V$ 時，$V_o = 3V$

（將此結果填入表）

＜ CASE2 ＞

(1)在 $3 \le V_i \le 3V$ 時

$$V_o(\frac{1}{1K}+\frac{1}{1K}+\frac{1}{1K})=V_i+\frac{1}{1K}+\frac{5}{1K}$$

$$\therefore V_o = 2+\frac{V_i}{3}\cdots\cdots(a)$$

(2)設 x 為此 CASE 之上限。（需

下一個 CASE 才能分析出）

由

＜ CASE3 ＞

(1)在 $V_i > x$ 時

$$V_o = 5V\cdots\cdots(b)$$

(2)欲求 x 值，則令(a)＝(b)，即

$$5 = 2+\frac{V_i}{3}\Rightarrow V_i = 9V$$

3. 由表中可知 V_o 隨 V_i 增大而增大，為＜ CASE2 ＞。

4.轉移曲線

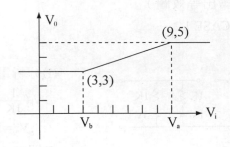

90.如右圖，求 I 與 V（假設二極體為理想）
(A) 2.5 mA，0V　(B) 0 mA，5V
(C) 0.5 mA，0V　(D) 5 mA，5V
（✥題型：二極體線性模型）

【86年二技電機】

解☞：(A)
1. 判斷二極體 ON or OFF
∵二極體順偏，∴D：ON
2. 分析等效電路
∴V = 0
$$I = \frac{5}{2K} = 2.5 \text{ mA}$$

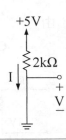

91.設 $V_1 = 5V$，$V_2 = 0V$，且 $r_D = 20\Omega$，$V_D = 0.2V$，
試求右電路圖之 V_0 值　(A) 0.663 V　(B) -0.392
V　(C) 0.392 V　(D) -0.663 V

【85年二技電機】

解☞：(C)
1. 判斷二極體：D_1：OFF，D_2：ON

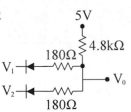

2.分析等效電路（節點法）

$$V_o(\frac{1}{4.8K} + \frac{1}{0.18K + 0.02K}) = \frac{5}{4.8K} + \frac{0.2}{0.18K + 0.02K}$$

$$\therefore V_o = 0.392V$$

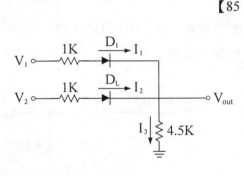

92.下圖電路中，二極體之導通電壓，順向電阻 $V_D = 0.7V$，逆向電阻 $R_r = 0\Omega$ 若 $R_r = \infty$ 若 $V_1 = V_2 = 5V$ 則

(A)$I_1 = 0.3$ mA　(B)$I_2 = 0.43$ mA　(C)$I_3 = 0.7$ mA　(D)$V_{OUT} = 2.5V$（✣

題型：二極體線性模型）

【85年南臺二技】

解☞：　(B)

1.判斷二極體　D_1：ON，D_2：ON

2.分析等效電路

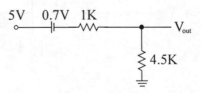

$$(\frac{1}{1K} + \frac{1}{1K} + \frac{1}{4.5K})(V_{OUT}) = (\frac{5-0.7}{1K} + \frac{5-0.7}{1K})$$

$$(2.22)V_{OUT} = 8.6 \Rightarrow V_{OUT} = 3.87(V)$$

$$\therefore I_1 = I_2 = \frac{5 - 0.7 - 3.87}{1K} = 0.43mA$$

93. 上題中，若$V_1 = 5V$，$V_2 = OV$則　(A) $I_1 = 0.5$ mA　(B) $I_2 = 0.78$ mA
(C) $I_3 = I_2 = 0.6$ mA　(D) $V_{out} = 3.52$ V　　　　【85 年南台二技】

解☞：　(D)

1. 判斷二極體　D_1：ON，D_2：OFF
2. 分析等效電路

$$\left[\frac{1}{1k} + \frac{1}{4.5k}\right] [V_{OUT}] = \left[\frac{5-0.7}{1k}\right]$$

$$(1.22)V_{OUT} = 4.3 \Rightarrow V_{OUT} = 3.52 (V)$$

94. 如圖所示電路，其中D_1、D_2皆
為理想二極體，若輸入電壓
$V_i(t) = 10 \sin\omega t$，則下列敘述何者正確？
（❖題型：二極體V_i與V_o關係）

(A) 當$\omega t = \dfrac{\pi}{2}$時，$V_o = 10V$

(B) 當$\omega t = \dfrac{\pi}{2}$時，$V_o = 5V$

(C) 當$\omega t = \dfrac{3\pi}{2}$時，$V_o = -10V$

(D) 當$\omega t = \dfrac{3\pi}{2}$時，$V_o = -5V$

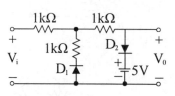

【84年二技電子】

解☞： (D)

(A) $\omega t = \dfrac{\pi}{2} \Rightarrow V_i(t) = 10V$

D_1：OFF，D_2：OFF　∴$V_o = 0V$

(B) $\omega t = \dfrac{3\pi}{2} \Rightarrow V_i(t) = -10V$

∴$D_1 = ON$，$D_2 = ON$　∴$V_o = -5V$

---

95. (1) 有一二極體電路如右圖所示，
其中D_1、D_2為理想二極體（ideal
diode），若$V_i = 3V$，則V_o為

(A) 5V　(B) 3V　(C) 1.5V (D) 8V

(2) 上題中，若$V_i = -5V$，則V_o為

(A) 10V　(B) 0V　(C) −2.5V　(D) 1KΩ

（❖題型：V_i與V_o之關係）

【83年二技電子】

解☞：(1) B　(2) C

1. 建表

CASE	D_1	D_2	V_i	V_o
1	ON	OFF	$V_i \leq 0$	$V_o = \dfrac{1}{2}V_i$
2	OFF	OFF	$0 < V_i < 5V$	$V_o = V_i$
3	OFF	ON	$V_i \geq 5V$	$V_o = 5V$

2. 分析各 CASE 之等效電路

< CASE1 >

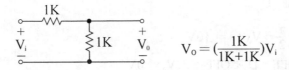

$V_o = (\dfrac{1K}{1K+1K})V_i$

< CASE2 >

$V_o = V_i$

< CASE3 >

$V_o = 5V$

3. 題(1)，$V_i = 3V$ 為 < CASE2 >　∴$V_o = V_i = 3V$

題(2)，$V_i = -5V$ 為 < CASE1 >　∴$V_o = \dfrac{1}{2}V_i = -2.5V$

96.如下圖中兩個相同二極體之 V － I 特性曲線示於圖 2，試求 I_1，I_2，V_1和V_2。（❖題型：**二極體直流模式**）

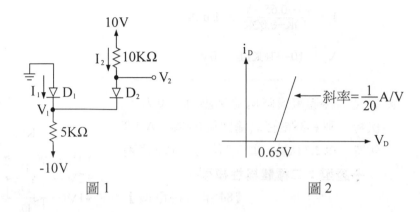

圖 1 　　　　　　　　　　　　圖 2

【83 年淡江插大】

解☞：

1. 判斷二極體　D_1：ON，D_2：ON

2. 分析等效電路

　由此特性曲線知，此二極體具有順向電阻，

　$r_D = 20\Omega = 0.02k\Omega$ X

　且順向電壓 $V_r = 0.65V$

　由節點法知

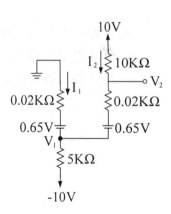

　$V_1\left(\dfrac{1}{0.02K} + \dfrac{1}{5K} + \dfrac{1}{10K + 0.02K}\right)$

　$= -\dfrac{0.65}{0.02K} - \dfrac{10}{5K} - \dfrac{0.65}{10K+0.02K} +$

　$\quad\dfrac{10}{10K+0.02K}$

　$\therefore V_1 = -0.667V$

$$I_1 = \frac{-0.65 - V_1}{0.02K} = 0.867 \text{ mA}$$

$$I_2 = \frac{10 - 0.65 - V_1}{10K + 0.02K} = 1 \text{ mA}$$

$$V_2 = 10 - (10K) I_2 = 0V$$

---

97. 假設二極體導通時兩端的壓降為 0.7 伏特，則右圖電路的輸出電壓為 (A) 1.7 伏特 (B) 2.7 伏特 (C) 3.7 伏特 (D) 5 伏特 (❖題型：二極體線性模型)

【84 年二技電機】

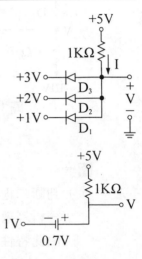

解☞：(A)

1. 判斷二極體 D_1：ON，D_2 及 D_3：OFF

2. 分析等效圖

$$V = 1 + 0.7 = 1.7V$$

---

98. 下圖中，假設二極體（D_1，D_2）為理想特性，且順向導通時壓降及電阻忽略不計，試求流經電阻 1kΩ 之電流 I 為 (A) 4 (B) 2 (C) 8 (D) 6 毫安。（❖題型：二極體線性模型）

【82 年二技電機】

解☞： (C)

1. 判斷二極體　D_1：OFF，D_2：ON

2. 分析等效圖

∴V = 3V

∴I = $\dfrac{3-(-5)}{1k}$ = 8 mA

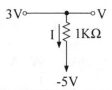

---

99. 下圖電路中，二極體之導通電壓V_D = 0.7V。試求輸入電壓在(1) $V_1 = V_2 = 0V$　(2) $V_1 = 5V$，$V_2 = 0V$　(3) $V_1 = 5V$，$V_2 = 2V$　(4) $V_1 = V_2 = 5V$ 等不同條件下之電流 I_1，I_2，I_3 及輸出電壓 V_{out}（❖ **題型：二極體直流模型**）

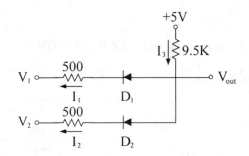

【81 年丙等特考】'

解☞：

(1) $V_1 = V_2 = 0V$

1. 判斷二極體　D_1：ON，D_2：ON

2. 分析等效電路

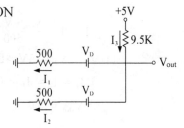

$V_{out}(\dfrac{1}{500} + \dfrac{1}{500} + \dfrac{1}{9.5K})$

$= (\dfrac{0.7}{500} + \dfrac{0.7}{500} + \dfrac{5}{9.5K})$

① ∴V_{out} = 0.82V

②$I_1 = I_2 = \dfrac{V_{out} - V_D}{500} = \dfrac{0.82 - 0.7}{500} = 0.22mA$

③$I_3 = I_1 + I_2 = 0.44mA$

(2) $V_1 = 5V$，$V_2 \Rightarrow D_1：OFF，D_2：ON$

$V_{out}(\dfrac{1}{500} + \dfrac{1}{9.5k}) = (\dfrac{0.7}{500} + \dfrac{5}{9.5k})$

① $\therefore V_{out} = 0.915V$

②

$I_2 = I_3 = \dfrac{V_{out} - V_D}{500} = \dfrac{0.915 - 0.7}{500} = 0.43\ mA$

③$I_1 = 0$

(3) $V_1 = 5V$，$V_2 = 2V \Rightarrow D_1：OFF，D_2：ON$

$V_{out}(\dfrac{1}{500} + \dfrac{1}{9.5k})$

$= (\dfrac{0.7}{500} + \dfrac{2}{500} + \dfrac{5}{9.5k})$

① $V_{out} = 2.815V$

②$I_1 = 0$

③$I_2 = I_3 = \dfrac{V_{out} - V_D - 2}{500} = 0.23mA$

(4) $V_1 = V_2 = 5V \Rightarrow D_1：OFF，D_2：OFF$

①$I_1 = I_2 = I_3 = 0$

②$V_{out} = 5V$

100. 如下圖，理想二極體，試繪出 $V_0 - V_i$ 轉移曲線。（❖**題型：V_i 與 V_0 之關係**）

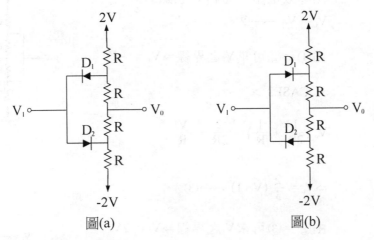

圖(a)　　　　　　　　圖(b)

解 ☞：　圖(a)

1. 建表

CASE	D_1	D_2	V_1	V_0
1	ON	OFF	$-2 > V_1$	$V_0 = \dfrac{2}{3}(V_1 - 1)$
2	ON	ON	$-2 \leq V_1 \leq 2$	$V_0 = V_1$
3	OFF	ON	$2 < V_1$	$V_0 = \dfrac{2}{3}(V_1 + 1)$

2. 分析等效電路

　＜ CASE1 ＞

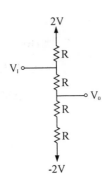

$$V_0\left(\frac{1}{R} + \frac{1}{2R}\right) = \frac{V_1}{R} - \frac{2}{2R}$$

$$\Rightarrow V_0 = \frac{2}{3}(V_1 - 1) \text{———①}$$

二極體　91

＜ CASE2 ＞

由等效電路，短路效應知

$V_I = V_o$ ——②

由① ＝ ②可求 V_I 之界線 $\Rightarrow V_I = -2V$

＜ CASE3 ＞

$$V_o (\frac{1}{2R} + \frac{1}{R}) = \frac{2}{2R} + \frac{V_I}{R}$$

$$\Rightarrow V_o = \frac{2}{3}(V_I+1) ——③$$

由② ＝ ③可求 V_I 之界線 $\Rightarrow V_I = 2V$

將以上結果填入表中

3. $V_o － V_I$ 轉移曲線

由表可繪出轉移曲線

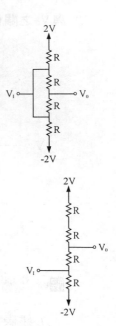

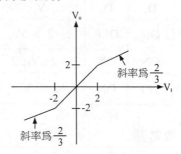

圖(b)：

1. 建表

CASE	D_1	D_2	V_I	V_o
1	OFF	ON	$V_I \leq -1V$	$V_o = \frac{2}{3}(V_I + 1)$
2	OFF	OFF	$-1V < V_I < 1V$	$V_o = 0$
3	ON	OFF	$V_I > 1V$	$V_o = \frac{2}{3}(V_I - 1)$

2.分析等效電路

< CASE1 >

$$V_o \left(\frac{1}{2R} + \frac{1}{R}\right) = \frac{2}{2R} + \frac{V_I}{R}$$

$$\Rightarrow V_o = \frac{2}{3}(V_I+1) \quad\text{——}① $$

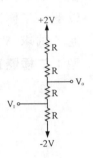

< CASE2 >

$$V_o = 0V \quad\text{——}②$$

由 equ ① ＝ ② ，待 V_I 界線

$\therefore V_I = -1V$

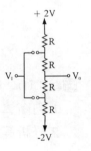

< CASE3 >

$$V_o \left(\frac{1}{R} + \frac{1}{2R}\right) = \frac{V_I}{R} - \frac{2}{2R}$$

$$\Rightarrow V_o = \frac{2}{3}(V_I-1) \quad\text{——}③$$

由 equ ② ＝ ③ ，得 V_I 界線

$\therefore V_I = 1V$

3.轉移曲線

由表可繪出轉移曲線

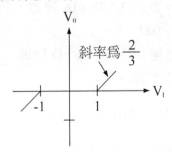

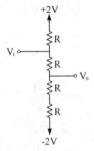

101.在下圖中三個二極體完全相同，其切入電壓為 0.5V，V_o 在 0.5V 以上，二極體導通電阻較小；在 0.5V 以下，二極體完全不導通，試求 V_o 及 $I_D=?$ 當　(1)$R_L=10\ k\Omega$　(2)$R_L=1\ k\Omega$（✣題型：二極體直流模式）

【79 年普考】

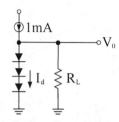

解☞：(1)　$R_L=10\ k\Omega$

1. 判斷二極體：設 D_1，D_2，D_3 皆通

2. 分析等效電路

$\therefore V_o = 3V_r = (3)(0.5) = 1.5V$

$I_L = \dfrac{V_o}{R_L} = \dfrac{1.5}{10K} = 0.15mA$

$\therefore I_D = I - I_L = 1\ mA - 0.15\ mA = 0.85\ mA$

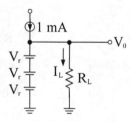

3. 驗證

$\because I_D > 0 \Rightarrow$ 表示 D_1，D_2，D_3 皆通，所設無誤。

(2)　$R_L = 1k\Omega$

1. 判斷二極：設 D_1，D_2，D_3 皆通

2. 分析等效電路

$V_o = 3V_r = (3)(0.5) = 1.5V$

$I_L = \dfrac{V_o}{R_L} = \dfrac{1.5}{1K} = 1.5\ mA$

$$\therefore I_D = I - I_L = 1 - 1.5 = -0.5 \text{ mA}$$

$$\therefore I_D = -0.5 \text{ mA（表示逆偏，故假設錯誤）}$$

3. 故知 D_1，D_2，D_3 為 OFF，故 $I_D = 0\text{mA}$

$$I_L = I = 1 \text{ mA}$$

$$V_O = I_L R_L = (1\text{m})(1\text{k}) = 1\text{V}$$

102.有一二極體電路，如下圖所示，其中 D_1，D_2 和 D_3 均為理想二極體，當 V_i 為 50 伏特，V_0 為若干伏？（✣題型：**二極體直流模式**）

【73 年二技電機】

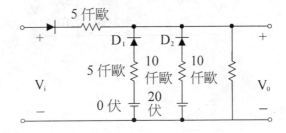

解☞：

1. 判斷二極體，$\because V_i = 50\text{V}$ $\therefore D_1$：OFF，D_2：ON，D_3：ON
2. 分析等效電路

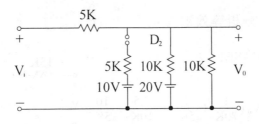

用節點法

$$V_0\left(\frac{1}{5K}+\frac{1}{10K}+\frac{1}{10K}\right)=\frac{V_1}{5K}+\frac{20}{10K}=\frac{50}{5K}+\frac{20}{10K}$$

$$\therefore V_0 = 30V$$

103.下圖假設為理想二極體；求出輸出輸入轉移特性曲線（✤題
型：V_i與V_0之關係）

【72年基層特考】【74年交大電子】

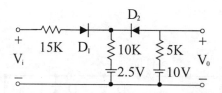

解☞：

1. 建表

CASE	D_1	D_2	V_i	V_0
1	OFF	ON	$V_i < 7.5V$	$V_0 = 7.5V$
2	ON	ON	$7.5V \leq V_i \leq 21.25V$	$V_0 = \frac{2}{11}V_i + \frac{135}{22}$
3	ON	OFF	$V_i > 21.25V$	$V_0 = 10V$

2. 分析等效電路

CASE1

$$V_0\left(\frac{1}{10K}+\frac{1}{5K}\right)=\frac{2.5}{10K}+\frac{10}{5K}$$

$\therefore V_o = 7.5V$ —— ①

< CASE2 >

$$V_o\left(\frac{1}{15K} + \frac{1}{10K} + \frac{1}{5K}\right) = \frac{V_i}{15K} + \frac{2.5}{10K} + \frac{10}{5K}$$

$\therefore V_o = \frac{2}{11}V_i + \frac{135}{22}$ —— ②

由 equ ① = ② ，

得 V_i 界線 $V_i = 7.5V$

< CASE3 >

$\therefore V_o = 10v$ —— ③

由 equ ② = ③ ，

得 V_i 界線 $V_i = 21.25$

3. 轉移曲線

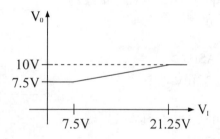

---

104. 假設 D_1 ，D_2 為理想二極體，寫出 V_o 對 V_i 的轉換特性方程式，畫出直角試標上，並註明各個交點，斜率及電壓值。（✥題型：二極體 V_i 與 V_o 之關係）

【70 年二技電機】

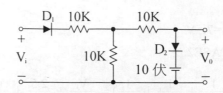

解☞ :

1. 建表

2. 分析等效電路

< CASE1 >

$V_0 = 0V \cdots\cdots$ ①

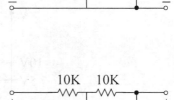

< CASE2 >

$V_0 = \dfrac{(10K)V_i}{10K+10K} = \dfrac{1}{2}V_i \cdots\cdots$ ②

由 equ ① = ② 知 V_i 之界線為

$V_i = 0$

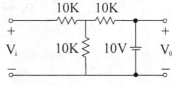

< CASE3 >

∴ $V_0 = 10V$ — ③

由 equ ② = ③ 知 V_i 之界線為

$V_i = 20V$

3. $V_i - V_0$ 轉移特性曲線

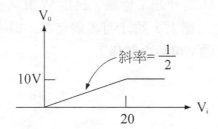

題型變化

105.設二極體含有切入電壓 V_r 及順向電阻 R_f，畫出下圖截波電路之
轉換特性曲線：（❖題型：V_i 與 V_o 之關係）

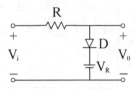

解☞：

1. 建表

CASE	D_i	V_i	V_o
1	OFF	$V_i < V_R + V_r$	$V_0 = V_i$
2	ON	$V_i \geq V_R + V_r$	$V_0 = \dfrac{R_f}{R_f + R}V_i + \dfrac{R}{R_f + R}(V_R + V_r)$

2. 分析等效電路

＜ CASE1 ＞

$V_0 = V_i \cdots\cdots$ ①

＜ CASE2 ＞

$(\dfrac{1}{R} + \dfrac{1}{R_f})V_0 = \dfrac{V_i}{R} + \dfrac{V_R + V_r}{R_f}$

$\therefore V_0 = \dfrac{R_f}{R_f + R}V_i + \dfrac{R}{R_f + R}(V_R + V_r)$

$\cdots\cdots$ ②

由 equ ① ＝ ②，求出 V_i 之界線

$$V_i = V_R + V_r$$

3. $V_i - V_0$ 轉移特性曲線

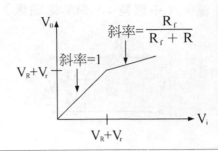

106.下圖之 V_0 波形如何？（若二極體為一理想二極體）（✛題型：V_i 與 V_0 之關係）

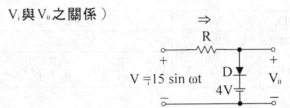

解☞：

1. 建表

CASE	D	V_i	V_0
1	OFF	$V_i < 4V$	$V_0 = V_i$
2	ON	$V_i \geq 4V$	$V_0 = 4V$

2.分析等效電路

＜ CASE1 ＞

$V_0 = V_i$……①

＜ CASE2 ＞

$V_0 = 4V$……②

由 equ ① ＝ ② 知 V_i 之界線

$V_i = 4V$

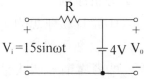

3.轉移曲線及輸出波形

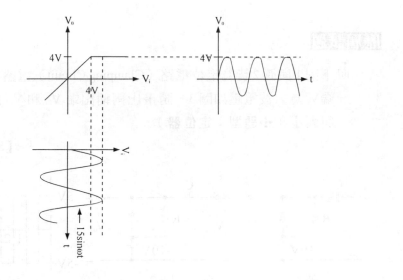

2-6〔題型十三〕：定位器（Clamper）電路

考型 26 定位器電路的分析

1. 亦稱為直流復位器（dcrestorers）

2. 一般為二極體，電容器以及電阻器所阻成的。

3. 是將輸入的交流信號往上或往下移位，但不會改變其波形的電路。

4. 分析原則：

　(1)設 D 為理想的，且 $RC > 10T$，T 為輸入信號的週期，故 C 的效應可忽略。

　(2)考慮前一個狀態，若 D 為 ON，則 C 為迅速充電至某個電壓。

　(3)考慮現狀，v_i 再加上電容 C 已有的電壓。

　(4)依據輸入波形，繪出輸出波形（繪出只是穩態波形）。

歷屆試題

107. 下圖 1 與圖 2 皆為定位電路（Clamping Circuit）電路，若在輸入端 V_i 為方波電壓如圖 3。請畫出兩輸出端 V_{01} 和 V_{02} 之電壓波形與大小（❖題型：定位器）

【85 年保甄】

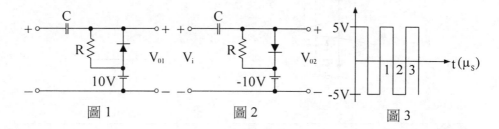

圖 1　　　　　　圖 2　　　　　　圖 3

解☞：

1. 用觀察法：

　(1)若二極體朝上，則代表輸入訊號被偏移至 V_R 之上

　(2)若二極體朝下，則代表輸入訊號被偏移至 V_R 之下

2. 輸出波形

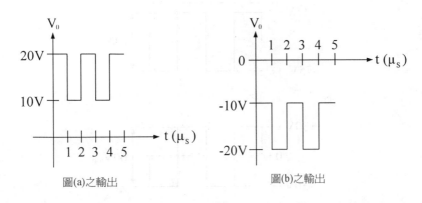

圖(a)之輸出　　　　　圖(b)之輸出

---

108. 下圖為一箝位電路（clamping circuit），E_{in}為±30V 之方波，同 E_{out} 波形為（❖題型：定位器）

【85 年南臺二技】

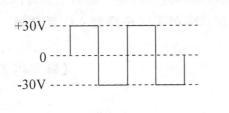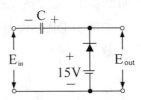

(A)

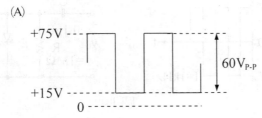

(B)

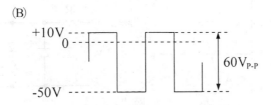

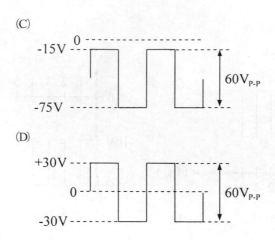

(C)

-15V 0

60V_{P-P}

-75V

(D)

+30V

0

60V_{P-P}

-30V

解☞：(A)

因為二極體朝上，所以波形移至 15V 之上

109.如圖 1，圖 2 所示之電路及其輸入信號，請繪出其輸出波形（假若所有 Diode 均為理想二極體）（❖題型：(1)定位器　(2)截波器）

【81 年丙等特考】

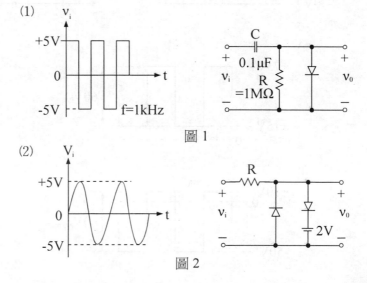

(1)

v_i

+5V

0 t

-5V f=1kHz

C
0.1μF
v_i
R
=1MΩ
v_0

圖 1

(2)

V_i

+5V

0 t

-5V

R
v_i
v_0
2V

圖 2

解☞ : (1)∵RC = $(0.1\times10^{-6})(1\times10^{6})$ = 0.1

$T = \dfrac{1}{f} = 10^{-3}$

∴RC > 10T

所以輸出波形為

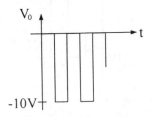

(2)此為截波器

所以輸出波形為

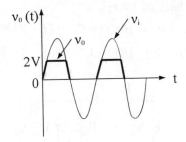

題型變化

110.試求下圖之輸出波形（✠題型：定位器）

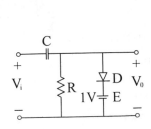 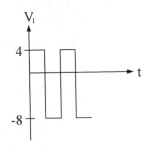

解 ☞：因為二極體朝下，所以輸出波形並偏移至 E 以下，輸
出波形

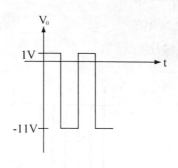

III.如圖所示

(1)輸入信號V_s為峰值 10V 的 10KHz正弦波，假設 R ＝ ∞，R_s ＝
0，C ＝ 1μf，二極體 R_r ＝ ∞，R_f ＝ 0，V_r ＝ 0，且電源內阻＝
0，請繪出輸出波形。

(2)如果 R_r ＝ ∞，R ＝ 10KΩ，C ＝ 1f，則輸出波形為何？

(3)如果 R_s ＝ 0，R ＝ 1KΩ，C ＝ 1μf，則輸出波形為何？

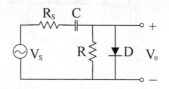

解 ☞：

$$T = \frac{1}{f} = \frac{1}{10KH_z} = 10^{-4} \text{（秒）}$$

(1) $RC = \infty > 10T$

(2) $RC = 10K \times 1\mu f = 10^{-2} > 10T$

(3) $RC = 1K \times 1\mu f = 10^{-3} \geq 10T$

所以，輸出波形為：

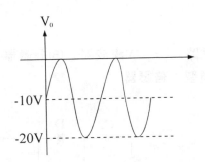

2-7〔題型十四〕：倍壓器（Voltage multiplier）電路

考型 27　倍壓器電路的分析

1. 通常為二極體與電容器的組合。（通常無電阻器）

2. 是取輸入信號的峰值電壓，利用二極體⇒電容的電壓定位效
   能，使輸出具有數倍峰值的直流電壓。

3. **∵沒有電阻器⇒C 可迅速充電至輸入的峰值電壓。**

4. 利用 D 的單向導通特性，於此時切斷充電回路，因之電容器
   一直保有此峰值電壓。

5. 通常電路中有 N 個電容即為 N 倍倍壓電路（重要）。但至於
   輸出 V_0 為 V_i 幾倍，則需視電路而定。

6. 分析技巧如下：

   (1)先分析正半週之V_i，即（$V_i > 0$）

   (2)取最近輸入端之迴路，求出電容 C_1 之電壓值。

   (3)再分析負半週之V_i，即（$V_i < 0$）

   (4)迴路取次近輸入端之迴路，求出電容 C_2 之電壓值。

   (5)重覆步驟①至④，迴路分析由近至遠。即可。

112.下圖所示電路為一 (A)濾波器 (B)振盪器 (C)倍壓器 (D)整流器。（✥題型：倍壓器）

【84年二技電機】

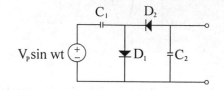

解☞：(C)

此為倍壓電路，由C_2兩端可得兩倍壓輸出。

113.下圖所示電路於時間 $t = 4\pi/\omega$ 時，$V_{AB} =$ (A) 0 (B) V_P (C) $3V_P$ (D)條件不夠，需標示出C_1、C_2、C_3之值才能求解（✥題型：倍壓器）

【74年二技電機】

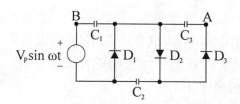

解☞：(C)

1. 負半週時

D$_1$：ON

$+(-V_P) + V_{C1} = 0$

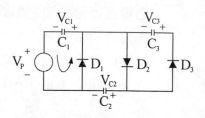

$$\therefore V_{C1} = V_P \text{（充電完成時）}$$

2. 正半週時

D$_1$：OFF，D$_2$：ON

$$\therefore -V_P - V_{C1} + V_{C2} = 0$$

$$\therefore V_{C2} = V_P + V_{C1} = 2V_P$$

3. 負半週時：

D$_1$：OFF，D$_2$：OFF，D$_3$：ON

$$+(-V_P) + V_{C3} + V_{C1} - V_{C2} = 0$$

$$\therefore V_{C3} = V_P + V_{C2} - V_{C1} = 2V_P$$

4. $\therefore V_{AB} = V_{C1} + V_{C3} = 3V_P$

114.下圖電路中，理想變壓器線圈比為 1：n，D$_1$ 與 D$_2$ 均為理想的。若 V$_i$ 波形如下，試繪出 V$_0$ 之波形。（V$_{C1}$(0) ＝ V$_{C2}$(0) ＝ 0）

（❖題型：倍壓器）

【74 年二技電機】

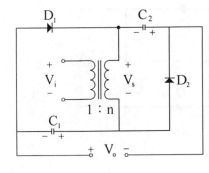 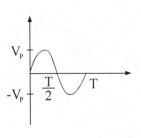

解☞：

$$V_s = nV_i$$

無電阻，故無放電狀態

$$0 \le t \le \frac{T}{2} \qquad v_0 = -nV_P\sin\omega t$$

$$\frac{T}{2} \le t \le \frac{3}{4}T \quad v_0 = -nV_P\sin\omega(t - \frac{T}{2})$$

$$\frac{3}{4}T \le t \le T \qquad v_0 = -2nV_P + nV_P\sin\omega(t - \frac{T}{2})$$

$$T \le t \le \frac{3}{2}T \qquad v_0 = -2nV_P - nV_P\sin\omega(t - T)$$

$$\frac{3}{2}T \le t \le 2T \qquad v_0 = -2nV_P + nV_P\sin\omega(t - \frac{3}{2}T)$$

---

115. 下圖電路中，兩個二極體均為理想二極體，交流電壓源之輸出電壓為 $V_s(t) = 5\sin 2\pi ft$ 伏特，$f = 1$ 赫茲（H_z）。(A)試繪出 t $= 0$ 至 2 秒的輸出電壓 $V_0(t)$ 之波形，(B)求 t $= 0.4$ 秒時 V_0 之值。

（❖題型：倍壓器）

【72 年二技電機】

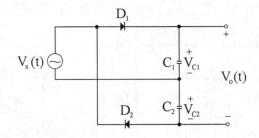

解☞：

$$T = \frac{1}{f} = \frac{1}{1} = 1\text{sec} \text{，又 } V_s = V_m \sin 2\pi ft = 5\sin 2\pi t$$

(1)在 $0 < t < \frac{1}{4}$ 秒時 $\Rightarrow V_s = 0\sim5V$

$\therefore D_1:on$，$D_2:OFF$

$\therefore V_0 = V_{C1} + V_{C2} = V_s + 0 = V_s$（即 V_{C1} 在$t = \dfrac{1}{4}$秒時充電
至 5V）

(2)在$\dfrac{1}{4} < t < \dfrac{1}{2}$秒時 $\Rightarrow V_s = 5\sim0V$

$\therefore D_1:OFF$，$D_2:OFF$

$V_0 = V_{C1} + V_{C2} = 5 + 0 = 5V$

(3)在$\dfrac{1}{2} < t < \dfrac{3}{4}$時 $\Rightarrow V_s = 0\sim-5V$

$\therefore D_1:OFF$，$D_2:ON$

V_{C1} 維持 5V，$V_{C2} = -V_s$（即 V_{C2} 在$t = \dfrac{3}{4}$秒時充電至$5V$）

$\therefore V_0 = V_{C1} + V_{C2} = 5 + 5\sin2\omega t$

(4)在$\dfrac{3}{4} < t$ 秒時

$\therefore D_1:OFF$，$D_2:OFF$

$\therefore V_0 = V_{C1} + V_{C2} = 5 + 5 = 10V$

(5) $V_0(t)$波形

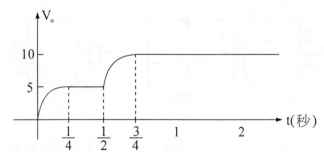

2-8〔題型十五〕：整流器（Rectifier）電路

考型 28 各類整流器的分析

一、定義

    1. 是將交流信號輸入，轉換為直流信號輸出的電路。

    2. 有半波及全波整流器。

    3. 半波整流。

    4. 整流電路的種類：

        (1)半流整流電路：

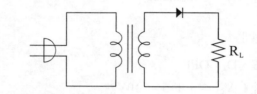

        (2)全波整流電路：   (3)橋式全波整流電路：

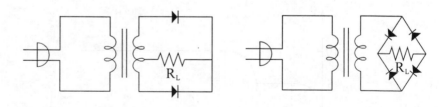

    5. 交流訊號之大小，通常是以平均值或有效值表示

    6. 電表的讀值為有效值

二、交流訊號表示法

1. $v(t) = V_m \sin(\omega t + \phi)$

V_m：振幅，ω：角頻率

sin：波形，ϕ：相位差

V_{pp}：峰對峰值，

T：週期

2. $\omega = 2\pi f$，$f = \dfrac{1}{T}$，f：頻率

3. 波形計算

(1)平均值　$V_{av} = \dfrac{1}{T}\int_0^T V(t)\,dt$

(2)有效值　$V_{rms} = \sqrt{\dfrac{1}{T}\int_0^T V^2(t)\,dt}$

（均方根值）

(3)波形因數（Form Factor，FF）

$$F.F. = \dfrac{V_{rms}}{V_{ac}} = \dfrac{有效值}{平均值}$$

(4)波峰因數

$$C.F. = \dfrac{V_m}{V_{rms}} = \dfrac{振幅}{有效值}$$

4. 整流器（配合上述三個電路）

①整流效率（η）

$$\eta = \dfrac{P_{0(dc)}}{P_{i(ac)}} = (\dfrac{I_{dc}}{I_{rms}})^2(\dfrac{1}{1+\dfrac{R_f}{R_2}}) \times 100\%$$

R_f：二極體順偏內部電阻

②峰值逆電壓（Peak inverse voltage, PIV）

當二極體逆偏時，所承受的最大逆向電壓。

③電壓調整率

$$V.R. = \frac{V_{NL}（無負載電壓）- V_{FL}（全負載電壓）}{V_{FL}（全負載電壓）} \times 100\%$$

a.若電壓源含內阻時，則用下式

$$電壓調整率 V.R.\% = \frac{R_0（電壓源內阻）}{R_L（負載）} \times 100\%$$

b.電壓調整率愈小愈好，理想的電壓源供應器，其 V.R = 0

三、三種整流器之比較（理想二極體）

輸入為弦波	半波	中心抽頭全波整流器	橋式全波整流器
輸出平均值	$\frac{V_m}{\pi} = 0.318V_m$	$\frac{2V_m}{\pi} = 0.636V_m$	$\frac{2V_m}{\pi} = 0.636V_m$
輸出有效值	$\frac{V_m}{2} = 0.5V_m$	$\frac{V_m}{\sqrt{2}} = 0.707V_m$	$\frac{V_m}{\sqrt{2}} = 0.707V_m$
波形因數	$F.F = \frac{\pi}{2}$	$F.F = \frac{\pi}{2\sqrt{2}} = 1.11$	$F.F. = \frac{\pi}{2\sqrt{2}}$
波峰因數	$C.F. = 2$	$C.F. = \sqrt{2} = 1.414$	$C.F = \sqrt{2}$
漣波因數	1.21	0.482	0.482
峰值逆電壓	V_m	$2V_m$	V_m
平均頻率	$\frac{V_m}{\pi^2 R^2}$	$\frac{4V_m}{\pi^2 R^2}$	$\frac{4V_m}{\pi^2 R^2}$
漣波頻率	f	2f	2f

整流效率	$\eta = \dfrac{40.5}{1+\frac{R_f}{R_L}}\%$	$\eta = \dfrac{0.81}{1+\frac{R_f}{R_L}}\%$	$\eta = \dfrac{0.81}{1+\frac{R_f}{R_L}}\%$
漣波電壓 （理想二極體）	$V_r = \dfrac{V_m}{Rcf}$	$V_r = \dfrac{V_m}{2Rcf}$	$V_r = \dfrac{V_m}{2Rcf}$
漣波電壓 （含順偏電壓V_D）	$V_r = \dfrac{V_m - V_D}{Rcf}$	$V_r = \dfrac{V_m - V_D}{2Rcf}$	$V_r = \dfrac{V_m - 2V_D}{2Rcf}$

四、三種整流器之比較（二極體含順向偏壓V_D）

	半波整流器	中心抽頭全波整流器	橋式全波整流器
輸入波形	$V_m \sin \omega t$	$V_m \sin \omega t$	$V_m \sin \omega t$
輸出峰值	$V_m - V_D$	$V_m - V_D$	$V_m - 2V_D$
平均值	$\dfrac{(V_m - V_D)}{\pi}$	$\dfrac{2(V_m - V_D)}{\pi}$	$\dfrac{2(V_m - 2V_D)}{\sqrt{2}}$
均方根值	$\dfrac{V_m - V_D}{2}$	$\dfrac{V_m - V_D}{\sqrt{2}}$	$\dfrac{V_m - 2V_D}{\sqrt{2}}$
PIV	V_m	$2V_m - V_D$	$V_m - V_D$
波形因素 F.F. （忽略V_{DO}）	$\dfrac{\pi}{2}$	$\dfrac{\pi}{2\sqrt{2}}$	$\dfrac{\pi}{2\sqrt{2}}$
漣波因素 RF （忽略V_{DO}）	$\sqrt{(\frac{\pi}{2})^2 - 1}$ $= 121\%$	$\sqrt{(\frac{\pi}{2\sqrt{2}})^2 - 1}$ $= 48.3\%$	$\sqrt{(\frac{\pi}{2\sqrt{2}})^2 - 1}$ $= 48.3\%$

五、各種波形之參數特性比較（**理想二極體**）

波　　形	有效值V_{rms}	平均值V_{av}	波形因素 $F.F = \dfrac{V_{rms}}{V_{av}}$	波峰因素 $C.F. = \dfrac{V_m}{V_{rms}}$
全波弦波	$\dfrac{V_m}{\sqrt{2}} = 0.707V_m$	$\dfrac{2V_m}{\pi} = 0.636V_m$	$\dfrac{\pi}{2\sqrt{2}} = 1.11$	$\sqrt{2} = 1.414$
全波弦波	$\dfrac{V_m}{\sqrt{2}} = 0.707V_m$	$\dfrac{2V_m}{\pi} = 0.636V_m$	$\dfrac{\pi}{2\sqrt{2}} = 1.11$	$\sqrt{2} = 1.414$
半波整流	$\dfrac{V_m}{2}$	$\dfrac{V_m}{\pi}$	$\dfrac{\pi}{2}$	2
全波整流	$\dfrac{V_m}{\sqrt{2}}$	$\dfrac{2V_m}{\pi}$	$\dfrac{\pi}{2\sqrt{2}}$	$\sqrt{2}$
半波三角波	$\dfrac{V_m}{\sqrt{3}}$	$\dfrac{V_m}{2}$	$\dfrac{2}{\sqrt{3}}$	$\sqrt{3}$
鋸齒波	$\dfrac{V_m}{\sqrt{3}}$	$\dfrac{V_m}{2}$	$\dfrac{2}{\sqrt{3}}$	$\sqrt{3}$
直流	V_m	V_m	1	1

考型29　含電容濾波之整流器

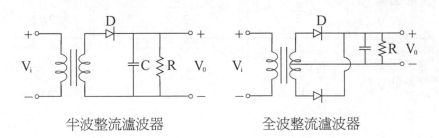

半波整流濾波器　　　　　　全波整流濾波器

1. 濾波：是將脈動直流電壓變成一個平穩的直流電壓，如上圖。

2. 濾波必須考慮的因素：

    a. 漣波因素 $r = \dfrac{V_{r(rms)} 漣波電壓有效值}{平均直流電壓}$

    b. 漣波因素愈小，表示濾波效果愈佳。

3. **半波整流濾波之漣波電壓**：$V_r = \dfrac{V_p}{Rcf}$

    半波整流濾波之導通角度：$\theta = \dfrac{\sqrt{2V_r}}{V_m}$

    半波整流濾波之導通時間：$\Delta t = \dfrac{\theta}{\omega} = \dfrac{1}{\omega}\sqrt{\dfrac{2V_r}{V_m}}$

4. **全波整流濾波之漣波電壓**：$V_r = \dfrac{V_P}{2Rcf}$

    $V_r = \dfrac{V_p}{2Rcf}$

    a.上二式，若二極體為理想則以 $V_P = V_m$ 代入

    b.若二極體含順偏電壓 V_D，則以

      $V_P = V_m - V_D$（半波與中心抽頭全波整流）

      $V_P = V_m - 2V_D$（橋式整流）

      代入。

歷屆試題

116.假設 $v(t) = V\sin(\omega t)$的均方根為v_1，當 $v(t)$通過一個理想全波
整流器後，其輸出電壓之均方根值為v_2，則 v_1 / v_2 等於 　(A) 1
　(B) 0.5　(C) 2　(D) 0.707。（❖**題型：有效值與平均值**）

【86 年二技電機】

解☞ ： (A)

1. 正弦波均方根值 $V_1 = \dfrac{V}{\sqrt{2}}$

2. 全波整流後均方根值 $V_2 = \dfrac{V}{\sqrt{2}}$

所以 $\dfrac{V_1}{V_2} = 1$

117.下圖為一整流電路，已知輸入電壓 V_s 的有效值為110V，60Hz：
R ＝ 1KΩ及C ＝ 1000 μF：假設二極體為理想，試求輸出漣波電壓（ripple voltage）？　(A) 2.6V　(B) 1.3V　(C) 1.8V　(D) 0.9V（✤
題型：含電容濾波器之半波整流器）

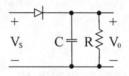

【88 年二技電子】

解☞ ： (A)

$$\because V_r = \frac{V_m}{fRC} = \frac{110\sqrt{2}}{(60)(1k)(1000\mu)} = 2.6V$$

118.承上題，輸出之漣波百分比（ripple %）為若干？　(A) 2.36%
(B) 1.67%　(C) 1.15%　(D) 0.82%（✤題型：含電容濾波器之半波
整流器）

【88 年二技電子】

解☞ ： (B)

$$V_r\% = \frac{V_r}{V_m} \times 100\% = \frac{2.6}{110\sqrt{2}} \times 100\% = 1.67\%$$

---

119. 承上題 120，若要使漣波百分比降至 0.5%，C 應修正為多少？
(A) 1667 μF   (B) 16.17 μF   (C) 3334 μF   (D) 33.34 μF（✜題型：含
電容濾波器之半波整流器）

【88 年二技電子】

解☞：(C)

$$V_r\% = \frac{V_r}{V_m} \times 100\%$$

$$\Rightarrow 0.005 = \frac{V_r}{110\sqrt{2}} \qquad \therefore V_r = 0.778V$$

$$\because V_r = \frac{V_m}{fRC}$$

$$\therefore C = \frac{V_m}{fRV_r} = \frac{110\sqrt{2}}{(60)(1K)(0.778)} = 3.333 \text{ mf} = 3333 \text{ μF}$$

---

120. 一橋式整流器的負載電阻 R 上並接了一電容 C，假如輸入為 60
H_Z 之弦波，且其峰值為 100V，負載 R = 10KΩ，求 C 值使其峰
對峰值之漣波電壓限制在 3V   (A) 27.78 μF   (B) 30.42 μF   (C) 17.23
μF   (D) 25.67 μf（✜題型：含濾波電容之整流器）

【86 年二技電機】

解☞：(A)

$$V_{r(p-p)} = \frac{V_m}{2f \cdot R_L \cdot C}$$

$$\therefore 3 = \frac{100}{(2)(60)(10K)C} \Rightarrow C = 27.78 \text{ μF}$$

121. 下圖為一橋式整流電路，則下列何者為二極體 D_1 上的電壓波形？（❖題型：橋式整流器）

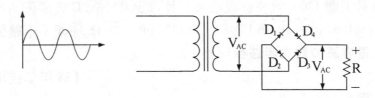

(A) ... t (B) ... t

(C) ... t (D) ... t

【85 年南台二技電子】

解☞：(D)

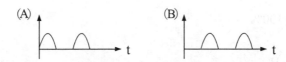

$D_1 = D_3 =$ ... t（負半週導通）

$D_2 = D_4 =$ ... t（正半週導通）

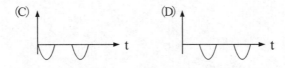

122. 橋式全波整流器中每個二極體的峰值逆電壓（peak inverse voltage）約為輸入弦波峰值的　(A) 4 倍　(B) 3 倍　(C) 2 倍　(D) 1 倍（❖題型：橋式整流器）

【84 年二技電機】

解☞：(D)

正半週時

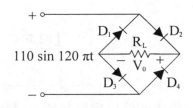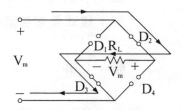

由等效圖知 $V_0 = V_m$

又 $V_{D2} + V_0 - V_{D1} = 0$

$\therefore V_{D1} = V_m + 0 = V_m$（即 V_{D1} 之逆電壓）

---

123. 右圖之半波整流電路中之 r_F 代表
二極體順向等效阻抗，r_B 代表逆向
等效阻抗，電源電壓的均方根值
為 300 伏特，試問此二極體承受之
尖峰逆向電壓（peak inverse vol-
tage）約為多少？　(A) 300　(B) 424
(C) 520　(D) 600 伏特。（✤題型：半波整流）

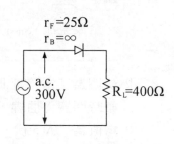

【83 年二技電機】

解☞：(B)

二極體在負半週時，承受逆向電壓

$\therefore V_m = \sqrt{2} \times 300 = 424.2$

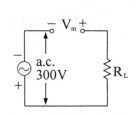

---

124. 單相全波橋式整流器，若不加濾波器時，其漣波因數（ripple factor）約為　(A) 4.5%　(B) 48%　(C) 121%　(D) 310%。（✥題型：橋式全波整流器）

【82 年二技電機】

解☞：(B)

125. 若正弦波經全波整流電後輸出的峰值電壓為V_{max}，整流後的均方根（root mean sqrare）值，下列何值最為正確？　(A) 0.318 V_{max}　(B) $0.5V_{max}$　(C) $0.636V_{max}$　(D) $0.707V_{max}$。（✥題型：全波整流器）

【82 年二技】

解☞：(D)

$$\text{全波整流 } V_{0(rms)} = \frac{V_{max}}{\sqrt{2}} = 0.707V_{max}$$

126. 如圖為某電路量測的週期性電壓與時間關係曲線，則該電壓的平均值為　(A) 5 伏　(B) 6 伏　(C) 5.5 伏　(D) 4.5 伏（✥題型：平均值）

【82 年二技】

解☞：(A)

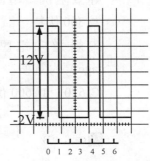

$$V_{ar} = \frac{1}{T}\int_T^0 v(t)\,dt = \frac{1}{4}\left[\int_0^1 (2+12)\,dt + \int_1^4 2\,dt\right]$$

$$= \frac{1}{4}[14+6] = \frac{1}{4}[20] = 5V$$

127. 一可調電源供應器在無載時的輸出電壓為 18V，而在滿載時輸出電壓則為 15V，則此電源供應器的電壓調整率應為　(A) 16.6%

(B) 20.0%　(C) 9.0%　(D) 83.3%（❖題型：電壓調整率）

【81 年二技】

解☞：(B)

$$V_R\% = \frac{V_{NL}-V_{FL}}{V_{FL}}\times100\% = \frac{18-15}{15}\times100\% = 20\%$$

128.(1)如右圖所示之單相半波整流器，R
為電阻性負載，D 為理想二極體，
則輸出電壓V_o的均方根值為　(A)
0.707 Vm　(B) 1 Vm (C) 0.5 Vm　(D)
0.318 Vm

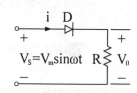

(2)同上題中，漣波因數（ripple factor）為　(A) 1　(B) 1.21　(C) 1.57
(D) 2（❖題型：半波整流器）

【81 年二技電機】

解☞：1. (C)　2. (B)

129.(1)一理想全波整流器之輸入電壓為$v(t) = 2 + \cos t + 3\sin 2t$ V，
則其輸入電壓之有效值為　(A) 3V　(B) 5V　(C) 6V　(D) 9V。
(2)上題之全波整流器若為理想變壓器交連型式，且變壓比為
1：1，則其輸出端的平均電壓為　(A) 2V　(B) 2.5V　(C) 4V
(D) 4.5V（❖題型：全波整流器）

【81 年二技電機】

解☞：(1) (A)　(2) (B)

(1) $V_{i,rms} = \sqrt{2^2+(\frac{1}{\sqrt{2}})^2+(\frac{3}{\sqrt{2}})^2} = 3V$

(2) $V_{0,av} = 0.636(1+3) = 2.544V$

130.(1)如右圖所示，當 a = 9，及 a = 4 時，V (t) 之有效值（均方根值）依序為　(A) 1/3，1/2 Volt　(B) 1/9，1/4 Volt　(C) 1，1 Volt　(D) 9，4 Volt

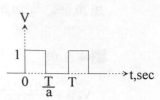

(2)如上題圖中之 V (t)，其平均值為　(A) T/a　(B) a　(C) 1/a　(D) 以上皆非（✛ 題型：均方根值，平均值）

【79 年二技電子】

解☞：(1) (A)　　(2) (C)

(1) $V_{rms} = \sqrt{\frac{1}{T}\int_0^T v\,(t)^2\,dt} = \sqrt{\frac{1}{T}\int_0^{\frac{T}{a}} 1^2 dt} = \frac{1}{\sqrt{a}}$

∴a = 9 ⇒ $V_{rms} = \frac{1}{3}$

a = 4 ⇒ $V_{rms} = \frac{1}{2}$

(2) $V_{av} = \frac{1}{T}\int_0^T v\,(t)dt = \frac{1}{T}\int_0^{\frac{T}{a}} 1\,dt = \frac{1}{a}$

131.某電源供應器未接負載時輸出電壓為 DC24V，在全負載時輸出電壓降為 DC20V，若不考慮量測電錶的負載效應，則該電源的調整百分率（percentage of regulation）是　(A) 16.7%　(B) 20.0%　(C) 15.5%　(D) 24.0%

【79 年二技電子】

解☞：(B)

$V \cdot R = \frac{V_{NL} - V_{FL}}{V_{FL}} = \frac{24 - 20}{20} = 20\%$

132.圖中 D 為 Si 二極體，且已知 v (t) = 10 sin 377t（Volt），則

(1)用直流伏特計測量V_0之讀值應為多少？

(2)通過二極體之最大電流是多少？

(3)二極體之峰值逆向電壓（P.I.V.）是多少？

(4)用示波器測量 V_o 時，兩個峰值分別是多少？（❖題型：半波整流器）

【78基層特考】

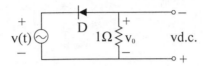

解☞：

(1)伏特計之讀值為有效值，且此為負半週之半波整流器，

$$V_o = -V_{rms} = -\frac{V_M}{\pi} = -\frac{10}{\pi}V$$

(2)$I_D = \frac{V_m}{R}$

(3)$PIV = V_m = 10V$

(4) 0V 及 10V

133.二極體橋式整流器之輸入為 $V_m \sin(2\pi60t)$，則不加濾波之輸出的直流成分為 (A)$\frac{\sqrt{2}V_m}{\pi}$ (B)$\frac{V_m}{\sqrt{2}}$ (C)$\frac{2V_m}{\pi}$ (D)$\frac{2V_m}{\sqrt{2}}$ （❖題型：橋式全波整流）

【77年二技電子】

解☞： (C)

134.在一橋式整流中，變壓器能與負載位置調換嗎？試說明理由。

（❖題型：橋式整流）

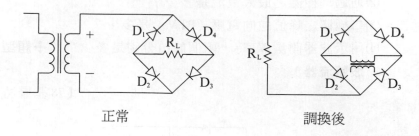

正常　　　　　　　　　　　　　調換後

【76年普考】

解☞：不能調換。因調換後在正半週 $D_1 - D_4$ 均不導通,但在
負半週 $D_1 - D_4$ 均導通,所以無法工作,甚至會有燒壞變
壓器與二極體元件的可能(近似短路)。

---

135. 如下圖所示的D代表一順向壓降為0的理想二極體,M代表一
交流電壓表,則M上的讀值應為: (A) 0伏 (B) 10伏 (C) 10.5
伏 (D) 14.8伏(❖題型:半波整流器)

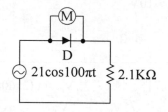

【77年二技電機】

解☞：(C)

1. 此為半波整流器

2. 交流電壓表之讀值為均方根值

$$\therefore V_{rms} = \frac{V_m}{2} = \frac{21}{2} = 10.5V$$

136.(1)有一簡單電路如右圖所示，
若輸入電壓為一正弦波 110
sin120πt，則橫跨R_L兩端之平
均輸出電壓為　(A) 73.3 伏特
(B) 52.3 伏特　(C) 110 伏特　(D)
0 伏特

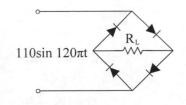

110sin 120πt

R_L

(2)同上題，流經R_L之電流頻率為　(A) 60Hz　(B) 120Hz　(C) 240Hz
(D)無電流流經R_L（❖題型：橋式全波整流）

【75 年二技電機】

解☞：(1) (A)　(2) (A)

(1)$V_{av} = \dfrac{2}{\pi}V_m = \dfrac{2}{\pi}(110) = 70.028V$

(2)$V_I = V_m \sin wt = V_m \sin 2\pi ft = 110 \sin 120\pi t$

即　$2\pi f = 120\pi$　∴$f = 60$ Hz

137.下圖之輸入電壓為$V_I = 100 \cos [2\pi (60) t]$伏。

(1)令 C = 0 繪出100Ω負載電阻端電壓波形，標明其 (a) 峰值
（peakvalue）(b)與 V_i 之相位關係（至少一週）。

(2)令 C = 1000 μF 並假設二極體導電期間遠短於 V_i 之週期，求負載
電阻 V_i 兩端之漣波（ripple）電壓之峰至峰值（peak-to-peak vol
tage）。（❖題型：半波整流器及含濾波電容半波整流器）

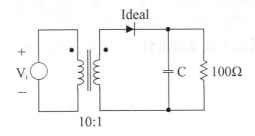

Ideal

V_i

C　100Ω

10:1

解☞：

(1) $C = 0 \Rightarrow \because X_c = \dfrac{1}{sc} = \infty$ 即代表 C 為斷路，則此為半波整流器。

變壓器 $\dfrac{V_{im}}{V_{sm}} = \dfrac{10}{1} \Rightarrow V_{s,m} = \dfrac{V_i}{10} = \dfrac{100}{10} = 10 = V_{0,m}$

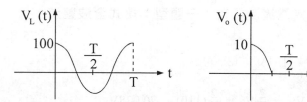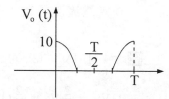

(2) $C = 1000\ \mu F \Rightarrow$ 則此電路為含濾波之半波整流器漣波電壓

$$V_r = \dfrac{V_m}{fRC} = \dfrac{100}{(60)(100)(1000\mu)} = 16.67V$$

題型變化

138. 如下圖所示之濾波整流電流，設次級圈電壓為 $100V_{ms}$，C=1000 μf，
$I_{dc} = 10\ mA$，設二極體導通壓降為 0.7V，試求：

(1) 輸出的漣波電壓峰對峰值（$V_{r(p-p)}$）

(2) 輸出的直流電壓（V_{dc}）

(3) 漣波因素（r）

（❖題型：全波整流器）

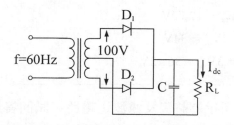

解☞：

$$(1)\ V_{r(p-p)} = \frac{V_m}{2fRC} = \frac{I_m}{2fC} = \frac{I_{dc}}{2fC} = \frac{10\ mA}{(2)(60)(1000\mu)} = 0.0833V$$

$$(2)\ V_{dc} = V_m - V_D - \frac{1}{2}V_{r(p-p)} = \frac{100}{\sqrt{2}} - 0.7 - \frac{0.0833}{2} = 70V$$

$$(3)\ V_{r(rms)} = \frac{V_{r(p-p)}}{2\sqrt{3}} = 0.024V$$

$$\therefore r = \frac{V_{r(rms)}}{V_{dc}} \times 100\% = \frac{0.024}{70} \times 100\% = 0.034\%$$

139. 如下圖，(1)變壓器之次級線圈標示$12V_{rms}$，則 C_2 之耐壓至少須為何？(2) C_3 兩端之電壓為何？(3) AB 兩端電壓為何？（✤題型：全波整流器）

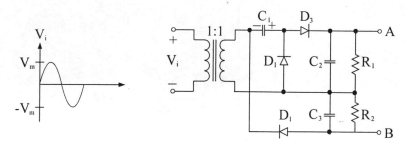

解☞：

$$(1)\ V_m = \sqrt{2}V_{rms} = 12\sqrt{2}v$$

$$V_{c2} = V_m = 12\sqrt{2}V$$

(2) $V_{c3} = 2V_m \approx 34V$

(3) $V_{AB} = 3V_m = 36\sqrt{2}V$

---

140. 如下圖中所示為整流及濾波之電路,試回答以下之問題:

(1) 繪出經整流後之波形(以虛線表示),以及經濾波之後的波形(以實線表示)。

(2) 根據圖示之信號導出負載兩端電壓之直流成份(V_{dc})及流過負載電流之直流成份(I_{dc})。

(3) 當 $V_c = 100\sqrt{2}\sin(2\pi \times 50)t$,$C = 200\ \mu F$,$R_L = 100\ \Omega$時,求 V_{dc} 及 I_{dc} 之值。(❖題型:含濾波電容之抽頭式全波整流器)

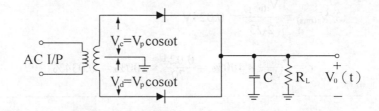

解 ☞:(1) 全波濾波整流器

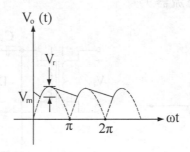

(2) $V_r = \dfrac{V_m}{2fRC}$

$$V_{dc} = V_m - \frac{V_r}{2} = V_m - \frac{V_m}{4fRC}$$

$$I_{dc} = \frac{V_{dc}}{R_L} = \frac{V_m}{R_L}\left(1 - \frac{1}{4fRC}\right)$$

$$(3)\ V_r = \frac{V_m}{2fRC} = \frac{100\sqrt{2}}{2\,(50)\,(100)\,(200\mu)}$$

$$= 50\sqrt{2}\ (V)$$

$$V_{dc} = V_m - \frac{V}{2} = 100\sqrt{2} - \frac{50\sqrt{2}}{2} = 75\sqrt{2}\ (V)$$

$$I_{dc} = \frac{V_{dc}}{R_L} = \frac{75\sqrt{2}}{100} = 1.06\ (A)$$

---

141. 如下圖，$V_s(t) = A \sin \frac{2\pi}{T} t$，D 為理想，$RC \gg T$

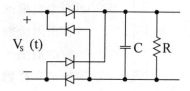

(1) 求輸出電壓中，峰對峰之漣波大小（$V_{r(p-p)}$），與輸出峰值之關係。

(2) 若要求 $V_r \le 0.01 V_p$ 時，應如何選用 C？（✥題型：橋式全波整流器）

解☞：

$$(1)\ V_{r(P-P)} = \frac{V_m}{2fRC} = \frac{V_m T}{2RC} = \frac{AT}{2RC}$$

$$(2)\ \because V_{r(p-p)} = \frac{AT}{2RC} \le 0.01V$$

$$\therefore C \ge \frac{AT}{(2)\,(0.01)R} = 50\frac{I}{R}$$

2-9〔題型十六〕：特殊二極體及閘流體

考型 30 特殊二極體觀念題

	電路符號	偏壓	特　性
曾納二極體	——▶⊢	逆偏	(1)曾納二極體（崩潰二極體），工作於逆向崩潰區。崩潰電壓取決於雜質濃度，濃度高，則崩潰電壓低。 (2)崩潰電壓 > 6V，屬於累增崩潰，具有正溫係數。崩潰電壓 < 6V，屬於曾納崩潰，具有負溫係數。 (3)曾納二極體使用在穩壓、保護及截波電路上。
發光二極體	——▶⊬	順偏	由電產生光。
光電二極體	——▶⊬	逆偏	由光產生電，電流大小與入射光強弱成正比。
蕭特基二極體	——▶⊢	順偏	(1)金屬與摻雜濃度少的半導體製成。 (2)電流為多數載子的漂移電流，無少數載子儲存特性，故適合高速使用。 (3)形成歐姆接觸。

變容二極體		逆偏	(1)經由逆向偏壓，而改變空乏區寬度，以改變內部電容量。 (2)用在自動頻率控制電路。
透納二極體		順偏	(1)又稱隧道或江崎二極體。 (2)高摻雜濃度、空乏層很薄，小偏壓便可穿透。 (3)適合震盪及高頻電路。 (4)具負電阻特性。 (5)高轉換增益，低消耗功率。
光電晶體		順偏	以 I^λ 表基極電流，集極電流 $I_c = \beta I^\lambda$

考型 31　閘流體 UJT

一、**閘流體**：閘流體是擔任高功率輸出的開關上。

二、**閘流體的種類**

　　1. 單接面電晶體（UJT）

　　2. 雙向激發二極體（DIAC）

　　3. 矽控整流器（SCR）

　　4. 交流矽控整流器（TRIAC）

三、**單接面電晶體（UJT）**

　　1. UJT 是三腳元件

　　2. UJT 只有一個 PN 接面

3. UJT 的電子符號

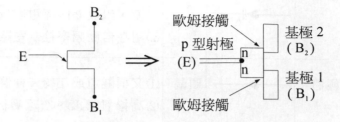

4. UJT 的等效電路（當 $I_E = 0$ 時）

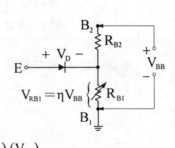

(1) $V_{RB1} = \dfrac{(R_{B1})\,(V_{BB})}{R_{B1} + R_{B2}} = \eta V_{BB}$

(2) **本質比** intrinsic ratio　$\eta = \dfrac{R_{B1}}{R_{B1} + R_{B2}}$（通常 $\eta = 0.47 \sim 0.85$）

(3) 電路分析

　　$V_E > \eta V_{BB} + V_D \Rightarrow$ UJT：ON

　　$V_E \leq \eta V_{BB} + V_D \Rightarrow$ UJT：OFF

5. UJT 的特性曲線

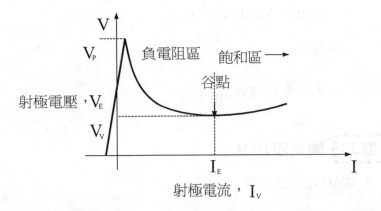

6. 常用的 UJT 編號

(1) 2N 489

(2) 2N 1671

(3) 2N 2646

(4) 2N 2647

7. UJT 的應用：振盪器

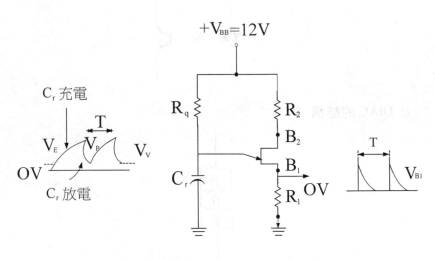

(1)電容上的電壓

$$V_{CT}(t) = V_{BB}(1 - e^{-\frac{1}{R_T C_T}})$$

(2)週期

$$T = R_T C_T \ln(\frac{1}{1-\eta})$$

考型 32 閘流體 DIAC

1. DIAC 是二腳元件

2. DIAC 是二個 PN 接面

3. DIAC 主要用途為功率控制電路

4. DIAC 可雙向導通

5. DIAC 的電子符號

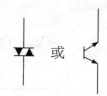 或

6. DIAC 的結構

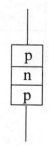

7. DIAC 的特性曲線

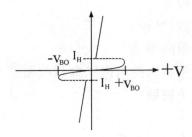

(1) $V \geq 1 \pm V_{B0} 1 \Rightarrow$ DIAC：ON

(2) DIAC：ON 時，電壓會降至最低值

(3) 保持電流 I_H，為保持 DIAC ON 時的最小電流。

8. DIAC 的應用：振盪器

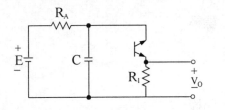

(1) 電容電壓

$$V_c(t) = E\,(1 - e^{-\frac{1}{RAC}})$$

(2) 週期

$$T \approx RAC\ln\left(\frac{E}{E - V_{BO}}\right)$$

9. 常用的 DIAC 編號：ST2

考型 33 閘流體 SCR

1. SCR 是三腳元件
2. SCR 是三個 PN 接
3. SCR 只能單向導通
4. SCR 主要用途為控制提供負載的電流大小
5. SCR 的電子符號

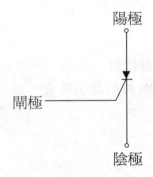

6. SCR 的結構

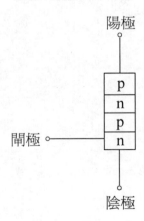

7. SCR 的特性曲線

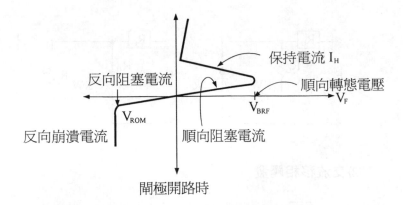

閘極開路時

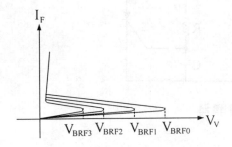

(1)當陽極──陰極（V_F）逆偏時，有一極小的逆向電流：反向阻塞電流

(2)當 $0 < V_F < V_{BRF}$ 時（順偏）的電流：順向阻塞電流，其值亦小。

(3)當 $V_F > V_{BRF}$ 時，順向電流（陽極電流）增大，而 V_F 變小。

(4)$I_F > I_H$ 時，SCR：ON

(5)$I_{G3} > I_{G2} > I_{G1} > I_{G0}$ 時 $\Rightarrow V_{BRF3} < V_{BRF2} < V_{BRF1} < V_{BRF0}$

8. SCR 的觸發方式

　　(1)直流觸發

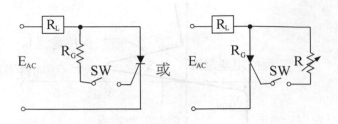

　　(2)交流移相觸發

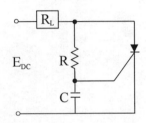

　　(3)脈波觸發

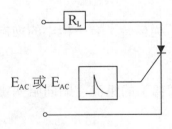

9. 常用的 SCR 編號

　　(1) C106R

　　(2) 2SF106B

考型 34 閘流體 TRIAC

1. TRIAC 可雙向導通。

2. TRIAC 的電子符號

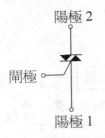

陽極 2

閘極

陽極 1

3. TRIAC 的等效電路

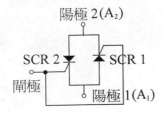

陽極 2(A₂)

SCR 2   SCR 1

閘極   陽極 1(A₁)

4. TRIAC 的特性曲線

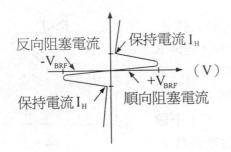

反向阻塞電流   保持電流 I_H

$-V_{BRF}$ （V）

$+V_{BRF}$

保持電流 I_H   順向阻塞電流

5. TRIAC 的觸發方式

(1)比較 A₂ 對於 A₁ 為正或負，共有 4 種導通觸發的方式：

（如下）

方式	①	②	③	④
A_2	+	+	−	−
閘極	+	−	+	−
TRIAC	ON			

(2) 接線方式

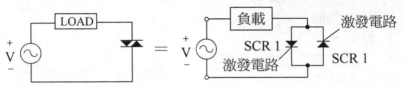

6. 常用的 TRIAC 編號
   (1) 2N 5567
   (2) 2N 5568
   (3) 2N 6342

歷屆試題

142. 如右圖所示的電路,輸入弦波電源的均方根值為110V,若SCR的觸發角度為60°,則輸出的直流電壓V_0約為: (A) 26V (B) 37V (C) 52V (D) 74V。(❖題型:閘流體SCR半波整流器)

【87年二技電子】

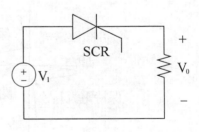

解☞:(B)

1. 此為半波整流器

$$\because 觸發角為 60°，即 60°=\frac{\pi}{3}$$

$$\therefore V_o=\frac{1}{T}\int V_m（t）dt=\frac{1}{2\pi}\int_{\frac{\pi}{3}}^{\pi}110\sqrt{2}\sin\theta d\theta = 37.14V$$

---

143. 圖 70 中電源 AC100V，
負載 $R_L = 100\Omega$，欲使
負載獲得平均功率
50W，則 SCR 之激發角
度應為多少？

(A) 135° (B) 60° (C) 45°

(D) 90°。（✦題型：

閘流體 TRIAC 全波整流器）

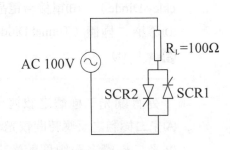

【86 年二技電子】

解☞： (D)

1. 此為全波整流 $\therefore V_{rms} = \frac{V_m}{\sqrt{2}}$

$$\therefore P_L = I_{rms}V_{rms} = \frac{V_{rms}^2}{R_L} = \frac{1}{2}\frac{V_m^2}{R_L}$$

在 SCR 中 $P_L = \frac{1}{2}\frac{V_m^2}{R_L}\sin\theta = \frac{1}{2}\frac{(100)^2}{100}\sin\theta = 50w$

$$\therefore \sin\theta = 1 \Rightarrow \theta = 90°$$

---

144. 下面有關感測器元件之敘述中，何者有誤？

(A)當陽光照射在光敏電阻上，其電阻值隨光強度之增加而降低。

(B)光二極體一般以反向偏壓來操作。

(C)光電晶體為結合半導體的光反應特性與電晶體的放大能力於
一體之元件。

(D)電阻性溫度檢知器（RTD）若由白金金屬組成，則是一種負溫度係數的元件。　　　　　　　　　　【84 年二技電子】

解☞：(D)

---

145. 下列元件中，何者不具有負電阻特性？　(A)蕭克利二極體（Shockley Diode）　(B)單接合電晶體（UJT）　(C)場效電晶體（FET）(D)透納二極體（Tunnel Diode）。　　　　　【84 年二技電子】

解☞：(A) (C)

---

146. 下列有關光二極體之敘述，何者是正確的？
(A)光二極體之反應時間較光導電池（photo conductive cell）為慢。
(B)光二極體之靈敏度較光電晶體為高。
(C)光二極體一般在反向偏壓下工作。
(D)照光愈強，順向電流愈大。　　　　　　　【83 年二技電子】

解☞：(C)

---

147. 下列何者適用於隔離高壓電路對數位控制電路之危害？　(A)增加電晶耐壓　(B)加大電流容量　(C)使用保險絲　(D)使用光耦合元件。　　　　　　　　　　　　　　　　　【81 年二技】

解☞：(D)

---

148. 如下圖所示單相相位控制轉換器（converter），R 為純電阻性負載，T 為理想閘流體，$V_m = 100$ 伏特，若觸發角（或延遲角）α 為 $90°$，則輸出電壓 V_0 的平均值為　(A) 15.92　(B) 31.84　(C) 0　(D) 63.68 伏特。　（✤題型：閘流體 SCR 半波整流體）

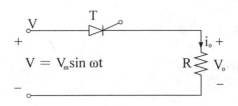

$$V = V_m \sin \omega t$$

【82年二技】

解☞： (A)

$$V_o = \frac{1}{T} \int V_m\ (t)\ dt = \frac{1}{2\pi} \int_0^{\frac{\pi}{2}} 100\sin\theta d\theta$$

$$= \frac{100}{2\pi}(-\cos\theta)\Big|_0^{\frac{\pi}{2}} = \frac{100}{2\pi} = 15.9V$$

---

149. 下圖電路，若$V_s = 10$Volts，訊號源內阻$R_s = 100\Omega$，如果其閘極直流內阻 $R_{GK} = 50\Omega$，且 SCR（矽控整流器）閘極觸發功率為 0.5 Watt，請問閘極是否能觸發導通。證明之。（❖題型：閘流體半波整流）

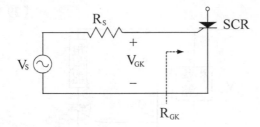

【81年丙等特考】

解：(1) SCR 觸發導通，必須$I_G > I_{GT}$（一般而言$I_{CT} \fallingdotseq 10\sim100$ mA）

因為$P_{GK} = I_{GT}^2 R_{GK}$

$$\therefore I_{GT} = \sqrt{\frac{P_{GK}}{R_{GK}}} = \sqrt{\frac{0.5}{50}} = 0.1A$$

$$\therefore V_{GK} = I_{GT}R_{GK} = (0.1)(50) = 5V$$

(2)又因 $I_G = \dfrac{V_{GS} - V_{GK}}{R_S}$

$\qquad = \dfrac{10V - 5V}{100\Omega}$

$\qquad = 0.05 \text{ Amp}$

因為 $0.05\text{Amp} < I_{GT} = 0.1 \text{ Amp}$

∴ 不可觸發導通

---

150. 曾納二極體最常用於　(A)整流　(B)穩定電壓　(C)檢波　(D)混波。　　　　　　　　　　　　　　　　　　　　【73 年二技】

解☞：(B)

---

151. 下圖中 V_{ac} 為 110V 臺電電源，若觸發角為 45°，則電阻器兩端電之均方根值為　(A) 105　(B) 106　(C) 107　(D) 108 伏特，其中 π = 3.1416。（❖題型：閘流體 TRIAC 全波整流）

【79 年二技】

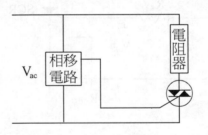

解☞：(A)

$V_{rms} = [\dfrac{1}{T} \int_0^T V_m^2(t)\sin^2\theta d\theta]^{\frac{1}{2}} = \left[\dfrac{2}{2\pi} \int_{\frac{\pi}{4}}^{\pi} (110\sqrt{2})^2 (\dfrac{1-\cos2\theta}{2}) d\theta \right]^{\frac{1}{2}}$

$\qquad = 104.88V$

152.矽控整流器（SCR）的順向電壓降約為　(A) 0.2～0.3 伏特　(B) 1～2伏特　(C)9～10伏特　(D)10～20伏特（✤題型：閘流體SCR）

【77 年二技】

解☞：　(B)

---

153. SCR 串聯電阻性負載，外加 110 伏交流電源，若導通角為 60 度，負載平均直流為 1 安培，求此時負載電流的有效值為何。

（✤題型：閘流體 SCR（半波整流））

【75 年二技】

解☞：

1. $\because I_{av} = \frac{1}{T} \int I_m \sin\theta d\theta = \frac{1}{2\pi} \int_{\frac{\pi}{3}}^{\pi} I_m \sin\theta d\theta = \frac{I_m}{2\pi}(-\cos\theta)\Big|_{\frac{\pi}{3}}^{\pi}$

$= \frac{3I_m}{4\pi} = 1A$

$\therefore I_m = I_{av} \left(\frac{4\pi}{3}\right) = \frac{4\pi}{3}A$

2. $\therefore I_{rms} = \left[\frac{1}{T}\int_{\frac{\pi}{3}}^{\pi} I_m^2 \sin^2\theta d\theta\right]^{\frac{1}{2}} = \left[\frac{I_m^2}{2\pi}\int_{\frac{\pi}{3}}^{\pi} \frac{1-\cos 2\theta}{2} d\theta\right]^{\frac{1}{2}}$

$= I_m(0.45) = 1.89A$

154.變容二極體是什麼？

(1)可用來作頻率調變的二極體電容是　(A)擴散電容　(B)過渡電容　(C)順向電容　(D)雜散電容

(2)變容二極體下列敘述何者為正確？　(A)可作電壓控制可變電阻（VVR）　(B)用於自動頻率控制（AFC）電路　(C)可用於自動增益控制（AGC）電路　(D)漏電流小　(E)空乏區寬度因反向偏壓增大而減少　(F)接面電容C_T隨反偏增大而增大

(3)變容二極體之電容量，在實用上常用　(A)順向電流　(B)順向電壓　(C)反向偏壓　(D)溫度　來調變之　　【73年二技】

解☞：(1) (B)　　(2) (B)、(E)　　(3) (C)

155.隧道二極體相關問題：

(1)隧道二極體之雜質濃度大大提高，約為　(A) $1:10^8$　(B) $1:10^9$　(C) $1:10^5$　(D) $1:10^3$

(2)關於隧道二極體，何者敘述為真？　(A)可做大功率放大　(B)交換速度快　(C)障壁寬度很薄　(D)具有負電阻性

(3)關於隧道二極體，下列何者為真？　(A)輸出電壓擺幅大　(B)雜音干擾抵抗力大　(C)訊號響應時間極短，可工作於高頻　(D)可用於自動增益控制　(E)高轉換增益，低功率耗損及低雜訊　(F)為一負電阻特性之主動元件　　【72年二技】

解☞：(1) (D)　　(2) (B)、(C)、(D)　　(3) (C)、(E)、(F)

題型變化

156. LED 的發光度　(A)與順向電流成正比　(B)與反向電流成正比　(C)與順向電流成反比　(D)與反向電流成反比

解☞：(A)

157.下列半導體元件何者係在順向偏壓工作：　(A) Zener 二極體　(B) LED　(C)光檢測器　(D)隧道二極體

解☞：(B)、(D)

158. LED 發出的光的顏色　(A)與外加電壓有關　(B)與外加電壓的頻率有關　(C)與二極體的材料合成成份有關　(D)與通過電流大小有關

解☞： (C)

159.在下列半導體裝置中，何者具有負電阻特性　(A)變容二極體
(B)隧道二極體　(C)曾納二極體　(D)場效電晶體
解☞： (B)

160.光耦合器的輸出與輸入間是以什麼來交連？　(A)磁力線　(B)電
力線　(C)電子流　(D)光子流
解☞： (D)

161.下列元件中，那一種元件無負電阻性　(A)矽控整流器（SCR）
(B)單接面電晶體(UJT)　(C)曾納二極體　(D)隧道二極體
解☞： (C)

CH3 BJT直流分析（BJT：DC Analysis）

引讀

1. 本章考型 35，出題機率頗高，尤其是如何提高β值（第 19 點）歐力效應（early effect）（第 22 點），都是相當熱門的題型。

2. 考型 39，亦為重要的計算題型。讀者，只要緊抱這以下觀念即可解題：

   (1) 若是 BJT 在作用區（主動區），即以電流方程式（$I_C = \beta I_B$，$I_E = (1 + \beta)I_B$）及包含V_{BE}的迴路分析來分析，即可。

   (2) 若是 BJT 在飽和區，即以包含 V_{BE} 迴路作分析，求出 I_B，另包含V_{CE}迴路作分析，求出 I_C，即可解題。

3. 考型 42，只要以文中介紹的解題步驟，即可求解。

4. 考型 41，需牢記最佳工作點下，I_{CQ} 及 V_{CEQ} 的公式，即可迅速解題。

3-1〔題型十七〕：BJT 的物理特性

考型 35 BJT 物理特性

1. BJT 是電流控制型的元件。

2. BJT 是雙載子元件，即多數載子及少數載子之電流。

3. BJT有四個工作區，即，主動區，飽和區，逆向主動區，截止區。

4. BJT 的工作區判斷法,如下

〔方法一〕:**四象限法**

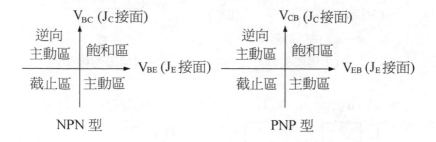

NPN 型 　　　　　　　　　　　PNP 型

〔方法二〕:millman 及 smith **理論**

	J_E 接面	J_C 接面
主動區	順偏	逆偏
飽和區	順偏	順偏
逆向主動區	逆偏	順偏
截止區	逆偏	逆偏

5. BJT 的工作區,是由直流偏壓決定的。

6. BJT 的發展,是沿二極體 PN 接面技術而得,故 BJT 有二個 PN 接面。

7. BJT 各工作區域之特性,可由易伯莫耳理論推導之。

8. 易伯莫耳理論,即以二個二極體,視為二個 PN 接面,依順偏、逆偏而推導出,BJT 之各工作區的特性。

9. 易伯莫耳（Ebers-Moll）理論的接線方式如下：

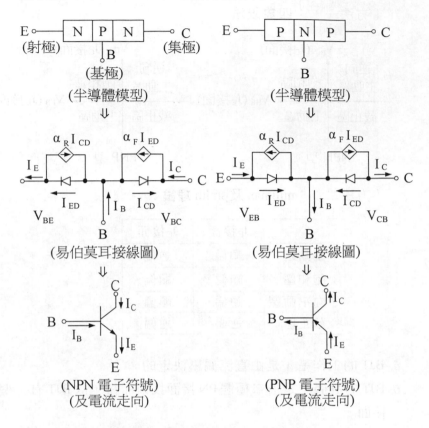

（NPN 電子符號）（及電流走向）

（PNP 電子符號）（及電流走向）

10. 由克希荷夫電流定律及易伯莫耳分析知：

$I_E = I_B + I_C$

(1) I_B 與 I_C 永為同向。（即同時流入或同時流出）

(2) I_E 與 I_C 永為反向。（即一個流入，另一個流出）

11. BJT 各極的任務

(1)射極：發射載子。

(2)基極：是載子擴散穿越及復合之處。

(3)集極：收集載子。

12. BJT 之濃度比：$N_E > N_B > N_C$

13. BJT 之耐壓比：$C > B > E$

（耐壓與濃度互成反比）

14. BJT 之寬度比：$W_C > W_E > W_B$

15. BJT 之漏電流比：$I_{CEO} \gg I_{CBO}$

16. BJT 之最大逆向電壓比：$BV_{CBO} > V_{CEO} > V_{EBO}$

其中

I_{CBO}：共基式之逆向飽和電流

（即射極端開路，流經 CB 接面之漏電流）

I_{CEO}：共射式之逆向飽和電流

V_{CBO}：E 極開路，CB 極之最大逆向電壓

V_{CEO}：B 極開路，CE 極之最大逆向電壓

V_{EBO}：C 極開路，EB 極之最大逆向電壓

17. I_{CBO} 與 I_{CEO} 與二極體逆向飽和電流一樣，會因溫度增大而變大。

18. ① BJT 做放大器使用需在：**主動區**

② BJT 在類比電路中做開關使用，或數位電路作反相器使用，

需在：**飽和區及截止區。**

③ BJT 的逆向主動區，只有在 TTL 數位電路中需用。

19. 欲提電流增益，則需提高β值，其法如下：

① 減小基極寬度。

此法不佳，因為會使電容效應增大，而使高頻響應受限。

$$(\because C = \frac{\varepsilon A}{W})$$

② 降低基極雜質濃度

③ 增加射極雜質濃度

20. BJT 之接線方式有三種組態

	PNP	NPN
共基極式 CB	E、C 輸入 輸出 B、B	E、C 輸入 輸出 B、B
共射極式 CE	B、C 輸入 輸出 E、B	B、C 輸入 輸出 E、E
共集極式 CC	B、E 輸入 輸出 C、C	B、E 輸入 輸出 C、C

21. 基極寬度太小，會有以下不良因素：

(1)極際電容增大，使高頻工作受限制。

(2)易被電壓打穿。

(3)耐壓越低。

22. BJT 的理想輸出特性曲線與實際的輸出特性曲線之比較（以 NPN 共射極為例）

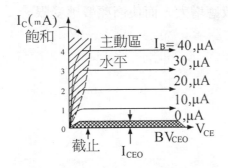
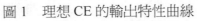

圖 1　理想 CE 的輸出特性曲線

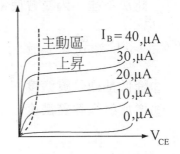

圖 2　實際 CE 的輸出特性曲線

討論

(1)輸出特性曲線之繪製法：

　　a. 固定 I_B 值， b. 調度 V_{CE} 值， c. 測量出 I_C 值

(2)在理想的主動區時，其 I_C 為固定值，並不隨 V_{CE} 調變而變化。

(3)實際情況的主動區，其 I_C 會受 V_{CE} 影響。

(4)此種差異，即是歐力效應（Early Effect）

23.歐力效應（Early Effect）

(1)**歐力效應之解說**

　　① BJT 在作用區時，V_{BE}為順偏，BE 接面之空乏區寬度減
　　　小。而 V_{BC} 為逆偏，所以BC接面之空乏區寬度變大。

　　②若 V_{BC} 逆偏續增大，則BC接面之空乏區寬度更大，而使
　　　基極之有效寬度變更小。

　　③基極有效寬度變更小，使得在載子在基極中復合的機率變
　　　更少，因而使 I_C 更大。

　　④若 V_{BC} 逆偏增更大，而使基極有效寬度 $W_B' = 0$時，即引
　　　起電晶體崩潰。

　　⑤此種崩潰，稱為**穿透**（punch through）

　　⑥綜論 $V_{CE}\uparrow \Rightarrow V_{CB}\uparrow$（即逆偏）$\Rightarrow$Jc之空乏區寬度$\uparrow \Rightarrow$基極
　　　有效寬度 W_B'

　　　$\Rightarrow \beta\uparrow \Rightarrow I_C\uparrow$

　　⑦此種因 V_{BC} 逆偏（即 V_{CB}）調變，而使基極有效寬度發生
　　　調變，所以**歐力效應又稱基極寬度調變**。

　　⑧因歐力效應使電晶體發生穿透崩潰之 V_{CE} 值稱為歐力電
　　　壓 V_A。

(2)**歐力效應之影響**

　　①在主動區，I_C 不再是固定值，而是隨 V_{CE} 增大而增大。

　　②影響基極有效寬度。

　　③發生穿透崩潰。

(3)改善歐力效應之法

即提高歐力電壓 V_A 值，其法如下：

①提高基極寬度（W_B），使其不易發生崩潰，但此法會使得 β 值降低，所以不佳。

②降低集極雜質濃度 N_C，使 $N_B \gg N_C$

③增加基極雜質濃度

④V_A 與濃度有關（$V_A = \dfrac{qN_BW^2}{2\varepsilon_X}$），一般約 $30 \sim 150V$

24.考題中，若註明有歐力電壓 V_A 存在，即代表有 BJT 含有輸出電阻 r_0

$$r_0 \cong \frac{V_A}{I_{CQ}}$$

(1)考題中，若有 V_A，r_0，則代表輸出特性曲線在主動區時，是微幅以正斜率上升。即為實際情況。此時小訊號分析之等效電路，需含 r_0。而若作直流分析，則

$$I_C = I_S e^{V_{BE}/V_T}[1 + \frac{V_{CE}}{V_A}] = I_{CO}[1 + \frac{V_{CE}}{V_A}]$$

I_{CO} 為理想情況下之 I_C 值。

(2)考題中，若註明 $V_A = \infty$，$r_0 = 0$，則代表此題為理想 BJT。則小訊號等效電路不含 r_0，而直流分析

$$I_C = \beta I_B$$

25. BJT 的崩潰有二

(1)**穿透崩潰**（punch-through）：

①當逆偏 V_{EC} 過大時，J_E 和 J_C 空乏區碰在一起，造成基極被穿透，即基極有效寬度 $W = 0$，而使集極電流過大，造成元件崩潰。此種崩潰稱為穿透崩潰，是由歐力效應引起的。

②改善法：同改善歐力效應的方法一樣。

(2)**累增崩潰**（Avalanche）

①因自由電子在空乏區中,獲得電場的能量,而加速撞擊出其他的自由電子,如此循環,而形成大的電流,造成電晶體崩潰。稱之。

②累增崩潰發生在元件電場較大之地方。如 J_C 接面空乏區。

26. BJT 的額定值

    (1)最大集極電流 I_C(max)

    (2)最大功率散逸 P_C(max)

    (3)最大輸出額定值 V_C(max)

    (4)當基極開路時之射極接面最大逆向偏壓 BV_{CEO}(max)

27. 以 PN 接面之特性形成之元件,順偏工作,則為雙載子元件(例如:BJT)。若以逆偏工作,則為單載子元件。(例如:FET)

28. npn 元件 I_C 主要成分是多數載子電子流。

    pnp 元件 I_C 主要成分是多數載子電洞流。

考型 36 ╎ BJT 的漏電流及電流方程式計算

一、漏電流 I_{CBO} 與 I_{CEO}

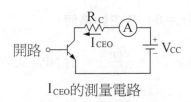

I_{CEO} 的測量電路

I_{CBO} 的測量電路

    1. 考慮 I_{CEO}

$$I_C = \alpha I_E + I_{CBO} \xrightarrow{\text{近似}} I_C = \alpha I_E$$

2. 考慮 I_{CBO} 時

$$I_C = \beta I_B + I_{CEO} = \beta I_B + (1 + \beta)I_{CBO} \xrightarrow{\text{近似}} I_C = \beta I_B$$

3. $I_{EO} = (1 + \beta)I_{CBO}$

4. I_{CBO}另一表示式為I_{CO}

5. $\alpha = \dfrac{\beta}{1 + \beta}$，所以$\alpha \approx 1$ 但小於 1

6. $\beta = \dfrac{\alpha}{1-\alpha}$

二、漏電流與溫度之關係

1. $I_{CBO2} = (I_{CBO1}) \left[2^{\frac{T_2 - T_1}{10}} \right]$

2. $I_{CEO2} = (I_{CEO1}) \left[2^{\frac{T_2 - T_1}{10}} \right]$

3. T 為攝氏℃之單位

三、理想BJT（即 $V_A = \infty$，或 $r_o = 0$）在主動區時

$$I_C = \beta I_B$$

四、實際BJT（即$V_A \neq \infty$，或$r_o \neq 0$）在主動區時

1. $I_C = I_S e^{\frac{v_{BE}}{V_T}} \left[1 + \dfrac{V_{CE}}{V_A} \right] = I_{OC} \left[1 + \dfrac{V_{CE}}{V_A} \right]$ ←對 NPN 而言

2. $I_C = I_S e^{\frac{v_{EB}}{V_T}} \left[1 + \dfrac{V_{EC}}{V_A} \right] = I_{OC} \left[1 + \dfrac{V_{EC}}{V_A} \right]$ ←對 NPN 而言

其中I_{OC}為理想BJT 之I_C值。

3. $r_o = \dfrac{V_A}{I_{CQ}}$

162. 當 BJT 之 B-E 接面順偏，B-C 接面順偏時，此時操作在那一模
式　(A)順向作用　(B)反向作用　(C)截止　(D)飽和

【86 年二技電機】

解☞：　(D)

---

163. 為獲得大的 β 值而設計的 BJT，其集極 (C)、基極 (B) 與射極 (E)
的摻雜濃度（doping concentration）情況為下列何者？　(A) C >
B > E　(B) B > C > E　(C) B > E > C　(D) E > B > C

【86 年二技電機】

解☞：　(D)

---

164. 雙極性電晶體（BJT）中，I_{CEO} 與 I_{CBO} 之比為　(A)α_F　(B)$1 + \alpha_F$
(C)β_F　(D)$1 + \beta_F$ 　【85 年二技電機】

解☞：　(D)

　　$\because I_{CEO} = (1 + \beta)I_{CBO}$

---

165. 雙極性電晶體（BJT）之結構可視為由何種接面組成　(A)基－
射接面　(B)集－射接面　(C)集－基接面　(D)基－射接面及集－
基接面 　【85 年二技電機】

解☞：　(D)

---

166. 在反相器（inverter）中，電晶體只工作於　(A)飽和區　(B)飽和
或截止區　(C)主動區　(D)截止區 　【85 年二技電機】

解☞：　(B)

167.電晶體在何種情形下，$I_C \simeq I_E$（即$\alpha \simeq 1$） (A)飽和區 (B)順向主動區 (C)截止區 (D)反向主動區 【85 年二技電機】

解☞：(B)

168.設一 npn 電晶體在主動區動作，且其 $\alpha = 0.99$，則其 β 應為 (A) 99 (B) 49 (C) 39 (D) 29 【85 年二技電機】

解☞：(A)

$$\beta = \frac{\alpha}{1-\alpha} = \frac{0.99}{1-0.99} = 99$$

169.電晶體在數位電路中，主要功能為 (A)開關 (B)整流 (C)濾波 (D)放大 【84 年二技電機】

解☞：(A)

170.共射極組態電晶體電路之 α 值有 0.04 的變動量（範圍為 0.99～0.95），則 β 的變動量為 (A) 99 (B) 19.8 (C) 80 (D) 19 【84 年二技電機】

解☞：(C)

$$\Delta\beta = \beta_2 - \beta_1 = \frac{\alpha_2}{1-\alpha_2} - \frac{\alpha_1}{1-\alpha_1} = \frac{0.99}{1-0.99} - \frac{0.95}{1-0.95} = 80$$

171.電晶體（BJT）的敘述何者為非？ (A)電晶體作為開關時，是在它的截止（cutoff）與飽和（saturation）兩個區工作 (B)電晶體在飽和區時，B-E 和 B-C 兩個接面都是反偏（reverse bias） (C)電晶體在作用（active）區時，B-E 接面順偏（forward bias），B-C 接面反偏 (D)電晶體作為放大器使用時，是在作用區做放大的動作 【83 年二技電子】

解☞：(B)

172. 某電晶體工作在 $I_B = 20\mu A$，$I_C = 5mA$，$V_{CE} = 10V$ 時，此電晶體的 α 值應為　(A) 0.982　(B) 0.996　(C) 0.999　(D) 0.98

【84 年二技電機】

解☞：(B)

$$\alpha = \frac{I_C}{I_E} = \frac{I_C}{I_B + I_C} = \frac{5}{5 + 0.02} = 0.996$$

---

173. (1) 電晶體電路如右圖所示，假設該電晶體的 β = 150 不受溫度變化影響，今經量測得知 I_{CEO}（85℃）= 2.5mA。求在 25℃ 時逆向飽和電流 I_{CO}（25℃）為若干？　(A) 39μA　(B) 0.243μA　(C) 16.56μA　(D) 0.521μA

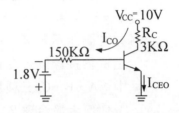

(2) 上題中，若設定該電晶體的開關轉換點在 $V_{BE} = 0V$ 時，則該電晶體在攝氏幾度（℃）會自行導通？（相關數據：$l_n2 = 0.69$，$l_n3 = 1.1$，$l_n10 = 2.3$，$l_n50 = 3.91$，$l_n100 = 4.61$）　(A) 67.25℃　(B) 31.65℃　(C) 75.21℃　(D) 81.50℃（✛題型：漏電流）

【82 年二技電子】

解☞：(1) (B)，(2) (D)

(1) 1. ∵I_{CEO}（85℃）=（1 + β）I_{CO}（85℃）

∴I_{CO}（85℃）$= \dfrac{I_{CEO}（85℃）}{1 + \beta} = \dfrac{2.5mA}{151} = 0.0166mA$

2. I_{CO}（25℃）= I_{CO}（85℃）$\cdot 2^{\frac{25-85}{10}} = 0.258\mu A \approx 0.243\mu A$

(2) 依題意知，當 $V_{BE} = I_{CO}$（150K）$-1.8 \geq 0$ 時，BJT：ON

取 $V_{BE} = I_{CO}(150K) - 1.8 = 0$

$\therefore I_{CO} = \dfrac{1.8}{150K} = 12\mu A - (0.243\mu A) \cdot 2^{\frac{T-25}{10}}$

$\Rightarrow \dfrac{12}{0.258} = 2^{\frac{T-25}{10}} \Rightarrow \ln\left(\dfrac{12}{0.243}\right) = \dfrac{T-25}{10}\ln(2) \Rightarrow 約為 \ln 50 = \dfrac{T-25}{10}\ln(2)$

$\therefore \dfrac{T-25}{10} = \dfrac{\ln 50}{\ln 2} = \dfrac{3.91}{0.69} \Rightarrow T = 81.7°C$

174.如右圖所示為某一共射極放大電路
之實驗接線圖,在正常的實驗過程
中,A、B、C 三種實驗儀器分別以
下列何者最合理? (A) A 是直流電
源供應器,B 是信號產生器,C 是示
波器 (B) A 是信號產生器,B 是直
流電源供應器,C 是示波器 (C) A 是直流電源供應器,B 是示
波器,C 是信號產生器 (D) A 是信號產生器,B 是示波器,C
是直流電源供應器。 【83 年二技電機】

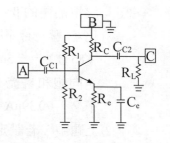

解☞: (B)

電晶體輸出特性曲線,可分為那三個工作區域?【80 年普考】
解☞:(1)作用區 (2)飽和區 (3)截止區

175.有一電晶體如右圖所示,經測得逆向飽和電流
$I_{CO}(25°C) = 20\mu A$,而 $I_{CEO}(25°C) = 0.52mA$,假設
I_{CO} 的變化率為每 $10°C$ 增加一倍,試求
$I_{CEO}(75°C) = $ _____ (❖題型:漏電流)

【77 年二技電子】

解☞：

$$I_{CEO}(75℃) = I_{CEO}(25℃) \cdot 2^{\frac{75-25}{10}} = (0.52\text{mA}) \cdot 2^5 = 16.64 \text{ mA}$$

176. npn電晶體在飽和區工作時，則基－射和集極之間電壓關係為
(A)$V_{BE} > 0$，$V_{BC} < 0$　(B)$V_{BE} < 0$，$V_{BC} > 0$　(C)$V_{BE} > 0$，$V_{BC} > 0$
(D)$V_{BE} < 0$，$V_{BC} < 0$　　　　　　　　　　【70年二技電機】

解☞：(C)

177. pnp型電晶體之集極電流主要成份是源於　(A)基極少數載子
(B)射極少數載子　(C)集極少數載子　(D)以上皆非
　　　　　　　　　　　　　　　　　　　【74年二技電子】

解☞：(A)

178. 易伯－莫耳（Ebers-Moll）等效電路之代表電晶體　(A)只適用
於線性範圍　(B)只適用於截止區和飽和區　(C)只適用於反向活
性（Inverse active）區　(D)以上各區皆適用　　【73年二技】

解☞：(D)

179. 電路中有一 npn 型電晶體，知其 $h_{FE} = 120$，流入集極之電流為
0.85 安培，流入基極之電流為 10 毫安培，則從射極流出之電
流應為　(A) 1.2 安培　(B) 0.86 安培　(C) 2.05 安培　(D) 0.35 安培
　　　　　　　　　　　　　　　　　　　【72年二技電機】

解☞：(B)

$$\because I_E = I_B + I_C = 10\text{mA} + 0.85\text{A} = 0.86\text{A}$$

180. 電晶體之 V_{BE} 與溫升之關係為　(A) -2.5mV/℃　(B) 2.5mV/℃　(C)
0.6mV/℃　(D)-0.6mV/℃　　　　　　　　【73年二技電子】

解☞ ： (A)

註：millman 認為 $\dfrac{\Delta V_{BE}}{\Delta_T} \approx -2.5 \text{mV/}^\circ\text{C}$

smith 認為 $\dfrac{\Delta V_{BE}}{\Delta_T} \approx -2 \text{mV/}^\circ\text{C}$

181.下圖中，半導體材料完全相同，則下列何者正確？ (A)$I_1 = I_2$
(B)$I_1 > I_2$ (C)$I_1 < I_2$ (D)無法判斷【69 年二技】

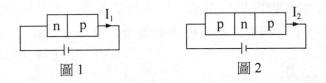

圖 1　　　　　　圖 2

解☞ ： (C)

上圖 1 中的二極體工作於逆向偏壓，故其電流 I_1 相當小。圖 4(b)為 pnp 電晶體工作於主動區，具有電流放大作用，故 $I_2 > I_1$

182.射極開路之反向集極電流 I_{CO} 與溫度之關係，若為鍺質（Ge）
電晶體時，則溫度 (A)每增 1°C，I_{CO} 加倍 (B)每增 10°C，I_{CO}
加倍 (C)每增 5°C，I_{CO} 增 4 倍 (D)每增 5°C，I_{CO} 加倍

【73 年二技】

解☞ ： (B)

---

183. 一 NPN 電晶體偏壓於作用區，則 (A)$V_{EB} > 0$，$V_{CB} < 0$ (B)
$V_{EB} > 0$，$V_{CB} < 0$ (C)$V_{EB} < 0$，$V_{CB} > 0$ (D)$V_{EB} < 0$，$V_{CB} < 0$

【70 年二技電機】

解☞ ： (A)

題型變化

184.在一放大器電路中，若將電晶體的射極與集極對調使用，則
(A)放大器增益變大　(B)放大器增益變小　(C)放大器增益不變
(D)放大器增益變大或變小要看是何種放大器

解☞： (B)

(1)輸出若由集極拉出，則為 CE，電壓增益較大。

(2)輸出若由射極拉出，則為 CC，電壓增益≈ 1

(3)r_e 值較小

(4)r_o 值較大

∴射極與集極對調使用，則在放大電路中 A_V 變小，若當開
關使用，則速度會變慢。

185.若要增加BJT的CE短路電流增益β，則應　(A)減小基極摻雜濃
度與基極寬度　(B)減小射極摻雜濃度，增大基極寬度　(C)減小
集極摻雜濃度　(D)增加基極與射極摻雜濃度

解☞： (A)

186.當 npn 工作於作用區時，下列敘述何者錯誤：　(A)I_C 固定下，
由 B 注入 E 的電洞愈多，CB 短路電流增益 α 愈大　(B)電子由
E 注入 B，並擴散穿越 B 到達 C　(C)當 $|V_{CB}|$ 增加時，α 會增加
(D)B 寬度愈窄時，α 會增加　(E)B 寬度愈窄時，穿透崩潰現象
愈易發生

解☞： (A)

187.如下圖已知 $BV_{CEO} = -6V$，$BV_{CBO} = -70V$，求 V_O

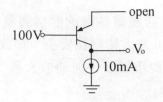

解☞：

$$V_O = 100 - |BV_{CBO}| = 100 - 70 = 30$$

3-2〔題型十八〕：BJT 直流分析－圖解法

考型 37 BJT 直流分析－圖解法

1. 此種題型，必會附特性曲線圖。
2. 先檢查題目所附的特性曲線是輸入的，或輸出的？
3. 若是輸入特性曲線，則可求出 I_{BQ}，及 V_{BEQ}
4. 若是輸出特性曲線，則可求出 I_{CQ}，及 V_{CEQ}
5. 以輸出特性曲線為例，其解題步驟如下：
   (1) 寫出輸出迴路方程式
   (2) 繪出直流負載線：
      在輸出迴路方程式中
      ① 令 $I_C = 0$，求出 $V_{CE} = ?$（令為 a 點）
      ② 令 $V_{CE} = 0$，求出 $I_C = ?$（令為 b 點）
      ③ 將 a 點、b 點聯線，即為直流負載線
   (3) 直流負載線與輸出特性曲線之交叉點，即為工作點

(4)工作點所在之位置，即工作區。工作點所對應的即為（I_{CQ}，V_{CEQ}）

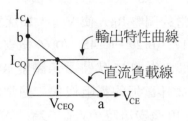

歷屆試題

188.使用半導體特性曲線掃跡器（curve tracer）以測量電晶體的各項參數特性，若待測電晶體為NPN共射極（CE）組態，其輸出特性如圖所示，則 (A)x軸為集極電流 I_C，Y軸為集－射極電壓 V_{CE}，W 為基極電流 I_B (B) X 軸為基極電流 I_B，Y 軸為集極電流 I_C，W 為集－射極電壓 V_{CE} (C) X 軸為集－射極電壓 V_{CE}，Y 軸為基極電流 I_B，W 為集極電流 I_C (D) X 軸為集－射極電壓 V_{CE}，Y 軸為集極電流 I_C，W 為基極電流 I_B

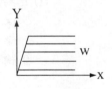

【84 年二技電子術科】

解☞：(D)

189.

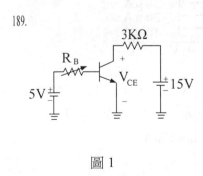

圖 1

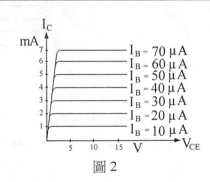

圖 2

(1)上圖 1 電路中的電晶體，具有如圖 2 所示的 I_C-V_{CE} 特性曲線，適當的調整 R_B，使流過 R_B 的電流為 35 微安培時，V_{CE} 約為　(A) 0.2　(B) 1.5　(C) 4.6　(D) 9 伏特

(2)上一題，適當的調整 R_B，使 V_{CE} ＝ 10 伏特時，流過 R_B 的電流約為　(A) 17　(B) 29　(C) 45　(D) 60 微安培

(3)上二題，將圖 1 中的 15 伏特電源調整為 10 伏特，且 3 仟歐姆的電阻用 2 仟歐姆的電阻取代，適當的調整 R_B，使流過 R_B 的電流為 10 微安培時，V_{CE} 約為　(A) 0.2　(B) 4　(C) 8　(D) 10 伏特　　　　　【81 年二技電機】

解☞：(1) <u>(C)</u>　(2) <u>(A)</u>　(3) <u>(C)</u>

(1) *1.* 寫出輸出迴路方程式

$15 = I_C(3K) + V_{CE}$

　2. 繪出直流負載線，在上式中

　　令 $I_C = 0 \Rightarrow V_{CE} = 15V$

　　令 $V_{CE} = 0 \Rightarrow I_C = \dfrac{15}{3K} = 5\ mA$

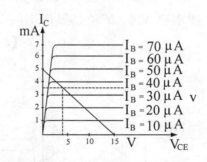

　3. 在 $I_B = 30\ \mu A$ 及 $I_B = 40\ \mu A$ 中間，繪出 $I_B = 35\ \mu A$ 之水平線，與直流負載線交叉點，所應的 $V_{CEQ} \approx 4.6V$

(2)由上圖查出對應之 I_B 值，$I_B \approx 17\mu A$

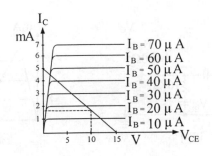

(3)重覆第一小題之解題步驟：

 1. $10 = (2K)I_C + V_{CE}$

 2. 令 $I_C = 0 \Rightarrow V_{CE} = 10V$

  令 $V_{CE} = 0 \Rightarrow I_C = \dfrac{10}{2K} = 5mA$

3. 繪出直流負載線，即知所對應的 $V_{CE} \approx 8V$

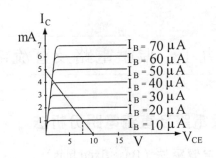

190.一放大電路示於下圖1，其集極特性及工作點 Q 則示於圖2，試計算$V_{BB} = \underline{\hspace{1.5cm}}V$，在工作點處的電流增益 β $= \underline{\hspace{1.5cm}}$，及放大器輸出功率 P $= \underline{\hspace{1.5cm}}$W。 【78年二技電子】

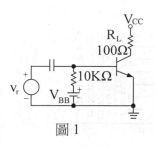
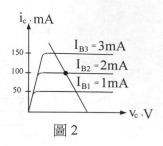

圖 1 　　　　　　　　　　圖 2

解☞：

此為放大電路，故知 BJT 在主動區

$$\because \beta = \frac{I_{CQ}}{I_{BQ}} = \frac{100mA}{2mA} = 50$$

$$V_{BB} = I_B(10K) + V_{BE} = (2mA)(10K) + 0.7 = 20.7V$$

$$P = I_{C,rms}^2 R_L = \frac{1}{2}I_{cm}{}^2 R_L = \frac{1}{2}(0.1)^2(100) = 0.5W$$

3-3〔題型十九〕：偏壓電路及直流電路分析法

考型38 偏壓電路及直流電路分析法

一、基極固定偏壓法（Base fixed bias）

1. 以下三種電路，均屬於基極固定偏壓法

(1)

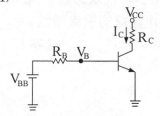

$$I_C = \frac{\beta[V_{BB} - V_{BE}]}{R_E}$$

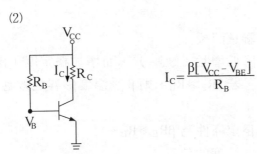

(2)

$$I_C = \frac{\beta[V_{CC} - V_{BE}]}{R_B}$$

(3)

$$I_C = \frac{\beta[V_{CC} - \dfrac{R_2}{R_1 + R_2}V_{BE}]}{R_1 // R_2}$$

2. 分析

(1)所謂基極固定偏壓，即指 V_B 為固定值。

(2)電路中之 R_B，R_1，R_2 即為偏壓電阻

(3)當 T↑ ⇒I_{CO}↑ ⇒I_C↑，造成電路不穩定，所以此法穩定度最差。

二、射極回授偏壓（emitter feedback bias）

① $I_E = \dfrac{V_{CC} - V_{BE}}{R_E + \left[\dfrac{R_B}{1 + \beta}\right]}$

② $I_C = \alpha I_E = \dfrac{\beta(V_{CC} - V_{BE})}{(1 + \beta)R_E + R_B}$

分析

(1)此法為電流串聯負回授。

(2)負迴授具有：降低增益（缺點），而增加穩定度（優點）

(3)由方程式①知，若 $\beta R_E \gg R_B$，則 β 受溫度影響之效應，即可忽略。

(4)所以此電路之穩定條件為 $\beta R_E \gg R_B$。

(5)R_E 具有補償 I_{CO} 溫度的效應：

$$T\uparrow \Rightarrow I_{CO}\uparrow \Rightarrow I_C\uparrow \Rightarrow I_E\uparrow \Rightarrow V_E\uparrow \Rightarrow I_B\downarrow \Rightarrow I_C\downarrow$$

(6)此電路為消除 β 的溫度效應，所以 R_E 值均較大，由方程式②知，I_C 值則降低，而造成電壓增益降低。

(7)改善法，則在 R_E 並聯射極電容 C_E，如此則在小訊號分析時，可因 C_E 視為短路而消除 R_E 之效應。

(8)若 $R_B > R_E$，一般可設此 BJT 之工作區為主動區。

三、集極回授偏壓（Collector-feedback bias）

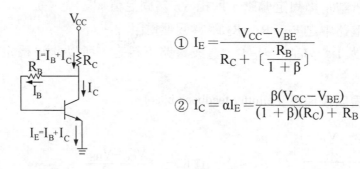

$$① \quad I_E = \frac{V_{CC} - V_{BE}}{R_C + \left[\dfrac{R_B}{1+\beta}\right]}$$

$$② \quad I_C = \alpha I_E = \frac{\beta(V_{CC} - V_{BE})}{(1+\beta)(R_C) + R_B}$$

分析

(1)此法為電壓並聯負回授。

(2)所以具有較佳的穩定度（優點），及增益降低（缺點）

(3)由方程式①知，若 $\beta R_C \gg R_B$，則可消除 β 的溫度效應。

(4)此電路具有消除 I_{CO} 的溫度效應，因為

$T\uparrow \Rightarrow I_{CO}\uparrow \Rightarrow I_C\uparrow \Rightarrow V_{CE}\downarrow \Rightarrow I_B\downarrow \Rightarrow I_C\downarrow$

(5)雖然加入 R_B 形成電壓並聯負迴授，但欲降低交流增益，則
改善法如下：

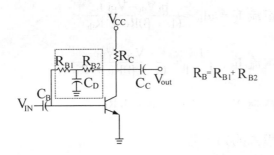

$R_B = R_{B1} + R_{B2}$

(6)此種偏壓法，BJT 必在主動區。切記‼

四、自給偏壓（Self-Bias）

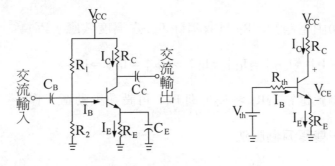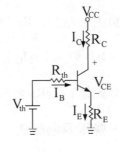

電路分析

(1)戴維寧等效電壓 $V_{th} = V_{CC}\dfrac{R_2}{R_1 + R_2}$

(2)戴維寧等效電阻 $R_{th} = R_1 \mathbin{//} R_2$

(3)由基射極迴路：$V_{th} = R_B\left[\dfrac{I_E}{1 + \beta}\right] + V_{BE} + R_E I_E$

(4)射極電流 $I_E = \dfrac{V_{th} - V_{BE}}{R_E + \left[\dfrac{R_{th}}{1 + \beta}\right]}$

(5)集極電流 $I_C = \alpha I_E = \dfrac{\beta(V_{th} - V_{BE})}{(1 + \beta)R_E + R_{th}}$

(6)基極電流 $I_B = \dfrac{I_E}{1 + \beta} = \dfrac{V_{th} - V_{BE}}{(1 + \beta)R_E + R_{th}}$

(7)集射電壓 $V_{CE} = V_{CC} - I_C R_C - I_E R_E$

(8)由方程式(4)知，若

　　a. $V_{th} \gg V_{BE}$，則可消除 V_{BE} 之溫度效應

　　b. $\beta R_E \gg R_{th}$，則可消除 β 之溫度效應

(9)由電路知，R_E 具有消除 I_{CO} 之溫度效應，因為

　　$T \uparrow \Rightarrow I_{CO} \uparrow \Rightarrow I_C \uparrow \Rightarrow I_E \uparrow \Rightarrow V_E \uparrow \Rightarrow I_B \downarrow \Rightarrow I_C \downarrow$

(10)此電路若 $R_1 \gg R_2$，則 BJT 可設在主動區工作。

五、雙電源偏壓法

① $I_E = \dfrac{V_{EE} - V_{BE}}{R_E + \dfrac{R_B}{1 + \beta}}$

② $I_C = \alpha I_E = \dfrac{\beta(V_{EE} - V_{BE})}{(1 + \beta)R_E + R_B}$

分析

(1)此法是利用一 V_{EE}，而形成 I_E 之固定值，即 I_C 為固定值。

(2)此種電路，可設 BJT 在主動區工作

(3)若 $\beta R_E \gg R_B$，則可消除 β 之溫度效應，而使電路穩定。

(4)但 R_E 值太大，則太浪費積體電路 IC 的面積，因此通常以電流鏡來替代此種電路。

六、積體電路偏壓法

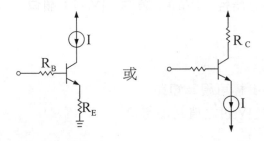

分析：

(1) I 為恆流源，通常以電流鏡替代。

(2)此種電路，可設 BJT 在主動區工作

(3)電流鏡另章討論。

考型 39　BJT 直流分析－電路分析法

一、BJT 在主動區之特性（$|V_{BE}|$：順偏，$|V_{BC}|$：逆偏）

1. $I_C = \beta I_B$，$I_E = (1 + \beta)I_B$

2. $I_C = \alpha I_E = \dfrac{\beta}{1 + \beta}I_E$

3. $\alpha = \dfrac{\beta}{1 + \beta}$

4. $|V_{BE}, act|$ 為固定值：

$$|V_{BE}, act| : \begin{cases} (1)矽材料：|V_{BE}, act| = 0.7V \\ (2)鍺材料：|V_{BE}, act| = 0.2V \\ (3)砷化鎵材料：|V_{BE}, act| = 1.2V \end{cases}$$

5. $\beta = h_{FE} = \dfrac{I_C}{I_B}$

（h_{FE} 為 millman 符號，β 為 smith 符號，意即共射極之電流增益）

二、BJT 在飽和區之特性（$|V_{BE}|$：順偏，$|V_{BC}|$：順偏）

1. $\beta_{sat} \geq \dfrac{I_C, sat}{I_B, sat}$

2. 此區，C 極及 E 極可視為短路

3. 此區，$|V_{BE}|$ 及 $|V_{BC}|$ 之值為固定值

$$(1)|V_{BE}, sat| : \begin{cases} (1)矽材料：|V_{BE}, sat| = 0.8V \\ (2)鍺材料：|V_{BE}, sat| = 0.3V \\ (3)砷化鎵材料：|V_{BE}, sat| = 1.3V \end{cases}$$

$$(2)|V_{CE}, sat| : \begin{cases} (1)矽材料：|V_{CE}, sat| = 0.2V \\ (2)鍺材料：|V_{CE}, sat| = 0.1V \\ (3)砷化鎵材料：|V_{CE}, sat| = 0.3V \end{cases}$$

三、BJT 在截止區之特性（$|V_{BE}|$：逆偏，$|V_{BC}|$：逆偏）

1. $I_B = 0$，$I_C = 0$，$I_E = 0$

2. 此區，E 極及 C 極可視為斷路

四、BJT 直流電路分析法

1. 先判斷 BJT 之工作區

2. 以該工作區之特性解題

(1)在主動區時之解題技巧

 ①列出包含 V_{BE} 之迴路方程式

 ②利用 $I_C = \beta I_B$，$I_E = (1 + \beta)I_B$ 代入上式，即可求出 I_B，I_C，I_E

(2)在飽和區時之解題技巧

 ①列出包含 V_{BE} 之迴路方程式

 ②列出包含 V_{CE} 之迴路方程式

 ③聯立上二式方程式，即可求出 I_B 及 I_C

(3)若遇多迴路電路時，則將其電路化為戴維寧等效電路。再
依第 1、2 步驟解之。

五、以戴維寧等效電路為例（工作區判斷）

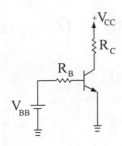

(1)R_B 愈小 $\Rightarrow I_B$ 愈大，Q 可假設成飽和

(2)R_C 愈大 $\Rightarrow I_C$ 愈小，Q 可假設成飽和

(3)β 愈大 $\Rightarrow$ Q 愈可能飽和

191.下圖中，已知相關的電阻值及偏壓電壓，則圖中電晶體的 β 值
為 (A) 9.55 (B) 39.55 (C) 19.55 (D) 99.55 (❖題型：工作區判斷)

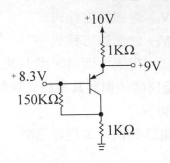

【87 年二技電機】

解☞：(C)

1. 判斷工作區：集極迴授必在主動區上

2. 直流分析

$V_{CC} = I_E R_E + V_{BE} + V_{BB}$

$10 = I_E \cdot 1K + 0.7 + 8.3$

$\therefore I_E = 1mA$

$I_B = \dfrac{V_{BB} - (I_B + I_C)(1K)}{150K\Omega}$

$= \dfrac{8.3 - 1mA \times 1K}{150K\Omega} \approx 0.0487mA$

$\therefore I_C = I_E - I_B = 0.9513mA$

故：$\beta = \dfrac{I_C}{I_B} = 19.55$

192.右圖中，假設電晶體的 $\beta = 100$，$V_{BE} = 0.7V$，$V_A \to \infty$，則電晶體的集極電流 $I_{CQ} = ?$

(A) 4.65mA　(B) 4.86mA　(C) 5.14mA

(D) 5.36mA　(✤題型：集極回授偏壓)

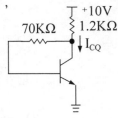

【86年二技電子】

解☞：(B)

$$\because V_{CC} = I_E(1.2K) + I_B(70K) = V_{BE}$$

$$= (1 + \beta)I_B(1.2K) + I_B(70K) + 0.7$$

$$\therefore I_B = \frac{V_{CC} - 0.7}{(101)(1.2K) + 70K} = 48.6\mu A$$

$$\therefore I_C = \beta I_B = 4.86mA$$

193.如右圖所示，電晶體之 $\beta = 100$，$I_S = 10^{-14}A$，$V_T = 26mV$，試求射極輸出電壓 V_E？（$\ln 10 = 2.3$）　(A)-0.178V

(B)-0.356V　(C) 0.691V　(D) 0.272V（✤題型：恆流源偏壓法）

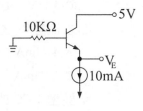

【86年二技電子】

解☞：(A)

1. 恆流源偏壓法必在主動區

2. $I_C \approx I_E = 0.01A$

又 $I_C = I_S e^{V_{BE}/V_T} \Rightarrow \dfrac{I_C}{I_S} = e^{V_{BE}/V_T}$

$$\therefore V_{BE} = V_T \ln \frac{I_C}{I_S} = (26\text{mV})\ln \frac{0.01}{10^{-14}}$$

$$= (26\text{mV})\ln 10^{12} = (26\text{mV})(12)\ln(10)$$

$$= (26\text{mV})(12)(2.3) = 0.718\text{V}$$

$$I_B = \frac{I_E}{1 + \beta} = \frac{10\text{mA}}{101} = 99\mu\text{A}$$

$$\therefore V_B = -I_B R_B = -0.99\text{V}$$

$$\because V_{BE} = V_B - V_E \Rightarrow V_E = V_B - V_{BE} = -0.99 - 0.718 = -1.708\text{V}$$

3.若視$V_B = 0\text{V}$，則

$$\because V_{BE} = V_B - V_E \Rightarrow V_E = V_B - V_{DE} = -0.718\text{V}$$

194.(1)如右圖，求V_b之直流偏壓，其中$V_{CC} = +15\text{V}$，$R_{B1} = R_{B2} =$
100KΩ，$R_E = 2\text{K}\Omega$，$\beta = 100$，$V_{BE} = 0.7\text{V}$。　(A)7.15V　(B)6.15V
(C) 5.15V　(D) 4.15V

(2)求流經R_E之直流電流。

(A) 4.73mA　(B) 3.73mA

(C) 2.73mA　(D) 1.73mA　（❖

題型：CC 的自偏法）

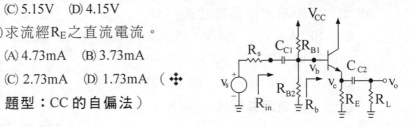

【86年二技電機】

解☞：(1) (B)　　(2) (C)

1.此題因無 R_C，$\therefore V_{BC} = V_B - V_C = V_B - V_{CC} < 0$，故知 BJT 在
主動區上

2. 取戴維寧等效電路

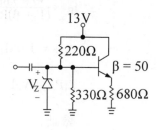

$$V_{th} = \frac{R_{B2}V_{CC}}{R_{B1} + R_{B2}} = 7.5V$$

$$R_{th} = R_{B1}//R_{B2} = 50K\Omega$$

3. 取含V_{BE}的迴路方程式

$$I_B = \frac{V_{th} - V_{BE}}{R_{th} + (1 + \beta)R_E} = \frac{7.5 - 0.7}{50K + (101)(2K)} = 26.98\ \mu A$$

$$\therefore I_E = (1 + \beta)I_B = 2.725\ mA$$

4. $V_b = V_{BE} = I_E R_E = 0.7 + (2.725m)(2K) = 6.15V$

---

195. 右圖中曾納二極體（Zener diode）之崩潰電壓$V_Z = 7.5V$，電晶體之$V_{BE} = 0.7V$，請求曾納二極體之功率消耗？　(A)153mW　(B)187.5mW　(C)1.4mW　(D)15.6mW　（✢題型：自偏法的變形）

【86年二技電子】

解☞：　(D)

1. 因無R_C，所以 $V_{BC} = V_B - V_C = V_Z - V_{CC} < 0$

故 BJT 在主動區上

2.分析電路

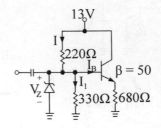

$$I = \frac{13 - V_Z}{220} = \frac{13 - 7.5}{0.22K} = 25 \text{ mA}$$

$$I_1 = \frac{V_Z}{330} = \frac{7.5}{330} = 22.7 \text{ mA}$$

$$I_B = \frac{V_Z - V_{BE}}{(1 + \beta)R_E} = \frac{7.5 - 0.7}{(51)(680)} = 0.2 \text{ mA}$$

$$\therefore I_Z = I - I_1 - I_B = 2.1 \text{ mA}$$

$$\therefore P_Z = V_Z I_Z = (7.5)(2.1m) = 15.75 \text{ mW}$$

3.驗証

$$\because I_Z > 0 \quad \therefore D_Z 確在崩潰區$$

196.如下圖所示 $\beta = 85$，$R_C = 2k\Omega$，且假設電晶體之導通電壓為0.7V。

(1)當 $R_B = 200k\Omega$，且 $R_E = 0\Omega$ 時，電晶體處於何種工作模式。

(2)當 $R_B = 0$，且 $R_E = 2k\Omega$ 時，電晶體處於何種工作模式。（❖

題型：BJT 工作區判斷）

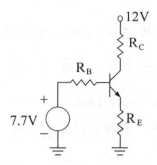

【86 年鐵路特考員級】

解☞：

⑴ *1.* 設 BJT 在主動區，（∵R_B 值頗大）

$$I_B = \frac{V_{BB} - V_{BE}}{R_B} = \frac{7.7 - 0.7}{200k} = 0.035 \text{ mA}$$

$$I_C = \beta I_B = (85)(0.035 \text{ mA}) = 2.975 \text{ mA}$$

$$V_C = V_{CC} - I_C R_C = 6.05V$$

$$\therefore V_{BC} = V_B - V_C = V_{BE} - V_C = 0.7 - 6.05 = -5.35 < 0 \text{（逆偏）}$$

2. 所以 BJT 在主動區（Act.）

⑵ *1.* 設 BJT 在飽和區（∵R_B = 0，且V_BB值大）

2. 取含V_BE之迴路方程式

$$V_{BB} = V_{BE,sat} + (I_B + I_C) R_E$$

$$\Rightarrow 7.7 = 0.8 + (I_B + I_C)(2k) \text{ ——①}$$

3. 取含V_CE之迴路方程式

$$V_{CC} = I_C R_C + V_{CE} + (I_B + I_C)(2k)$$

$$\Rightarrow 12 = (2k)I_C + 0.2 + (I_B + I_C)(2k) \text{——②}$$

4.解聯立方程式①，②得

$I_B \approx 1.1 \text{ mA} \, , \, I_C \approx 2.4 \text{ mA}$

$\because \beta_{sat} \geq \dfrac{I_C}{I_B}$　$\therefore$確在飽和區工作

197.一偏壓器電路如右圖所示，已知
電晶體在飽和區時 $V_{BE} = 0.8V$，
$V_{CE} = 0.2V$，試求維持該電晶體於飽
和區的最大β值（共射極電流增益）
為若干？　(A) 49　(B) 32　(C) 21　(D)
11（✤題型：BJT在飽和區之直流分
析）

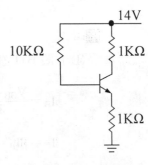

【85 年二技電子】

解☞：(D)

1.列出含 V_{BE} 之迴路方程式

$14 = I_B（10k）+ V_{BE} + I_E（1k）$

$= I_B（10k）+ 0.8 +（I_B + I_C）（1k）$

$\Rightarrow 14 =（11k）I_B +（1k）I_C + 0.8 \text{——①}$

2.列出含 V_{CE} 之迴路方程式

$14 = I_C（1k）+ V_{CE} + I_E（1k）$

$\Rightarrow 14 =（1k）I_B +（2k）I_C + 0.2 \text{——②}$

3. 解聯立方程式①，②得

$\qquad$ $I_C = 6.6mA$，$I_B = 0.6mA$

4. $\therefore \beta_{min} = \dfrac{I_C}{I_B} = 11$

---

198. 若某一電晶體之 α_F 與 α_R 分別為 0.98 與 0.2，$V_{CC} = 10V$，$R_C = 1k\Omega$，則使此電晶體進入飽和區操作之最小基極電流 $I_{B\,(min)}$ 為 (A) 0.1mA (B) 0.2mA (C) 0.3mA (D) 0.4mA（✤ **題型：工作區判別**）

【85 年二技電機】

解☞： (B)

1. $\because \beta = \dfrac{\alpha_F}{1 - \alpha_F} = \dfrac{0.98}{1 - 0.98} = 49$

$\quad$ 又 $V_{CC} = I_C R_C + V_{CE}$

$\quad \therefore I_C = \dfrac{V_{CC} - V_{CE}}{R_C} = \dfrac{10 - 0.2}{1k} = 9.8 \text{ mA}$

2. $\because \beta_{sat} \geqq \dfrac{I_C}{I_B}$

$\quad \therefore I_{B,min} = \dfrac{I_C}{\beta_{sat}} = \dfrac{9.8mA}{49} = 0.2 \text{ mA}$

---

199. 下圖中的直流固定偏壓電路，下列何者錯誤？ (A)$I_B = 47\mu A$ (B)$V_{CE} = 6.8V$ (C)$V_{BC} = -2V$ (D)基極—集極接面是反向偏壓。

（✤ **題型：固定偏壓法**）

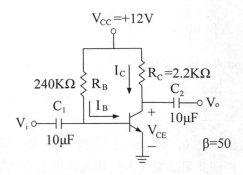

$$V_{CC} = +12V$$

I_C $R_C = 2.2K\Omega$

$240K\Omega$ R_B C_2

C_1 I_B V_o

V_i $10\mu F$

V_{CE} $10\mu F$

$\beta = 50$

【85年南台二技電機類】

解☞：(C)

1. 設 BJT 在主動區，（∵ R_B 值大）

2. 取包含 V_{BE} 之迴路方程式，

$$I_B = \frac{V_{CC} - V_{BE}}{R_B} = \frac{12 - 0.7}{240k} = 47 \ \mu A$$

$$\therefore I_C = \beta I_B = (50)(47\mu A) = 2.35 \ mA$$

3. $V_{CE} = V_{CC} - I_C R_C = 12 - (2.35mA)(2.2k) = 6.8V$

$$\therefore V_{BC} = V_B - V_C = V_{BE} - V_{CE} = 0.7 - 6.8 = -6.1V（C錯）$$

4. V_{BC} 逆偏，V_{BE} 順偏，BJT 確在主動區

---

200. 求右圖放大電路之 V_{CE} 值，設 $\beta = 99$

    (A) 4.6V   (B) 5.3V   (C) 7.7V   (D) 9.3V（✥

題型：集極回授偏壓的變化型）

【85年二技電機】

解☞：(C)

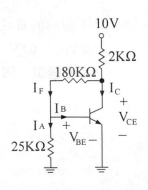

10V

$2K\Omega$

$180K\Omega$

I_F I_C

I_B V_{CE}

I_A V_{BE}

$25K\Omega$

設 BJT 在主動區，則

1. 列出含V_{BE}之迴路方程式

$$10 = (2k)(I_F + I_C) + (180k)I_F + V_{BE}$$

$$\Rightarrow 10 = (2k)(I_A + I_B + \beta I_B) + (180k)(I_A + I_B) + 0.7 \text{——①}$$

2. 再列含V_{BE}之另一迴路方程式

$$V_{BE} - （25k）I_A = 0 \text{——②}$$

3. 解聯立方程式①，②得

$$I_A = 0.28 \text{ mA}，I_B = 0.011 \text{ mA}$$

4. $\therefore V_{CE} = （180k）I_F + V_{BE}$

$$= （180k）（I_A + I_B）+ 0.7 = 7.7V$$

201.(1)下圖所示之偏壓電路中，若$V_{CC} = 9V$，$R_B = 410k\Omega$，$\beta = 100$，$R_C = 2.4k\Omega$，試求I_C值　(A) 1.52 mA　(B) 2.02 mA　(C) 3.61 mA　(D) 4.05 mA

(2)接上題，試求V_{CE}值　(A) 2.25V　(B) 3.05V　(C) 4.15V　(D) 5.24V

（❖題型：基極固定偏壓法）

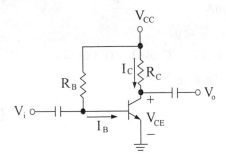

解☞：(1) (B)　　(2) (C)

　　1. 設 BJT 在主動區中，則

$$(1)I_B = \frac{V_{CC} - V_{BE}}{R_B} = \frac{9 - 0.7}{410}$$

$$= 0.0202 \text{ mA}$$

$$I_C = \beta I_B = 2.02 \text{ mA}$$

$$(2)V_{CE} = V_{CC} - I_C R_C = 9 - (2.02m) \times (2.4K)$$

$$= 4.15V$$

　　2. 驗證

$$V_{BC} = V_B - V_C = V_{BE} - V_{CE} = 0.7 - 4.15 < 0 \text{（逆偏）}$$

$$\therefore 所設無誤$$

---

202. 有一 NPN 電晶體偏壓電路如右圖所示
　　，電路要求規格如下：
　　(1)集極電流 $I_C = 2$ mA，
　　(2)$V_{R3} = V_{CE} = 6V$，
　　(3)$\beta_{dc} = 50$，
　　(4)$I_{R1} = 1.2$ mA，
　　請設計 R_2 之電阻值。
　　(A) 3kΩ　(B) 9.1kΩ　(C) 6kΩ　(D) 1.5kΩ
　　(❖題型：自偏法)

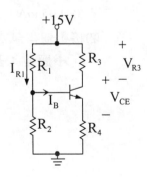

解☞：(A)

1. 依題意可知 BJT 在主動區上，

∵ $I_C = 2\ mA \Rightarrow$ 不在截止區

$V_{CE} = 6V \Rightarrow$ 不在飽和區

2. 分析電路

$V_E = V_{R4} = V_{CC} - V_{R3} - V_{CE} = 15 - 6 - 6 = 3V$

$I_{R2} = I_{R1} - I_B = I_{R1} - \dfrac{I_C}{\beta_{dc}} = 1.2m - \dfrac{2m}{50} = 1.16mA$

$R_2 = \dfrac{V_B}{I_{R2}} = \dfrac{V_E + 0.7}{I_{R2}} = \dfrac{3 + 0.7}{1.16m}$

$= 3.2k\Omega$

---

203. 有一共射極的 NPN 矽製電晶體電路，其基極串接一只 $R_B = 150$ 仟歐姆的電阻到 $V_{BB} = 5$ 伏特的直流電壓源正端，而集極則串接一只 $R_C = 2.2$ 仟歐姆的電阻到 $V_{CC} = 9$ 伏特的直流電壓源正端，V_{BB} 與 V_{CC} 的負端均接至射極。若電晶體基極到集極之直流電流增益 $\beta_{dc} = 100$，則集極電壓 V_{CE} 為：　(A) 0.2 伏　(B) 1.911 伏　(C) 2.693 伏　(D) 4.576 伏　　【83 年二技電機原理】

解☞：(C)

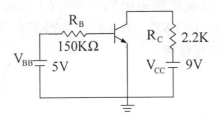

1. 設 BJT 在主動區，則

$$V_{BB} = I_B R_B + V_{BE}$$

$$\therefore I_B = \frac{V_{BB} - V_{BE}}{R_B} = \frac{5 - 0.7}{150k} = 28.67 \ \mu A$$

$$\therefore I_C = \beta I_B = 2.867 \ mA$$

2. $\therefore V_{CE} = V_{CC} - I_C R_C = 9 - (2.2k)(2.867m) = 2.693V$

3. 驗證

$$V_{BC} = V_B - V_C = V_{BE} - V_{CE} < 0$$

$$\therefore 所設無誤$$

204.右圖中為雙極性接面電
晶體（BJT）放大電路，
其輸入及輸出均用電容
器隔離直流成份；若電
晶體之參數為：順向直
流電流增益 β＝ 100，順
向 基 極—射 極 壓 降

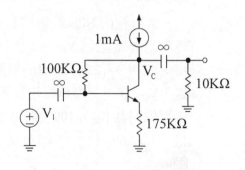

$V_{BE} = 0.7V$，溫度效應電壓 $V_T = 25mV$，則此直流操作點之集
極電壓 V_C 為　(A) 1.875　(B) 2.875　(C) 3.875　(D) 4.875 伏特（✤
題型：集極回授偏壓）

【82 年二技電機】

解☞：(A)

1. 此種偏壓法，BJT 必在主動區，且 $I_E = 1 \ mA$

$2. V_C = I_B（100k）+ V_{BE} + I_E（175）$

$$= \frac{1mA}{1+\beta}（100k）+ 0.7 +（1mA）（175）= 1.875V$$

205.①右圖所示電路中，電晶體的 $\beta = 50$，
當 $I_E = 1$毫安培，$V_{CB} = 2$伏特時，I_C
約為　(A) 0.98　(B) 1.00　(C) 1.02　(D) 0.02
毫安培

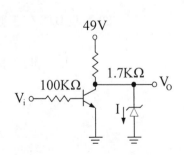

②承上題，如果 $I_E = 2$毫安培，$V_{CB} = 0$
伏特時，I_C 約為　(A) 1.96 (B) 2.00　(C)
2.04　(D) 0.04毫安培【81年二技電機】

解☞：(1) (A)　(2) (A)

∵$V_{CB} = 2V \Rightarrow V_{BC} = -2V$，即為逆偏

∴此 BJT 在主動區上（Act.），因此

(1)$I_C = \alpha I_E = \dfrac{\beta}{1+\beta} I_E = 0.98$ mA

(2)$V_{BC} = 0$，介於主動區邊緣上，仍為在主動區

∴ $I_C = \dfrac{\beta}{1+\beta} I_E = 1.96$ mA

206. (1) 右圖所示電路中，電晶體的
$\beta = 120$，$V_{CE(sat)} = 0.2$ 伏 特，
$V_{BE(act)} = V_{BE(sat)} = 0.7$伏特，曾納
二 極 體 的 崩 潰 電 壓 $V_Z = 5.6$
伏特，當 $V_i = 2$伏特時，V_o 約為
(A) 0.2　(B) 2.8　(C) 5.6　(D) 9 伏特

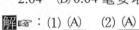

(2)上一題，當 $V_i = 3$ 伏特時，V_0 約為　(A) 9　(B) 7.3　(C) 5.9　(D) 4.3 伏特

(3)上二題，當 $V_i = 3$ 伏特時，流過曾納二極體的電流 I 約為　(A) 5.3　(B) 5.17　(C) 4.9　(D) 0 毫安培。

(4)上三題，當 $V_i = 5.5$ 伏特時，V_0 約為　(A) 9　(B) 7.3　(C) 0.2　(D) − 0.8 伏特（✤題型：工作區的變化題）

解☞：(1) (C)　(2) (D)　(3) (D)　(4) (C)

(1) *1.* 設 BJT 在主動區，D_Z：ON

$$\therefore V_0 = V_Z = 5.6V$$

2. 驗證

$$\because I_C = \beta I_B = \beta \frac{V_i - V_{BE}}{100k} - (120) \left[\frac{2 - 0.7}{100k} \right] = 1.56\,mA$$

$$又\ I_Z = \frac{V_{CC} - V_0}{1.7k} - I_C = \frac{9 - 5.6}{1.7K} - 1.56\,mA = 0.44\,mA > 0$$

$$\therefore D_Z：ON（即在崩潰區）$$

$$又\ V_{BC} = V_B - V_C = V_{BE} - V_0 = 0.7 - 5.6 < 0$$

$$\therefore BJT 在主動區，所設無誤。$$

(2) *1.* 設 BJT 在主動區，D_Z：OFF

$$\because I_C = \beta I_B = \beta \left[\frac{V_i - V_{BE}}{100k} \right] = (120)(\frac{3 - 0.9}{100k}) = 2.76mA$$

$$\therefore V_0 = V_CC - I_C R_C = 9 - (2.76mA)(1.7k) = 4.308V$$

2. 驗證

∵$V_0 < V_Z \Rightarrow D_Z$：OFF

又$V_{BC} < 0 \Rightarrow$ BJT 在主動區

(3) ∵ D_Z：OFF

∴ $I_Z = 0mA$

(4) 1. 設 BJT 在飽和區，$D_Z =$ OFF

則 $V_0 = V_{CE,sat} = 0.2V$

2. 驗證

∵$I_B = \dfrac{V_i - V_{BE}}{100k} = \dfrac{5.5 - 0.7}{100K} = 0.048$ mA

$I_C = \dfrac{V_{CC} - V_{CE,sat}}{1.7k} = \dfrac{9 - 0.2}{1.7k} = 5.18$ mA

∴$\dfrac{I_C}{I_B} = \dfrac{5.18mA}{0.048mA} = 107.9 \Rightarrow \beta > \dfrac{I_C}{I_B}$

故 BJT 在飽和區，又 $V_0 < V_Z$，故 D_Z 為 OFF

∴所設無誤

207.在共射極放大器上，使用射極旁路電容之主要作用為何？

【80 年普考】

解☞：補償 R_E 所造成的增益降低

208.有一電晶體電路如下圖，其中 $R_1 = 6k\Omega$，$R_2 = 1.5k\Omega$，$R_E = 100k\Omega$，$R_C = R_L = 1k\Omega$，而電晶體的 $V_{BE} = 0.7volt$，$\beta = 180$。

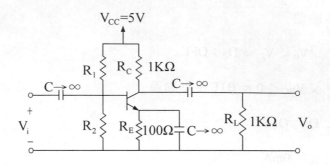

(1) 若輸入 $V_i = 3$ Volt（直流），則輸出 V_0 為　(A) 0 Volt　(B) 0.61 Volt　(C) 1.25 Volt　(D) 3.5 Volt。

(2) 此電路的靜態集極電流（quiescent collector current）為　(A) 2.23 mA　(B) 2.81 mA　(C) 3.32 mA　(D) 3.85 mA。

(3) 第(1)題中電晶體集極與射極間的電壓差（V_{CE}）為：　(A) 1.19 Volt　(B) 1.91 Volt　(C) 2.82 Volt　(D) 3.32 Volt。

(4) 第(1)中，電源 V_{CC} 送至此電路之功率為：　(A) 17.4 mW　(B) 34.8 mW　(C) 0.987 mW　(D) 0.493 mW。（✦題型：CE之自偏法）

【80 年二技電子】

解☞：(1) (A)　(2) (B)　(3) (B)　(4) (A)

(1) ∵直流分析時，電容斷路，∴$V_0 = 0$V

(2) 1. 取戴納寧等效電路

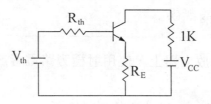

2. 分析電路

$$I_C = \beta \left[\frac{V_{th} - V_{BE}}{(1 + \beta) R_E + R_{th}} \right]$$

$$= 180 \left[\frac{5\left(\frac{1.5}{6+1.5}\right) + 0.7}{(1+180)\ (0.1) + (6 /\!/ 1.5)} \right] = 2.81 \ (\text{mA})$$

(3) $V_{CE} = V_{CC} - I_C R_C - I_E R_E \approx 5 - 2.8\text{mA}(1\text{k} + 0.1\text{k}) = 1.92\text{V}$

(4) 令 I_1 為 R_1 上的電流，而 I_2 為 R_2 上的電流

則 $I_1 = I_2 + I_B = \dfrac{0.7 + (2.81\text{mA})(0.1\text{k})}{1.5\text{k}} + \dfrac{I_C}{\beta} = 0.669 \ \text{mA}$

$\therefore P_{i(dc)} = V_{CC}(I_1 + I_C) = 5(0.669 \ \text{mA} + 2.81 \ \text{mA}) = 17.34 \ \text{mW}$

---

209. 下圖中電路，若電晶體的 $h_{FE} = 20$，$R_1 = 2\text{k}\Omega$，$R_2 = 20\text{k}\Omega$，$R_3 = 10\text{k}\Omega$，且 $V_i = 18\text{V}$，求 $V_0 = ?$　　　【80 年資訊工程普考】

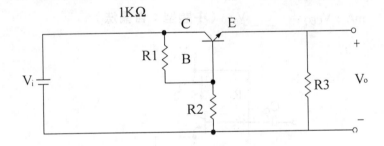

解☞：

1. 取戴維寧等效電路

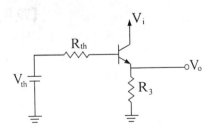

$$V_{th} = \frac{R_2 V_i}{R_1 + R_2} = \frac{(20k)(18)}{2k + 20k} = 16.36V$$

$$R_{th} = R_1 // R_2 = 1.82k\Omega$$

2. 設 BJT 在主動區上（∵$R_C = 0$）

取包含 V_{BE} 之迴路方程式，得

$$I_B = \frac{V_{th} - V_{BE}}{R_{th} + (1 + h_{FE}) R_3} = \frac{16.36 - 0.7}{(1.82k) + (21)(10k)} = 0.74mA$$

3. $V_0 = I_E R_3 = (1 + h_{FE}) I_B R_3 = 15.53V$

210.如下圖所示，已知$V_{CC} = 20V$，$R_C = 5K\Omega$，$R_E = 1K\Omega$，$R_1 = 20K\Omega$，$R_2 = 3K\Omega$，$\beta_0 = 100$，$V_{BE} = 0.7V$，$I_{CO} = 1nA$，求工作點 $I_{CQ} = $_____ _____mA，$V_{CEQ} = $_____V。（❖題型：自偏法）

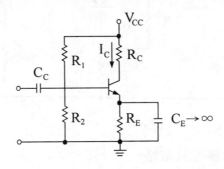

【79 年二技電子】

解☞：

∵ $R_1 \gg R_2$　∴BJT 可設在主動區上

1. 取戴維寧等效電路

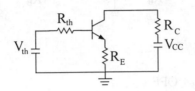

$$V_{th} = \frac{V_{CC}R_2}{R_1 + R_2} = \frac{(3k)(20)}{3K + 20k} = 2.609V$$

$$R_{th} = R_1 // R_2 = 3k // 20k = 2.609k$$

2. 取含 V_{BE} 之迴路方程式

$$I_B = \frac{V_{th} - V_{BE}}{R_{th} + (1 + \beta_0) R_E} = \frac{2.609 - 0.7}{2.609k + (101)(1k)} = 25.2 \ \mu A$$

$$\therefore I_{CQ} = \beta_0 I_B = 2.52mA$$

3. $V_{CEQ} = V_{CC} - I_C R_C - I_E R_E$

$$= V_{CC} - \beta_0 I_B R_C - (1 + \beta_0) I_B R_E$$

$$= 4.86V$$

---

211. 下圖中，$V_{CC} = 5V$，$R_B = 5k\Omega$，$R_C = 470\Omega$，若 B 端接地，在 A 端接上 2.4V 的電壓欲使 Q_A 在飽和區工作，試求 Q_A 之順向電流增益 β_F 的最小值應約為：　(A) 40　(B) 30　(C) 20　(D) 10。（假設電晶體 Q_A 飽和區工作時，$V_{CE} = 0.2V$，$V_{BE} = 0.8V$，主動區（active region）工作時 $V_{BE} = 0.7V$。）　　【79 年二技電機】

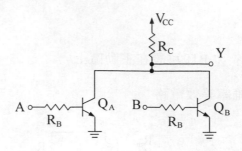

解☞：(B)

Q_A：sat，Q_B：OFF

$$I_{CA,sat} = \frac{V_{CC} - V_{CE,sat}}{R_C} = \frac{5 - 0.2}{470} = 10.2 \text{ mA}$$

$$I_{BA,sat} = \frac{V_A - V_{BE,sat}}{R_B} = \frac{2.4 - 0.8}{5k} = 0.32 \text{ mA}$$

$$\therefore \beta_{F,min} = \frac{I_{CA,sat}}{I_{BA,sat}} = \frac{10.2}{0.32} = 31.9$$

212. 右圖中若 $V_{CE} = 8.8$ 伏特，$I_C = 3 \times 10^{-3}$ 安培，$I_B = 2 \times 10^{-4}$ 安培，$R_C = 3000$ 歐姆，$V_{CC} = 20$ 伏特，$V_{BE} = 0$ 伏特，則 R_B 電阻值為 R_E 電阻值的 (A) 66 倍 (B) 88 倍 (C) 100 倍 (D) 150 倍（❖ 題型：集極迴授偏壓）

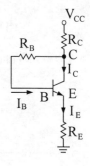

【77 年二技電機】

解☞：(B)

1. $\because V_{CE} = I_B R_B + V_{BE}$

$$\therefore R_B = \frac{V_{CE} - V_{BE}}{I_B} = \frac{8.8 - 0}{2 \times 10^{-4}} = 44000\Omega = 44K\Omega$$

2. 又 $V_{CC} = (R_C + R_E) I_E + V_{CE}$

$$\therefore R_E = \frac{V_{CC} - V_{CE}}{I_B + I_C} - R_C = \frac{20 - 8.8}{2 \times 10^{-4} + 3 \times 10^{-3}} - 3000$$

$$= 500\Omega = 0.5K\Omega$$

$$\frac{R_B}{R_C} = \frac{44}{0.5} = 88$$

213. 在右圖示中，若 L 為一需 120 毫安
才能推動的負載，且其電流量與電
壓成正比。當 L 上的電流為 80 毫安
時，其壓降為 3 伏；若電流為 120 毫
安，則壓降變為 4.5 伏。若 $V_{CC} = 6$
伏，且兩電晶體的 h_{FE} 均為 15，則在
輸入端 A 處需提供： (A) 0.1 毫安 (B) 0.5 毫安 (C) 1 毫安 (D)
1.2 毫安以上的電流才能推動 L

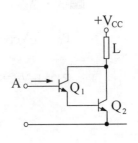

【77 年二技電機】

解☞： (B)

依題意知，推動負載需

$h_{FE}I + h_{FE}(h_{FE} + 1) I \geq 120$ mA

$\therefore 255I \geq 120$ mA

$I \geq \dfrac{120}{255} = 0.47$ mA

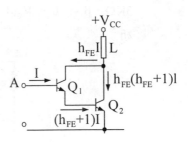

214. 下圖中，設電晶體電流放大率為 β，功率消耗為 P_t，曾納
(Zener) 二極體之功率消耗為 P_z，則 P_t 約等於 (A) $\dfrac{P_z}{\beta}$ (B) $\dfrac{P_z}{\beta^2}$

(C)βP_Z (D)$\beta^2 P_Z$ 【77年二技電子】

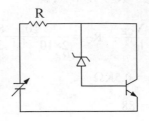

解☞：(C)

$$P_t = I_C V_{CE}$$

$$P_Z = I_B V_Z = I_B V_{CB} = \frac{I_C}{\beta}(V_{CE} - V_{BE})$$

$$\approx \frac{I_C}{\beta} V_{CE} = \frac{P_t}{\beta}$$

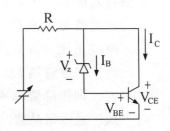

$$\therefore P_t \approx \beta P_Z$$

---

215. 下圖中，$V_{CC} = 18V$，$R_C = 2K\Omega$，$R_E = 200\Omega$，$R_1 = 27K\Omega$，$R_2 = 3K\Omega$，$\beta = 50$，$|V_{BE}| = 0.7V$，求$V_{CE} = $ ？（❖題型：PNP直流分析）

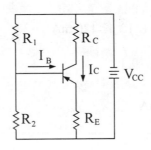

【77年普考】

解☞：

　　1. 取戴維寧等效電路

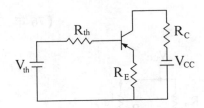

$$V_{th} = \frac{-V_{CC}R_2}{R_1 + R_2} = \frac{(-18)(3K)}{3K + 27K} = -1.8V$$

$$R_{th} = R_1 // R_2 = 2.7k\Omega$$

　　2. 設 BJT 在主動區上（∵ $R_1 \gg R_2$）

$$\therefore I_B = \frac{V_{th} - V_{BE}}{R_{th} + (1+\beta)R_E} = \frac{-1.8 - (-0.7V)}{2.7 + 51 \times 0.2} = -0.085 \text{ mA}$$

$$I_C = \beta I_B = 50 \cdot (-0.085) = -4.25 \text{ mA}$$

$$\therefore V_C = -1.8V - (-4.25 \times 2K) = -9.5V$$

$$V_E = V_{th} - I_B R_{th} - V_{BE}$$

$$= -1.8 - (-0.085) \times 2.7K - (-0.7V) = -0.87V$$

$$\therefore V_{CE} = -9.5 - (-0.87V) = -8.63V$$

---

216. 如下圖之自身偏壓電路中（self-bias circuit）矽電晶體的直流短
　　路電流增益 β = 100

　　V_{CC} = 15 伏特　　　R_{B1} = 10^6 歐姆

　　R_C = 10^4 歐姆　　　R_{B2} = 5×10^5 歐姆

$R_E = 10^4$ 歐姆

其工作點（operating point）之 $V_{CE} =$ _____ 伏特。（✢題型：自偏法）

【76 年二技電機】

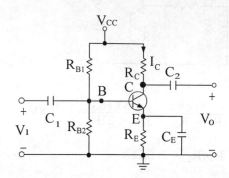

解☞：

1. 取戴維寧等效電路

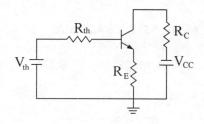

$$V_{th} = \frac{R_{B2}V_{CC}}{R_{B1} + R_{B2}} = \frac{(5 \times 10^5)(15)}{10^6 + 5 \times 10^5} = 5V$$

$$R_{th} = R_{B1} \mathbin{/\mkern-5mu/} R_{B2} = 333333\Omega$$

$$\therefore I_{CQ} = \beta I_B = \beta \left[\frac{V_{th} - V_{BE}}{R_{th} + (1 + B)R_E} \right]$$

$$= (100) \left[\frac{5 - 0.7}{333333 + (101)(10^4)} \right]$$

$$= 0.32 \text{ mA}$$

$$\therefore V_{CE} = V_{CC} - I_C R_C - I_E R_E = V_{CC} - I_C R_C - \frac{1 + \beta}{\beta} I_C R_E$$

$$= 15 - 3.2 - 3.23 = 8.57V$$

217.一電晶體電路如右圖所示，此電晶體之
$h_{FE} = 120$，求 (a)I_C　(b)V_{CN}　(c)V_{EN}（✥ 題
型：**集極回授偏壓**）

【75 年二技電機】

解：

此種偏壓法 BJT 必在主動區上，所以

1. 含 V_{BE} 之迴路方程式

$$20 = (4.7k + 3.3k)I_E + (420k)I_B + V_{BE}$$

$$\therefore I_B = \frac{20 - 0.7}{(4.7k + 3.3K)(1 + h_{FE}) + 420k} = 13.92 \text{ μA}$$

(a)$I_C = h_{FE}I_B = 1.67 \text{ mA}$

(b)$I_E = (1 + h_{FE})I_B = 1.68 \text{ mA}$

$$\therefore V_{CN} = V_{CC} - (4.7k)I_E = 20 - (4.7k)(1.68m) = 12.1V$$

(c)$V_{EN} = I_E R_E = (3.3k)(1.68m) = 5.28V$

右圖（電路圖）：
20V
4.7KΩ
C
I_C
420KΩ
E
3.3KΩ
N

218.如下圖所示，設 $I_i = 0$，則 V_C 為何？　(A)3.3 伏　(B)2.85 伏
(C)4.5 伏　(D)5.8 伏（✥**題型：自偏法**）

【74 年二技】

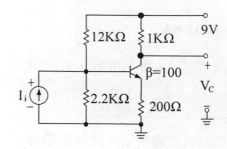

解☞：(D)

1. $I_i = 0$，則為斷路，取戴維寧等效電路

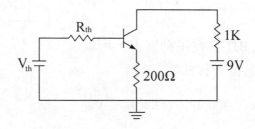

$$V_{th} = \frac{V_{CC}\ (2.2k)}{12k + 2.2k} = 1.394V$$

$$R_{th} = 2.2k\ //\ 12k = 1.86\ k\Omega$$

2. 設 BJT 在主動區上，則

$$I_B = \frac{V_{th} - V_{BE}}{R_{th} + (1 + \beta)(200)}$$

$$= \frac{1.394 - 0.7}{1.86k + (101)(200)} = 31.5\ \mu A$$

$$I_C = \beta I_B = 3.14\ mA$$

3. $V_c = V_{CC} - I_C R_C = 9 - (3.14m)(1k) = 5.86V$

4.驗證

∵$V_{BC} = V_B - V_C < 0$

∴所設無誤

219.(1)下圖中 T_2 之射極電流為　(A) 1.6mA　(B) 3.2m A　(C) 0.8mA

(D) 2.8mA

(2)下圖中，若 $V_L \approx 0$，設 T_1 之 $h_{fe} = 200$，則 R_C 為　(A) 1.5KΩ

(B) 3.3KΩ　(C) 3.9KΩ　(D) 4.7KΩ　　　　【74 年二技】

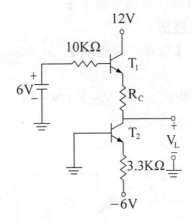

解☞：(1) (A)　　(2) (B)

(1)$I_{E2} = \dfrac{0 - 0.7 - (-6)}{3.3KΩ} = 1.6$ mA

(2)$I_{E2} \approx I_{E1} = 1.6$ mA

$6 = I_{B1} \times 10 + 0.7 + I_{E1} \times R_C + V_L$

又 $I_{B1} \approx \dfrac{I_{E1}}{h_{fe}} = \dfrac{1.6}{200} = 0.008$ mA

已知 $V_L \cong 0$

$$6 = 10 \times 0.008 + 0.7 + 1.6R_C \Rightarrow R_C = \frac{5.22}{1.6} = 3.3K\Omega$$

---

220. 矽質電晶體電路如右圖所示，若 $h_{FE} = 50$，逆向飽和電流 I_{CO} 略而不計，則下列何者為真 (A)V_{CE}約 3 伏，在飽和區 (B)V_{CE}約 9 伏，在作用區 (C)V_{CE}約 6 伏，在飽和區 (D)V_{CE}約 6 伏，在作用區（❖ **題型：固定偏壓法**）

【73 年二技電機】

解☞：(D)

1. 若 BJT 在飽和區，則 $V_{CE} \approx OV$，所以 (A) (C) ×

2. 取截維寧等效電路

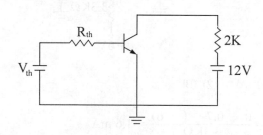

$$V_{th} = \frac{(10k)(V_{CC})}{10k + 90k} = 1.2V$$

$$R_{th} = 90k \mathbin{/\mkern-5mu/} 10k = 9k\Omega$$

3. $\because 90k\Omega \gg 10k\Omega$，$\therefore$ 設 BJT 在主動區上

$$I_B = \frac{V_{th} - V_{BE}}{R_{th}} = \frac{1.2 - 0.7}{9k} = 55.6\ \mu A$$

$$\therefore I_C = h_{FE}I_B = 2.778\ mA$$

4. $V_{CE} = V_{CC} - I_C R_C = 12 - (2.778m)(2k) = 6.4V$

5. 驗證

$$\because V_{BC} = V_B - V_C = V_{BE} - V_{CE} = 0.7 - 6.4 < 0$$

∴所設無誤

221.有一npn型電晶體，$h_{FE} = 100$，且流入集極電流為0.8安培，流入基極電流為 12 毫安培，則電晶體處在　(A)截止區　(B)作用（主動）區　(C)飽和區　(D)無法判定（✤題型：工作區判別）

【71 年二技電機】

解☞：(C)

$$\therefore \frac{I_C}{I_B} = \frac{0.8}{0.012} = 66.67 < h_{FE}，\quad (\beta sat \geq \frac{I_{C,sat}}{I_{B,sat}})$$

∴BJT 在飽和區

題型變化

222.(1)基極看到的戴維寧等效電阻$R_{th} = 10K\Omega$，$\beta = 100$，$I_B = 50\ \mu A$，則 R_1、R_2 之值約為　(A)$R_1 = 30K\Omega$，$R_2 = 15K\Omega$
(B)$R_1 = 70.4K\Omega$，$R_2 = 11.7K\Omega$
(C)$R_1 = 36K\Omega$，$R_2 = 13.8K\Omega$
(D)$R_1 = 25.2K\Omega$，$R_2 = 16.6K\Omega$

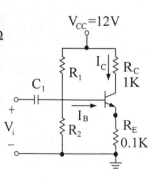

(2)當 $V_i = 0$ 時，V_{CE} 約為　(A) 5.5V　(B) 6V　(C) 6.5V　(D) 7V（✦

題型：自偏法）

解☞：(1) (B)　(2) (C)

(1) *1.* 取戴維寧等數電路

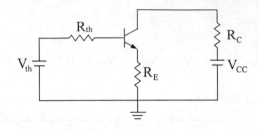

2.分析電路

$$V_{th} = I_B R_{th} + V_{BE} + I_E R_E$$

$$= (50\mu)(10k) + 0.7 + (1 + 100)(0.1k) = 1.705V$$

$$= \frac{R_2 V_{CC}}{R_1 + R_2} = \frac{(R_2)(12)}{R_1 + R_2}$$

$$\therefore \frac{R_2}{R_1 + R_2} = \frac{1.705}{12} = 0.142 \text{——①}$$

$$又 R_{th} = R_1 /\!/ R_2 = \frac{R_1 R_2}{R_1 + R_2} = 10k\Omega \text{——②}$$

$$\therefore R_1 = \frac{②}{①} = \frac{10k}{0.142} = 70.41k\Omega$$

代入①，得

$$R_2 = 11.7 \text{ k}\Omega$$

(2) $V_{CE} = V_{CC} - I_C R_C - I_E R_E \cong V_{CC} - \beta I_B (R_C + R_E) = 6.5V$

3-4〔題型二十〕:交直流負載線及最佳工作點

考型40 交直流負載線及最佳工作點

1. **探討電晶體穩定度時,需考慮以下因素:**

   (1)直流偏壓:決定工作點,是否穩定。

   (2)直流負載線:可由直流偏壓的條件,而繪製出直流負載線（DC load line）。直流負載線與輸出特性曲線之交點,即工作點。意即直流負載線為決定工作區。

   (3)交流負載線:可決定輸出之最大不失真的振幅。

   (4)穩定因數:計算出電晶體受 β,I_{CO},V_{BE} 之溫度效應的程度。

   (5)熱穩定:評估電晶體是否會造成熱跑脫而燒燬。（此項,在功率放大器中討論）

2. **靜態電阻 R_{DC}:**

   (1) BJT 作直流分析,在輸出迴路方程式中,等效出之電阻。（可直接由觀察法得之）

   (2)R_{DC}為直流負載線之斜率,即斜率 $= -\dfrac{1}{R_{DC}}$

3. **動態電阻 R_{AC}:**

   (1)BJT作交流分析,在輸出迴路方程式中,等效出之電阻（可直接由觀察法得之）。

   (2)R_{AC}為交流負載線之斜率,即斜率 $= -\dfrac{1}{R_{AC}}$

4. **交流負載線與直流負載線之比較:**

   (1)交流負載線之斜率較直流負載線陡。

   (2)交流負載線、直流負載線及輸出特性曲線,這三條線中任二條線的交叉點,均為工作點。

(3)繪製直流負載線，是在探知工作區何在。

(4)繪製交流負載線，是在探知輸出最大不失真的振幅。

(5)若電晶體不含R_E及R_L，則交直流負載線為重疊。

(6)以共射極電路圖1為例，其交直流負載線如圖2

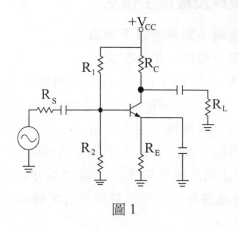

圖1

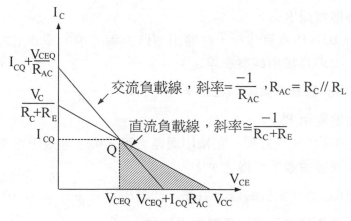

交流負載線，斜率$=\dfrac{-1}{R_{AC}}$，$R_{AC} = R_C \mathbin{//} R_L$

直流負載線，斜率$\simeq\dfrac{-1}{R_C+R_E}$

圖2

5. 最佳工作點

(1)最佳工作點，意即電路中最大輸出且不失真之工作點。

(2)最佳工作點，在交流負載線之正中央。

考型 41 最佳工作點的計算

一、求最佳工作點相關問題之技巧

1. 用觀察法,求出電路中之動態電阻 R_{AC} 及靜態電阻 R_{DC}

$$2.\ I_{CQ} = \frac{V_{CC}}{R_{AC} + R_{DC}} \left.\vphantom{\frac{V_{CC}}{R_{AC}}}\right\} 最佳工作點$$

$$3.\ V_{CEQ} = I_{CQ}R_{Ac}$$

4. 此時最大不失真之輸出電流振幅為 I_m

$$I_m = I_{CQ}\frac{R_C}{R_C + R_L}$$

5. 此時最大不失真之輸出電壓振幅為 V_m

$$V_m = I_mR_L$$

6. 此時最大輸出功率

$$P_{L,max} = \frac{1}{2}I_m^2R_L = \frac{V_m^2}{2R_L} = \frac{1}{2}I_mV_m$$

二、求工作點為非最佳工作點時之相關問題

1. 先求出該電路之最佳工作點之 I_{CQ}' 及 V_{CEQ}'

2. 用電路分析法,求出該電路之 I_{CQ}

3. 判斷 I_{CQ}' 及 I_{CQ} 之大小關係

(1)若 $I_{CQ} < I_{CQ}'$ 則

①最大不失真之輸出電流振幅為 $I_m = I_{CQ}\dfrac{R_C}{R_C + R_L}$

②最大不失真之輸出電壓振幅為 $V_m = I_mR_L$

③最大輸出功率 $P_{L,max} = \dfrac{1}{2}I_{m^2}R_L = \dfrac{V_{m^2}}{2R_L} = \dfrac{1}{2}I_m V_m$

(2)若 $I_{CQ} > I_{CQ}'$ 則

①最大不失真之輸出電流振幅為 $I_m = (2I_{CQ}' - I_{CQ})\dfrac{R_C}{R_C + R_L}$

②最大不失真之輸出電壓振幅為 $V_m = I_m R_L$

③最大輸出功率 $P_{L,max} = \dfrac{1}{2}I_{m^2}R_L = \dfrac{V_m{}^2}{2R_L} = \dfrac{1}{2}I_m V_m$

三、由交流負載線可知輸出電壓擺輻範圍

1. $\begin{cases} \text{最大正向擺動限制為 } I_{CQ}R_{AC} \\ \text{最大負向擺動限制為 } V_{CEQ} \end{cases}$

2. 輸出波形 $V_{0(p-p)} = 2\text{Min}(I_{CQ}R_{AC}，V_{CEQ})$

3. 若為最佳工作點 $V_{0(p-p)} = 2V_{CEQ} = \dfrac{2R_{AC}}{R_{DC} + R_{AC}}V_{CC}$

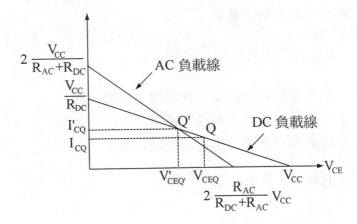

4. 最佳工作點圖形說明（Q和Q'分別為直流和交流負載線最佳工作點）。

$$
\begin{cases}
座標\ Q\ (I_{CQ}\ ,\ V_{CEQ}) = \left[\ \dfrac{V_{CC}}{2RDC}\ ,\ \dfrac{V_{CC}}{2}\ \right] \\[3mm]
座標\ Q'\ (I'_{CQ}\ ,\ V'_{CEQ}) = \left[\ \dfrac{V_{CC}}{R_{DC} + R_{AC}}\ ,\ \dfrac{R_{AC}}{R_{DC} + R_{AC}}V_{CC}\ \right]
\end{cases}
$$

5. 最大功率損耗

① 共射組態：$P_{C(max)} = V_{CE(max)} \times I_{C(max)}$

② 共基組態：$P_{C(max)} = V_{CB(max)} \times I_{C(max)}$

③ 共集組態：$P_{C(max)} = V_{CE(max)} \times I_{C(max)}$

歷屆試題

223. 如圖 37 電路中，若電晶體的 $\beta = 200$，$V_{BE} = 0.7V$ 且輸入信號 V_s 為正弦信號，試求此電路的最大不失真輸出電壓 $V_0 = V_{0m}\sin \omega t$ 為若干？ (A) 6.24V (B) 6V (C) 2.63V (D) 4.32V。【82 年二技電子】

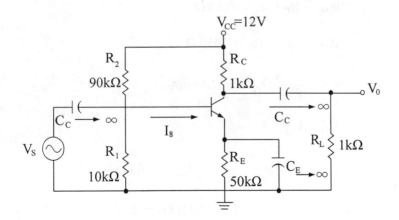

解☞：(C)

直流分析，取戴維寧等效電路

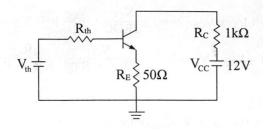

1. $R_{th} = 90k//10k = 9k\Omega$

$$V_{th} = \frac{R_1 V_{CC}}{R_1 + R_2} = \frac{(10k)(12)}{10k + 90k} = 1.2V$$

$$\therefore I_{BQ} = \frac{V_{th} - V_{BE}}{R_{th} + (1 + \beta)R_E} = \frac{1.2 - 0.7}{9k + (201)(50)} = 0.263mA$$

2. 比較 I_{CQ} 是否為最佳工作點 I_{CQ}'

方法一

$\because R_{AC} = R_C // R_L = 0.5\ k\Omega$

$\quad R_{DC} = R_C + R_E = 1050\ \Omega$

$$\therefore I_{CQ}' = \frac{V_{CC}}{R_{AC} + R_{DC}} = 7.74\ mA$$

$\because I_{CQ} < I_{CQ}'$

$$\therefore I_m = I_{CQ} \cdot \frac{R_C}{R_C + R_L} = \frac{1}{2}I_{CQ} = 2.63\ mA$$

$\quad$故 $V_{om} = I_m R_L = (2.63\ mA)(1k\Omega) = 2.63\ V$

方法二：

$$V_{CEQ} = V_{CC} - R_C I_C - R_E I_E = 6.47(V)$$

$$V_{om} = \min \left[I_{CQ} R_{AC} , V_{CEQ} \right] = \min \left[2.63 , 6.47 \right]$$

$$= 2.63(V)$$

---

224. 續上題中，電路的總損耗功率P_{CC}為若干？　(A) 149mW　(B) 68mW　(C) 60mW　(D) 63mW。

解☞：(D)

$$P_{CC} = V_{CC} I_{CQ} = (12)(5.264mA) = 63mW$$

---

225. 同上題，若R_C，R_E，R_L，β，V_{BE}均不變，欲使此電路的不失真輸出訊號為最佳化（即輸出振幅擺動為最大），此時的偏壓I_{BQ}須改變，求調整後的工作點（I_{CQ}，V_{CEQ}）？　(A)（5.45mA，6V）　(B)（7.74mA，3.87V）　(C)（8.5mA，2,65V）　(D)（3.75mA，7.88V）。　【82年二技電子】

解☞：(B)

$$I_{CQ} = \frac{V_{CC}}{R_{DC} + R_{AC}} = \frac{12}{0.5k + 1.05k} = 7.74 \text{ mA}$$

$$V_{CEQ} = I_{CQ} R_{AC} = (7.74 \text{ mA})(0.5k) = 3.87 \text{ V}$$

---

226. 下圖中，若電晶體Q導通時 $V_{BE} = 0.7V$，β（或 h_{fe}）$= 100$，假設其飽和區（saturation region）及截止區（cutoffregion）非常小可以忽略，而 C_1 與 C_2 的電容值非常大，若想使 V_o 的無失真

對稱擺盪幅度（undistorted symmctric swing），在此簡寫成 USS 達到最大，則 Q 的操作點集極電流 I_{CQ} 為： (A) 4.3mA (B) 5mA (C) 5.7mA (D) 6.4mA。 【81 年二技電子】

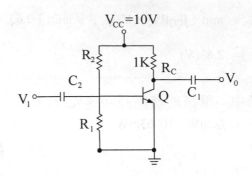

解☞： (B)

1. $\because R_{DC} = R_{AC} = R_C = 1k\Omega$

$$\therefore I_{CQ} = \frac{V_{CC}}{R_{DC} + R_{AC}} = \frac{1}{2}\frac{V_{CC}}{R_C} = \frac{1}{2} \cdot \frac{10}{1k} = 5 \text{ mA}$$

227.將上題中的輸出端 V_o 與接地端之間加上一負載 $R_L = 1k\Omega$，若同樣欲使 V_o 的 USS 達到最大，則對新操作作點而言，與上題的結果比較： (A)集極與射極間的操作電壓 V_{CEQ} 變大，I_{CQ} 變小，V_o 的 USS 變小 (B)V_{CEQ} 變小，I_{CQ} 變大，V_o 的 USS 變小 (C)V_{CEQ} 變大，I_{CQ} 變小，V_o 的 USS 變小 (D)V_{CEQ} 變小，I_{CQ} 變大，V_o 的 USS 變大。

【81 年二技電子】

解☞： (B)

1. 在上題未接 R_L 時，

$V_{CEQ} = I_{CQ}R_{AC} = (5mA)(1K) = 5V \Rightarrow USS = V_{CE,P-P} = 2V_{CEQ} = 10V$

2. 在本題中，接上 R_L 時，

$R_{DC} = R_C = 1k\Omega$

$R_{AC} = R_C \mathbin{/\mkern-5mu/} R_L = 0.5k\Omega$

$\therefore I_{CQ} = \dfrac{V_{CC}}{R_{AC} + R_{DC}} = \dfrac{10}{1k + 0.5k} = 6.6 \text{ mA}$

$V_{CEQ} = I_{CQ}R_{AC} = (6.6 \text{ mA})(0.5k) = 3.3\text{V}$

$\therefore USS = V_{CEQ\,(p,p)} = 2V_{CEQ} = 6.6\text{V}$

3. 故接上 R_L 後，USS 變小，I_{CQ} 變大，V_{CEQ}變小

228.將上題中的 R_C 改用由 V_{CC} 流向電晶體集極的理想電流源來取代，此時亦調整該電流源的電流值及 R_1、R_2 使得 V_o 得到最大的 USS，則與上題的結果相比較：　(A)V_{CEQ} 變小，I_{CQ} 變小，V_o 的 USS 變小　(B)V_{CEQ} 變小，I_{CQ} 變大，V_o 的 USS 變大　(C)V_{CEQ} 變大，I_{CQ} 變小，V_o 的 USS 變大　(D)V_{CEQ} 與 I_{CQ} 皆不變。

【81 年二技電子】

解☞：(C)

∵恆流源，$R_{DC} = \infty$，而$R_{AC} = R_L = 1k\Omega$

$\therefore I_{CQ} = \dfrac{V_{CC}}{R_{DC} + R_{AC}} = 0$ 又 $V_{CEQ} = V_{CC} - I_{CQ}R_{DC} = V_{CC} = 10\text{V}$

$\therefore USS = 2V_{CEQ} = 20\text{V}$

$\therefore$ 知 V_{CEQ} 變大，I_{CQ} 變小，USS 變大

題型變化

229. 如下圖所示，若 $\beta = 50$，$V_{BE} = 0.7V$，$R_C = 6k\Omega$，$V_{CC} = 12V$，試求 R_B 值，使得輸出可得到最大不失真振幅。另外，求工作點 I_{CQ} 和 V_{CEQ}。

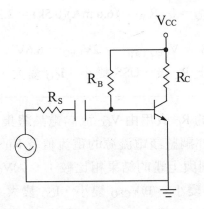

解☞：

1. $\because R_E = 0$，$R_L = \infty$

   $\therefore$ 交直流負載線為重疊，即

   $$R_{DC} = R_{AC} = R_C = 6k\Omega$$

   $$\therefore I_{CQ} = \frac{V_{CC}}{R_{AC} + R_{DC}} = \frac{12}{12k} = 1 \text{ mA}$$

   $$V_{CEQ} = I_{CQ}R_{AC} = 6V$$

2. $I_{BQ} = \dfrac{I_{CQ}}{\beta} = \dfrac{1mA}{50} = 20 \ \mu A$

   又 $I_{BQ} = \dfrac{V_{CC} - V_{BE}}{R_B} = \dfrac{12 - 0.7}{R_B} = 20 \ \mu A$

   $$\therefore R_B = 556 \text{ k}\Omega$$

3-5〔題型二十一〕：穩定因數及補償

考型 42 穩定因數分析

一、BJT 受溫度影響之因素有：

　1. 溫度上升 10℃，I_{CO}增加一倍

$$I_{CO}（T_2）= I_{CO}（T_1）\times 2^{\frac{T_2 - T_1}{10}}$$

　2. 溫度上升 1℃，V_{BE}下降 2.0mV

$$\triangle V_{BE}/\triangle T = -2mV/℃$$

　3. 溫度升高時，β 值亦隨之升高。

$$\beta（T_1）\approx \beta（T_2）(\frac{T_1}{T})^n , n \approx 1.7$$

二、溫度效應對 BJT 的影響

　溫度變化效應：溫度上升，I_C 亦隨之上升。

　1. 對小信號放大器而言，工作點漂移，放大器不穩定。

　2. 對大信號放大器而言，造成輸出信號失真，嚴重時發生熱跑
　　脫現象（therma runaway），燒毀電晶體。

三、將此三因數，並在I_C中探討則

　1. $\dfrac{\partial I_c(I_{CO}, V_{BE}, \beta)}{\partial T} = \dfrac{\partial I_C}{\partial I_{CO}} \cdot \dfrac{\partial I_{CO}}{\partial T} + \dfrac{\partial I_C}{\partial V_{BE}} \cdot \dfrac{\partial V_{BE}}{\partial T} + \dfrac{\partial I_C}{\partial \beta} \cdot \dfrac{\partial \beta}{\partial T}$

　　　　$= S \cdot \dfrac{\partial I_{CO}}{\partial T} + S' \dfrac{\partial V_{BE}}{\partial T} + S'' \dfrac{\partial \beta}{\partial T}$（millman 符號）

　　　　$= S_I \cdot \partial \dfrac{I_{CO}}{\partial T} + S_V \dfrac{\partial V_{BE}}{\partial T} + S_\beta \dfrac{\partial \beta}{\partial T}$（smith 符號）

其中（S，S′，S″ ）或（S_I，S_V，S_β）即穩定度因數

2. 穩定因數

(1) $S = S_I = \dfrac{\partial I_C}{\partial I_{CO}}$

(2) $S' = S_V = \dfrac{\partial I_C}{\partial V_{BE}}$

(3) $S'' = S_\beta = \dfrac{\partial \beta}{\partial T}$

3. 各種偏壓電路的穩定度分析

(1) 基極固定偏壓法

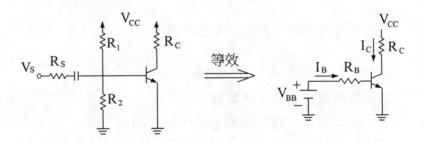

① $R_B = R_1 /\!/ R_2$

② $V_{BB} = \dfrac{R_2 V_{CC}}{R_1 + R_2}$

③ $S = S_I = \dfrac{\Delta I_C}{\Delta I_{CO}} = \beta + 1$

④ $S' = S_V = \dfrac{\Delta I_C}{\Delta V_{BE}} = -\dfrac{\beta}{R_B}$

⑤ $S'' = S_\beta = \dfrac{\Delta I_C}{\Delta \beta} = \dfrac{I_{C1}}{\beta_1}$

(2)集極回授偏壓法

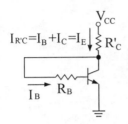

① $S = SI = \dfrac{\Delta I_C}{\Delta I_{CO}} = \dfrac{(\beta + 1)(R_B + R'_C)}{R_B + (\beta + 1)R'_C}$

② $S' = S_V = \dfrac{\Delta I_C}{\Delta V_{BE}} = -\dfrac{\beta}{R_B + (\beta + 1)\ R'_C}$

③ $S'' = S_\beta = \dfrac{\Delta I_C}{\Delta \beta} = \dfrac{I_C\ (R_B + R'_C)}{\beta[R_B + (\beta_2 + 1)\ R'_C]}$

(3)射極回授偏壓法

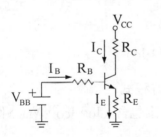

① $S = S_I = \dfrac{\Delta I_C}{\Delta I_{CO}} = \dfrac{(\beta + 1)(R_B + R_E)}{R_B + (\beta + 1)R_E}$

② $S' = S_V = \dfrac{\Delta I_C}{\Delta V_{BE}} = -\dfrac{\beta}{R_B + (\beta + 1)\ R_E}$

③ $S'' = S_\beta = \dfrac{\Delta I_C}{\Delta \beta} = \dfrac{I_C\ (R_B + R_E)}{\beta[R_B + (\beta_2 + 1)\ R_E]}$

(4)自偏法

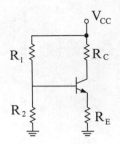

①$S = S_I = \dfrac{\Delta I_C}{\Delta I_{CO}} = \dfrac{(\beta + 1)\,[R_1 /\!/ R_2] + R_E}{(R_1 /\!/ R_2) + (\beta + 1)\,R_E}$

②$S' = S_V = \dfrac{\Delta I_C}{\Delta V_{BE}} = -\dfrac{\beta}{(R_1 /\!/ R_2) + (\beta + 1)\,R_E}$

③$S'' = S_\beta = \dfrac{\Delta I_C}{\Delta \beta} = \dfrac{I_C[\,(R_1 /\!/ R_2) + R_E]}{\beta[\,(R_1 /\!/ R_2) + (\beta_2 + 1)\,R_E]}$

4. S值愈小，代表電路愈穩定。（通常範圍為 $1 < S < 1 + \beta$）

5. 解題技巧

①寫下 $I_C = \beta I_B + (1 + \beta)\,I_{CO}$

②取一包含 V_{BE} 的迴路方程式

③聯立方程式①、②，求出包含（I_C，I_{CO}，V_{BE}，β）之方程式

④解出 $S, (S_I) = \dfrac{\partial I_C}{\partial I_{CO}}$

$S', (S_V) = \dfrac{\partial I_C}{\partial V_{BE}}$

$S'', (S_\beta) = \dfrac{\partial I_C}{\partial \beta}$

6. 穩定因數之簡易求法：

① $S = \dfrac{\partial I_C}{\partial I_{CO}} = \dfrac{I_B \text{流過的電阻總和}}{I_B \text{流過的電阻總和(其中} R_B \text{須除以} (1+\beta))}$

一般 S 在 1～ $(1+\beta)$ 之間。

② $S_\beta = \dfrac{\Delta I_C / I_C}{\Delta \beta / \beta} = \dfrac{1}{1 + (\beta + \Delta\beta)(\dfrac{R_B \text{除外，} I_B \text{流過的電阻和}}{I_B \text{流過的電阻和}})}$

⇒ 對穩定性影響最大的為 β 之變化。

考型 43 偏壓補償技術

一、穩定法（stabilization method）：在電阻性偏壓電路中常用。
   如集極回授偏壓，自給偏壓。

二、補償法（compensation method）：對溫度敏感裝置中常用，
   如：二極體，熱阻器。

三、補償法之電路

  1. 用二極體補償 I_{co}

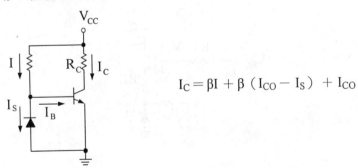

$$I_C = \beta I + \beta (I_{CO} - I_S) + I_{CO}$$

若二極體與 BJT 材料同，則 $I_{CO} = I_S$，故可補償 I_{CO}

2. 用二極體補償 V_{BE}

〔方法一〕

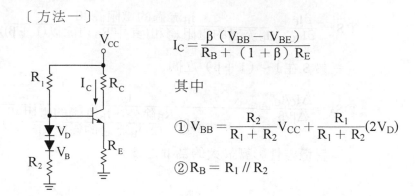

$$I_C = \frac{\beta\,(V_{BB} - V_{BE})}{R_B + (1+\beta)\,R_E}$$

其中

$$① V_{BB} = \frac{R_2}{R_1 + R_2}V_{CC} + \frac{R_1}{R_1 + R_2}(2V_D)$$

$$② R_B = R_1 \,//\, R_2$$

討論

(1)若二極體材料和電晶體相同（$V_D = V_{BE}$），則 $R_1 = R_2$ 達補償效果。

(2)若補償二極體僅有一個，則選擇 $R_1 \gg R_2$ 可達補償效果。

〔方法二〕

$$V_{BB} = I_B R_B + V_{BE} + I_E R_E - V_D$$

討論：

因 $V_{BE} \approx V_D$ ∴ $V_{BB} = I_B R_B + I_E R_E$

故不受 V_{BE} 影響

3. 用熱阻器補償 β

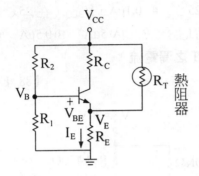

討論：

$T\uparrow \Rightarrow R_T\downarrow \Rightarrow V_E\uparrow \Rightarrow I_C\downarrow$

（未補償前：$T\uparrow \Rightarrow \beta\uparrow \Rightarrow I_C\uparrow$）

4. 用敏阻器補償 β

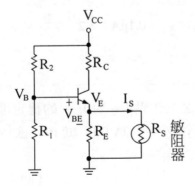

討論：

$T\uparrow \Rightarrow R_S\uparrow \Rightarrow R_E // R_S\uparrow \Rightarrow V_E\uparrow \Rightarrow I_B\downarrow \Rightarrow I_C\downarrow$

（未補償前：$T\uparrow \Rightarrow \beta\uparrow \Rightarrow I_C\uparrow$）

230. 下圖之電路中，$V_{CC} = 20V$，$R_2 = 10K\Omega$，$R_1 = 1K\Omega$，$R_c = 470\Omega$，$R_E = 100\Omega$，I_{CBO}（在 25℃）= $0.1\mu A$，V_{BEQ}（在 25℃）= 0.7V，$\beta = 100$，試求在 75℃ 時 $I_{CBO} = ?$　(A) $5\mu A$　(B) $0.5\mu A$　(C) $3.2\mu A$　(D) $2.5\mu A$。（✤ 題型：BJT 之漏電流）

【88 年二技電子】

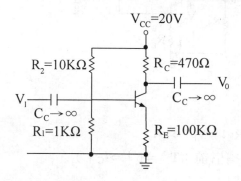

解☞：　(C)

$$\because I_{CBO2} = I_{CBO1} \times 2^{\frac{T_2 - T_1}{10}} = (0.1\mu A) \times 2^{\frac{75 - 25}{10}}$$

$$= 3.2\ \mu A$$

---

231. 承上題，試求此電路之工作點 I_{CQ} 對 I_{CBO} 的穩定度 $S_{I_{CBO}}$（不考慮 V_{BE} 及 β 的變化）為多少？　(A) 0.1　(B) 101　(C) 50　(D) 1（✤ 題型：穩定度分析）

【88 年二技電子】

解☞：正確答案為 $S_{I_{CBO}} = 9.257$

(1)列出電流方程式

$$I_C = \beta I_\beta + (1 + \beta) I_{CBO} \Rightarrow I_B = \frac{I_C}{\beta} - \frac{1 + \beta}{\beta} I_{CBO}$$

(2)繪出戴維寧等效模型

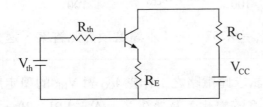

$$V_{th} = \frac{R_1 V_{CC}}{R_1 + R_2} = \frac{(1k)(20)}{(1k) + (10k)} = 1.82V$$

$$R_{th} = R_1 \mathbin{/\mkern-6mu/} R_2 = 10k \mathbin{/\mkern-6mu/} 1k = 909\Omega$$

(3)取含V_{BE}之迴路方程式

$$V_{th} = R_{th}I_B + V_{BE} + I_E R_E = R_{th}I_B + V_{BE} + (I_B + I_C) R_E$$

$$1.82 = 909\,I_B + V_{BE} + (I_B + I_C)(100)$$

$$= 1009\,I_B + V_{BE} + 100\,I_C$$

(4)將方程式(1)代入上式得

$$1.82 = 1009\,(\frac{I_C}{\beta} - \frac{1 + \beta}{\beta}I_{CBO}) + V_{BE} + 100 I_C$$

即

$$1.82 = (\frac{1009}{\beta} + 100)\,I_C + V_{BE} - \frac{1009\,(1 + \beta)}{\beta}I_{CBO} \quad\text{———①}$$

(5)求 S_{ICBO} 時，即將上式①對 I_{CBO} 微分

$$0 = (\frac{1009}{\beta} + 100)\,\frac{\partial I_C}{\partial I_{CBO}} + 0 - \frac{1009\,(1 + \beta)}{\beta}$$

$$= \left(\frac{1009}{100} + 100\right) S_{I_{CBO}} - \frac{(1009)(101)}{100}$$

$$\therefore S_{I_{CBO}} = 9.257 \qquad (\text{本題選項無此答案,送分})$$

232.承上二題,試求此電路之工作點 I_{CQ} 對 V_{BE} 的穩定度 $S_{V_{BE}}$(不考慮 I_{CBO} 及 β 的變化)為多少? (A)＋ 1.01 (B)－ 0.01 (C)＋ 0.01 (D)－ 1.01(✛題型:穩定度分析)

【88 年二技電子】

解☞: (B)

將上題的方程式①,對 V_{BE} 微分,得

$$0 = \left(\frac{1009}{100} + 100\right)\frac{\partial I_C}{\partial V_{BE}} + 1 = 110.09\, S_{V_{BE}} + 1$$

$$\therefore S_{V_{BE}} = - 0.009 \approx - 0.01$$

233.下圖所示為一 BJT 小訊號放大器電路,在決定其集極電流 I_C 時,下列那一個參數有變動時對 I_C 的影響最小? (A)β (B)V_{BE} (C)V_{CE} (D)I_{CBO} 【86 年二技電子】

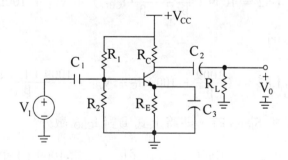

解☞: (C)

$$\therefore I_C = \frac{\beta \left[V_{CC}\dfrac{R_2}{R_1 + R_2} - V_{BE} \right]}{(1+\beta)\,R_E + (R_1 /\!/ R_2)}$$

234. 右圖中，若二極體的切
入 電 壓（cut-in voltage，
V_r）在任何溫度皆與電晶
體的 V_{BE} 相同，則在電
晶體導通的情況下，下
列何種情況可得到最佳
的V_{BE}溫度補償

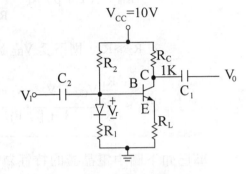

(A)$R_1 \gg R_2$　(B)$R_1 = R_2$

(C)$R_1 \ll R_2$　(D)$R_1 \gg R_2$，$R_1 = R_2$及$R_1 \ll R_2$三種情況的補償效果相
同。

【81 年二技電子】

解☞：(C)

1. 化為戴維寧等效電子

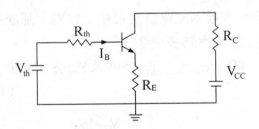

$$R_{th} = R_1 /\!/ R_2 = \frac{R_1 R_2}{R_1 + R_2}$$

用節點法求V_{th}

$$\left(\frac{1}{R_1} + \frac{1}{R_2} \right) V_{th} = \left(\frac{V_{CC}}{R_2} + \frac{V_r}{R_1} \right) \Rightarrow V_{th} = \frac{R_1 V_{CC} + R_2 V_r}{R_1 + R_2}$$

2. 分析電路

$$I_B = \frac{V_{th} - V_{BE}}{R_{th} + (1 + \beta) R_E} = \frac{\dfrac{R_1 V_{CC} + R_2 V_r}{R_1 + R_2} - V_{BE}}{\dfrac{R_1 R_2}{R_1 + R_2} + (1 + \beta) RE}$$

若 $R_2 \gg R_1$，則不受 V_{BE} 影響

$$\therefore I_B \approx \frac{\dfrac{R_1}{R_2} V_{CC} + V_r - V_{BE}}{R_1 + (1 + \beta) R_E} = \frac{R_1 V_{CC}}{R_2 [R_1 + (1 + \beta) R_E]}$$

---

235. 已知下圖中電晶體的特性為 $V_{BB} = 0.7V$，$V_{CE\,(sat)} = 0$，$I_{CO} = 0$ 及 $\beta = 100$。

(1)假設 $C = 0$，$R_B = 10K\Omega$ 電晶體的直流工作點為 $V_{CEQ1} = $ ___①___ V，及 $I_{CQ1} = $ ___②___ mA。若欲使本電路具有最佳工作點，即能獲得最大且不失真的信號擺動（swing）範圍。那麼值應為多少 $R_B = $ ___③___ kΩ。

(2)假設 $C = \infty$，若欲本電路具有最佳工作點，那麼這種情況下 R_B 及直流工作點應為多少？

$R_B = $ ___④___ kΩ，$I_{CQ2} = $ ___⑤___ mA 及 $V_{CEQ2} = $ ___⑥___

【76年二技】

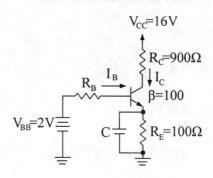

解☞：

一、

(1) $C = 0$，$R_B = 10k\Omega$

$$\therefore I_{CQ} = \beta I_B = \beta \left[\frac{V_{BB} - V_{BE}}{R_B + (1 + \beta)R_E}\right]$$

$$= \frac{100(2 - 0.7)}{10k + (101)(0.1k)} = 6.47mA \text{——} ①$$

$$V_{CEQ_1} = V_{CC} - I_C R_C - I_E R_E = V_{CC} - I_C R_C - \frac{1 + \beta}{\beta} I_C R_E$$

$$= 16 - (6.47m)(0.9k) - (\frac{101}{100})(6.47m)(0.1k) = 9.52V \text{——} ②$$

(2)最佳工作點時，（$C = 0$ 時，即作交直流分析時，電容均
視為開路）

$$R_{AC} = R_C + R_E = 1k\Omega$$

$$R_{DC} = R_C + R_E = 1k\Omega$$

$$\therefore I_{CQ} = \frac{V_{CC}}{R_{AC} + R_{DC}} = 8 \ mA$$

$$I_{BQ} = \frac{I_{CQ}}{\beta} = 0.08mA，又 I_{BQ} = \frac{V_{BB} - V_{BE}}{R_B + (1 + \beta) R_E}$$

$$= \frac{2 - 0.7}{R_B + (101)(0.1k)}$$

$$\therefore R_B = 6.15k\Omega \text{——} ③$$

二、$C = \infty$（即，作交流分析時電容視為短路，直流分析時
為開路）

$$\therefore R_{AC} = R_C = 0.9k$$

$$R_{DC} = R_C + R_E = 1k$$

$$\therefore I_{CQ2} = \frac{V_{CC}}{R_{AC} + R_{DC}} = 8.42 \text{ mA} \text{——⑤}$$

$$V_{CEQ2} = I_{CQ2}R_{AC} = 7.578V \text{——⑥}$$

$$I_{BQ2} = \frac{I_{CQ2}}{\beta} = 0.0842 \text{ mA}$$

$$\text{即 } I_{BQ2} = \frac{V_{BB} - V_{BE}}{R_B + (1 + \beta) R_E} = \frac{2 - 0.7}{R_B + (101)(0.1k)} = 0.0842 \text{ mA}$$

$$\therefore R_B = 5.34 \text{ k}\Omega \text{——④}$$

---

236. 設某簡易電晶體放大電路如下圖所示，試求 I_C 對 I_{CO}、V_{BE}、β 之各熱穩定因數 S、S′、S″。 【75年二技】

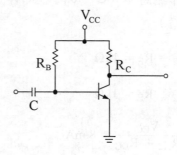

解☞：

1. 取含 V_{BE} 之迴路方程式

$$I_B R_B + V_{BE} = V_{CC}$$

2. 列出 I_C 電流方程式

$$I_C = \beta I_B + (1 + \beta) I_{CO}$$

$$\Rightarrow I_B = \frac{I_C - (1 + \beta) I_{CO}}{\beta}$$

3. 代入迴路方程式得

$$\frac{I_C-(1+\beta)\,I_{CO}}{\beta}R_B+V_{BE}=V_{CC}$$

4. 得 $I_C R_B-(1+\beta)\,I_{CO}R_B+\beta\,(V_{BE}-V_{CC})=0$——①

5. 求 $S=\dfrac{\Delta I_C}{\Delta I_{CO}}=\dfrac{\partial I_C}{\partial I_{CO}}$

將方程式①，對 I_{CO} 偏微，得

$$R_B\frac{\partial I_C}{\partial I_{CO}}=(1+\beta)\,R_B$$

$$\therefore S=\frac{\partial I_C}{\partial I_{CO}}=1+\beta$$

6. 求 S'

$$S'=\frac{\Delta I_C}{\Delta V_{BE}}=\frac{\partial I_C}{\partial V_{BE}}$$

將方程式①，對 V_{BE} 偏微，得

$$R_B\frac{\partial I_C}{\partial V_{BE}}+\beta=0$$

$$\therefore S'=-\frac{\beta}{R_B}$$

7. 求 S''

$$S''=\frac{\Delta I_C}{\Delta\beta}=\frac{\partial I_C}{\partial\beta}$$

將方程式①，對 β 偏微，得

$$R_B\cdot\frac{\partial I_C}{\partial\beta}-I_{CO}R_B+V_{BE}-V_{CC}=0$$

$$\therefore S'' = \frac{\partial I_C}{\partial \beta} = \frac{V_{CC} - V_{BE}}{R_B} + I_{CO} = I_B + I_{CO} = \frac{I_C - I_{CO}}{\beta}$$

---

237. 試說明一具有射極電阻的共射極電晶體組態,對溫度具有先天性的穩定度。　　　　　　　　　【69年二技】

解☞:

一、射極電阻 R_E 具有負迴授功用,可降低增益,增加穩定度。

二、R_E 值愈大,穩定因素就愈小。

三、但 R_E 值愈大,增益就愈小。(缺點)

---

238. 如下圖,$V_{CC} = 22.5V$,$R_C = 5.6K$,$R_E = 1K$,$R_1 = 90K$,$R_2 = 10K$,$\beta = 55$,$V_{BE} = 0.6V$,求 $S_1 = \dfrac{\partial I_C}{\partial I_{CO}} = ?$ 【66年二技】

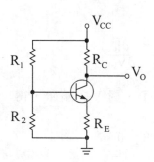

解☞:

1. 取戴維寧等效電路

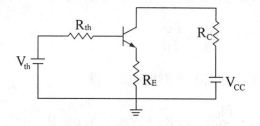

$$R_{th} = R_1 /\!/ R_2 = 10k /\!/ 90k = 9k\Omega$$

$$V_{th} = \frac{R_2}{R_1 + R_2}V_{CC} = \frac{(10k)(22.5)}{10k + 90k} = 2.25V$$

2. 取含 V_{BE} 之迴路方程式

$$V_{th} = I_B R_{th} + V_{BE} + (I_B + I_C)R_E$$

$$= (R_{th} + R_E)I_B + I_C R_E + V_{BE} \text{——①}$$

3. 寫出 I_C 之電流方程式

$$I_C = \beta I_B + (1 + \beta)I_{CO} \Rightarrow I_B = \frac{I_C - (1 + \beta)I_{CO}}{\beta}$$

4. 代入方程式①，得

$$V_{th} = \frac{R_{th} + R_E(1 + \beta)}{\beta} \cdot I_C - \frac{(R_{th} + R_E)(1 + \beta)}{\beta}I_{CO} + V_{BE}$$

5. 求 S_I

$$S_I = \frac{\partial I_C}{\partial I_{CO}} \text{，將上式對} I_{CO} \text{偏微，得}$$

$$S_I = \frac{\partial I_C}{\partial I_{CO}} = \frac{(R_{th} + R_E)(1 + \beta)}{R_{th} + R_E(1 + \beta)} = \frac{(9k + 1k)(56)}{9k + 1k(56)} = 8.62$$

---

239. 下圖，二極體 D 之作用為何？　　　　　　　　　【65 年二技】

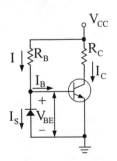

解☞：若二極體與 BJT 材料相同，且製成同一晶片則 $I_S \approx I_{CBO}$，而消除 I_C 會因溫度而改變。

題型變化

240. 下圖為一光遮斷器，已知 I_B 與發光二極體的關係 $I_B = KV^{\frac{1}{2}}$，其中 K 為耦合係數，$K = 1.5 \times 10^{-6} A/V$，若電晶體之 $\beta = 100$，且在 LED 所加電壓 V = 4V，則電阻 R 的壓降為多少？（❖題型：耦合電路）

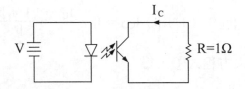

解☞：電晶體的 I_B，是藉由 LED 耦合而得之。

$$\therefore I_B = KV^{\frac{1}{2}} = 1.5 \times 10^{-6} \times 4^{\frac{1}{2}} = 3 \ \mu A$$

$$I_C = \beta I_B = 100 \cdot 3 \ \mu A = 0.3 \ mA$$

$$\therefore V_R = 1 \times 0.3 \ mA = 0.3 \ mV$$

3-6〔題型二十二〕：BJT 開關及速度補償

考型 44 BJT 開關及速度補償

1. 電晶體的四個時間：t_d，t_r，t_s，t_f。

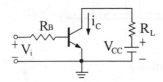

圖1 電晶體電路體

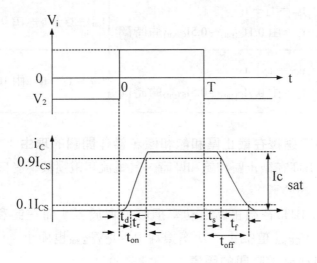

圖2 集極電流波形 Millman 版

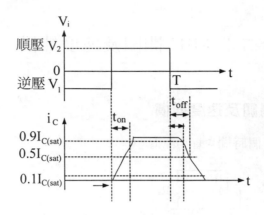

圖 3　Smith 版

2. t_{ON} 及 t_{OFF} 之定義

	Smith 版	Millman 版
t_{ON}	$t_{on} = t_d + t_1$ $t_1 = $ 由 $0.1I_{C(sat)} \sim 0.5I_{C(sat)}$ 的時間	$t_{on} = t_d + t_r = $ 由 $0 \sim 0.9I_{C(sat)}$
t_{OFF}	$t_{off} = t_s + t_2$ $t_2 = $ 由 $0.9I_{C(sat)} \sim 0.5I_{C(sat)}$ 的時間	$t_{off} = t_s + t_f = $ 由 $100\% \sim 0.1I_{C(sat)}$

3. BJT 選擇在截止區和飽和區，當作開關的理由：

(1)BJT 在截止區和飽和區時，其電流和電壓較不受參數（例：β）
　的影響。

(2) BJT 在截止區之功率損耗近似於零。而在飽和區時，因為
　$V_{CE,sat}$ 值很小，功率損耗 $P_C \approx I_C V_{CE,sat}$ 也極小。

4. 構成延遲時間的因素：

(1)當輸入信號加到電晶體，需要一段時間才能使空乏電容充
　電，以使電晶體離開截止區。

(2)即使少數載子通過射極接面仍需經過一段時間才能越過基極

區到達集極接面成為集極電流。

(3)集極電流再需要一些時間才能上升到它最大值的百分之十。

5. 儲存時間的成因：

電晶體要等到載子密度全部移掉之後才開始進行關閉過程。

6. 當速率是 BJT 開關的主要考慮因素時，應縮短儲存時間，高速數位電路應避免在飽和區操作。

7. 縮短 t_s 之方法—主要排除儲存在基極內之過量電荷時間。

8. 加速 BJT 操作速度之法

(1)在基極電阻兩端，並聯一電容

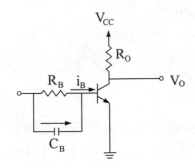

$$i_C = C \frac{dV_C}{dt}$$

加速基極電流，排除改善交換過度

(2)在 BJT 之 BC 端並聯一個蕭特基二極體

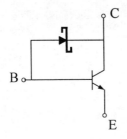

蕭特基二極體主要是作 BJT 基極和集極間的定位器 ⇒ 使 BJT
必在作用區內

(3)採用蕭特基電晶體

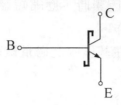

可防止電晶體進入飽和區
→ 消除 t_s 時間

歷屆試題

241.電晶體之儲存時間是因釋放何處電荷所需之時間　(A)射極
(B)基極　(C)集極　(D)輸出電路。　　　　　【74 年二技電子】

解☞：(B)

242.有關蕭基電晶體之特性，下列何者正確　(A)具有多射極裝置
(B)為低頻率，高增益裝置　(C)使電路動作加速　(D)以上皆非。

【72 年二技電機】

解☞：(C)

題型變化

243.如下圖，Q 作為開關用，並以 LED 顯示 ON，OFF 狀態，試說
明工作原理並求得$I_{C\,(sat)}$＝？（假設 LED 壓降為 2V）（❖題
型：BJT 當開關）

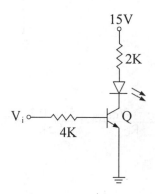

解☞：

(1)當 $V_i = H_i$ 時，使 BJT 進入飽和區，$V_{CE,sat} \approx 0.2V$

∴LED：ON（亮）

(2)當 $V_i = V_o$ 時，使 BJT 進入截止區，

∴LED：OFF（暗）

(3)$I_{C,sat} = \dfrac{V_{CC} - V_r - V_{CE,sat}}{2k} = \dfrac{15 - 2 - 0.2}{2k} = 6.4$ mA

244.如下圖之電路，$V_{CC} = 5V$，$R_C = 1.5k\Omega$，β值在 80～200 之間，
試求 R_B 之值。

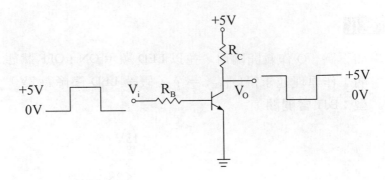

解☞：

$$\because I_{C,sat} = \frac{V_{CC} - V_{CE,sat}}{R_C} = \frac{5 - 0.2}{1.5k} = 3.2 \text{ mA}$$

又飽和條件為

$$\beta_{sat} \geq \frac{I_{C,sat}}{I_{B,sat}} \Rightarrow \beta_{min} = \frac{I_{C,sat}}{I_{B,sat}}$$

$$\therefore I_{B,sat} = \frac{I_{C,sat}}{\beta_{min}} = \frac{3.2 \text{ mA}}{80} = 40 \text{ μA}$$

即

$$I_{B,sat} = \frac{V_I - V_{BE,sat}}{R_B} = 40 \text{ μA}$$

$$\therefore R_B = \frac{V_I - V_{BE,sat}}{40\text{μA}} = \frac{5 - 0.8}{40\text{μA}} = 105 \text{ k}\Omega$$

即　$R_B \leq 105\text{k}\Omega$

CH4　BJT 放大器（BJT Amplifier）

引讀

1. 平常研讀練習時，請依步驟分析小訊號：(1)直流分析求參數(2)繪出小訊號等效電路(3)分析等效電路求模型。然後再用文中所教的觀察法，快速求解，兩相比較。則能養成快速解題功力。但切勿只學觀察法解題，而不依步驟解題，如此作法，不夠踏實。

2. 本章重點在考型 49，50，51，55，59，分析如下：

   (1)共射極放大器三大型式，皆為熱門題型。需留意考型 48，49，50。

   (2)考型 50 為集極回授解法有三。建議解法使用時機如下：

   　a. 只求 A_v ⇒ 用節點分析法

   　b. 若求 R_{in}，R_{out} ⇒ 用米勒效應（注意迴授電阻R_M的效應）

   　c. 若求迴授增益 A_{vf} ⇒ 用迴授分析法。

3. 考型 51：共集極放大器亦是熱門題型，重點在於 R_{in} 及 R_{out} 的觀察法。

4. 考型 52，讀者若有留意的話，一定可發現，CB Amp 與 CE Amp 電壓增益的公式是一樣，只是有正負號之分，（CE 為負，CB 為正）

5. 〔題型二十九〕：亦是本章重點，讀者必須熟練單級放大器的觀察法，如此，則有助於求解多級放大器，其中，考型 55,59 是重點，留意。

4-1〔題型二十三〕：雙埠網路參數互換的關係

考型 45 小訊號模型

一‧BJT 小訊號模型的由來：

　　1. BJT 小訊號之等效模型是由雙埠網路觀念推導而來。

　　2. **雙埠網路共有六種模型：**

　　　　⑴ Z 參數模型（戴維寧模型）

　　　　⑵ Y 參數模型（諾頓模型）

　　　　⑶ A、B、C、D 參數模型（傳輸模型）（T 參數模型）

　　　　⑷ b 參數模型（反傳輸模型）

　　　　⑸ h 參數模型

　　　　⑹ G 參數模型

　　3. 所有雙埠網路模型之由來，均是利用在未知電路中之輸入端、輸出端，測出電壓及電流（V_1，V_2，I_1，I_2），用此四變數相互關係，而以簡單的模型模擬出此未知電路之等效電路。BJT 之小訊號模型亦由此推導而來。

　　4. millman 的 h 模型是在輸入端，採用戴維寧模型，而在輸出端採用諾頓模型。

　　5. 考法：求各參數之意義及單位。此類解法以下例說明。

　　　例：Z 參數

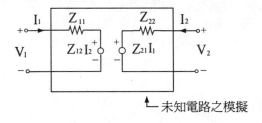

未知電路之模擬

(1) $\begin{cases} V_1 = Z_{11}I_1 + Z_{12}I_2 \\ V_2 = Z_{21}I_1 + Z_{22}I_2 \end{cases}$

(2) 矩陣表示法

$$\begin{bmatrix} V_1 \\ V_2 \end{bmatrix} = \begin{bmatrix} Z_{11} & Z_{12} \\ Z_{21} & Z_{22} \end{bmatrix} \begin{bmatrix} I_1 \\ I_2 \end{bmatrix}$$

(3) 求 Z 參數之意義及單位

　①由方程式可知

$$Z_{11} = \left. \frac{V_1}{I_1} \right|_{I_2 = 0} \leftarrow 即輸出端開路時$$

　②由上式可知 Z_{11} 之意義

　　Z_{11} 之意義為：在輸出端開路時之輸入電阻。

　　（因為 V_1 及 I_1 均為輸入端之變數）

　③由上式亦可知，Z_{11} 之單位為歐姆（Ω）。

　④其餘參數的意義及單位，均用此法可得。

(4) 此類考型，一般而言，均會給方程式。所以可由方程式的應用，即可知定義及單位，而不需死背。

二、h 模型參數之意義及單位

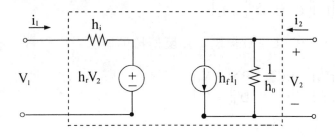

參數定義:	物理意義:	單　位
$h_i = h_{11} \equiv \dfrac{v_1}{i_1}\Big\| v_2 = 0$	輸出短路時，輸入阻抗	歐姆（Ω）
$h_r = h_{12} \equiv \dfrac{v_1}{v_2}\Big\| i_1 = 0$	輸入開路時，反向電壓增益	無單位
$h_f = h_{21} \equiv \dfrac{i_2}{i_1}\Big\| v_2 = 0$	輸出短路時，順向電流增益	無單位
$h_o = h_{22} \equiv \dfrac{i_2}{h_2}\Big\| i_1 = 0$	輸入開路時，輸出導納	姆歐（℧）

三、各類雙埠網路

1. Z 參數：（戴維寧模型）

$$\begin{bmatrix} V_1 \\ V_2 \end{bmatrix} = \begin{bmatrix} Z_{11} & Z_{12} \\ Z_{21} & Z_{22} \end{bmatrix}\begin{bmatrix} I_1 \\ I_2 \end{bmatrix}$$

2. Y 參數：（諾頓模型）

$$\begin{bmatrix} I_1 \\ I_2 \end{bmatrix} = \begin{bmatrix} Y_{11} & Y_{12} \\ Y_{21} & Y_{22} \end{bmatrix}\begin{bmatrix} V_1 \\ V_2 \end{bmatrix}$$

3. A、B、C、D 參數：（傳輸模型）

$$\begin{bmatrix} V_1 \\ I_1 \end{bmatrix}\begin{bmatrix} A & B \\ C & D \end{bmatrix}\begin{bmatrix} V_2 \\ -I_2 \end{bmatrix}$$

4. A′，B′，C′，D′參數：（反傳輸模型）

$$\begin{bmatrix} V_2 \\ I_2 \end{bmatrix} = \begin{bmatrix} A' & B' \\ C' & D' \end{bmatrix}\begin{bmatrix} -V_1 \\ -I_1 \end{bmatrix}$$

5. h 參數

$$\begin{bmatrix} V_1 \\ I_2 \end{bmatrix} = \begin{bmatrix} h_{11} & h_{12} \\ h_{21} & h_{22} \end{bmatrix}\begin{bmatrix} I_1 \\ V_2 \end{bmatrix}$$

6. G 參數（反 h 參數）

$$\begin{bmatrix} I_1 \\ V_2 \end{bmatrix} = \begin{bmatrix} G_{11} & G_{12} \\ G_{21} & G_{22} \end{bmatrix} \begin{bmatrix} V_1 \\ I_2 \end{bmatrix}$$

考型46 參數互換分析

一、解題技巧

(1)由已知模型中，提出欲轉換模型的主要變數。

(2)以行列式解此聯立方程式。求出欲轉換模型之主要變數。

(3)比較欲轉換模型之方程式，即可求答。

二、舉下例說明：

〔例〕：已知 Z 參數：$\begin{bmatrix} V_1 \\ V_2 \end{bmatrix} \begin{bmatrix} Z_{11} & Z_{12} \\ Z_{21} & Z_{22} \end{bmatrix} \begin{bmatrix} I_1 \\ I_2 \end{bmatrix}$，將 Z 參數轉換成

h 參數：$\begin{bmatrix} V_1 \\ I_2 \end{bmatrix} = \begin{bmatrix} h_{11} & h_{12} \\ h_{21} & h_{22} \end{bmatrix} \begin{bmatrix} I_1 \\ V_2 \end{bmatrix}$，求 h 參數用 Z 參數

表示。

解☞：(1)由 Z 參數中，提出 h 參數之主要變數

$$\begin{cases} V_1 = Z_{11}I_1 + Z_{12}I_2 \\ V_2 = Z_{21}I_1 + Z_{22}I_2 \end{cases}$$

由上二式，提出 h 參數之主要變數（V_1，I_2）

$$\begin{cases} V_1 - Z_{12}I_2 = Z_{11}I_1 \\ 0V_1 - Z_{22}I_2 = Z_{21}I_1 - V_2 \end{cases}$$

(2)以行列式求解：

$$V_1 = \frac{\begin{vmatrix} Z_{11}I_1 & -Z_{12} \\ Z_{21}I_1 - V_2 & -Z_{22} \end{vmatrix}}{\begin{vmatrix} 1 & -Z_{12} \\ 0 & -Z_{22} \end{vmatrix}} = \frac{Z_{11}Z_{22} - Z_{12}Z_{21}}{Z_{22}}I_1 + \frac{Z_{12}}{Z_{22}}V_2$$

$$I_2 = \frac{\begin{vmatrix} 1 & Z_{11}I_1 \\ 0 & Z_{21}I_1 - V_2 \end{vmatrix}}{\begin{vmatrix} 1 & -Z_{12} \\ 0 & -Z_{22} \end{vmatrix}} = -\frac{Z_{21}}{Z_{22}}I_1 + \frac{1}{Z_{22}}V_2$$

(3)比較 h 模型之方程式

$$\begin{cases} V_1 = h_{11}I_1 + h_{12}V_2 \\ I_2 = h_{21}I_1 + h_{22}V_2 \end{cases}$$

故知

$$\begin{cases} h_{11} = \dfrac{Z_{11}Z_{22} - Z_{12}Z_{21}}{Z_{22}} \\[2mm] h_{12} = \dfrac{Z_{12}}{Z_{22}} \\[2mm] h_{21} = -\dfrac{Z_{21}}{Z_{22}} \\[2mm] h_{22} = \dfrac{1}{Z_{22}} \end{cases}$$

245.雙埠網路的混合參數模式為 $\begin{bmatrix} V_1 \\ I_2 \end{bmatrix} = \begin{bmatrix} h_{11} & h_{12} \\ h_{21} & h_{22} \end{bmatrix} \begin{bmatrix} I_1 \\ V_2 \end{bmatrix}$，在傳輸參數

模式為 $\begin{bmatrix} V_1 \\ I_1 \end{bmatrix} = \begin{bmatrix} A & B \\ C & D \end{bmatrix} \begin{bmatrix} V_2 \\ -I_2 \end{bmatrix}$，其中 D 為　(A)$\dfrac{h_{11}h_{22} - h_{12}h_{21}}{h_{22}}$　(B)

$-\dfrac{h_{11}}{h_{22}}$　(C)$-\dfrac{h_{22}}{h_{21}}$　(D)$-\dfrac{1}{h_{21}}$。　　【83 年二技電機】

解☞：　(D)

(1)由已知的模型中，提出未知模型的主要變數

$$\begin{cases} V_1 = h_{11}I_1 + h_{12}V_2 \\ I_2 = h_{21}I_1 + h_{22}V_2 \end{cases} \Rightarrow \begin{cases} V_1 - h_{11}I_1 = h_{12}V_2 \\ h_{21}I_1 = -h_{22}V_2 + I_2 \end{cases} \text{——①}$$

(2)由方程式(1)知

$$I_1 = -\dfrac{h_{22}}{h_{21}}V_2 + \dfrac{1}{h_{21}}I_2$$

(3)與未知模型方程式比較

$$I_1 = CV_2 - DI_2$$

(4)∴$D = -\dfrac{1}{h_{21}}$

246.在線性雙埠網路（two－port network）中，若輸入端的電壓和電流及輸出端的電壓和電流分別為 V_1，i_1 和 V_2 和 i_2。則以這種網路描述的小信號電晶體混合模式（hybrid mode）中 h_{ie} 為：

(A)$\left. \dfrac{\partial v_1}{\partial i_1} \right|_{i_2 = 1}$　　(B)$\left. \dfrac{\partial v_1}{\partial i_1} \right|_{v_2 = 0}$　　(C)$\left. \dfrac{\partial v_2}{\partial I_1} \right|_{I_2 = 0}$　　(D)$\left. \dfrac{\partial v_1}{\partial I_2} \right|_{v_2 = 0}$。

【83 年二技電機】

解☞：　(B)

(1) h 模型的方程式為

$$V_1 = h_{ie}i_1 + h_{re}V_2 \text{——①}$$

$$i_2 = h_{fe}I_1 + h_{oe}V_2$$

(2) 由方程式(1)知

$$h_{ie} = \frac{v_i}{i_1}\bigg|_{v_2 = 0} = \frac{\partial v_i}{\partial i_1}\bigg|_{v_2 = 0}$$

---

247. 電晶體小信號 h 參數 h_{oe} 之單位　(A)電壓增益，無單位　(B)電流增益，無單位　(C) mho（Siemens）　(D) ohm。【83 年二技】

解☞：　(C)

(1) h 模型的方程式為

$$v_1 = h_{ie}I_1 + h_{re}v_2$$

$$i_2 = h_{fe}I_1 + h_{oe}v_2 \text{——①}$$

(2) 由方程式(1)知

$$h_{oe} = \frac{i_2}{v_2}\bigg|_{i_1 = 0}$$

(3) $\therefore h_{oe}$ 的單位為姆歐（mho）

---

248. 下圖所示的雙埠網路（two-port network）其輸入端與輸出端之關係為：　(A)$\frac{V_1}{I_1} = \frac{1}{4}$ 歐姆，$\frac{V_2}{I_2} = \frac{7}{4}$ 歐姆　(B)$\frac{V_1}{I_1} = \frac{7}{4}$ 歐姆，$\frac{V_2}{I_1} = \frac{1}{4}$ 歐姆　(C)$\frac{V_1}{I_2} = \frac{49}{4}$ 歐姆，$\frac{V_2}{I_2} = \frac{49}{4}$ 歐姆，$\frac{V_2}{I_2} = \frac{1}{4}$ 歐姆　(D)$\frac{V_1}{I_2} = \frac{49}{4}$ 歐姆，$\frac{V_2}{I_2} = \frac{7}{4}$ 歐姆。　【81 年二技電機】

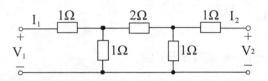

解☞：(B)

雙埠網路 Z 矩陣表示法

$$\begin{bmatrix} V_1 \\ V_2 \end{bmatrix} = \begin{bmatrix} Z_{11} & Z_{12} \\ Z_{21} & Z_{22} \end{bmatrix} \begin{bmatrix} I_1 \\ I_2 \end{bmatrix}$$

$$Z_{11} = \frac{V_1}{I_1}\bigg|_{I_2=0} = 1 + [1 // (2+1)] = 1 + \frac{3}{4} = \frac{7}{4} \ (\Omega)$$

$$Z_{22} = \frac{V_2}{I_2}\bigg|_{I_1=0} = 1 + [1 // (2+1)] = 1 + \frac{3}{4} = \frac{7}{4} \ (\Omega)$$

$$Z_{12} = \frac{V_1}{I_2}\bigg|_{I_1=0} = \frac{I_2[\frac{1}{1+3}] \ (1\Omega)}{I_2} = \frac{1}{4} \ (\Omega)$$

$$Z_{21} = \frac{V_2}{I_1}\bigg|_{I_2=0} = \frac{I_1[\frac{1}{1+3}] \ (1\Omega)}{I_2} = \frac{1}{4} \ (\Omega)$$

249.參數中，h_{re} 是一種　(A)阻抗　(B)導納　(C)逆向電壓比　(D)順向
電流增益　　　　　　　　　　　　　　【79 年二技電子術科】

解☞：(C)

(1) h 模型的方程式為

$$V_1 = h_{ie}i_1 + h_{re}V_2 \text{——①}$$

$$i_2 = h_{fe}i_1 + h_{oe}V_2$$

(2)由方程式(1)知

$$h_{re} = \frac{V_1}{V_2}\bigg|_{i_1 = 0}$$

所以為逆向電壓比

250.四端網路的 H 參數表示法為$V_1 = I_1 + 2V_2$，$I_2 = I_1 + 2V_2$，若改以 Y 參數表示法來表示，應表為
(A)$I_1 = V_1 + 2V_2$，$I_2 = V_1$ (B)$I_1 = V_1 - 2V_2$，$I_2 = V_1$
(C)$I_1 = -V_2$，$I_2 = 2V_1 + V_2$ (D)$I_1 = -V_2$，$I_2 = -V_1 - 2V_2$

【78 年二技電機】

解☞： (B)

由已知模型中，提出未知模型的主要變數

$$\begin{cases} V_1 = I_1 + 2V_2 \Rightarrow I_1 = V_1 - 2V_2 \\ I_2 = I_1 + 2V_2 \Rightarrow I_2 = (V_1 + 2V_2) + 2V_2 = V_1 \end{cases}$$

$$\Rightarrow \begin{bmatrix} I_1 \\ I_2 \end{bmatrix} = \begin{bmatrix} 1 & -2 \\ 1 & 0 \end{bmatrix} \begin{bmatrix} V_1 \\ V_2 \end{bmatrix}$$

251.在 I_B 不變時，$\dfrac{\Delta V_{BE}}{\Delta V_{CE}}$ 代表電晶體之   (A)h_{fe} (B)h_{oe} (C)h_{ie} (D)h_{re}

【77 年二技電子術科】

解☞： (D)

(1) h 模型

    $V_{BE} = h_{ie}I_b + h_{re}V_{CE}$————①

    $I_C = h_{fe}I_b + h_{oe}V_{CE}$

(2)由方程式①知

$$h_{re} = \frac{V_{BE}}{V_{CE}}\bigg|_{I_b = 0} = \frac{\Delta V_{BE}}{\Delta V_{CE}}$$

---

252. 設單一電晶體放大電路中其電晶體可表為 $V_1 = h_i I_1 + h_r V_2$ 及 $I_2 = h_f I_1 + h_o V_2$，而其負載電阻 $R_L = \dfrac{-V_2}{I_2}$。試問參數 h_i 之量測公式為 $h_i = \underline{\quad ① \quad}$，而此電晶體電路之電流增益 $A_I = \dfrac{-I_2}{I_1} = \underline{\quad ② \quad}$。 【75 年二技】

解☞：$h_i = \dfrac{V_1}{I_1}\bigg|_{V_2=0}$，$A_i = \dfrac{-h_f}{1+h_o R_l}$

此為 h 模型

$V_1 = h_i I_1 + h_r V_2$

$I_2 = h_f I_1 + h_o V_2$

$\therefore \quad h_i = \dfrac{V_1}{I_1}\bigg|_{V_2=0} \quad\text{——①}$

$A_I = \dfrac{-I_2}{I_1} = \dfrac{-h_f I_1 - h_o V_2}{I_1} = -h_f - h_o \dfrac{V_2}{I_1} = -h_f - h_o \left(\dfrac{V_2}{I_2}\right)\left(\dfrac{I_2}{I_1}\right)$

$\Rightarrow A_I = -h_f - h_o R_L A_I$

$\therefore (1 + h_o R_L) A_I = -h_f$

故 $A_I = \dfrac{-h_f}{1 + h_o R_L} \quad\text{——②}$

253.如下圖所示電路之四個 h 參數，試求 h_{fs} 與 h_{os} 兩個數值。

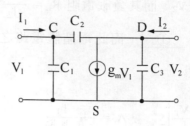

【73 年二技】

解☞：(1) h 模型：

$$V_1 = h_{is}I_1 + h_{rs}V_2$$

$$I_2 = h_{fs}I_1 + h_{os}V_2$$

(2)由已知模型中，用節點法，寫出方程式

$$V_1 (SC_1 + SC_2) = I_1 + SC_2V_2$$

$$V_2 (SC_2 + SC_3) = -g_mV_1 + SC_2V_1 + I_2$$

(3)提出 h 模型之主要變數（用節點法）

$$V_1 (SC_1 + SC_2) = I_1 + SC_2V_2 \text{——①}$$

$$V_1 (SC_2 - g_m) + I_2 = V_2 (SC_2 + SC_3) \text{——②}$$

(4)用行列式，解 I_2

$$I_2 = \frac{\begin{vmatrix} SC_1 + SC_2 & I_1 + SC_2V_2 \\ SC_2 - g_m & V_2(SC_2 + SC_3) \end{vmatrix}}{\begin{vmatrix} SC_1 + SC_2 & 0 \\ SC_2 - g_m & 1 \end{vmatrix}}$$

$$= \frac{S^2 (C_1 + C_2) (C_2 + C_3) V_2 - (SC_2 - g_m) (I_1 + SC_2 V_2)}{S(C_1 + C_2)}$$

$$= \frac{g_m - SC_2}{S(C_1 + C_2)} I_1 + \left[S (C_2 + C_3) + \frac{(g_m - SC_2) C_2}{C_1 + C_2} \right] V_2$$

(5)比較 h 模型，得

$$h_{fs} = \frac{g_m}{j\omega (C_1 + C_2)} - \frac{C_2}{C_1 + C_2}$$

$$h_{os} = \left[j\omega (C_2 + C_3) + \frac{g_m C_2 - jwC_2{}^2}{C_1 + C_2} \right]$$

$$= j\omega \left(C_3 + \frac{C_1 C_2}{C_1 + C_2} \right) + g_m \frac{C_2}{C_1 + C_2}$$

4-2〔題型二十四〕：BJT 小訊號模型及參數

考型 47 ～ BJT 小訊號模型及參數

以共射極為例

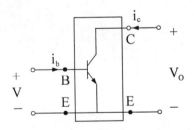

一、一階模型

1. 一階 T 型模型

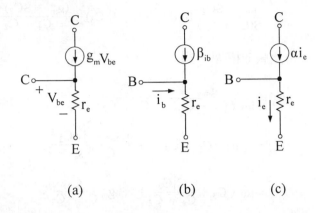

(a)　　　　　　(b)　　　　　　(c)

2. 一階 π 模型

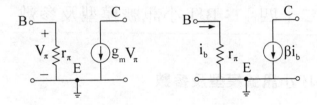

3. 一階 H 模型

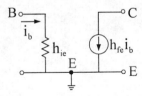

二、二階模型

1. 二階 H 模型

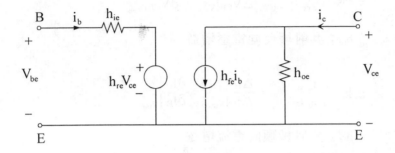

小訊號模型參數有：h_{ie}，h_{re}，h_{fe}，h_{oe}

2. 二階混合 π 模型

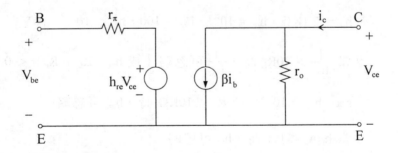

小訊號模型參數有：r_π，h_{re}，β，r_o

三、共射極 h 參數之定義

$$1.\ h_{ie} = \left.\frac{v_{be}}{i_b}\right|_{v_{ce}=0} = \left.\frac{\Delta V_{BE}}{\Delta I_B}\right|_{V_{BEQ}} = \left.\frac{\partial V_{BE}}{\partial I_B}\right|_{V_{BEQ}}$$

h_{ie}：共射極輸入電阻

2. $h_{re} = \dfrac{v_{oe}}{v_{ce}}\bigg|_{i_b = 0} = \dfrac{\Delta V_{BE}}{\Delta V_{CE}}\bigg|_{V_{BEQ}} = \dfrac{\partial V_{BE}}{\partial V_{CE}}\bigg|_{V_{BEQ}}$

h_{re}：共射極反向電壓增益

3. $h_{fe} = \dfrac{i_c}{i_b}\bigg|_{V_{CE} = 0} = \dfrac{\Delta I_C}{\Delta I_B}\bigg|_{V_{BEQ}} = \dfrac{\partial I_C}{\partial I_B}\bigg|_{V_{BEQ}}$

h_{fe}：共射極順向電流增益

4. $h_{oe} = \dfrac{i_c}{i_b}\bigg|_{i_b = 0} = \dfrac{\Delta I_C}{\Delta I_B}\bigg|_{I_{BQ}} = \dfrac{\partial I_C}{\partial I_B}\bigg|_{I_{BQ}}$

四、h 模型一階及二階等效電路之選用時機

1. 當 $I_e = 1.3\ \text{mA}$ 時，h 參數之典型值為

$h_{ie} = 2.1\text{K}\Omega$，$h_{re} = 10^{-4}$，$h_{fe} = 100$，$h_{oe} = 10^{-5}$　A/V

2. 當 $\dfrac{1}{h_{oe}} > 10R_L$ 時，$\dfrac{1}{h_{oe}}$ 可忽略（或 $h_{oe}\,(R_L + R_e) < 0.1$）

ε x：$h_{oe} = 10^{-5}$，則 $R_L < 10\text{K}\Omega$ 時，h_{oe} 可忽略

3. 當 $h_{re}A_v < 0.1$ 時，h_{re} 可忽略

ε x：$h_{ie} = 10^{-4}$，則 $A_v < 10^3$ 時，h_{re} 可忽略

五、各模型參數公式及互換關係

1. π 模型

(1)$r_\pi = \dfrac{V_{be}}{i_b} = \dfrac{V_T}{I_B} = \dfrac{\beta}{g_m} = (1 + \beta)\,r_e = h_{ie}$

$(2) g_m = \dfrac{I_C}{V_T} = \dfrac{\beta}{r_\pi} \approx \dfrac{1}{r_e}$

(3)投射關係：$r_\pi = (1 + \beta) r_e$　或　$r_e = \dfrac{r_\pi}{1 + \beta}$

$(4) \beta = g_m r_\pi = h_{fe}$

$(5) r_o = \dfrac{V_A}{I_C} = \dfrac{1}{h_{oe}}$

2. T 模型

$(1) r_e = \dfrac{V_{be}}{i_e} = \dfrac{V_T}{I_E} = \dfrac{r_\pi}{1 + \beta} \approx \dfrac{1}{g_m}$

$(2) \alpha = \dfrac{\beta}{1 + \beta}$

3. h 模型

$(1) h_{ie} = r_\pi$

$(2) h_{fe} = \beta$

$(3) h_{oe} = \dfrac{1}{r_o}$

4. 理想的 BJT：

(1)歐力電壓　$V_A = \infty$

$(2) r_o = \infty$

$(3) h_{oe} = 0$

$(4) h_{re} = 0$

254. 圖為雙極性接面電晶體的小訊號 T 模型，若以 $r\pi$ 表示小訊號混合 π 模型的基極—射極間之電阻值，共射極電流增益 $\beta = g_m R_\pi$，試求圖中的 $r_e = ?$　(A)$(1 + \beta)r_\pi$　(B)$\dfrac{1 + \beta}{\beta g_m}$　(C)$\dfrac{1}{g_m} + r_\pi$　(D)$(\dfrac{1}{r_\pi} + g_m)^{-1}$　【85 年二技】

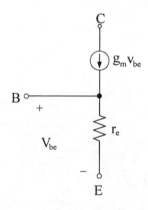

解☞：　(D)

$$r_e = \frac{v_{be}}{I_e} = \frac{v_{be}}{(1 + \beta) \, i_b} = \frac{r_\pi}{1 + \beta} = \frac{r_\pi}{1 + g_m R_\pi}$$

$$= [\frac{1 + g_m r_\pi}{r_\pi}]^{-1} = [\frac{1}{r_\pi} + g_m]^{-1}$$

$\because \beta = g_m r_\pi$

255. 共射極使用時，設電晶體直流工作點 $I_C = 1mA$，溫度為 $17℃$，則轉移電導 g_m 為　(A) 26m mho　(B) 0.75m mho　(C) 40m mho　(D) 10m mho　【73 年二技】

解☞：(C)

$$\because V_T = \frac{(273 + 17)}{11600} = 25\,mV$$

$$\because g_m = \frac{I_C}{V_T} = \frac{1mA}{25mV} = 40\,m\,mho$$

4-3〔題型二十五〕：共射極放大器

重要觀念

一、小訊號分析之解題技巧

1. 先作直流分析，求出 I_{BQ}，I_{CQ}，I_{EQ}

(1)遇到電容斷路。

(2)遇到電感短路。

(3)遇到小訊號電壓源短路。

2. 求出小訊號模型上之參數（r_π，g_m，等）

3. 繪出等效小訊號模型

(1)遇到電容短路

(2)遇到電感斷路

(3)遇到直流電壓源就地短路接地。

(4)遇到直流電源就地斷路。

4. 分析小訊號模型電路，求出 A_v，A_i，R_i，R_o

二、注意事項：

1. 求電壓增益，要注意題目之意：

(1)$A_v = \dfrac{V_o}{V_i}$（即不含訊號源電阻 R_s）

(2)$A_{vs} = \dfrac{V_o}{V_s}$（即需含訊號源電阻 R_s）

2. 求電源增益，要注意題目之意

(1)$A_I = \dfrac{I_o}{I_i}$（即不含偏壓電阻 R_B）

(2)$A_I = \dfrac{I_o}{I_s}$（即需含偏壓電阻 R_B）

3. 求輸入電阻 R_i，需注意題目之意：

注意 R_i 看入之處，是否有含偏壓電阻 R_B 或訊號源電阻 R_s。

4. 求輸出電阻 R_o，需注意題目之意：

注意 R_o 看入之處，是否有含負載電阻 R_L，或是否需要考慮 BJT 內部的輸出電阻 r_o。

5. 繪小訊號等效電路時，需注意是否需含 r_o。

(1)若題目註明，歐力電壓（early voltage）V_A，或 r_o，則需包含 r_o。

(2)若題目未註明 V_A 或 r_o，或 $V_A = \infty$，$r_o = \infty$，則不需要包含 r_o。

三、共射極放大器之特點：

1. 輸入阻抗中等（r_π 約數 $k\Omega$）。

2. 輸出阻抗很高。

3. 電流電壓增益很高。

4. 輸出反相。

5. 高頻響應欠佳（因 C_μ 受米勒效應而放大在輸入端形成一低通濾波器）

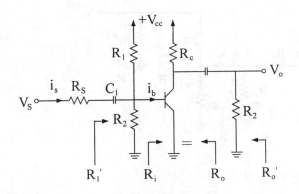

一、繪出小訊號模型等效電路

1. 一階 h 模型

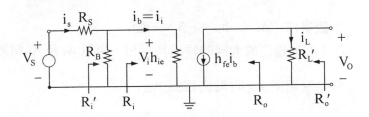

2. 一階 π 模型

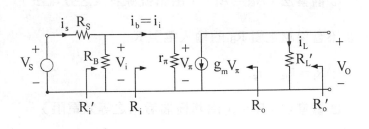

3. 一階 T 模型

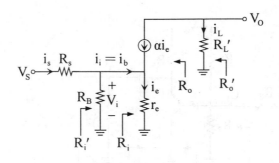

二、電路分析結果

1. 不含偏壓電阻 R_B 的電流增益 A_I

(1) $A_I = \dfrac{i_L}{i_i} = -h_{fe} = -\beta = -g_m r_\pi$

(2) **觀察法**：$A_I = -h_{fe} = -\beta = -g_m r_\pi$

註：共射極之放大器的輸出為反相，所以 A_v 及 A_I 均為負號。

2. 含偏壓電阻 R_B 的電流增益 A_{IS}

(1) $A_{IS} = \dfrac{i_L}{I_s} = \dfrac{i_L}{i_i} \cdot \dfrac{i_i}{i_s} = A_I \cdot \dfrac{R_B}{R_B + R_i}$

(2) **觀察法**：$A_{IS} = A_I \cdot$（由訊號源看入之分流法）

3. 不含偏壓電阻 R_B 的輸入電阻 R_i

(1) $R_i = h_{ie} = r_\pi$

(2) **觀察法**：$R_i =$（由基極端看入之等效電阻）

4. 含偏壓電阻 R_B 的輸入電阻 $R_i{}'$

  (1) $R_i{}' = R_B // R_i$

  (2) **觀察法**：$R_i{}' = R_B // R_i$ 直接由電路觀察可得

5. 不含訊號源電阻 R_s 之電壓增益 A_v

  (1) $A_v = \dfrac{V_o}{V_i} = -h_{fe}\dfrac{R_L{}'}{R_i} = -g_m R_L{}' = -\alpha\dfrac{R_L{}'}{r_e} \approx -\dfrac{R_L{}'}{r_e}$

  (2) **觀察法**：

    ① h 模型：$A_v = \left(-h_{fe} \cdot \dfrac{（集極所有電阻）}{（基極內部內阻）} \right)$

    ② π 模型：$A_v = （-g_m）\cdot$（集極所有電阻）

    ③ T 模型：$A_v = （-\alpha）\cdot \dfrac{（集極所有電阻）}{（射極內外所有電阻）}$

6. 含訊號源電阻 R_s 的電壓增益 A_{vs}

  (1) $A_{vs} = A_v \cdot \dfrac{R_i{}'}{R_i{}' + R_s}$

  (2) **觀察法**：$A_{vs} = A_v \cdot$（由訊號源看入之分壓法）

7. 不含負載電阻 $R_L{}'$ 的輸出電阻 R_o

  (1) $R_o = \infty$

  (2) **觀察法**：由輸出端看入，看不到電阻　$\therefore R_o = \infty$

8.含負載電阻 R_L' 的輸出電阻 R_o'

(1) $R_o' = R_o \,/\!/\, R_L' = R_L'$

(2)**觀察法**：直接由電路觀察可知

9.本題若含 BJT 的輸出電阻 r_o，則其等效電路如下，此時 $R_L' = r_o \,/\!/\, R_C \,/\!/\, R_L$，分析法與上同

(1)一階 h 模型含 r_o

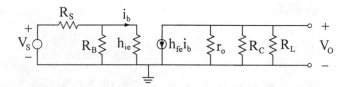

(2)一階 π 模型含 r_o

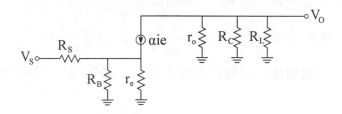

(3)一階 T 模型含 r_o

考型 49 含 R_E 的共射極放大器

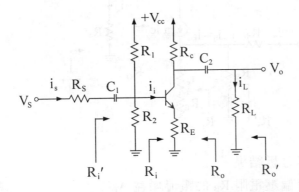

一、繪出小訊號等效模型

　　1. 一階 H 模型

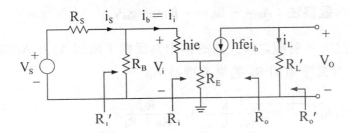

　　2. 一階 π 模型

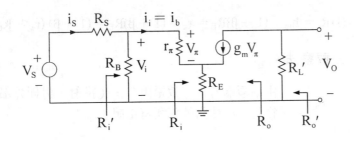

3. 一階 T 模型

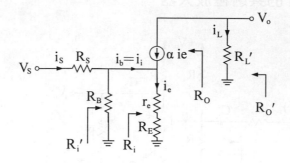

二、電路分析結果

1. 不含偏壓電阻 R_B 的電流增益 A_I

(1) $A_I = \dfrac{i_L}{i_i} = -h_{fe} = -\beta = -g_m R_\pi$

(2) **觀察法**：$A_I = -h_{fe} = -\beta = -g_m V_\pi$

註：共射極之放大器的輸出為反相，所以 A_v 及 A_I 均為負號

2. 含偏壓電阻 R_B 的電流增益 A_{IS}

(1) $A_{IS} = \dfrac{i_L}{i_s} = \dfrac{i_L}{i_i} \cdot \dfrac{i_i}{i_s} = A_I \cdot \dfrac{R_B}{R_B + R_i}$

(2) **觀察法**：$A_{IS} = A_I \cdot$ （由輸入端看流入之分流法）

3. 不含偏壓電阻 R_B 的輸入電阻 R_i

(1) $R_i = h_{ie} + (1 + \beta)R_E = r_\pi + (1 + \beta)R_E = (1 + \beta)(r_e + R_E)$

(2) **觀察法**：

$$R_i \begin{cases} = （由基極端看入等效電阻）+ （投射，射極外部電阻） \\ = （投射，射極內外部所有電阻） \end{cases}$$

4. 含偏壓電阻 R_B 的輸入電阻 R_i'

   (1) $R_i' = R_B /\!/ R_i$

   (2) **觀察法**：$R_i' = R_B /\!/ R_i$ 直接由電路觀察可得

5. 不含訊號源電阻 R_s 之電壓增益 A_v

   (1) $A_v = \dfrac{V_o}{V_i} = \dfrac{i_L R_L'}{i_b R_i} = A_I \dfrac{R_L'}{R_i} = -\alpha \dfrac{R_L'}{r_e + R_E} \approx \dfrac{R_L'}{r_e + R_E}$

   (2) **觀察法**：$A_V = A_I \cdot \dfrac{（集極所有電阻）}{（不含 R_B 之輸入電阻 R_i）}$

          $= -\alpha \cdot \dfrac{（集極所有電阻）}{（射極內外所有電阻）}$ ← T 模型獨用

6. 含訊號源電阻 R_s 的電壓增益 A_{vs}

   (1) $A_{vs} = A_v \cdot \dfrac{R_i'}{R_i' + R_s}$

   (2) **觀察法**：$A_{vs} = A_v \cdot$（由訊號源看入之分壓法）

7. 不含負載電阻 R_L' 的輸出電阻 R_o

   (1) $R_o = \infty$

   (2) **觀察法**：由輸出端看入，看不到電阻，$R_o = \infty$

8. 含負載電阻 R_L' 的輸出電阻 R_o'

   (1) $R_o' = R_o /\!/ R_L' = R_L'$

   (2) **觀察法**：直接由電路觀察法可知

綜論：

一、含 R_E 之共射極放大器與不含 R_E 之共射極放大器之分析結果，只有 R_i 值不一樣，其餘全部一樣：

考型 A：不含 R_E 時，$R_i = h_{ie} = r_\pi = (1 + \beta) r_e$

考型 B：含 R_E 時，$R_i = h_{ie} + (1 + \beta) R_E = r_\pi + (1 + \beta)(r_e + R_E)$

其實觀察法都是一樣，即均將射極內外電阻投射至基極，即可。

二、若含 R 且含 r_o 時，則其等效圖如下：（精確解法，礙於篇幅，請見拙著：《研究所電子學題庫大全》，賀升編著）

1. 一階 h 模型含 R_E，r_o

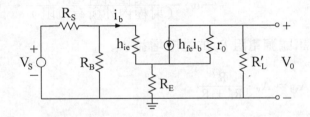

2. 一階 π 模型含 R_E，r_o

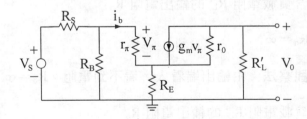

3. 一階 T 模型含 R_E , r_o

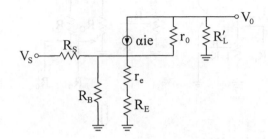

三、若含 R_E ,則使輸入電阻及輸出電阻增加,並形成電流串聯負回授,因而增加頻寬,卻降低電壓增益。

考型 50 集極回授的共射極放大器

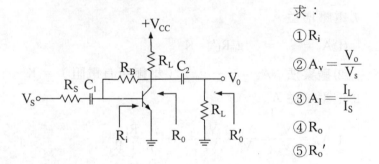

求：

① R_i

② $A_v = \dfrac{V_o}{V_s}$

③ $A_I = \dfrac{I_L}{I_S}$

④ R_o

⑤ $R_o{}'$

此種電路,有三種解法

1. 米勒等效法(較快,但為近似解)

2. 小訊號模型網路分析法(詳見《研究所電子學題庫大全》)

3. 負回授分析法(依負迴授等效法求出,此節暫不用)以下將介紹第一種方法

一、米勒等效法

1. 繪出小訊號等效模型

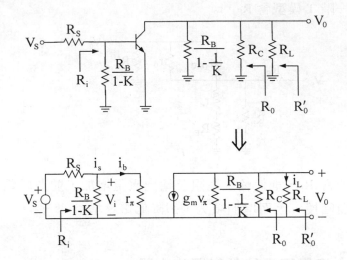

二、電路分析

1. 電壓增益 A_v

(1) $A_v = \dfrac{V_o}{V_i} = -g_m R_L' = K$

(2) **觀察法**：$A_v = (-g_m)$（集極所有電阻）$= K$

2. 電壓增益 A_{vs}

(1) $A_{vs} = \dfrac{V_o}{V_s} = \dfrac{V_o}{V_i} \cdot \dfrac{V_i}{V_s} = A_v \cdot \dfrac{R_i}{R_i + R_s}$

(2) **觀察法**：$A_{vs} = A_v \cdot$（由訊號源看入之分壓法）

3. 輸入電阻 R_i

(1) $R_i = \dfrac{R_B}{1-K} \ // \ r_\pi$

(2) **觀察法**：$R_i = $ 可直接由米勒等效電路觀察出

4. 電流增益 A_{IS}

$(1) A_{IS} = \dfrac{i_L}{i_s} = A_v \dfrac{(R_s + R_i)}{R_L}$

(2) **觀察法** $\quad A_{IS} = A_v \cdot \dfrac{（由訊號源看入之電阻）}{負載電阻\, R_L}$

5.不含 R_L 的輸出電阻

(1)①若 R_B 極大，則設 $\dfrac{R_B}{1 - \dfrac{1}{K}} \gg R_C \mathbin{/\mkern-5mu/} R_L$

$\qquad \therefore R_L{}' = R_C \mathbin{/\mkern-5mu/} R_L$

$\qquad$ 故 $\quad R_o = R_C$

$\qquad$②若 R_B 不是極大值，則設 $|K| \gg 1$，$\Rightarrow \dfrac{R_B}{1 - \dfrac{1}{K}} \approx R_B$

$\qquad \therefore R_L{}' = R_B \mathbin{/\mkern-5mu/} R_C \mathbin{/\mkern-5mu/} R_L$

$\qquad$ 故 $\quad R_o = R_B \mathbin{/\mkern-5mu/} R_C$

$\qquad$③若求含 r_o 時之精確解（詳見《研究所電子學題庫大全》）

$\qquad R_o = R_C \mathbin{/\mkern-5mu/} (R_B + R_S \mathbin{/\mkern-5mu/} r_\pi) \mathbin{/\mkern-5mu/} r_o \mathbin{/\mkern-5mu/} \dfrac{R_B + (R_s \mathbin{/\mkern-5mu/} r_\pi)}{g_m \cdot (R_s \mathbin{/\mkern-5mu/} r_\pi)}$

(2) **觀察法**：配合米勒效應的 K 值判斷，直接由電路觀察可得

6.含負載電阻 R_L 的輸出電阻 $R_o{}'$

$(1) R_o{}' = R_o \mathbin{/\mkern-5mu/} R_L$

(2)觀察法：可直接由電路觀察可知。

綜論：

1. 此類題型可先算出米勒效應 $K = \dfrac{V_o}{V_i} = A_v$ 值

2. 再用觀察法直接求出輸入電阻 $R_i = \dfrac{R_B}{1-K}//r_\pi$

3. 用(1)步驟判斷 K 之效應，即可用觀察法求出 R_o。

4. $A_v = K$

5. $A_{vs} = K \cdot$（由訊號源看入之分壓法）

6. $A_I = K \cdot \dfrac{（由訊號源看入之電阻）}{負載電阻\ R_L}$

歷屆試題

256. 下圖之電晶體電路中，若 $V_{CC} = 10V$，$\beta = 100$，$V_{BE(m)} = 0.7V$，$V_T = 26mV$，$R_1 = 56K\Omega$，$R_2 = 12K\Omega$，$R_C = 2K\Omega$ 及 $R_H = 0.5K\Omega$，試求其工作點（I_{CQ}，V_{CEQ}）？　(A)（1.76mA，5.6V）　(B)（3mA，4V）　(C)（2.76mA，4.48V）　(D)（2mA，6V）　（❖題型：自偏電路直流分析）

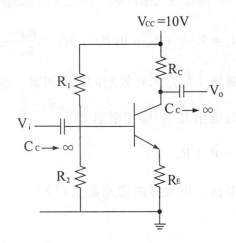

解☞ : (A)

1. 化為戴維寧等效電路

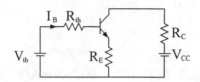

$$V_{th} = \frac{R_2 V_{CC}}{R_1 + R_2} = \frac{(12K)(10)}{12K + 56K} = 1.765V$$

2. 電路分析

$$R_{th} = R_1 // R_2 = 56K // 12K = 9.882 \ K\Omega$$

設 BJT 在作用區上，則

①取含 V_{BE} 之迴路方程式

$$V_{th} = I_B R_{th} + V_{BE} + (1 + \beta) I_E R_E$$

$$\therefore I_B = \frac{V_{th} - V_{BE}}{R_{th} + (1 + \beta)R_E} = \frac{1.765 - 0.7}{9.882K + (101)(0.5K)} = 0.0176 \ mA$$

$$\therefore I_{CQ} = \beta I_B = 1.76mA$$

$$\therefore V_{CEQ} = V_{CC} - I_C R_C - (1 + \beta) I_B R_E$$

$$= 10 - (1.76m)(2K) - (101)(0.0176m)(0.5K) = 5.59V$$

3. 驗證

$$V_C = V_{CC} - I_C R_C = 10 - (1.76m)(2K) = 6.48V$$

$$V_B = V_E + V_{BE} = I_E R_E + 0.7 = (1 + \beta) I_B R_E + 0.7$$

$$= (101)(0.0176m)(0.5K) + 0.7 = 1.59V$$

$$\therefore V_{BC} = V_B - V_C < 0$$

確在作用區

257.承上題，其互導率（g_m）為若干？　(A) 76.9 mA/V　(B) 115.4 mA/V　(C) 106.2 mA/V　(D) 67.7 mA/V（❖題型：求參數）

【88年二技電子】

解☞：　(D)

$$g_m = \frac{I_C}{V_T} = \frac{1.76\,mA}{26\,mV} = 67.7\,mA/V$$

258.承258題，其電壓增益 $A_v = V_o / V_i$ 約為多少？　(A) -24　(B) -4　(C) -10　(D) -12（❖題型：含 R_E 的 CE）

【88年二技電子】

解☞：　(B)

方法一：電路分析

1. 繪出小訊號模型

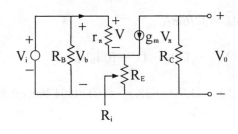

2. 求參數

$$r_\pi = \frac{V_T}{I_B} = \frac{26m}{0.0176m} = 1477\Omega$$

3.電路分析

$$R_I = r_\pi + (1 + \beta)R_E = 1477 + (101)(0.5K) = 51977$$

$$A_v = \frac{V_o}{V_i} = \frac{V_o}{V_b}$$

$$= \frac{-g_m V_\pi R_C}{i_b R_i} = -g_m r_\pi \frac{R_c}{R_i}$$

$$= -3.848 \approx -4$$

$$(V_\pi = i_b r_\pi)$$

方法二：觀察法

$$A_v - \frac{V_o}{V_i} = (-g_m r_\pi) \cdot \frac{（集極所有電阻）}{（由 B 端看入之輸入電阻）}$$

$$= -g_m r_\pi \cdot \frac{R_c}{R_i} = -3.848 \approx -4$$

259.如下圖所示為一 BJT 小訊號放大器電路，在決定集極電流 I_C 時，下列那一個參數值有變動時，對 I_c 的影響最小？　(A)β (B)V_{BE}　(C)V_{CB}　(D)I_{CBO}。【86 年二技電子】

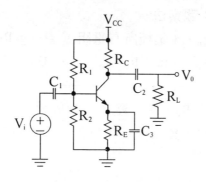

解☞ : (C)

I_C 受 β，V_{BE}，I_{CBO} 影響較大。

260. 同 上 題，已 知 $R_1 = R_2 = 100K\Omega$，$R_C = 2.1K\Omega$，$R_E = 2.9K\Omega$，
$R_L = 1K\Omega$，電晶體的 π 混合型參數 $r_\pi = 2K\Omega$，$g_m = 50mA/V$，
$r_o = 100K\Omega$，求其小信號電壓增益 $\dfrac{V_o}{V_i} = ?$　(A)-34　(B)-45
(C)-52　(D)-58　　　　　　　【86 年二技電子】

解☞ : (A)

1. 繪出小訊號 π 模型

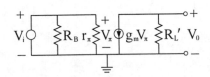

採 $R_B = R_1 // R_2 = 50 K\Omega$

$R_L{}' = R_C // R_L // r_o$

　　$= 2.1K // 1K // 100K = 0.672 K\Omega$

2. 方法一：電路分析

$$A_v = \frac{v_o}{v_i} = \frac{v_o}{v_\pi} \cdot \frac{v_\pi}{v_i} = \frac{-g_m V_\pi R_L{}'}{V_\pi} \cdot \frac{V_i}{V_i} = -g_m R_L{}'$$

$$= (50m)(0.672K) = -33.6$$

3. 方法二：觀察法

　$A_v = -g_m \cdot$（集極所有電阻）$= -g_m R_L{}'$

　　$= -g_m \cdot (R_C // R_L // r_o) = -33.6$

---

261. 試設計電阻值 R_B，使下圖之 A 類放大電路，可有最大功率輸
出（即 Q 點位於負載線中間處）。　(A) 11.3KΩ　(B) 6.0KΩ　(C)

6.4KΩ (D) 9.2KΩ（✥ 題型：最佳工作點）

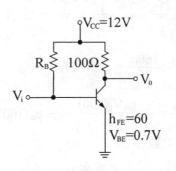

解☞：(A)

因為在最佳工作點時之 $V_{CEQ} = \dfrac{1}{2} V_{CC}$

所以

$$I_{CQ} = \frac{V_{CC} - V_{CEQ}}{0.1K} = 60 \ （mA）$$

$$I_{BQ} = \frac{I_{CQ}}{h_{FE}} = \frac{60m}{60} = 1 \ （mA）$$

$$R_B = \frac{V_{CC} - V_{BE}}{I_{BQ}} = \frac{12 - 0.7}{1mA} = 11.3 \ （KΩ）$$

---

262. 同上題，假設電晶體之 $V_T = 26mV$，試求電路之電壓增益 $A_v = V_o ／ V_i$？ (A)－50 (B)－169 (C)－231 (D)－357。（✥ 題型：，不含 R_E 之 CE）

【86 年二技電子】

解☞：(C)

1. 繪出 π 模型小訊號等效

2. 方法一：電路分析法

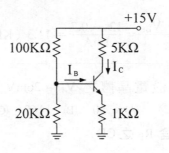

$$g_m = \frac{I_{CQ}}{V_T} = \frac{60m}{26m} = 2.308 \mho$$

$$A_v = \frac{V_o}{V_i} = \frac{-g_m V_\pi(100)}{V_\pi} = -g_m(100) = -230.8$$

3. 方法二：觀察法

$$A_v = \frac{V_o}{V_i} = -g_m（集極所有電阻）= -g_m R_L = -230.8$$

263.(A)畫出下圖放大器之直流等效電路。

　　(B)畫出下圖放大器之低頻等效電路。

　　(C)電晶體之 $h_{FE} = 50$，求電流 I_B，I_C 並指出電晶體工作於何種

　　　區域中。（❖題型：含 R_E 之 CE）

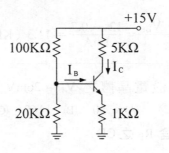

【82年二技保甄電子】

解☞：(A)

(A)

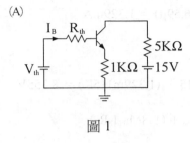

圖 1

$$V_{th} = \frac{(20K)(15)}{20K + 100K} = 2.5V$$

$$R_{th} = 100K//20K = 16.7K\Omega$$

(B)低頻 h 模型，由圖 1 可知

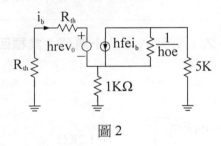

圖 2

(C)直流分析圖 1

∵ R_1（100K）> R_2（20K）

∴可設在主動區工作

1. 取包含 V_{BE} 之迴路

$$V_{th} = I_B R_{th} + V_{BE} + I_E R_E = I_B R_{th} + V_{BE} + (1 + h_{FE}) I_B R_E$$

$$\therefore I_B = \frac{V_{th} - V_{BE}}{R_{th} + (1 + h_{FE})R_E} = \frac{2.5 - 0.7}{16.7K + (1 + 50)(1K)} = 26.57\mu A$$

$$\therefore I_C = h_{FE}I_B = (50)(26.59\mu) = 1.329mA$$

2.驗證

$$V_C = V_{CC} - I_CR_C = 15 - (1.329m)(5K) = 8.355V$$

$$V_B = V_{BE} + I_ER_E = V_{BE} + (1 + h_{FE}I_BR_E)$$

$$= 0.7 + (51)(26.59\mu)(1K)$$

$$= 1.356$$

$$\therefore V_{BC} = V_B - V_C = -7V$$

即 $V_{BE} > 0$，$V_{BC} < 0$　故在主動區工作，所設無誤。

264.請求出下圖之 Z_i，Z_o，A_v 及 A_i。（❖題型：集極回授之CE的補償電路）

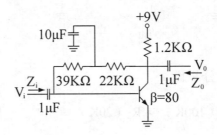

【85 年二技保甄電子】

觀念：集極回授必在主動區

一、直流分析

　　1. 取含 V_{BE} 之迴路

$$V_{cc} = I_C(1.2K) + I_B(39K + 22K) + V_{BE}$$

$$= (1 + \beta)I_B(1.2K) + I_B(61K)$$

$$\therefore I_B = \frac{V_{CC} - V_{BE}}{(81)(1.2K) + 61K} = 52.87\mu A$$

$$I_C = \beta I_B = 4.23mA$$

2. 求 r_π，g_m

$$r_\pi = \frac{V_T}{I_B} = \frac{25mV}{52.87\mu A} = 472.88\ \Omega$$

$$g_m = \frac{I_C}{V_T} = \frac{4.23mA}{25mV} = 169.2m\mho$$

二、交流分析

    1. 繪出 π 模型小訊號等效

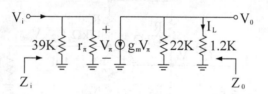

    2. 方法一：電路分析

    $Z_i = 39K\ //\ r_\pi = 467.2\Omega$

$$A_v = \frac{V_o}{V_i} = \frac{V_o}{V_\pi} \cdot \frac{V_\pi}{V_i} = \frac{-g_m V_\pi (22K\ //\ 1.2K)}{V_\pi} \cdot \frac{V_\pi}{V_i} = -192.55$$

$$A_I = \frac{I_L}{I_i} = \frac{V_o/R_L}{V_i/Z_i} = A_v \cdot \frac{Z_i}{R_L} = (-192.55) \cdot (\frac{467.22}{1.2K}) = -75$$

$$Z_o = 22K\ //\ 1.2K = 1.138K\Omega$$

3. 方法二：觀察法

$A_v = -g_m$ (集極所有電阻) $= -g_m$ (22K // 1.2K) $= -192.55$

$Z_i = 39K // r_\pi = 467.2\Omega$

$Z_o = 22K // 1.2K = 1.138K\Omega$

$A_I = A_{I_1} \cdot$ （由訊號流入之分流法）

$$= \left(-g_m R_\pi \cdot \frac{22K}{22K + 1.2K}\right)\left(\frac{39K}{39K + r_\pi}\right) = -75$$

---

265. 下圖電壓增益 A_v 約為　(A) -4.3　(B) -8.7　(C) -17　(D) -20。
（❖題型：含 R_E 之 CE）

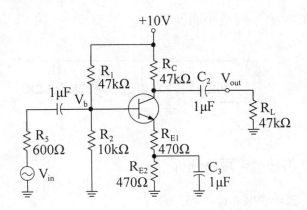

【85 年南臺二技電機】

解☞：(B)

觀念：此題未給 h_{FE} 參數，所以取 T 模型較佳，因為 $\alpha \approx 1$，r_e 極小

1. 繪出 T 模型之小訊號等效電路

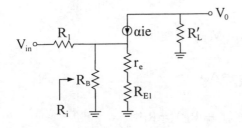

2. 方法一：電路分析

$R_L' = R_C // R_L$

$R_B = R_1 // R_2$

$R_i = (1 + \beta)(r_e + R_{E1}) // R_B$

$A_v = \dfrac{V_o}{V_{in}} = \dfrac{V_o}{V_b} \cdot \dfrac{V_b}{V_{in}} = \dfrac{-\alpha i_e R_L}{i_e(r_e + R_{E1})} \cdot \dfrac{R_i}{R_i + R_1} \approx \dfrac{-\alpha R_L'}{r_{e1} + R_{E1}}$

$\approx \dfrac{-R_L'}{R_{E1}} = -\dfrac{R_c // R_L}{R_{E1}} = -9.09$

3. 方法二：觀察法

$A_{v1} = -\alpha \dfrac{\text{集極所有電阻}}{\text{射極內外所有電阻}} = -\alpha \dfrac{R_L'}{r_e + R_{E1}}$

$A_v = A_{V1} \cdot$（由訊號源看入之分壓法）

$= -\alpha \dfrac{R_L'}{r_e + R_{E1}} \cdot \dfrac{R_i}{R_i + R_1} \approx -\dfrac{R_L'}{R_{E1}} = -9.09$

---

266. 一 CE 放大器之中頻電壓增益為 120，若射極旁路電容器 C_E 開路故障，則　(A)工作點Q偏移　(B)電壓增益減少　(C)輸入阻抗不變　(D)電路將產生振盪。（❖題型：共射極 C_E 補償電容）

【85 年二技保甄】

解☞：(B)

(A)直流分析（I_{CQ}，V_{CEQ} 不變）

(B)$A_v = -\alpha \dfrac{R_C}{r_e + R_E} \Rightarrow A_v \downarrow$

(C)$R_i = (1 + \beta)(r_e + R_E) \Rightarrow R_i \uparrow$

(D)由巴克豪森定理，視電路而定。

267.如下圖電路，若 R_1 電晶體開路，則　(A)電晶體成截止　(B)電晶體成飽和　(C)電晶體燒毀　(D)電晶體仍為線性放大工作

【85年南臺二技電機】

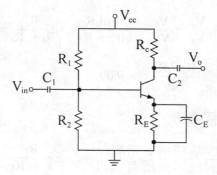

解☞：(A)

R_1 開路，使 $V_B = 0$，所以電晶體為截止。

268.就下圖之電晶體放大電路，請計算下列何者正確？　(A)$Z_i = 1.9\text{K}\Omega$ (B)$Z_o = 1\text{K}\Omega$　(C)$A_v = \dfrac{V_o}{V_i} = -66.6$　(D)$A_i = \dfrac{I_o}{I_i} = 38.1$（✣題型：不含 R_E 之 CE）

【84年二技電子】

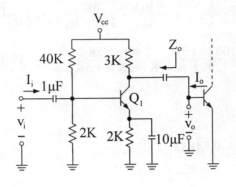

Q₁：
$$h_{ie} = 1.5K\Omega$$
$$h_{fe} = 100$$
$$h_{oe} = 0$$

Q₂：
$$h_{ie} = 1.5K\Omega$$

解☞：(C)

1. 繪出 h 模型之小訊號模型

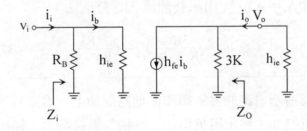

$$R_B = 40K \,/\!/\, 2K$$

2. 方法一：電路分析法

(1) $Z_i = R_B \,/\!/\, h_{ie} = 40K \,/\!/\, 2K \,/\!/\, 1.5K = 0.84K\Omega$

(2) $Z_o = 3K\Omega$

(3) $A_v = \dfrac{V_o}{V_i} = \dfrac{V_o}{V_b} \cdot \dfrac{V_b}{V_i} = \dfrac{-h_{fe}i_b\,(3K)}{i_b h_{ie}} \cdot \dfrac{V_i}{V_i}$

$\quad = \dfrac{-h_{fe}\,(3K)}{h_{ie}} = -66.6$

$$(4) A_I = \frac{i_o}{i_i} = \frac{i_o}{i_b} \cdot \frac{i_b}{i_i} = (\frac{-h_{fe}i_b}{i_b} \cdot \frac{3K}{3K + h_{ie}}) \cdot (\frac{R_B}{R_B + h_{ie}})$$

$$= \frac{(-100)(3K)(40K // 2K)}{(3K + 1.5K)(40K // 2K // 1.5K)} = -37.3$$

方法二：觀察法

$(1) Z_i = R_B // h_{ie} = 0.84K\Omega$

$(2) Z_o = 3K\Omega$

$(3) A_v = (-h_{fe}) \cdot \dfrac{集極所有電阻}{基極內部電阻} = -h_{fe} \cdot \dfrac{3K}{h_{ie}} = -66.6$

$(4) A_I = A_{II} \cdot$（由訊號源流入之分流法）

$$= (-h_{fe} \cdot \frac{3K}{3K + h_{ie}}) \cdot (\frac{R_B}{R_B + h_{ie}}) = -37.3$$

269.在下圖所示電路的射極端和接地點間加上一電阻後，其　(A)輸入阻抗增加，輸出阻抗增加　(B)輸入阻抗增加，輸出阻抗減少　(C)輸入阻抗減小，輸出阻抗增加　(D)輸入阻抗減小，輸出阻抗減小。　　　　　　　　　　　　【84 年二技電機】

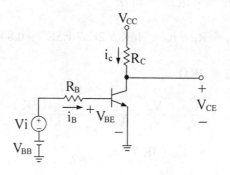

解☞：(A)

270. 下圖中為雙極性接面電晶體（BJT）放大電路，其輸入及輸出均用電容器隔離直流成份；若電晶體之參數為：順向直流電流增益 $\beta = 100$，順向基極－射極壓降 $V_{BE} = 0.7V$，溫度效應電壓 $V_T = 25mV$，則此直流操作點之集極電壓 V_C 為 (A) 1.875 (B) 2.875 (C) 3.875 (D) 4.875 伏特。

(2) 上題中，試求低頻小信號電壓增益 V_o/V_i 為 (A) -11.9 (B) -22.9 (C) -33.9 (D) -44.9。（✤題型：集極迴授之 CE）

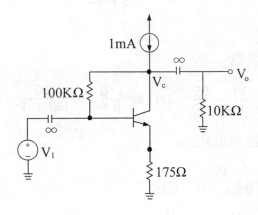

【82 年二技電機】

解☞：(1) (A)   (2) (D)

(1) 直流分析

此為集極迴授必為主動區，且 $I_E = 1mA$

$\therefore V_C = I_B (100K) + V_{BE} + I_E (175)$

$= \dfrac{I_E}{1+\beta} (100K) + V_{BE} + I_E (175)$

$= \dfrac{1m}{101}(100K) + 0.7 + (1m)(175) = 1.875V$

(2)小訊號分析（方法有三種）

方法一：網路分析

①繪出 T 模型小訊號等效

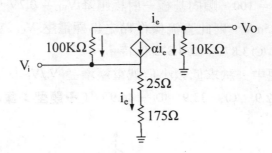

②求參數

$$r_e = \frac{V_T}{I_E} = \frac{25}{1} = 25\Omega, \alpha = \frac{\beta}{\beta+1} = \frac{100}{100+1} = 0.99$$

③用節點法分析

$$i_e = \frac{V_i}{25+175} = \frac{V_i}{0.2K} \text{——①}$$

$$\frac{V_o - V_i}{100K} + \alpha_{ie} + \frac{V_o}{10K} = 0 \text{——②}$$

將①式代入②式得 $\dfrac{V_o}{V_i} = -44.9$

方法二：用米勒效應

1. 繪出 π 模型及米勒效應

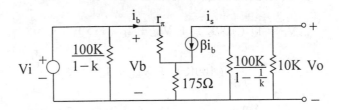

2. 求參數

$$r_\pi = \frac{V_T}{I_B} = \frac{V_T(1+\beta)}{I_E} = \frac{(25m)(101)}{1m} = 2525\Omega$$

∵ 迴授電阻 $R_M \gg R_L$

∴ $\dfrac{100K}{1 - \dfrac{1}{K}}$ 可忽略

故 $A_v = \dfrac{V_o}{V_i} = \dfrac{V_o}{V_b} = \dfrac{-\beta i_b\,(10K)}{i_b r_\pi + (1+\beta)\,i_b\,(175)} = -49.5$

方法三：觀察法

1. 配合米勒效應之等效圖，此為含 R_E 之 CE

2. $A_v = A_I \cdot \dfrac{(集極所有電阻)}{(不含\ R_B\ 之輸入電阻)}$

$$= -\beta \cdot \frac{R_C}{r_\pi + (1+\beta)\,(175)} = -49.5$$

題型變化

271. 若下圖的電晶體放大器，其電晶體的近小信號等效模型如圖2
所示。已知 $h_{ie} = 1K\Omega$，$h_{fe} = 50$，試求小訊號操作的輸入電阻
R_i 為多大？（❖題型：不含 R_E 之 CE）

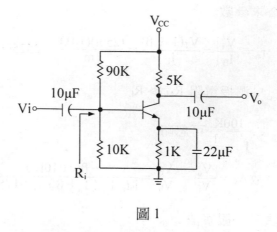

圖 1

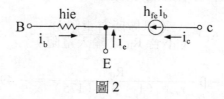

圖 2

解☞：

1. 繪出 h 模型小訊號等效圖

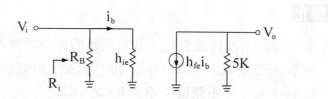

2. 輸入電阻

$$R_i = R_B \mathbin{/\!/} h_{ie} = 90K \mathbin{/\!/} 10K \mathbin{/\!/} 1K = 0.9K\Omega$$

272.下圖為單級 BJT 放大器電路，已知 BJT 之 β ＝ 100，C→∞，

(1)求 I_C 和 V_{CE}（若 $V_{BE\,(sat)} = 0.8V$，$V_{BE\,(act)} = 0.7V$，

　　$V_{CE\,(sat)} = 0.2V$）

(2)試繪出其小信號等效電路

(3)求互導 g_m，r_π 及 A_v（小訊號電壓增益）（若 $r_b = 0$，$r_o = \infty$）

　　（✤題型：含 R_E 之 CE）

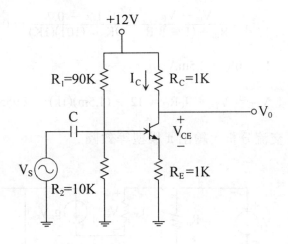

解☞：

　1. 直流分析，繪出直流等效圖

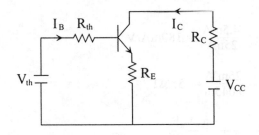

　　題意為 BJT 放大器，故在主動區

　　$R_{th} = R_1 \,//\, R_2 = 9K\Omega$

$$V_{th} = \frac{R_2 V_{CC}}{R_1 + R_2} = 1.2V$$

①取含 V_{BE} 之迴路

$$V_{th} = I_B R_{th} + V_{BE} + I_E R_E = I_E R_{th} + V_{BE} + (1 + \beta) I_B R_E$$

$$\therefore I_B = \frac{V_{th} - V_{BE}}{R_{th} + (1 + \beta)R_E} = \frac{1.2 - 0.7}{9K + (101)(1K)} = 0.045mA$$

$$I_C = \beta I_B = 4.5mA$$

$$V_{CE} = V_{CC} - I_C R_C = 12 - (4.5m)(1k) = 2.955V$$

2. 交流分析，繪出 π 模型等效圖

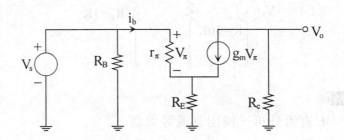

3. $g_m = \dfrac{I_C}{V_T} = \dfrac{4.5mA}{25mV} = 180mA/V$

$$r_\pi = \frac{V_T}{I_B} = \frac{25mV}{0.045m} = 556\Omega$$

$$A_V = \frac{V_o}{V_s} = \frac{-g_m V_\pi R_c}{i_b r_\pi + (1+\beta)i_b R_E}$$

$$= \frac{-g_m R_c i_b r_\pi}{i_b r_\pi + (1 + \beta)i_b R_E}$$

$$= \frac{-g_m r_\pi R_C}{r_\pi + (1+\beta)R_E} = \frac{-\beta R_C}{r_\pi + (1+\beta)R_E}$$

$$= \frac{(-100)(1K)}{556 + (101)(1K)} = -0.9847$$

4. A_v 之觀察法

$$A_v = A_I \cdot \frac{(集極所有電阻)}{不含\,R_B\,之輸入電阻\,R_i}$$

$$= -\beta \cdot \frac{R_C}{r_\pi + (1+\beta)R_E} = -0.9847$$

---

273. 下圖所示BJT放大器，已知 $h_{fe} = 50$，$h_{re} = h_{oe} = 0$，所有旁路及
耦合電容均假設在信號頻率時電抗為零。試求： (A)靜態值
I_{BQ}，I_{CQ} 及 V_{CEQ}； (B)求小信號等效電路，並計算 $I_L \diagup I_S$，信
號源觀察到的輸入阻抗 R_i' 及由 1KΩ 負載觀察到的輸出阻抗
R_o'。（❖題型：不含 R_E 之共射極放大器）

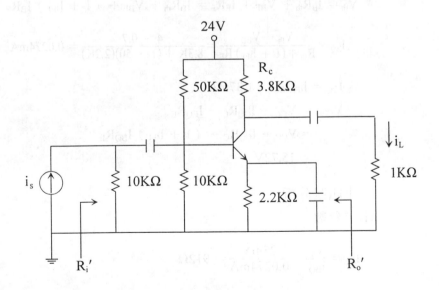

解☞：

一、直流分析

(1)戴維寧等效電路

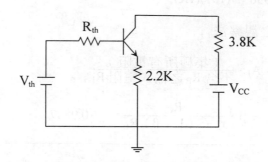

$$V_{th} = \frac{(10K)(24)}{(10K)+(50K)} = 4V$$

$$R_{th} = 50K \mathbin{/\mkern-5mu/} 10K = 8.3K\Omega$$

(2)取含 V_{BE} 之迴路方程式

$$V_{th} = I_B R_{th} + V_{BE} + I_E R_E = I_B R_{th} + V_{BE} + (1 + h_{FE}) I_B R_E$$

$$\therefore I_{BQ} = \frac{V_{th} - V_{BE}}{R_{th} + (1 + h_{FE}) R_E} = \frac{4 - 0.7}{8.3K + (1 + 50)(2.2K)} = 0.0274mA$$

$$I_{CQ} = h_{FE} I_{BQ} = 1.37mA$$

$$V_{CEQ} = V_{CC} - I_{CQ} R_C - I_{EQ} R_E$$

$$= V_{CC} - I_{CQ} R_C - (1 + h_{FE}) I_{BQ} R_E$$

$$= 15.72V$$

二、小訊號分析

(1)求參數

$$h_{ie} = \frac{V_T}{I_{BQ}} = \frac{25mV}{0.0274mA} = 912\Omega$$

(2)繪出小信號模型。

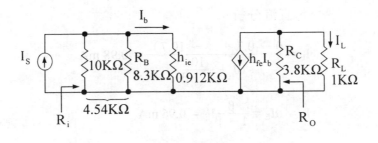

$$A_I = \frac{I_L}{I_S} = \frac{I_L}{I_b} \cdot \frac{I_b}{I_S} = \frac{-h_{fe}R_C}{R_C + R_L} \cdot \frac{4.54}{4.54 + h_{ie}} = -33$$

$$R_i' = 4.54 \mathbin{/\mkern-5mu/} h_{ie} = 0.76K\Omega = 760\Omega$$

$$R_o' = R_C = 3.8K\Omega$$

274.如下圖所示之電路，電晶體$\beta = 50$，試求$A_v = \dfrac{V_o}{V_s}$，R_{in}，$A_I = \dfrac{i_L}{i_i}$，

R_{out}。（❖題型：雙電源不含 R_E 的 CE. Amp）

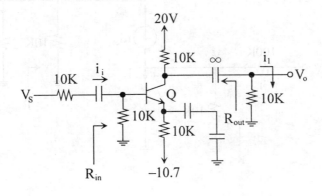

解☞：

一、直流分析：

$$I_E = \frac{0 - 0.7 - (-10.7)}{10 + \frac{10}{1 + \beta}} = 0.98 \text{ mA}$$

$$I_C = \alpha I_E = \frac{\beta}{1 + \beta} I_E = 0.96 \text{ mA}$$

二、交流分析：

(1)求參數

$$r_e = \frac{V_T}{I_E} = \frac{25 \text{ mA}}{0.93 \text{ mA}} = 25.5\Omega$$

$$\alpha = \frac{\beta}{1 + \beta} = \frac{50}{51} = 0.98$$

(2)繪出小訊號模型

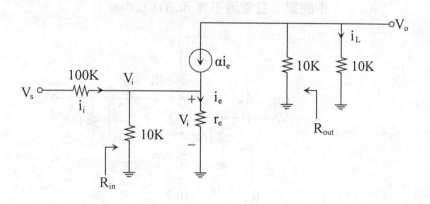

(3)分析電路

1. $R_{in} = 10K /\!/ (1 + \beta) r_e = 1.15K\Omega$

2. $R_{out} = 10K\Omega$

3. $A_v = \dfrac{V_o}{V_s} = \dfrac{V_o}{V_i} \cdot \dfrac{V_i}{V_s} = \dfrac{-\alpha i_e \, (10K \, // \, 10K)}{i_e r_e} \cdot \dfrac{R_{in}}{R_{in} + R_s}$

$\qquad = \dfrac{-(0.98)(5K)(1.15K)}{(25.5)(1.15K + 10K)} = -19.8$

4. $A_I = \dfrac{i_L}{i_i} = \dfrac{i_L}{V_o} \cdot \dfrac{V_o}{V_s} \cdot \dfrac{V_s}{i_i} = \dfrac{1}{R_L} \cdot A_v \cdot \dfrac{(R_s + R_{in}) \, i_l}{i_l}$

$\qquad = \dfrac{1}{R_L} \cdot A_v \cdot (R_s + R_{in}) = -22.1$

4-4〔題型二十六〕：共集極放大器（射極隨耦器）

考型 51　共集極放大器

重要觀念

1. 小訊號分析的解題技巧及注意事項，同題型二十五。

2. 共集極放大器又稱**射極隨耦器**（Emitter Follower）

3. 輸入阻抗很高

4. 輸出阻抗很低

5. 電流增益高，電壓增益約為 1

6. 輸出同相

7. 通常當緩衝器使用，避免負載效應

8. R_E 若存在，則提高了 R_{in} 與 R_{out}，但降低了電壓增益（電流串聯負回授），而頻寬亦增加。

9. 共集極放大器的題型，以求輸入電阻及輸出電阻為最重要。

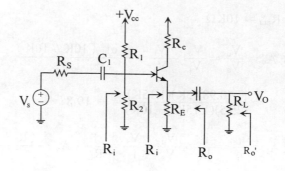

一、繪出小訊號等效電路

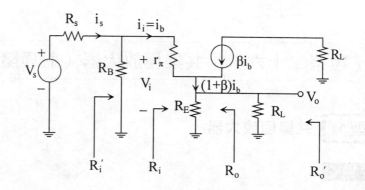

二、電路分析

    1. 不含偏壓電阻 R_B 時的輸入電阻 R_i

      (1)$R_i = r_\pi + (1 + \beta)(R_E \mathbin{/\mkern-5mu/} R_L) = (1 + \beta)(r_e + R_E \mathbin{/\mkern-5mu/} R_L)$

      (2)**觀察法**：R_i =（基極內部電阻）+（投射，射極外部所有電阻）

                             = （投射，射極內外部所有電阻）

    2. 含偏壓電阻 R_B 時的輸入電阻 R_i'

      (1)$R_i' = R_i \mathbin{/\mkern-5mu/} R_B$

(2)**觀察法**：可直接由電路觀察出

3. 不含訊號源電阻的電壓增益 A_v

(1)$A_v = \dfrac{V_o}{V_i} = \dfrac{R_E \mathbin{/\!/} R_L}{r_e + R_E \mathbin{/\!/} R_L} \approx 1$

(2)**觀察法**：$A_v = \dfrac{\text{射極外部所有電阻}}{\text{射極內部電阻} + \text{射極外部所有電阻}}$

4. 含訊號源電阻的電壓增益 A_{vs}

(1)$A_{vs} = \dfrac{V_o}{V_s} = \dfrac{V_o}{V_i} \cdot \dfrac{V_i}{V_s} = A_v \cdot \dfrac{R_i{}'}{R_i{}' + R_s}$

(2)**觀察法**：$A_{vs} = A_v \cdot$（由訊號源看入之分壓法）

5. 不含偏壓電阻的電流增益 A_I

(1)$A_I = \dfrac{i_L}{i_I} = (1 + \beta)\dfrac{R_E}{R_E + R_L}$

(2)**觀察法**：$A_I = (1 + \beta) \cdot$（由射極外看入之分流法）

6. 含偏壓電阻的電流增益 A_{IS}

(1)$A_{IS} = \dfrac{i_L}{i_S} = A_I \cdot \dfrac{R_B}{R_B + R_i}$

(2)**觀察法**：$A_{IS} = A_I \cdot$（由訊號源看入之分流法）

7. 不含負載電阻 R_L 的輸出電阻 R_O

(1)$R_O = R_E \mathbin{/\!/} \left[\dfrac{R_S \mathbin{/\!/} R_B}{1 + \beta}\right] + r_e$

(2)**觀察法**：$R_O = R_E \mathbin{/\!/}$（由基極投射至射極的電阻＋射極內部電阻）

8.含負載電阻 R_L 的輸出電阻 R_O'

(1)$R_O' = R_O // R_L$

(2)**觀察法**：可直接由電路觀察得知

9.若含量 r_o 時之精確解如下（分析詳見《研究所電子學題庫大全》）

(1)$R_i' = R_B // R_i = R_B // (1 + \beta) [r_e + (R_E // R_L // r_o)]$

(2)$A_v = \dfrac{V_o}{V_i} = \dfrac{R_E // R_L // r_o}{r_e + (R_E // R_L // r_o)}$

(3)$R_O = R_E // r_o // [r_e + \dfrac{R_S // R_B}{1 + \beta}]$

(4)小訊號之等效電路

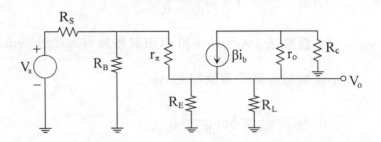

10.共集極放大器的 R_C 在小訊號分析時，沒有作用

275.如下圖，其中 β = 100，r_π = 2.5kΩ，R_E = 1kΩ 且 R_L = 10kΩ，求 $|V_c / V_b|$： (A) 12.7 (B) 9.7 (C) 6.3 (D) 3.1（❖題型：含 R_E 之共射極放大器）

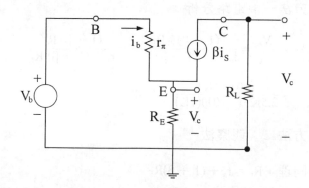

【88 年二技電機】

解☞：(B)

方法一：電路分析

$$A_V = \frac{V_c}{V_b} = \frac{-\beta i_b R_L}{i_b \left[r_\pi + (1 + \beta)R_E \right]} = \frac{-\beta R_L}{r_\pi + (1+\beta)R_E}$$

$$= \frac{-(100)(10K)}{2.5K + (101)(1K)} = -9.7 \Rightarrow |A_V| = 9.7$$

方法二：觀察法

$$R_i = r_\pi + (射極投射電阻) = r_\pi + (1 + \beta) R_E$$

$$A_v = \frac{V_c}{V_b} = (-\beta) \cdot \frac{(集極所有電阻)}{(由\beta端看入之輸入電阻)} = -\beta \frac{R_c}{R_i} = -9.7$$

$$\Rightarrow |A_v| = 9.7$$

276. 續上題，求 V_e / V_b： 　(A) 0.98　(B) 0.75　(C) 0.55　(D) 0.32（✥題型：射極隨耦器）

【88 年二技電機】

解☞： (A)

方法一：電路分析

$$A_V = \frac{V_e}{V_b} = \frac{(1 + \beta) i_b R_E}{i_b[r_\pi + (1 + \beta) R_E]} = \frac{(1 + \beta) R_E}{r_\pi + (1 + \beta) R_E}$$

$$= \frac{(101)(1K)}{2.5K + (101)(1K)} = 0.98$$

方法二：觀察法

同理　$R_i = r_\pi + (1 + \beta)R_E$

$$A_V = \frac{V_e}{V_b} = \frac{射極外部電阻}{射極內外電阻和} = \frac{R_E}{r_e + R_E}$$

$$= \frac{R_E}{\frac{r_\pi}{1+\beta} + R_E} = \frac{1K}{\frac{2.5K}{101} + 1K} = 0.98$$

277. 如下圖，其中電晶體的參數 $\beta = 200$ 且熱電壓 $V_T = 25mV$。圖中 V_s 為小信號輸入，求射極偏壓電流 I_E： 　(A) 1.4 mA　(B) 2.7 mA　(C) 3.5 mA　(D) 5.5 mA（✥題型：射極隨耦器的直流分析）

【88 年二技電機】

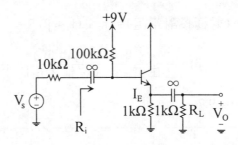

解☞: (D)

1. 繪出直流分析等效電路

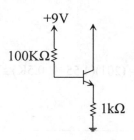

+9V

100KΩ

1kΩ

2. 取含 V_{BE} 迴路的方程式

$$V_{cc} = I_B R_B + V_{BE} + I_E R_E = I_B R_B + V_{BE} + (1 + \beta)I_B R_E$$

$$\therefore I_B = \frac{V_{cc} - V_{BE}}{R_B + (1 + \beta)R_E} = \frac{9 - 0.7}{100K + (201)(1K)} = 0.0276 \text{ mA}$$

$$\therefore I_E = (1 + \beta)I_B = 5.5 \text{ mA}$$

278.續上題，求小信號輸入電阻 R_i： (A) 50KΩ (B) 40KΩ (C) 30KΩ
(D) 20KΩ（❖題型：射極隨耦器的小訊號分析）

【88 年二技電機】

解☞: (A)

1. 小訊號等效圖

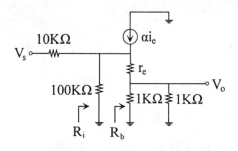

10KΩ

V_s

αi$_e$

r$_e$

100KΩ

V_o

1KΩ   1KΩ

R_i R_b

2. 求參數

$$r_e = \frac{V_T}{I_E} = \frac{25mV}{5.5mA} = 4.55\Omega$$

3. 分析電路

$$R_b = (1 + \beta)(r_e + 1K \mathbin{/\mkern-5mu/} 1K) = (201)(4.55 + 0.5K) \cong 101k\Omega$$

$$\therefore R_i = R_b \mathbin{/\mkern-5mu/} 100K \approx 50k\Omega$$

---

279. 下圖所示的電晶體電路，假設輸入信號 V_s 為交流小信號且其直流成份為零，若電晶體的 $\beta = 120$，r_o 可忽略，熱電壓（thermal voltage）$V_T = 25mV$，$V_{EB} = 0.7V$，則如下圖所示的輸入電阻 R_{in} 為　(A) $40.2k\Omega$　(B) $95.8k\Omega$　(C) $185.8k\Omega$　(D) $369k\Omega$

【87年二技電機】

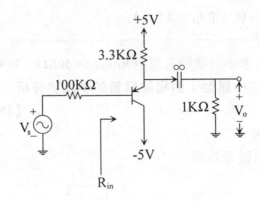

解☞：(B)

1. 直流分析 ⇒ 求 r_e（視 V_s 短路接地）

(1)取含 V_{BE} 之迴路

$$5 = I_E (3.3K) + V_{BE} + I_B(100K)$$

$$= I_E (3.3K) + V_{BE} + \frac{I_E}{1 + \beta} (100K)$$

$$\therefore I_E \approx 1mA$$

(2)故 $r_e = \dfrac{V_T}{I_E} = \dfrac{25mV}{1mA} = 25\Omega$

2. 繪出 T 模型的小訊號模型

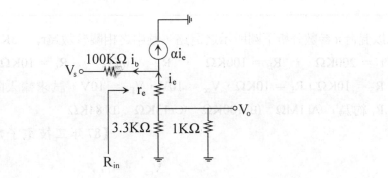

$$\therefore R_{in} = (1 + \beta) [r_e + 3.3K /\!/ 1K] \cong 95.8k\Omega$$

280.同上題，該電晶體電路的電壓增益 $\dfrac{V_o}{V_s}$ 為 　(A) 0.474　(B) 0.147

　(C) 47.4　(D) 14.7　　　　　　　　　　【87 年二技電機】

解☞： (A)

方法一：電路分析

$$A_V = \frac{V_o}{V_s} = \frac{V_o}{V_i} \cdot \frac{V_i}{V_s} = \frac{-i_e(3.3K /\!/ 1K)}{-i_e(r_e + 3.3K /\!/ 1K)} \cdot \frac{R_{in}}{R_{in} + 100K}$$

$$= \frac{3.3K /\!/ 1K}{0.025K + (33K /\!/ 1K)} \cdot \frac{95.8K}{95.8K + 100K} \cong 0.474$$

方法二：觀察法

$$A_{V_1} = \frac{V_o}{V_i} = \frac{射極外部所有電阻}{射極內部電阻＋射極外部所有電阻} = \frac{R_E /\!/ R_L}{r_e + R_E /\!/ R_L}$$

$$A_V = \frac{V_o}{V_S} = A_{V_1} \cdot （由訊號源看入之分壓法）$$

$$= \frac{R_E /\!/ R_L}{r_e + R_E /\!/ R_L} \cdot \frac{R_{in}}{R_B + R_{in}} = 0.474$$

281.以混合 π 參數分析下圖所示之電路，圖中之相關參數為$r_\pi = 3K\Omega$，$r_o = 200K\Omega$ ， $R_B = 100K\Omega$ ， $R_E = 10K\Omega$ ， $R_c = 10K\Omega$ ， $R_S = 10K\Omega$，$R_L = 10K\Omega$，$V_{cc} = 10V$，$V_{EE} = 10V$，試求輸入阻抗 R_i 約為 　(A) $1M\Omega$ 　(B) $100K\Omega$ 　(C) $13K\Omega$ 　(D) $84K\Omega$

【87 年二技電子類】

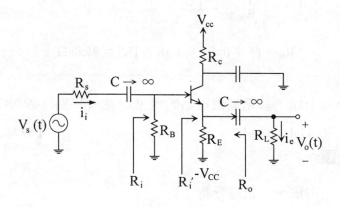

解☞：(D)

小訊號等效圖

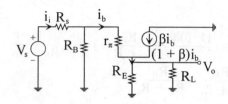

用觀察法知

$R_i = R_B \,//\, [r_\pi + (1 + \beta)(R_E \,//\, R_L)]$

$= 100K \,//\, (3K + 101 \times 5K)$

$\approx 84K\Omega$

---

282. 承上題，試求輸出阻抗 R_o 約為　(A) 120Ω　(B) $10K\Omega$　(C) $5K\Omega$
(D) 200Ω

解☞：(A)

用觀察法知

$R_o = R_E \,//\, (r_e + \dfrac{R_S \,//\, R_B}{1+\beta})$

$= 10K \,//\, (\dfrac{r_\pi + R_S \,//\, R_B}{1+\beta})$

$= 10K \,//\, (\dfrac{3K + 10K \,//\, 100K}{101})$

$= 10k \,//\, 0.12k \approx 120\Omega$

283.承 283 題，試求電流增益 $A_i = \dfrac{i_o}{i_i}$ 約　(A) 10.1　(B) 101　(C) 8.4　(D) 84

解☞：(C)

$$A_V = \frac{i_L}{i_b} \cdot \frac{i_b}{i_s} = \left(\frac{(1+\beta)i_b}{i_b} \cdot \frac{R_E}{R_E + R_L}\right) \cdot \left(\frac{R_B}{R_B + R_i'}\right)$$

$$= (1+\beta) \cdot \frac{R_E}{R_E + R_L} \cdot \frac{R_B}{R_B + R_i'}$$

$$= (101) \cdot \frac{10K}{10K+10K} \cdot \frac{100K}{100K+508K} = 8.31$$

其中

$$R_i' = (1+\beta)(r_e + R_E /\!/ R_L) = r_\pi + (1+\beta)(R_E /\!/ R_L)$$

$$= 3K + (101)(5K) = 508K\Omega$$

284.如下圖，求 V_b 之直流偏壓，其中 $V_{cc} = 15V$，$R_{B1} = R_{B2} = 100K\Omega$，$R_E = 2K\Omega$，$\beta = 100$，$V_{BE} = 0.7V$　(A) 7.15V　(B) 6.15V　(C) 5.15V (D) 4.15V。

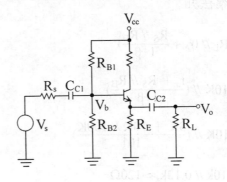

【86 年二技電機】

解☞ : (B)

  1. 繪出戴維寧等效圖

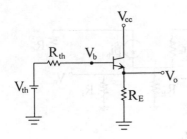

  2. 直流分析

  $$R_{th} = R_{B1} // R_{B2} = 50K$$

  $$V_{th} = V_{cc} \times \frac{R_{B2}}{R_{B1} + R_{B2}} \approx 7.5V$$

  $$7.5 - 0.7 = I_B \cdot R_{th} + (1 + \beta) I_B \cdot R_E = (50 + 101.2) I_B$$

  $$\therefore I_B = 0.027mA$$

  $$\therefore V_B = V_{th} - I_B R_B = 7.5 - 0.027 \times 50 = 6.15V$$

285.同上題，求流經R_E之直流電流　(A)4.73mA　(B)3.73mA　(C)2.73mA
(D) 1.73mA。　　　　　　　　　　　　　　　【86年二技電機】
解☞ : (C)

  $$I_E = (1 + \beta) I_B = 101 \cdot 0.027 = 27.27mA$$

286.同286題，求輸入電阻R_{in}，其中$R_S = 2K\Omega$，$R_L = 2K\Omega$，熱電壓
$V_T = 25mA$　(A)23.54KΩ　(B)33.54KΩ　(C)43.5KΩ　(D)53.54KΩ。

　　　　　　　　　　　　　　　　　　　【86年二技電機】

解☞：(B)

1. 繪出小訊號模型

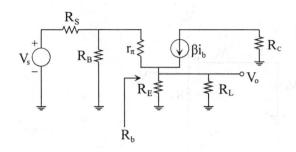

2. 小訊號分析

$$R_b = r_\pi + (1 + \beta)(R_E \mathbin{/\!/} R_L) = 962 + (101) \cdot 1K \approx 101.926K\Omega$$

$$r_\pi = \frac{V_T}{I_B} \approx 926\Omega，R_B = R_{B1} \mathbin{/\!/} R_{B2} = 50K\Omega$$

$$R_{in} = R_B \mathbin{/\!/} R_b = 50K \mathbin{/\!/} 101.926K \approx 33.54K\Omega$$

---

287. 一電晶體電路如下圖所示，已知該電晶體 $\beta = 200$，$I_{CQ} = 5mA$，溫度的電壓等效值為 $V_T = \dfrac{T}{11600}$，其中 T 的單位為 °K，試求在 27℃ 時，該電晶體的 g_m 及 r_π 值為若干？（該電晶體的物理特性 $\eta = 1$）

(A) $g_m = 193mA/V$，$r_\pi = 38.60\Omega$

(B) $g_m = 5.2mA/V$，$r_\pi = 38.46\Omega$

(C) $g_m = 193mA/V$，$r_\pi = 1036\Omega$

(D) $g_m = 2.148mA/V$，$r_\pi = 93.11\Omega$

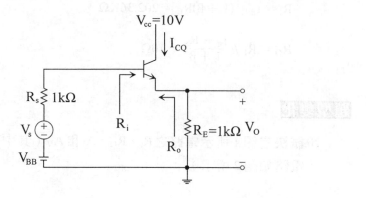

【82 年二技電子】

解☞：(C)

$$g_m = \frac{I_{CQ}}{V_T} = \frac{5mA}{\frac{27 + 273}{11600}} = 193mA/V$$

$$r_\pi = \frac{\beta}{g_m} = 1036\Omega$$

288.於上題中，電路的輸入阻抗 R_i 及輸出阻抗 R_o 為若干？表示為
（R_i，R_o） (A)（202KΩ，10Ω） (B)（201KΩ，5.1Ω） (C)
（201KΩ，5.4Ω） (D)（202KΩ，196.3Ω）。

【82 年二技電子】

解☞：(A)

繪出小訊號模型

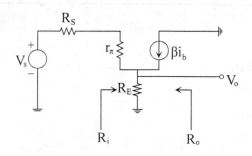

$$R_i = r_\pi + (1 + \beta)R_E = 202.36 K\Omega$$

$$R_O = R_E \mathbin{/\mkern-3mu/} \frac{r_\pi + R_S}{1 + \beta} = 10\Omega$$

題型變化

289.試決定圖 1 所示電路之 R_i，R_O，A_I 和 A_V（其中 Q 的小訊號等效
電路如圖 2 所示）

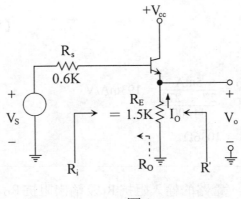

圖 1

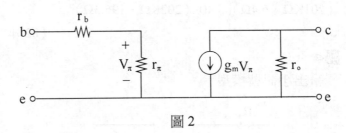

圖 2

$$其中 \begin{cases} g_m = 0.10 \mho \\ r_b = 50\Omega \\ r_\pi = 1k\Omega \\ r_o \approx \infty\Omega \end{cases}$$

解☞：

1. 繪出小信號等效電路：

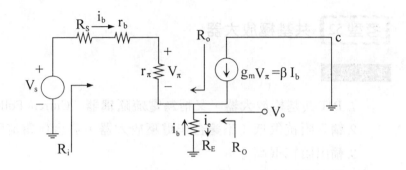

2. 分析電路

$$\beta = g_m r_\pi = 0.1 \times 1K\Omega = 100$$

$$R_i = \frac{V_s}{I_b} = R_s + r_b + r_\pi + (1 + \beta) R_E = 153K\Omega$$

$$R_O = \frac{V_O}{I_O} = \frac{1}{1 + \beta} (R_s + r_b + r_\pi) = 16.3K\Omega$$

$$A_I = \frac{I_O}{I_b} = \frac{-i_e}{I_b} = -(1 + \beta) = -101$$

$$A_V = \frac{V_O}{V_S} = \frac{i_e R_E}{I_b \cdot R_i} = A_I \cdot \frac{R_E}{R_i} = 0.99$$

註：電壓隨耦器，輸入與輸出應為同相，此題 A_I 有負號，
並不代表反相輸出，而是因題目註明 I_O 方向的關係
（陷阱）

4-5〔題型二十七〕：共基極放大器（電流隨耦器）

考型 52 共基極放大器

重要觀念

1. BJT 共基極放大器，又稱為**電流隨耦器**（Current Follower）
2. 輸入阻抗很低（不適合作電壓放大器，適合作電流隨耦器）
3. 輸出阻抗很高
4. 電流增益約為 1，電壓增益普通
5. 輸出同相
6. 高頻響應極佳（無米勒效應）

例：此種電路偏重求電壓增益 A_v，以下圖為例：

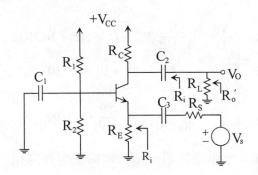

一、繪出小訊號等效圖

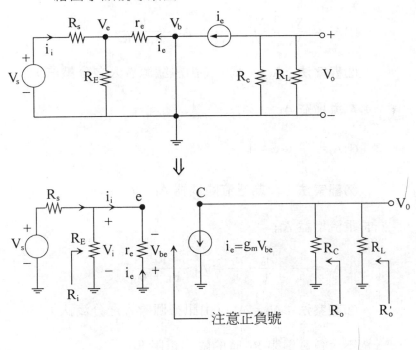

—— 注意正負號

二、電路分析

   1. 輸入電阻 R_i

     (1) $R_i = R_E // r_e \approx r_e$

       R_i 極小

       V_S 訊號皆被 R_S 分壓得去大部份，所以 V_{be} 值極小，而

       影響電壓增益 A_V，故不適合當電壓放大器

     (2) **觀察法**：由電路直接觀察可得

   2. 不含訊號源電阻時之電壓增益 A_V

     (1) $A_V = \dfrac{V_o}{V_i} = g_m(R_C // R_L)$

     (2) **觀察法**：$A_V = g_m \cdot$（集極所有電阻）

3.含訊號源電阻時之電壓增益 A_{vs}

$(1)A_{vs} = \dfrac{V_o}{V_s} = \dfrac{V_o}{V_i} \cdot \dfrac{V_i}{V_s} = A_v \cdot \dfrac{R_i}{R_i + R_s}$

(2)**觀察法**：$A_{vs} = A_v \cdot$ （由訊號源看入之分壓法）

4.電流增益 A_I

$(1)A_I = \dfrac{i_o}{i_i} = \alpha \approx 1$

(2)**觀察法**：此為電流隨耦器 $A_I = \alpha$

5.電流增益 A_{IS}

$(1)A_{IS} = \dfrac{i_o}{i_s} = \dfrac{i_o}{i_i} \cdot \dfrac{i_i}{i_s} = A_I \cdot \dfrac{R_E}{R_E + r_e}$

(2)**觀察法**：$A_{IS} = A_I \cdot$（由訊號源看入之分流法）

6.不含負載電阻 R_L 時的輸出電阻 R_O

$(1)R_O = R_C$

(2)**觀察法**：可直接由電路觀察得之

7.含負載電阻 R_L 時的輸出電阻 $R_O{}'$

$(1)R_O{}' = R_C // R_L$

(2)**觀察法**：可直接由電路觀察得之

290. 求下圖電路之輸入電阻 R_i 及電壓增益 $\dfrac{V_O}{V_S}=$ ？設電晶體之 β

很大 $V_T = 25mV$。 【82 年普考】

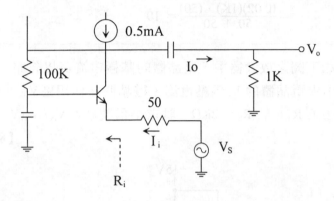

解☞：

    1. 求參數

    ∵ β 值很大，又 $I_B = \dfrac{I_C}{\beta} \approx 0$ ∴ $I_C \approx I_E = 0.5\ mA$

    ∴ $r_e \approx \dfrac{1}{g_m} = \dfrac{V_T}{I_E} = \dfrac{25mV}{0.5mA} = 50\Omega$

    即 $g_m = 0.02V$

    2. 繪出小訊號模型

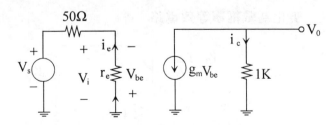

注意：集極回授電阻100KΩ，因基極接地而無作用

3. 分析電路

$$A_v = \frac{V_O}{V_S} = \frac{V_o}{V_i} \cdot \frac{V_i}{V_s} = \frac{-g_m V_{be} R_c}{-V_{be}} \cdot \frac{r_e}{r_e + R_s}$$

$$= \frac{(0.02)(1K) \cdot (50)}{50 + 50} = 10$$

---

291. 如下圖之放大器中，電晶體的基極電流可以忽略，$r_o = \infty$

(1) 求電晶體的 I_C 偏壓電流（電晶體在作用區 $V_{BE} = 0.7V$

(2) 求 R_{in}，若 $R_s = 2K\Omega$，試求小信號增益 $V_o / V_s (V_T = 25mA)$

【81 年普考】

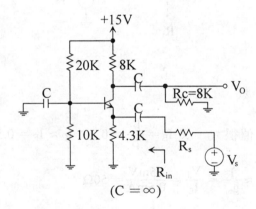

解☞：

(1)：直流分析

  1. 化為戴維寧等效電路

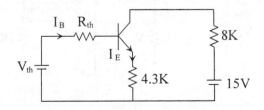

$$V_{th} = \frac{(10K)(15)}{20K + 10K} = 5V$$

$$R_{th} = 20K \mathbin{/\!/} 10K = 6.667K\Omega$$

2. 取含 V_{BE} 之迴路方程式

$$V_{th} = I_B R_{th} + V_{BE} + I_E R_E \approx V_{BE} + I_E R_E$$

（∵題意，$I_B = 0$）

$$\therefore I_E = \frac{V_{th} - V_{BE}}{R_E} = \frac{5 - 0.7}{4.3K} = 1mA = I_C$$

3. $\therefore I_C = I_E = 1mA$

(2)交流分析

1. 繪出小訊號等效電路

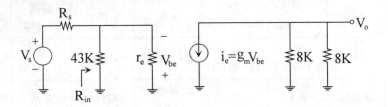

2. 求參數及 R_{in}

$$r_e = \frac{V_T}{I_E} = \frac{25mV}{1mA} = 25\Omega \approx \frac{1}{g_m} \quad \therefore g_m = 0.04 \ \mho$$

$$\therefore R_{in} = R_E \mathbin{/\!/} r_e = 4.3K \mathbin{/\!/} 25 \approx 25\Omega$$

3. 求 A_V

$$A_V = \frac{V_o}{V_s} = \frac{V_o}{V_s} \cdot \frac{V_i}{V_s} = \frac{-g_m V_{be}(8K \mathbin{/\!/} 8K)}{-V_{be}} \cdot \frac{R_{in}}{R_{in} + R_S}$$

$$= (0.04)(4k) \cdot \frac{25}{25 + 2K} = 1.975$$

4-6〔題型二十八〕：BJT 各類放大器的特性比較

考型 53 特性比較

一、CB、CE、CC 放大器的特性表

	R_i 輸入阻抗	R_o 輸出阻抗	A_I 電流增益	A_v 電壓增益	A_p 功率增益	相位	溫度影響
CB	小 300～500Ω	大 100KΩ以上	$\alpha \approx 1$	最高	高 20～30dB	同相	不易
CE	中 0.5～5KΩ	中 20K～200KΩ	β 高	高	最高 35～40dB	反相	易
CC	大 數 10K 以上	小 10～數百Ω	β+1 最高	小於 1	低 13～17dB	同相	易
達靈頓	最大	小	甚高 (β)	接近 1	甚高	同相	易

   1. 電壓增益 A_V：CB > CE > CC

   2. 電流增益 A_I：CC > CE > CB

   3. 功率增益 A_P：CE > CB > CC

   4. 輸入阻抗 R_I：CC > CE > CB

   5. 輸出阻抗 R_O：CB > CE > CC

◎一般在多級串接放大器的輸入級與輸出級採CC組態。中間
級採CE組態。而在高頻使用時，採CB組態。

二、 各種電晶體組態之 h 參數的互換

利用 $\begin{cases} i_e + i_b + i_c = 0 \\ V_{be} + V_{ec} + V_{cb} = 0 \end{cases}$ 之關係即可求出下表

參數	共射極	共基極	共集極
h_{ie}		$\dfrac{h_{rb}}{1+h_{ib}}$	h_{ic}
h_{re}		$\dfrac{h_{ib} \cdot h_{ob}}{1 + h_{fe}} - h_{rb}$	$1-h_{rc}$
h_{fe}		$\dfrac{-h_{fb}}{1 + h_{fb}}$	$-(1 + h_{fc})$
h_{oe}		$h_{ob} / (1 + h_{fb})$	h_{oc}
h_{ib}	$h_{ie} / (1 + h_{fe})$		$-h_{ic} / h_{fc}$
h_{rb}	$\dfrac{h_{ie}h_{oe}}{1 + h_{fe}} - h_{re}$		$h_{rc} - 1 - \dfrac{h_{ic} \cdot h_{oc}}{h_{fc}}$
h_{fb}	$-h_{fe} / (1 + h_{fe})$		$-(1 + h_{fc}) / h_{fc}$
h_{ob}	$h_{oe} / (1 + h_{fe})$		$-h_{oc} / h_{fc}$
h_{ic}	h_{ie}	$\dfrac{h_{ib}}{1 + h_{fb}}$	
h_{rc}	$1 - h_{re}$	$\dfrac{1}{1 + h_{rb}}$	
h_{fc}	$-(1 + h_{fe})$	$\dfrac{-1}{1 + h_{rb}}$	
h_{oc}	h_{oe}	$\dfrac{h_{ob}}{1 + h_{fb}}$	

例：用CE參數求出CC參數

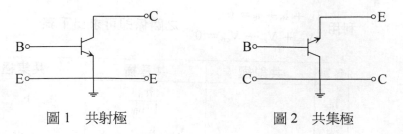

圖 1　共射極　　　　　　　　　圖 2　共集極

$$① h_{ic} = \frac{V_{bc}}{i_b}\bigg|_{V_{ec}=0} = \frac{V_{be}}{i_b} = hie$$

$$② h_{rc} = \frac{V_{bc}}{V_{ec}}\bigg|_{i_b=0} = \frac{V_{be}+V_{ec}}{V_{ec}} = 1 + \frac{V_{be}}{V_{ec}} = 1 - \frac{V_{be}}{v_{ce}} = 1 - h_{re}$$

$$③ h_{fc} = \frac{-i_e}{i_b}\bigg|_{V_{ec}=0} = \frac{-(i_b+i_c)}{i_b} = -(1 + \frac{i_c}{i_b}) = -(1 + h_{fe})$$

$$④ h_{oc} = \frac{-i_e}{V_{ec}}\bigg|_{i_b=0} = \frac{-i_c}{V_{ce}} = h_{oe}$$

歷屆試題

292. 在反相器中（inverter）中，電晶體只工作於　(A)飽和區　(B)飽和或截止區　(C)主動區　(D)截止區　　　　【85年二技電機】
解☞：(B)

---

293. 下列何種組態之npn電晶體適合作為電壓或電流訊號之放大應用　(A)共射　(B)共集　(C)共基　(D)三者相同【85年二技電機】
解☞：(A)

---

294. 電晶體的共集、共基、共射三種電路組態中，下列敘述何者為正確？ (A)h 參數中，表示共射極組態短路電流增益的是 h_{ie} (B)輸出組抗最低的是共集極組態 (C)輸入阻抗最低的是共射極組態 (D)電流增益小於 1 的是共集極組態。【84 年二技電子】

解☞： (B)

---

295. 比較共射極（CE），共基極（CB），和共集極（CC）的電晶體低頻小信號放大器，假設電晶體的 π 參數為典型值，$r_b = 0$ 並且電路中其它元件的值都相同，則下列敘述何者為非？ (A)共基極（CB）的輸入阻抗最低 (B)共射極（CE）的輸入阻抗最低 (C)共基極（CB）的電流增益最低 (D)共集極（CC）的電壓增益小於 1。【83 年二技電機】

解☞： (B)

---

296. 對一共射極（CE）npn 電晶體放大電路而言，若保持該電晶體在線性區（linear 或 active region）內工作，則 (A)操作點的基極電流愈大，集極與射極間的有效小訊號電阻愈大 (B)操作點的基極電流愈大，集極與射極間的操作電壓愈大（其餘元件值不變） (C)換一個共射極順向電流增益 β(hfe)較大的 npn 電晶體來用，若其他參數不變，則集操與射極間的操作電壓變小 (D)以上皆非

【81 年二技電機】

解☞： (C)

(A)錯， $\because I_B \uparrow \Rightarrow I_c \uparrow$ 而 $r_o = \dfrac{V_A}{I_C}$ $\therefore r_o \downarrow$

(B)錯，由圖可知 I_{BQ} 越大，V_{CEQ} 越小

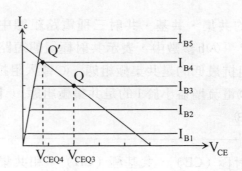

297.電晶體放大電路中具有高輸入阻抗、低輸出阻抗,適合用作
阻抗匹配者為　(A)共射極　(B)共集極　(C)共基極　(D)共陰極
【77 年二技電機】

解☞:　(B)

298.有關電晶體結構中,下列何者具有最高的輸入阻抗?　(A)共射
極　(B)共集極　(C)共基極　(D)無法判斷　【72 年二技電機】
解☞:　(B)

299.射極隨耦器(emitter follower)之阻抗特性為　(A)輸入阻抗小,
輸出阻抗大　(B)輸入阻抗大,輸出阻抗小　(C)二者均大　(D)二
者均小　【71 年二技電機】

解☞:　(B)

4-7〔題型二十九〕：BJT 多級放大器

考型 54 觀念題

一、多級放大器之總電壓增益及總電流增益

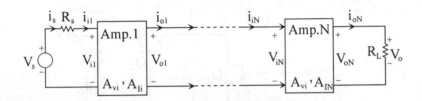

1. **總電壓增益**

(1)$A_V = \dfrac{V_{ON}}{V_{i1}} = \dfrac{V_{ON}}{V_{ON-1}} \cdots \dfrac{V_{02}}{V_{01}} \cdot \dfrac{V_{01}}{V_{i1}} = A_{V1} \cdot A_{V2} \cdots A_{VN}$

(2)$A_{VS} = \dfrac{V_{ON}}{V_S} = \dfrac{V_{ON}}{V_{i1}} \cdot \dfrac{V_{i1}}{V_S} = A_V \cdot \dfrac{R_{i1}}{R_S + R_{i1}}$

2. **總電流增益**

(1)$A_I = \dfrac{i_{ON}}{i_{i1}} = \dfrac{i_{ON}}{i_{ON-1}} \cdots \dfrac{i_{02}}{i_{01}} \cdot \dfrac{i_{01}}{i_{i1}} = A_{I1} \cdot A_{I2} \cdots A_{IN}$

(2)$A_{IS} = \dfrac{i_{ON}}{i_S} = \dfrac{i_{ON}}{i_{i1}} \cdot \dfrac{V_{i1}}{V_S} = A_I$

3. **分貝計算**

(1)$A_V \,(dB) = 20 \log|A_V|$

(2)$A_P \,(dB) = 10 \log|A_P|$

(3)$A_I \,(dB) = 20 \log|A_I|$

(4)總分貝

$$A_T \,(dB) = A_1 \,(dB) + A_2 \,(dB) + \cdots$$

考型 55 串疊（cascode）放大器（CE + CB）

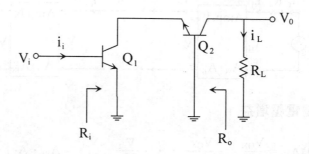

一、不含偏壓電阻之輸入電阻

$$R_i = (1 + \beta_1)\, r_{e1} \quad （與單級 CE 同）$$

二、電壓增益

$$A_V = \frac{V_O}{V_i} = (\frac{-\beta_1}{1+\beta_1})(\frac{\beta_2}{1+\beta_2})(\frac{R_L}{r_{e1}}) \approx -\frac{R_L}{r_{e1}} \quad （與單級 CE 同）$$

三、電流增益

$$A_I = \frac{i_L}{i_i} = -\beta_1(\frac{\beta_2}{1+\beta_2}) \approx -\beta_1 \quad （與單級 CE 同）$$

四、不含負載電阻之輸出電阻 R_O

$$R_O = (1 + \beta_2)(r_{e2} + r_{o2}) \approx (1 + \beta_2)\, r_o \quad （與單級 CB 同）$$

五、具有高增益及較佳的高頻響應。視頻放大器常用此種電路

多級放大器的分析要領：

1. 求 A_V，A_r，R_{in}⇒從「最後一級」往前分析。
2. 每一級的輸入電阻可視為前一級之負載電阻。
3. 總電壓增益為每一級電壓增益之乘積。
4. 求 R_{out}⇒從第一級往後分析。
5. 每一級的輸出電阻，可視為下一級之電源電阻。

考型 56 串接（cascade）放大器（CE + CC）

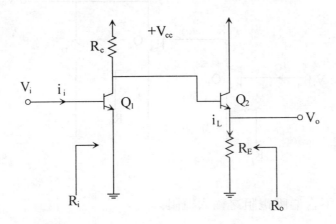

一、不含偏壓電阻之輸入電阻

$$R_i = (1 + \beta_1)\, r_{e1} \quad (\text{與單級 CE 同})$$

二、電壓增益

$$A_V = \frac{V_O}{V_i} = -\left(\alpha_1 \frac{R_c}{r_{e1}}\right) \cdot \left(\frac{R_E}{r_{e2} + R_E}\right)$$

三、電流增益

$$A_I = \frac{i_L}{i_i} = -\beta_1(\beta_2 + 2) \left[\frac{R_c}{R_c + (1 + \beta_2) + (r_{e2} + R_E)} \right]$$

四、不含負載電阻之輸出電阻

$$R_O = R_E \mathbin{/\mkern-3mu/} (r_{e2} + \frac{R_c}{1 + \beta_2})$$

考型 57 串接（cascade）放大器（CC + CE）

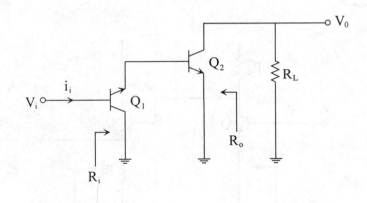

一、不含偏壓電阻之輸入電阻

　　a. $R_i = (1 + \beta_1)\left[r_{e1} + (1 + \beta_2) r_{e2} \right]$

　　b. 若 $r_{e1} = r_{e2} = r_e$，$\beta_1 = \beta_2 = \beta$，則

　　　$R_i = (1 + \beta)(2 + \beta) r_e = (\beta + 2) r_\pi$

二、電壓增益

　　a. $A_V = \frac{V_O}{V_i} = -(\alpha_2 \frac{R_L}{r_{e2}})(\frac{(1 + \beta_2) r_{e2}}{r_{e1} + (1 + \beta_2) r_{e2}})$

b. 若 $r_{e1} = r_{e2} = r_e$，$\beta_1 = \beta_2 = \beta$，則

$$A_V = \frac{-\beta}{\beta + 2} \frac{R_L}{r_e} \approx -\frac{R_L}{r_e} \text{（與單級 CE 相同）}$$

三、不含負載電阻之輸出電阻 R_L 之輸出電阻

$R_O = \infty$（與單級 CE 同）

考型 58 串接（cascade）放大器（CC + CB）

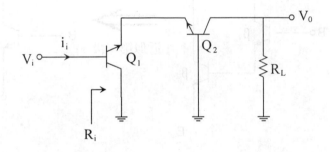

一、不含偏壓電阻之輸入電阻

    a. $R_i = (1 + \beta_1)(r_{e1} + r_{e2})$

    b. 若 $r_{e1} = r_{e2} = r_e$，且 $\beta_1 = \beta_2 = \beta$，則

        $R_i = 2r_\pi$

二、電壓增益

    a. $A_V = -(\alpha_2 \frac{R_L}{r_{e2}})(\frac{r_{e2}}{r_{e1} + r_{e2}})$

    b. 若 $r_{e1} = r_{e2} = r_e$，且 $\beta_1 = \beta_2 = \beta$，則

        $A_V \approx \frac{1}{2}\alpha\frac{R_L}{r_e}$

考型 59 達靈頓放大器（CC + CE）

有四型：
1. input：NPN，output：NPN（接線方式：射—基）
2. input：NPN，output：PNP（接線方式：射—基）
3. input：PNP，output：NPN（接線方式：集—基）
4. input：PNP，output：PNP（接線方式：射—基）

一、第一型：

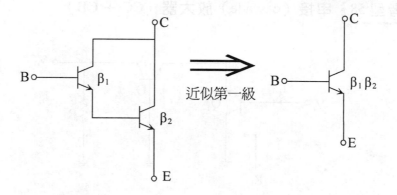

二、第二型：

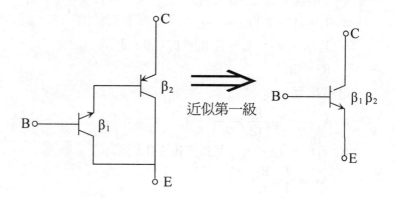

三、第三型：

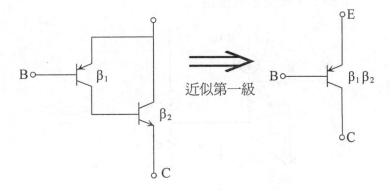

近似第一級

四、第四型：

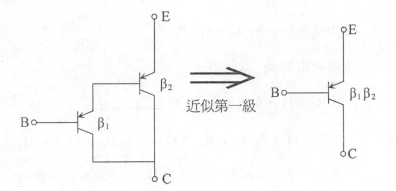

近似第一級

五、電路分析

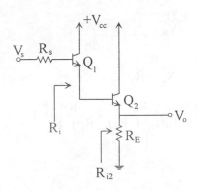

六、解題技巧

　　1. 繪出 T 模型等效電路

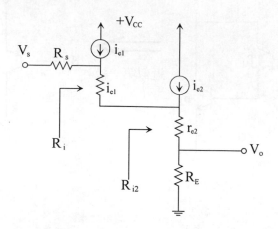

　　2. 由後往前分析 A_V，A_I，R_i

　　3. 輸入電阻 R_i

　　　①$R_{i2} = (1 + \beta_2)\,[\,r_{e2} + R_E\,]$

　　　②$R_i = (1 + \beta_1)[r_{e1} + R_{i2}] = (1 + ,\ \beta_1)[r_{e1} + (1 + \beta_2)(r_{e2} + R_E)]$

　　　若 $\beta_1 = \beta_2 = \beta$ 則 $R_i \approx (1 + \beta)^2 (r_{e2} + R_E) \approx (1 + \beta)^2 R_E \approx \beta^2 R_E$

　　4. 電壓增益 A_V

$$A_V = \frac{V_O}{V_S} = \frac{V_O}{V_{b2}} \cdot \frac{V_{b2}}{V_{b1}} \cdot \frac{V_{b1}}{V_S}$$

$$= \frac{i_{e2}R_E}{i_{e2}(r_{e2} + R_E)} \cdot \frac{i_{b2}R_{i2}}{i_{b1}R_i} \cdot \frac{R_i}{R_i + R_s}$$

$$= \frac{R_E}{R_E + r_{e2}} \cdot \frac{(1+\beta_2)(r_{e2} + R_E)}{r_{e1} + (1 + \beta_2)(r_{e2} + R_E)} \cdot \frac{R_i}{R_i + R_s} \approx 1$$

$\therefore R_E \gg r_{e2}$，$(1+\beta_2)(r_{e2}+R_E) \gg r_{e1}$，$R_i \gg r_S$

5. 電流增益 A_I

$$A_I = \frac{i_L}{i_S} = \frac{i_L R_E}{i_S R_i} \cdot \frac{R_i}{R_E} = A_V \cdot \frac{R_i}{R_E} \approx (1+\beta)^2$$

（若 $\beta_1 = \beta_2 = \beta$ 則 $R_i \approx (1+\beta)^2 R_E$）

6. 輸出電阻（由前往後分析）

①$R_{O1} = \dfrac{R_S}{1+\beta_1} + r_{e1}$

②$R_O = (\dfrac{R_{O1}}{1+\beta_2} + r_{e2}) \mathbin{/\mkern-5mu/} R_E \approx r_{e2} + \dfrac{r_{e1}}{\beta_2} + \dfrac{R_S}{\beta_1\beta_2}$

7. 近似模型如下：

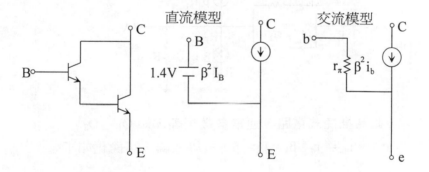

七、達靈頓電路的特性：

1. 高輸入阻抗。

2. 低輸出阻抗。

3. 適合擔任阻抗匹配。

4. 電壓增益近似於 1，但小於 1，且比單級射極隨耦器低。

5. 高壓流增益。$A_I = (\beta + 1)^2 \doteqdot \beta^2$。

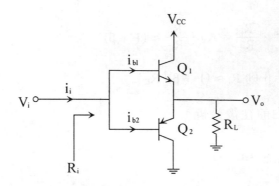

考型 60 並聯式多級放大器

一、繪出小訊號模型

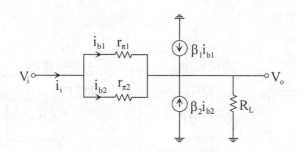

此為推挽式電路，通常參數相等，即 $Q_1 = Q_2$

$r_{\pi 1} = r_{\pi 2} = r_\pi$，$\beta_1 = \beta_2 = \beta$，故等效圖，可簡化如下

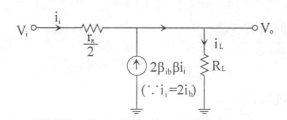

二、分析電路

1. $R_i = \dfrac{V_i}{i_i} = \dfrac{\dfrac{r_\pi}{2}i_i + (1+\beta)i_i R_L}{i_i} = \dfrac{r_\pi}{2} + (1+\beta)R_L$

2. 電壓增益

$A_V = \dfrac{V_O}{V_i} = \dfrac{V_O}{V_i} \cdot \dfrac{i_i}{V_i} = (1+\beta)R_L \cdot \dfrac{1}{R_i} = (1+\beta)\dfrac{R_L}{R_i}$

3. 電流增益

$A_I = \dfrac{i_L}{i_i} = \dfrac{(1+\beta)i_i}{i_i} = 1+\beta$

歷屆試題

300. 下圖為串疊放大器（cascode amplifier），圖中 Q_1 及 Q_2 之 β 值均為200，試求（I_{C1}，I_{C2}）　(A)(3mA,6mA)　(B)(3.8mA,3.8mA)　(C) (2mA,2mA)　(D) (6mA,3mA)（❖題型：串疊（cascode）電路（CE＋CB））

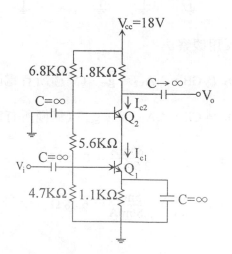

解☞：(B)

$$V_{B1} = V_{CC} \times \frac{4.7K}{6.8K + 5.6K + 4.7K} \approx 4.95$$

$$I_{E1}\frac{V_{B1} - V_{BE}}{R_E} = \frac{4.95 - 0.7}{1.1K} = 3.86 \text{ mA} \approx I_{C1} \approx I_{C2}$$

301. 承上題，試求此放大器的電壓增益 $A_V = \dfrac{V_O}{V_i}$　(A) + 180　(B) − 265　(C) + 265　(D) − 180

解☞：(B)

一、繪等效圖

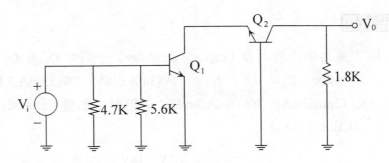

二、採用觀察法

Q_2 為 CB，$\therefore A_{V2} = g_m \cdot$ (集極所有電阻) $= g_m(1.8K)$

Q_1 為 CE，$\therefore A_{V1} = -g_m \cdot$ (集極所有電阻) $= -g_m (r_{e2})$

$$\therefore g_m = \frac{I_C}{V_T} = \frac{3.86mA}{2.5mV} = 0.154 \text{ ℧}$$

$$r_{e2} = \frac{V_T}{I_{E2}} = \frac{25mV}{3.86mA} = 6.48 \ \Omega$$

$$\therefore A_V = A_{V2} \cdot A_{V1} = \left[g_m(1.8K)\right]\left[-g_m \cdot (r_{e2})\right] = -276$$

302. 下圖為共集極一共射極串接（cascode）放大器的架構示意圖，I 為偏壓電流源，請問下列敘述何者有誤？　(A)Q_1 無米勒效應 (B)共集極放大器可改善高頻響應　(C)Q_2 無米勒效應　(D)中頻帶增益主要由共射極放大器所提供　　　　【87 年二技電子】

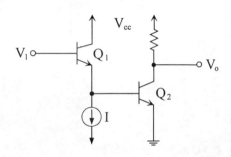

解☞：(C)

　　Q_1 為共基極：無米勒效應

　　Q_2 為共射極：有米勒效應

303. 下圖所示為達靈頓結構（Darlington configuration）的電路，假設 Q_2 之 $I_E = 5mA$，且已知 $R_S = 100K\Omega$，$R_E = 1K\Omega$，兩電晶體的 β 值均等於 100，熱電壓（thermal voltage）$V_T = 25mV$，則下圖所示的輸入電阻 R_{in} 為：　(A) 1.3MΩ　(B) 10.3MΩ　(C) 100.3MΩ (D) 500.3MΩ（❖題型：達靈頓電路（NPN ＋ NPN））

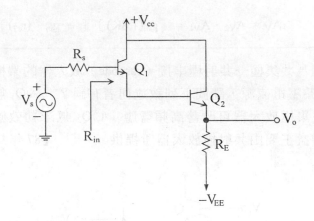

【87年二技電子】

解☞ : (B)

$$I_E = 5mA , \quad \therefore r_e = \frac{V_T}{I_E} = 5\Omega$$

$$R_{in} = (1 + \beta)〔r_e + (1 + \beta)(r_e + R_E)〕 = (1 + \beta)〔5 + (1 + \beta)(5 + R_E)〕 = 101(5 + 101 \times 1005) = 10.25M\Omega$$

304.下圖中，已知兩電晶體參數為 $h_{fe} = 100$，$h_{ie} = 2K\Omega$（其 h_{oe} 及 h_{re} 忽略不計）。(a)請繪出其整個電路之小信號模式(b)求電路之輸入阻抗及輸出阻抗 (c)求電路之電壓增益、電流增益及功率增益。（❖題型：CE＋CE）

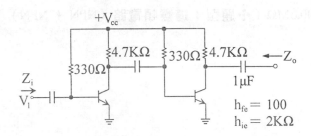

(a)

(b) $Z_i = 0.33K // h_{ie} = 0.33K // 2K = 0.283K\Omega$

(c) $A_V = \dfrac{V_o}{V_i} \cdot \dfrac{V_o}{V_o} = \dfrac{V_{b2}}{V_i} = \dfrac{-h_{fe}i_{b2}R_L}{i_{b2}h_{ie}} \cdot \dfrac{-h_{fe}i_b(4.7K // 0.33K // h_{ie})}{i_b h_{ie}}$

註：可直接用觀察法，求每一級的電壓增益

$$A_V = -h_{fe} \cdot \dfrac{\text{集極所有電阻}}{\text{基極內部電阻}}$$

(d) $A_I = \dfrac{I_O}{I_i} = \dfrac{V_O / Z_L}{V_i / Z_i} = A_V \cdot \dfrac{Z_i}{Z_L} = (3139)(\dfrac{0.283K}{4.7K}) = 189$

(e) $A_P = A_V A_I = (3139)(189) = 593271$

---

305. 已知 Q_1 與 Q_2 具有相同的 $\beta = 100$，$r_o = \infty$。假設直流偏壓電路
使 Q_2 的集極電流為 $I_{C2Q} = 100\mu A$，$I_{bias} = 10\mu A$，$V_T = 25mV$ 則
下列敘述何者為非。 (A)Q_1 的 $g_m = 0.44\dfrac{mA}{V}$ (B)Q_2 的 $r_\pi = 25K\Omega$
(C)等效組合（compound）電晶體 $r_\pi^C = 2.1M\Omega$ (D)等效組合電晶
體 $\beta^C = 10100$。 (❖題型：多級放大器)

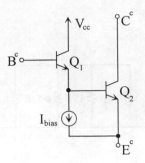

【86 年二技電子】

解☞：(C)

1. 直流分析

$$I_{C2Q} = 100\mu A = \beta I_{B2Q}$$

$$\therefore I_{B2Q} = \frac{100\mu A}{\beta} = \frac{100\mu A}{100} = 1\mu A$$

$$I_{EIQ} = I_{bias} + I_{B2Q} = (10 + 1)\mu A = 1\mu A$$

2. 求參數

$$(1)g_{m1} = \frac{I_{CQ1}}{V_T} = \frac{\alpha I_{EIQ}}{V_T} = \frac{\beta I_{EIQ}}{(1 + \beta)V_T} = (\frac{100}{101})(\frac{11\mu A}{25mV}) = 0.44\frac{mA}{V}$$

∴A 為正確

$$(2)r_{\pi 2} = \frac{V_T}{I_{B2Q}} = \frac{25mV}{1\mu A} = 25K\Omega$$

∴B 為正確

$$(3)r_\pi{}^c = r_{\pi 1} + (1 + \beta)r_{\pi 2} = \frac{V_T}{I_{BIQ}} + (1 + \beta)(r_{\pi 2})$$

$$= \frac{(1+\beta)V_T}{I_{EIQ}} + (1+\beta)(r_{\pi2}) = \frac{(101)(25m)}{0.44m} + (101)(25K)$$

$$= 2.75M\Omega$$

$\therefore$ C 為錯誤

$$(4)\beta^C = \frac{i_{c2Q}}{i_{b1Q}} = \frac{i_{c2Q}}{i_{b2Q}} \cdot \frac{i_{b2Q}}{i_{e1Q}} \cdot \frac{i_{e1Q}}{i_{b1Q}} = (\beta) \cdot (1) \cdot (1+\beta) = 10100$$

$\therefore$ D 為正確

（小訊號分析時 I_{bias} 為開路，所以 $i_{ei} = i_{b2}$）

---

306. 下圖為一 CC－CE 小訊號放大電路，已知 Q_1 與 Q_2 具有相同的 $\beta = 150$，$V_A = 130V$，$V_T = 25mV$ 相同的直流偏壓集極電流 $I_{C1Q} = I_{C2Q} = 100\mu A$。試求其小訊號電壓增益 $\frac{v_o}{v_i} = ?$ (A)－826 (B)－902 (C)－985 (D)－1254。（✤題型：串接（Cascade）：CC－CE）

【86 年二技電子】

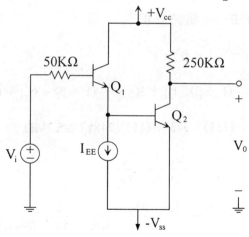

解☞ ：(A)

1. 繪出小訊號模型

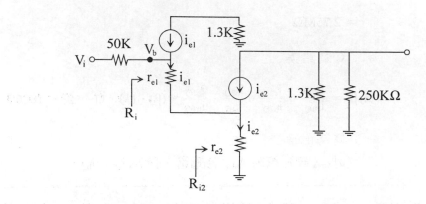

2. 求參數

$$\alpha = \frac{\beta}{1+\beta} = \frac{150}{151} = 0.993 \text{，} r_{o1} = r_{o2} = \frac{V_A}{I_{C1}} = \frac{130V}{100\mu A} = 1.3M\Omega$$

$$r_{e1} = r_{e2} = \frac{V_T}{I_{E1}} = \frac{V_T}{I_{E2}} = \frac{\alpha V_T}{I_{C2}} = \frac{(0.993)(25mV)}{100\mu A} = 248\Omega$$

3. 方法一：電路分析

$$R_{i2} = (1+\beta) r_{e2}$$

$$R_i = (1+\beta)[r_{e1} + R_{i2}] = (1+\beta) + (r_{e1} + (1+\beta) r_{e2})$$

$$= (151)[248 + (151)(248)] \cong 5.7M\Omega$$

$$A_{vb} = \frac{V_o}{V_b} = \frac{V_o}{i_{e2}} \cdot \frac{i_{e2}}{i_{e1}} \cdot \frac{i_{e1}}{V_b}$$

$$= \frac{-\alpha i_{e2} R_L'}{i_{e2}} \cdot \frac{(1+\beta)i_{e1}}{i_{e1}} \cdot \frac{i_{e1}}{i_{e1}r_{e1} + (1+\beta)i_{e1}r_{e2}} = \frac{(-\alpha)(1+\beta)R_L'}{r_{e1} + (1+\beta)r_{e1}}$$

$$= \frac{-\beta R_L{}'}{(\beta + 2)\, r_e}$$

$$\therefore A_v = \frac{V_o}{V_i} = \frac{V_o}{V_b} \cdot \frac{V_b}{V_i} = \frac{-\beta R_L{}'}{(\beta + 2)\, r_e} \cdot \frac{R_i}{R_s + R_i}$$

$$= \frac{(-150)\,(250K//1.3M)}{(152)\,(248)} \cdot \frac{5.7M}{50K + 5.7M} = -827$$

方法二：觀察法

$$R_i = (1 + \beta)\,[r_{e1} + (1 + \beta)\, r_{e2}] \cong 5.7M\Omega$$

對 Q_2 而言：

$$A_{v2} = -\alpha \cdot \frac{集極所有電阻}{射極所有電阻} = -\alpha \frac{R_L{}'}{r_e}$$

對 Q_1 而言：

$$A_{v1} \approx 1$$

$$\therefore A_v = (A_{v1})(A_{v2})(\frac{R_i}{R_i + R_s}) \cong -\alpha \frac{R_L{}'}{r_e} \cdot (\frac{R_i}{R_i + R_s}) \approx \frac{-R_L{}'}{r_e} \cdot \frac{R_i}{R_i + R_s}$$

$$= \frac{-\,(250K // 1.3M)\,(5.7M)}{(5.7M + 50K)\,(248)} = -838$$

此法雖有誤差，但較快

307.達靈頓電路中，每個電晶體之 $\beta_{ac} = 125$，若 $R_E = 560\Omega$，則輸入電阻為　(A) 560Ω　(B) $70k\Omega$　(C) $8.75M\Omega$　(D) $140k\Omega$（✛題型：達靈頓電路）

解☞：(C)

$$R_{in} = (1 + \beta_1)r_{e1} + (1 + \beta_1)(1 + \beta_2)(r_{e2} + R_E)$$
$$\approx \beta_{ac}^2 R_E = (125)^2 (560\Omega) = 8.75(M\Omega)$$

---

308. 假設下圖之電路中，$\beta_P = 20$，$\beta_N = 50$，$I_{SP} = 10^{-14}A$，求其電流增益　(A) 20　(B) 50　(C) 1000　(D) 70（❖題型：達靈頓電路（PNP ＋ NPN））

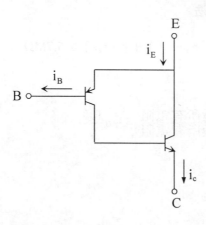

【85年二技電機】

解☞：(C)

$A_I = \beta_P \cdot \beta_N = 20 \times 50 = 1000$

---

309. 一電晶體電路如下圖所示，假設各電晶體的$\beta = 50$，$V_{BE} = 0.7V$，$V_T = 25mV$，C_1、C_2、C_3、C_4有很大的電容值，則電晶體的$g_m = ?$（$g_m = \dfrac{I_C}{V_T}$）　(A) 20mA/V　(B) 30mA/V　(C) 40mA/V　(D) 50mA/V。（❖題型：串疊放大器（CE ＋ CB））

【85年二技電子】

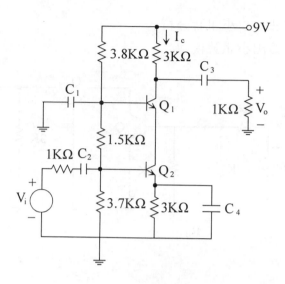

解☞：(C)

1. 直流分析

$$V_{B2} = \frac{(3.7K)V_{CC}}{3.8K + 1.5K + 3.7K} = 3.7V$$

$$I_C \approx I_{E1} = I_{C2} \approx I_{E2}$$

又　$$I_{E2} = \frac{V_{B2} - V_{BE}}{R_E} = \frac{3.7 - 0.7}{3K} = 1mA$$

2. 求參數

$$g_m = \frac{I_C}{V_T} \approx \frac{I_{E2}}{V_T} = \frac{1mA}{25mV} = 40mA/V$$

---

310. 同上題，此電路的電壓增益 $A_v = \dfrac{V_o}{V_i} = ?$　(A)－11　(B)－21

(C)－32　(D)－52　　　　　　　　　　　　【85 年二技電子】

解☞：(A)

方法一：小訊號分析

1. 繪出小訊號模型

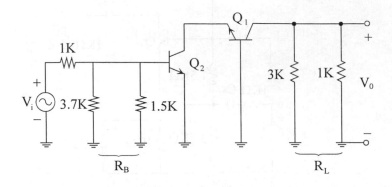

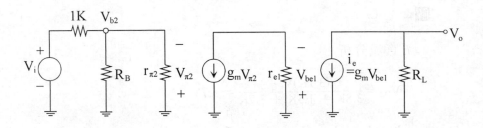

2. 求參數

由上題知 $g_m = 40mA/V$

$\therefore r_{e1} \times \dfrac{1}{g_m} = 25\Omega$

$r_{\pi2} = \dfrac{\beta}{g_m} = \dfrac{50}{40m} = 1.25K\Omega$

$R_L = 3K \,//\, 1K = 0.75K\Omega$

$R_B = 3.7K \,//\, 1.5K = 1.067K\Omega$

$R_B \,//\, r_{\pi2} = 1.067K \,//\, 1.25K = 0.576K\Omega$

3. 求 A_v

$$\therefore A_v = (g_m R_L) \cdot (- g_m r_{e1}) \cdot \frac{R_B \mathbin{/\mkern-5mu/} r_{\pi 2}}{R_s + R_B \mathbin{/\mkern-5mu/} r_{\pi 2}}$$

$$= -(40m)^2 (0.025K)(0.75K) \cdot \frac{0.576K}{1K + 0.576K}$$

$$= -10.96$$

方法二：**觀察法**

此為串疊（Cascode）CE + CB

(1) $\because$ CB 的電壓增益 $A_{v2} = g_m$（集極所有電阻）$= g_m R_L$

(2) CE 的電壓增益 $A_{v1} = - g_m$（集極所有電阻）$= - g_m r_{e1}$

(3) $\therefore A_v' = \dfrac{V_o}{V_{b2}} = A_{v1} \cdot A_{v2} = (g_m R_L) \cdot (- g_m r_{e1})$

(4) $A_v = \dfrac{V_o}{V_i} = \dfrac{V_o}{V_{b2}} \cdot \dfrac{V_{o2}}{V_i}$

$$= (g_m R_L)(- g_m r_{e1}) \cdot [\frac{R_B \mathbin{/\mkern-5mu/} r_{\pi 2}}{R_s + R_B \mathbin{/\mkern-5mu/} r_{\pi 2}}] = -10.96$$

---

311. 下列何者是達靈頓電路之特點　(A)輸入阻抗低　(B)輸出阻抗高
(C)電流增益低　(D)電壓增益近似於 1 但小於 1

【84 年二技電機】

解☞：(D)

---

312. 下圖所示為一射極隨耦器（emitter follower）其中 $V_{CC} = 10V$，I
$= 100mA$，$R_L = 100\Omega$，試求 Q_1 之靜態（即 V_o 時）功率消耗為
何？　(A) 1W　(B) 2W　(C) 3W　(D) 4W（✤ 題型：串接式（Cas-
cade）CC + CE）

【84 年二技電子】

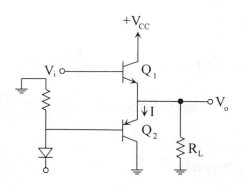

解☞：(A)

消耗功率$P_D = V_{CC}I_{CQ} = (10)(100m) = 1W$

313.下圖中Q_1及Q_2電晶體之共射極電流增益（commonemitter current gain）各為β_p及β_N，則下列何者為正確？ (A)$i_B = i_C$ (B)$i_B = \dfrac{i_C}{\beta_N\beta_p}$ (C)$i_E = \dfrac{\beta_N}{\beta_p}i_C$ (D)$i_B = i_E$。（❖題型：達靈頓電路（PNP＋NPN））

【84年二技電子】

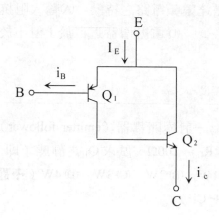

解☞：(B)

$$i_C = (1 + \beta_N)\, i_{b2} = (1 + \beta_N)\, i_{C1} = (1 + \beta_N)(\beta_p i_B) \approx \beta_N\beta_p i_B$$

$$\therefore i_B = \frac{i_C}{\beta_N \beta_p}$$

314.(1)下圖所示並聯 pnp 和 npn 電晶體各一的放大器,已知各電晶體都已偏壓在作用區,此二電晶體的元件參數完全相同,其低頻小信號混合π參數的$r_b = 0$,$r_\pi = 1k\Omega$,$\beta = 100$,$r_o = \infty$,試求此放大器的小信號電流增益大小,$|A_I| = ?$ (A) 200 (B) 50 (C) 100 (D) 150

(2)上題中,試求此放大器的小信號電壓增益大小$|A_v| = ?$

(3)第(1)題中,試求此放大器的輸入阻抗$R_i = ?$ (A) 200KΩ (B) 50KΩ (C) 10MΩ (D) 100KΩ(✤題型:並聯式多級放大器)

【83 年二技電子】

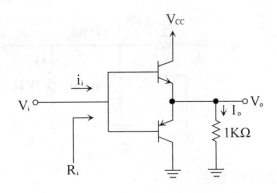

解☞： 1. (C)   2. (B)   3. (D)

(1) 1. 繪出小信號等效電路

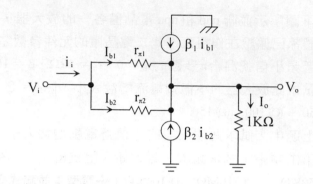

將上圖簡化如下：

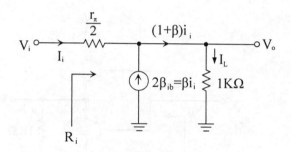

2. 分析電路

$$\therefore |A_v| = \left| \frac{I_L}{I_i} \right| = \frac{(1+\beta)\,i_i}{i_i} = 1 + \beta = 101$$

$$R_I = \frac{V_i}{i_i} = \frac{\dfrac{r_\pi}{2}i_1 + (1+\beta)i_iR_L}{i_i} = \frac{r_\pi}{2} + (1+\beta)R_L = 101.5K\Omega$$

$$|A_v| = \left| \frac{V_o}{V_i} \right| = \frac{V_o}{i_i} \cdot \frac{i_i}{V_i} = (1+\beta)R_L \cdot \frac{1}{R_i} = 0.995$$

315. 有兩只共射極組態的電晶體放大器 A_1 和 A_2，其相應之輸入阻抗 R_{i1} 和 R_{i2} 分別為 1.1 仟歐姆與 2 仟歐姆，而輸出阻抗 R_{o1} 和 R_{o2} 則分別為 500 歐姆與 100 歐姆。今將 A_1 的輸出串接到 A_2 的輸入，且在 A_1 的輸入端加一峰對峰值為 10 毫伏的理想交流電壓信號源。若 A_1 與 A_2 的電壓放大倍數分別為 20 與 12，則 A_2 輸出端交流電壓的峰對峰值應為 (A) 1.57 伏 (B) 1.92 伏 (C) 2 伏 (D) 2.4 伏。 【83 年二技電機】

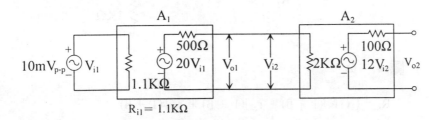

解☞： (B)

$$1.\ A_{v1} = \frac{V_{o2}}{V_{i2}} \times \frac{V_{o1}}{V_{i1}} = \frac{12 \cdot V_{i2}}{V_{i2}} \times \frac{20 \cdot V_{i1} \times \dfrac{2K}{500 + 2K}}{V_{i1}}$$

$$= 12 \times 20 \times \frac{4}{5} = 192\ 倍$$

$$2.\ V_o = V_i \times A_v = 10mV_{p-p} \times 192\ 倍 = 1.92V_{p-p}$$

316. 如下圖所示為串接的射極隨耦器（emitter follower），假設三個電晶體的特性完全相同，其低頻小訊號混合參數裡的，$\beta = 50$，h_{ie} 忽略不計，則其輸入阻抗為 (A) 125MΩ (B) 2.5MΩ (C) 150KΩ (D) 1KΩ （❖題型：達靈頓電路）

【83 年二技電子】

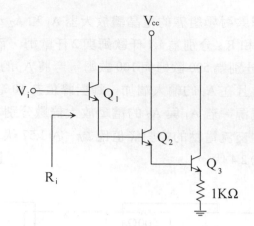

解☞： (A)

$$R_i = \{[(1K)(1 + \beta) + r_{e2}](1 + \beta) + r_{e1}\}(1 + \beta)$$

$$\cong [(1K)(1 + \beta)(1 + \beta) + r_{e1}](1 + \beta)$$

$$\approx (1k)(1 + \beta)^3 \approx \beta^3(1k) = 125M\Omega$$

317.視頻放大器中常用的 cascode 接法是將兩級放大器接成何種組態？ (A)共集－共集（CC－CC） (B)共射－共集（CE－CC） (C)共射－共基（CE － CB） (D)共集－共基（CC － CB）

【83 年二技電子】

解☞： (C)

318.一達靈頓電路如下圖，已知 Q_1、Q_2 的 $h_{fe} = 100$，$h_{ie} = 1K\Omega$，$h_{oe} = 40$（$K\Omega^{-1}$），則其電流增益$A_i = i_o / i_b$值約為 (A) 0.5×10^4 (B)10^4 (C)$2.5\times2.5\times10^3$ (D)2.5×10^2。（✦題型：**達靈頓電路**（NPN ＋ NPN））

【81 年二技電子】

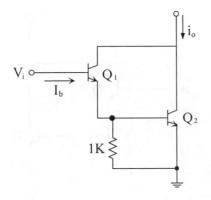

解☞：(A)

$i_o = i_{C1} + i_{C2}$

$i_{C2} = h_{fe}i_b = 100i_b$

$i_{e1} = (1 + h_{fe}) i_b = 101i_b$

$i_{b2} = i_{e1} \cdot \dfrac{1K}{1K + h_{ie}} = \dfrac{1}{2}i_{e1} = \dfrac{101}{2}i_b$

$i_{C2} = h_{fe}i_{b2} = \dfrac{(100)(101)}{2}i_b = (50)(101)i_b$

$\therefore i_o = i_{C1} + i_{C2} = 100i_b + (50)(101)i_b$

$\therefore A_I = \dfrac{i_o}{i_b} = 100 + (50)(101) = 5150 \approx 0.5 \times 10^4$

319.下圖中，若 Q_1 與 Q_2 完全相同，二者所處的物理環境亦相同，
且皆在線性區下工作，則此二電晶體的 h_{ie} 參數大小關係為
(A)$Q_1 = Q_2$　(B)$Q_1 < Q_2$　(C)$Q_1 > Q_2$　(D)不一定。（❖題型：達
靈頓電路）

【81 年二技電子】

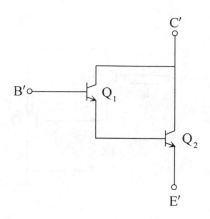

解☞： (C)

$$i_{b2} = (1 + \beta) \, i_{b1}$$

$$h_{ie1} = \frac{V_T}{i_{b1}}$$

$$h_{ie2} = \frac{V_T}{i_{b2}} = \frac{V_T}{(1 + \beta_1) \, i_{b1}} = \frac{h_{ie1}}{1 + \beta_1}$$

➪ $h_{ie1} \, (Q_1) > h_{ie2} \, (Q_2)$

320.續上題中，由 B′ 到 E′ 間的小訊號等效輸入阻抗為（設 β 遠大於 1） (A) $\beta^2 h_{ie2}$（h_{ie2} 為 Q_2 的 h_{ie}） (B) $\beta^2 h_{ie1}$（h_{ie1} 為 Q_1 的 h_{ie}） (C) $2h_{ie2}$ (D) $2h_{ie1}$。 【81 年二技電子】

解☞： (D)

$$R_{in} = (1 + \beta_1) \, (1 + \beta_2) \, r_{e2} + (1 + \beta_2) \, r_{e1}$$

$$= (1 + \beta_2) \, h_{ie2} + h_{ie1}$$

$$= h_{ie1} + h_{ie1} = 2h_{ie1}$$

321.有一放大器之輸入電阻 $R_i = 4M\Omega$，輸出電阻 $R_o = 1M\Omega$，未加
負載之電壓增益 $A_v = +40dB$，若輸入電壓 $V_i = 100mV$，負載
電阻 $R_L = 1M\Omega$ 時，求

(1)跨於負載端之輸出電壓 V_o 值。

(2)輸出功率為若干？

(3)功率增益為多少 dB ？（❖題型：分貝的計算）

【81 年普考】

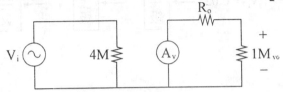

解☞：

(1) $\because A_{v(dB)} = 20 \log|A_v|$

$\Rightarrow 40 = 20 \log|A_v|$

$\therefore A_v = 100$

又 $A_v = \dfrac{V_{o1}}{V_i}$ 即 $V_{o1} = A_v V_i$

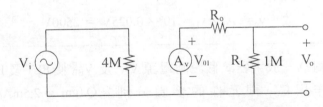

$\therefore V_o = V_{o1} \cdot \dfrac{R_L}{R_o + R_L} = (100)(100m) \cdot \dfrac{1M}{1M + 1M} = 5V$

(2) $P_o = \dfrac{V^2}{R_L} = \dfrac{25}{1M} = 0.025mW$

(3) $A_p = 10 \log \dfrac{P_o}{P_i} = 10 \log \dfrac{P_o}{\dfrac{V_i^2}{R_i}} = \dfrac{0.025m}{\dfrac{(100m)^2}{4M}} = 40dB$

322.三級電壓放大器，其電壓增益分別為 20，40，60dB，若輸入信號電壓 V_i 為 0.025V，求(1)輸出電壓 V_o。 (2)總電壓增益多少dB？
（❖題型：**分貝的計算**）

【81 年普考】

解☞：

(1)總電壓增益 dB 值 ＝ 20db ＋ 40db ＋ 60db ＝ 120db

(2) $120dB = 20 \log \dfrac{v_o}{v_i}$

$A_v = \dfrac{V_o}{V_i} \Rightarrow 120 = 20 \log A_v$

$\therefore A_v = 10^6$

故 $v_o = A_v \times v_I = 10^6 \times 0.025V = 2500V$

323.圖為一放大器，假設兩電源 V_{CC} 及 V_{BB} 使 FET 及 BJT 皆工作於作用區，兩元件的參數分別為 $Q_1(gm = 2.5mA/V，r_{ds} \to \infty)$，$Q_2(r_\pi = 1K\Omega，r_b = 0\Omega，\beta = 100，r_o \to \infty)$ $R_e = 1K\Omega，R_C = 20K\Omega$，$R_s = 500\Omega$，試求：

(1) $A_v = \dfrac{v_o}{v_s} = $ ＿＿＿＿＿

(2) R_o（含 R_c）＝ ＿＿＿＿＿ Ω（❖題型：JFET（CD）＋BJT（CB））

【79 年二技電子】

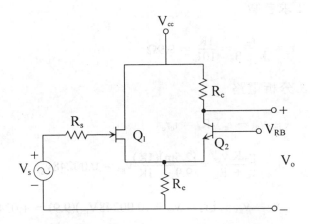

解☞：

1. 繪出小訊號等效電路

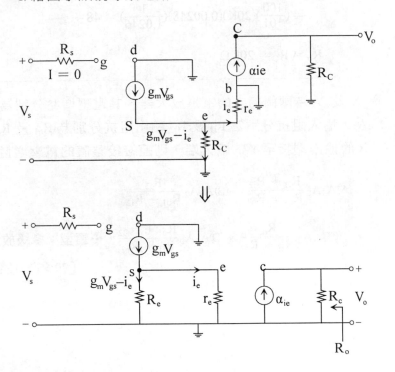

2.求參數

$$r_e = \frac{r_\pi}{1 + \beta} = \frac{1K}{101} = 9.9\Omega$$

3.分析電路

$$(g_m v_{gs} - i_e) R_e = i_e r_e$$

$$\therefore i_e = \frac{g_m R_e v_{gs}}{r_e + R_e} = \frac{(2.5m)(1K)}{9.9 + 1K} v_{gs} = 0.00248 v_{gs}$$

$$v_s = v_{gs} + i_e r_e = v_{gs} + (0.00248 V_{gs})(9.9) = 1.0246 V_{gs}$$

$$\therefore A_v = \frac{V_o}{V_s} = \frac{V_o}{i_e} \cdot \frac{i_e}{v_{gs}} \cdot \frac{v_{gs}}{V_s}$$

$$= (\frac{100}{101})(20K)(0.00248)(\frac{1}{1.0246}) = 48$$

$$R_o = R_C = 20K\Omega$$

---

324. X 及 Y 為兩個獨立的電壓放大器，其電壓增益分別為 A_1 及 A_2，輸入阻抗分別為 R_{i1} 及 R_{i2} 輸出阻抗分別為 R_{o1} 及 R_{o2} 今將 X 的輸出端接至 Y 的輸入端，則連接後整體的電壓增益為

(A)$A_1 A_2 \dfrac{R_{i1} + R_{i2}}{R_{o1} + R_{o2}}$　(B)$A_1 A_2 \dfrac{R_{i2}}{R_{o1} + R_{i2}}$

(C)$A_1 A_2 \dfrac{R_{o2}}{R_{i1} + R_{o2}}$　(D)$A_1 A_2 \dfrac{R_{o1} + R_{o2}}{R_{i1} + R_{o2}}$（❖題型：多級放大器）

解☞：(B)

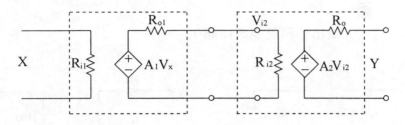

$$V_y = A_2 V_{i2} = A_2 \left[(A_1 V_x) \frac{R_{i2}}{R_{o1} + R_{i2}} \right]$$

$$\frac{V_y}{V_x} = A_1 A_2 \frac{R_{i2}}{R_{o1} + R_{i2}}$$

---

325. 如下圖所示疊接放大器，已知 $h_{ie} = 1K\Omega$，$R_{B1} = 2K\Omega$，

$R_1 = 10K\Omega$，$R_2 = 1K\Omega$，$1 / h_{oe} = 150K\Omega$ 及 $h_{fe} = 100$。試求

(1) $Z_o \cong$ _____ Ω

(2) $A_v = \dfrac{v_o}{v_s} \cong$ _____ （❖題型：多級放大器）

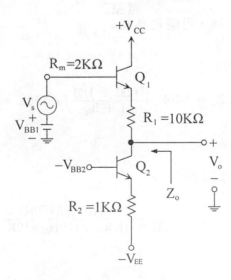

解☞：

1. 繪出小訊號模型如圖 1

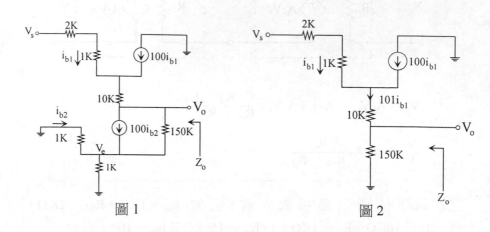

圖 1   圖 2

∵ Q_2 的基極為逆偏，∴ Q_2：OFF

故　$i_{b2} = 0 \Rightarrow V_E = 0V$

∴ 圖 1 可簡化為圖 2

2. 求 Z_o

$$\therefore Z_o = \left[10K + \frac{(2K + 1K)}{1 + h_{fe}} \right] /\!/ 150K = 9.4K\Omega$$

3. 求 A_v

由圖 2 知

$$A_v = \frac{V_o}{V_s} = \frac{(101i_{b1})(150K)}{(2K + 1K)i_{b1} + (101i_{b1})(10K + 150K)} = 0.937$$

4. 求 A_I

方法一：

$$A_I = \frac{i_o}{i_{b2}} \cdot \frac{i_{b2}}{i_{b1}} \cdot \frac{i_{b1}}{i_i}$$

$$= \frac{\frac{1}{2}(1 + h_{fe})i_{b2}}{i_{b2}} \cdot \frac{- h_{fe}i_{b1}R_{C1}}{i_{b1}(R_{C1} + R_{ib2})} \cdot \frac{R_B}{R_B + h_{ie}}$$

$$= \frac{1}{2}(1 + h_{fe})(- h_{fe}) \frac{R_{C1}}{(R_{C1} + R_{ib2})} \cdot \frac{R_B}{R_B + h_{ie}}$$

$$= - \frac{1}{2}(101)(100)(\frac{1.96K}{1.96K + 102K})(\frac{16.67K}{16.67K + 1K})$$

$$= - 89.82$$

方法二：

$$A_I = \frac{i_o}{i_i} = \frac{V_o}{i_i} = \frac{V_o / R_o}{V_i / R_i} = A_v \cdot \frac{R_i}{R_o}$$

$$= (- 190.1) \cdot \frac{0.94K}{2K}$$

$$= - 89.35$$

5. 求 Z_o

輸出阻抗的求法，先將負載電阻兩個 $2K\Omega$ 拿掉，再外加一電壓源 V，求 I，如圖

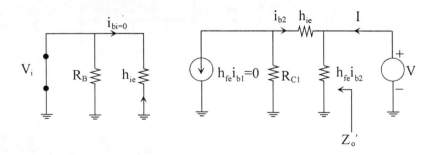

$$I = -(1 + h_{fe})\, i_{b2}$$

$$\therefore Z_o' = \frac{V}{I} = \frac{-i_{b2}\,(h_{ie} + R_{C1})}{-i_{b2}\,(1 + h_{fe})} = \frac{1.96K + 1K}{101} = 0.0293K\Omega$$

$$\therefore Z_o = Z_o' \,//\, 2K = 0.0293K \,//\, 2K = 28.9\Omega$$

---

326. 下圖中兩個電晶體之特性皆相同，其 h 參數為 $h_{fe} = 100$、$h_{ie} = 1K$、$h_{re} = 0$、$h_{oe} = 0$，電容 C 值趨近無窮大。試請以小信號、等效及近似求法，求輸入阻抗 $Z_I = \underline{\hspace{3em}}$，電壓增益 $A_v = \dfrac{V_o}{V_i} = \underline{\hspace{3em}}$，電流增益 $A_I = \dfrac{I_o}{I_i} = \underline{\hspace{3em}}$ 輸出阻抗 $Z_o = \underline{\hspace{3em}}$。（❖題型：串接（Cascade）：CE ＋ CC）

【77 年二技電子】

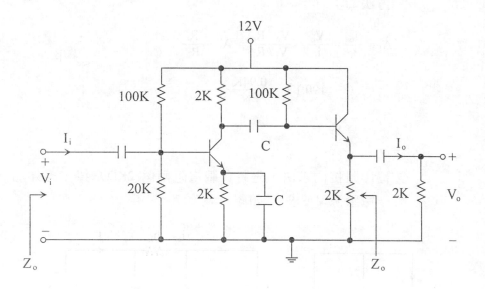

解☞ :

1. 繪小訊號等效圖

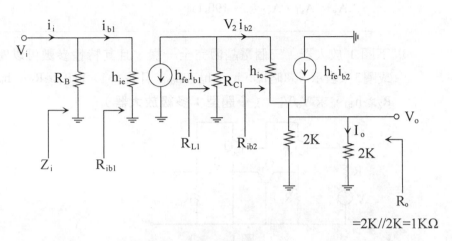

$R_B = 100K//20K = 16.67KΩ$

$R_{C1} = 2K//100K = 1.96KΩ$

2. 求 Z_i（由後往前分析）

$R_{ib2} = hie + (1 + h_{fe})(2K // 2K) = 102KΩ$

$R_{ib2} = h_{ie} = 1KΩ$

$∴Z_i = R_B // R_{ib1} = 0.94KΩ$

3. 求 A_v（由後往前分析）

$$A_{v2} = \frac{R_E // R_L}{r_e + R_E // R_L} = \frac{(1 + h_{fe})(R_E // R_L)}{h_{ie} + (1 + h_{fe})(R_E // R_L)} = 0.99$$

$R_{L1} = R_{C1} // R_{ib2} = 1.96K // 102K = 1.92KΩ$

$$A_{v1} = -h_{fe}\frac{R_{L1}}{h_{ie}} = -192$$

$$\therefore A_v = A_{v1} \cdot A_{v2} = -190.1$$

---

327. 下圖 1 放大器，三個電晶體完全一樣，且其特性參數可以圖 2 或圖 3 來表示。忽略 h_{re}，h_{oe}，h_{rb} 和 h_{oh}，且 $h_{fe} \gg 1$，$h_{fe}R_1 \gg R_S + h_{ie}$，$R_2 \gg h_{ib3}$，求 V_o/V_s。（✤題型：多級放大器）

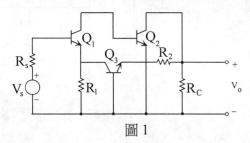

圖 1

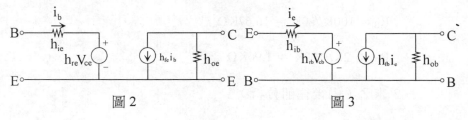

圖 2   圖 3

【74 年二技電機】

解☞：

1. 繪出小訊號等效電路

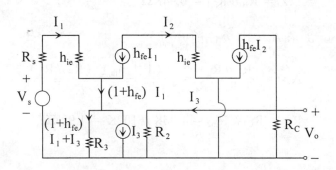

2. 依 KCL 分析

(1) $V_s = (R_s + h_{ie}) I_1 + [(1 + h_{fe}) I_1 + I_3] R_1$

$= [R_s + h_{ie} + (1 + h_{fe}) R_1] I_1 + R_1 I_3$

$\approx h_{fe} R_1 I_1 + R_1 I_3 \text{——} ①$

(2) $V_o = I_3 R_2 = -(h_{fe} I_2 + I_3) R_C$

$\Rightarrow I_3 = \dfrac{-h_{fe} R_C}{R_2 + R_C} \cdot I_2 = \dfrac{-h_{fe} R_C}{R_2 + R_C} (-h_{fe} I_1) = \dfrac{h_{fe}{}^2 R_C}{R_2 + R_C} I_1$

代入方程式①

$\therefore V_s = (h_{fe} + \dfrac{h_{fe}{}^2 R_C}{R_2 + R_C}) I_1 R_1 \approx \dfrac{h_{fe}{}^2 R_C}{R_2 + R_C} I_1 R_1$

又 $\quad V_o = I_3 R_2 = \dfrac{h_{fe}{}^2 R_C}{R_2 + R_C} I_1 R_2$

故 $\quad \dfrac{V_o}{V_s} \approx \dfrac{R_2}{R_1}$

題型變化

328. 兩級串接放大器如下圖所示,計算輸入和輸出電阻,各級與整體電壓增益及電流增益。已知 $h_{fe} = 100$,$h_{ie} = 3K\Omega$。(✤題型:串接 CC + CE)

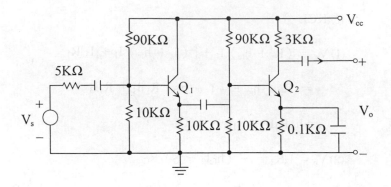

解☞：

1. 繪出小信號等效電路

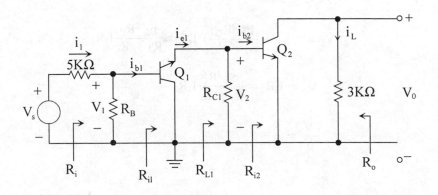

$$R_{C1} = 10K \mathbin{/\mkern-5mu/} 90K \mathbin{/\mkern-5mu/} 10K = 4.74K\Omega$$

$$R_B = 90K \mathbin{/\mkern-5mu/} 10K = 9K\Omega$$

2. 求 R_i（由後往前分析）

$$R_{i2} = h_{ie} = 3K\Omega$$

$$R_{L1} = R_{C1} \mathbin{/\mkern-5mu/} R_{i2} = 4.74K \mathbin{/\mkern-5mu/} 3K = 1.84K\Omega$$

$$R_{i1} = h_{ie} + (1 + h_{fe})R_{L2} = 3K + (101)(1.84K) = 188.84K\Omega$$

$$\therefore R_i = R_B \,//\, R_{i1} = 9K \,//\, 188.84K = 8.6K\Omega$$

3. 求 A_v（由後往前分析）

$$A_{v2} = \frac{V_0}{V_2} = -h_{fe}\frac{R_L}{R_{i2}} = -100$$

$$A_{v1} = \frac{V_2}{V_1} = (1 + h_{fe})\frac{R_{L1}}{R_{i1}} = 0.984$$

$$A_{vs} = \frac{V_o}{V_s} = \frac{V_o}{V_2} \cdot \frac{V_2}{V_1} \cdot \frac{V_1}{V_s} = A_{V2} \cdot A_{V1} \cdot \frac{R_i}{R_s + R_i} = -62.2$$

4. 求 A_I（由後往前分析）

$$A_{I2} = \frac{i_L}{i_{b2}} = -h_{fe} = -100$$

$$A_{I1} = \frac{i_{e1}}{i_{b1}} = 1 + h_{fe} = 101$$

$$A_I = \frac{i_L}{i_i} = \frac{V_o/R_L}{V_s / (R_s + R_i)} = A_{vs} \cdot \frac{R_s + R_i}{R_L}$$

$$= (-100)\frac{5K + 8.6K}{3K} = -282$$

5. 求 R_o

$$R_o = 3K\Omega$$

329.如圖，若 β= 100，試計算 R_i 和 V_o / V_i（✤題型：串接（Cascade）：CC＋CB）

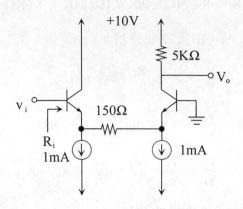

解☞：

　　1. 繪出等效圖

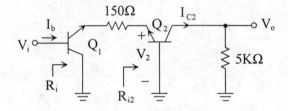

　　2. 求參數

　　　$\because I_{E1} = I_{E2} = 1mA$

　　　$\therefore r_{e1} = r_{e2} = \dfrac{V_T}{I_E} = 25\Omega$

　　3. 分析電路

　　　$R_{i2} = r_{e2} = 25\Omega$

$$R_i = （1 + \beta）（r_{e1} + 150 + r_{e2} = 20.2K\Omega）$$

Q_2：共基式

$$\therefore A_{v2} = \frac{V_o}{V_i} = g_m R_c \approx \frac{R_c}{r_{e2}} \text{（觀察法）}$$

Q_1：共集式

$$\therefore A_{v1} = \frac{V_2}{V_i} = \frac{R_E \mathbin{/\mkern-5mu/} R_{i2}}{r_{e1} + （R_E + R_{i2}）} \text{（觀察法）}$$

$$\therefore A_v = \frac{V_o}{V_i} = \frac{V_o}{V_2} \cdot \frac{V_2}{V_i} = \frac{R_C}{r_{e2}} \cdot \frac{R_E \mathbin{/\mkern-5mu/} R_{i2}}{r_{e1} + （R_E \mathbin{/\mkern-5mu/} R_{i2}）}$$

$$= \frac{(5K)(150 \mathbin{/\mkern-5mu/} 25)}{(25)(25 + 150 \mathbin{/\mkern-5mu/} 25)} = 92.3$$

技巧：$A_v \approx \dfrac{\alpha R_L}{2r_e} = \dfrac{\beta R_L}{2（1 + \beta）r_\beta} = \dfrac{(100)(5K)}{2(101)25} = 99$

330.下圖示電路中 Q_1 及 Q_2 完全相同，試用 h 參數模型，求

(1)$R_I = \dfrac{V_i}{i_i}$　(2)$A_v = \dfrac{V_o}{V_i}$（❖**題型：並聯式多級放大器**）

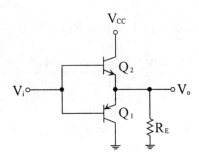

解☞：

1. 繪出小訊號模型

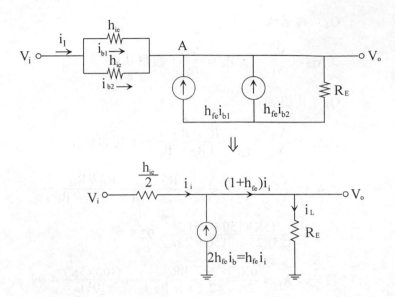

2. 分析電路

$(1)R_i = \dfrac{V_i}{i_i} = \dfrac{\dfrac{h_{ie}}{2}i_i + (1 + h_{fe}i_i) R_E}{i_i}$

$= \dfrac{h_{ie}}{2} + (1 + h_{fe}) R_E$

$(2)A_v = \dfrac{V_o}{V_i} = \dfrac{V_o}{i_i} \cdot \dfrac{i_i}{V_i} = \dfrac{(1 + h_{fe}) i_i R_E}{i_i} \cdot \dfrac{1}{R_i} = (1 + h_{fe}) \dfrac{R_E}{R_i}$

$= \dfrac{2 (1 + h_{fe}) R_E}{h_{ie} + 2 (1 + h_{fe}) R_E}$

331. 下圖中，$\beta = 100$，$V_{BE} = 0.7V$，決定 A，B，C 點的直流電壓，又輸出電阻 R_o 為何？（❖題型：達靈頓電路）

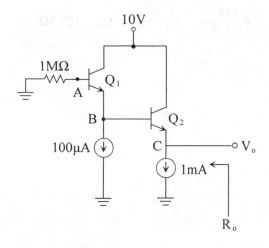

解☞ :

1. 直流分析

$$I_{B2} = \frac{I_{E1}}{1 + \beta} = \frac{1mA}{101} = 9.9 \ \mu A$$

$$I_{B1} = \frac{I_{E1}}{1 + \beta} = \frac{100 \ \mu A + 9.9 \ \mu A}{101} = 1.09 \ \mu A$$

$$\therefore V_A = - I_{B1}R_B = - \ (1.09 \ \mu A)\ (1M) = - 1.09V$$

$$V_B = V_A - V_{BE} = - 1.09 - 0.7 = - 1.79V$$

$$V_C = V_B - V_{BE} = - 1.79 - 0.7 = - 2.49V$$

2. 求 R_o

$$r_{e1} = \frac{V_T}{I_{E1}} = 227.5\Omega$$

$$r_{e2} = \frac{V_T}{I_{E2}} = 25\Omega$$

$$\therefore R_o = \left(\frac{1M}{1+\beta} + r_{e1}\right)\left(\frac{1}{1+\beta}\right) + r_{e2} = 125.3\Omega$$

CH5　FET直流分析（FET：DC Analysis）

1. 本章〔考型61〕可算是重要的觀念題型。

2. 其實JFET、EMOS、DMOS的直流分析技巧,完全一樣。甚至用本章所整理出的「電流方程式」及「工作區判斷」亦有極為相同的型式,所以在記憶上,頗為容易。

3. 考型65,68,69多加留意。

5-1〔題型三十〕:FET與BJT的比較

考型61 FET與BJT的比較

一、場效電晶體之分類:JFET-Junction Field Effect Transistor

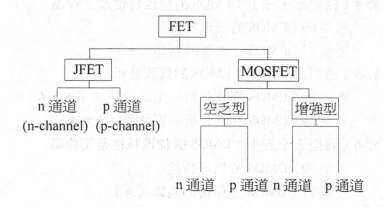

二、BJT 與各類 FET 之比較

	BJT	JEFT	DMOS	EMOS
元件	電流控制元件	電壓控制元件	電壓控制元件	電壓控制元件
偏壓	順偏	逆偏	可逆，可順	順偏
PN 接面	二個 PN 接面	一個 PN 接面	一個 PN 接面	一個 PN 接面
各脈	具單向性	具雙向性	具雙向性	具雙向性
極性	（E.C 不能互換）	（D.c 可互換）	（D.c 可互換）	（D.c 可互換）
閘極電流		$I_G \approx nA \approx 0$	$I_G = 10^{-12} \sim 10^{-15}A$	$I_G = 10^{-12} \sim 10^{-15}A$
載子	雙載子電流	單載子電流	單載子電流	單載子電流
輸入阻抗	較小	$R_{in} = \infty$	$R_{in} = \infty$（更大）	$R_{in} = \infty$（更大）
		N 通道：$V_P \approx -4V$		NMOS：$V_t \approx 2V$
		P 通道：$V_P \approx 4V$		PMOS：$V_t \approx -2V$
歐力效應	有	有	有	有
基體效應	無	無	有	有

三、FET 與 BJT 優缺點比較

1. FET 比 BJT 製作面積小，適合 IC 製作，且製作簡單
2. FET 無偏補（offset）電壓及漏電流，適合當開關或截波器，BJT 有偏補電壓
3. FET 具高輸入阻抗，抵抗雜訊能力強（R_{in} 約 100MΩ），適合作前級放大器
4. FET 熱穩定性佳（較不受輻射影響）
5. FET 的 GB（增益頻寬）值小
6. FET 的操作速度較慢
7. FET 的高頻響應不佳。
8. FET 為平方律元件〔$I_{DSS}(1-\frac{V_{GS}}{V_P})^2$〕，而 BJT 為 $I_c = \beta I_B$
9. FET 可作對稱雙向開關
10. FET 在原點附近為線性，但 BJT 則為非線性

四、NMOS 與 PMOS 比較

1. NMOS 內的電流大於 PMOS，約大二倍。

2. NMOS 比 PMOS 製作面積小。

3. NMOS 比 PMOS 操作速度快。

4. NMOS 的導通電阻 (r_{DS}) PMOS 的 $\frac{1}{3}$

歷屆試題

332. 功率 BJT 與功率 MOSFET 比較，下列何者不是功率 MOSFET 特性？　(A)二次崩潰　(B)切換速度較快　(C)能並聯使用　(D)較低的切換損失。　　　　　　　　　　　　　　　【86 年二技電機】

解☞：(B)

───────────────────────────

333. 下列那一種元件較不適於超大型積體電路（VLSI）之設計與製造　(A)二極體　(B) SCR　(C)雙極性電晶體　(D)場效應電晶體

【84 年二技電子類】

解☞：(B)

───────────────────────────

334. 有關電晶體（BJT）和場效電晶體（FET）的比較，下列何者為非？

(A) BJT 是雙載子（carrier）元件，而 FET 是單載子元件

(B)在積體電路製作上，BJT 比 FET 佔較大的面積

(C) BJT 與 FET 都是電壓控制（voltage-controlled）的電流源

(D)一般而言，FET 作為放大器產生的雜訊（noise）較低

【83 年二技電子】

解☞：(C)

335. 下列何者不是場效電晶體的優點？　(A)輸入阻抗高　(B)雜訊較低　(C)增益與頻寬乘積甚大　(D)製作簡單　【77 年二技電機】

解☞：(C)

336.試列舉雙極接合電晶體（BJT）與場效電晶體（FET）重要特性
不同處：　　　　　　　　　　　　　　　　【72年二技】
解☞：見文敘述

337.場效電晶體的雜訊，其主要的來源有那些？　　【72年二技】
解☞：1. 通道中由於源汲電阻所產生的熱雜訊（thermal noise）
　　　　2. 表面缺陷造成了載子復合所產生的雜訊（ficker noise）
　　　　3. 閘極漏電流所產生的射雜訊（shot noise）

5-2〔題型三十一〕：JFET 的物理特性及工作區

考型62 JFET 的物理特性

一、n 通道的 JFET 基本結構與電路符號

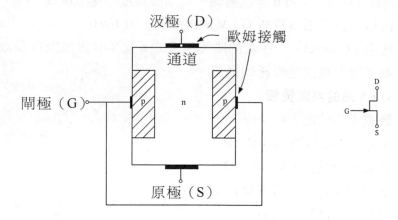

(a) n 通道 JEFT 的基本結構　　　(b) n 通道 JFET 的電路符號

二、P 通道的 JFET 基本結構與電路符號

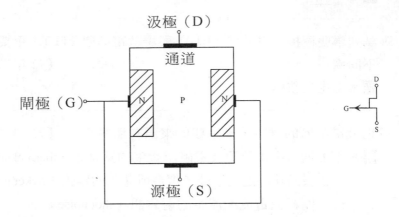

(a)P通道JFET的基本結構　　　　　(b)P通道JFET的電子符號

1. *JFET* 為 3 端元件。
2. *FET* 只有一個 PN 接面。（閘極—通道）。
3. *FET* 主要電流成份 ⇒ 多數載子的漂移電流。
4. 源極（Source）：多數載子流入的端點稱為源極 S。
5. 洩極或汲極（Drain）：多數載子流出的端點稱為汲極 D。
6. 閘極（Gate）：於 n 通道兩側，為高摻雜量的受體雜質（P+）區域，此區稱為閘極 G。V_{GS} 為逆偏，而 $I_G \approx 0$。
7. 通道（Channel）：在兩個閘極所夾的 n 型半導體，提供多數載子從源極流至洩極的通道。

三、D，S 端的判斷要領

多數載子的前進方向：

1. n 通道的電流方向：D→S
2. P 通道的電流方向：S→D
3. 當有電流時，才有 S,D 端的區別。
   (1) n 通道 FET 之 $V_{DS} > 0$

(2) P 通道 FET 之 $V_{DS} < 0$

四、工作限制：

1. JFET 正常工作時，V_{GS} 必須保持逆向偏壓以使得 $I_G = I_S (\approx 0 \approx 10^{-9} A)$，
〔$V_{GS} < V_r (0.5V)$〕。

2. 主要電流成份 ⇒ 多數載子的漂移電流。

五、JFET 之用途

1. JFET 工作於夾止區時 ⇒ 當放大器用

2. JFET 工作於三極體區及截止區時：

$$\begin{cases} 類比觀點：當開關 \\ 數位觀點：當反相器 \end{cases}$$

六、JFET 的特性曲線（以 n 通道共源極為例）

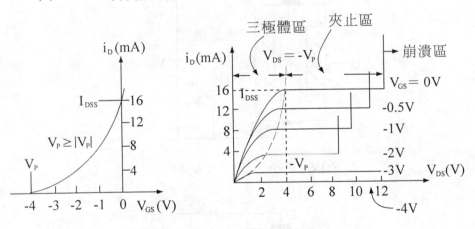

(a)輸入特性曲線(i_D, V_{GS})　　(b)輸出特性曲線(i_D, V_{GS})

七、工作區說明

   1. 截止區（cut-off region）

     (1)由輸入特性曲線知當 $|V_{GS}| \geqq |V_P|$ 時，$I_D = 0$，所以知**截止條件為：$|V_{GS}| \geqq |V_P|$，此時 $I_D = 0$**

     (2)工作說明：

        當 V_{DS} 很小時。此時可由 V_{GS} 來調整通道的寬度。當 V_{GS} 來調整通道的寬度。當 V_{GS} 變大時通道變窄，電流變小。最後當 V_{GS} 大到使通道消失則此時 i_D 降為 0，此種狀況稱為「**夾止**」。當夾止發生時的 V_{GS} 電壓稱為**夾止電壓**（pinch off voltage）以 V_P 表示。

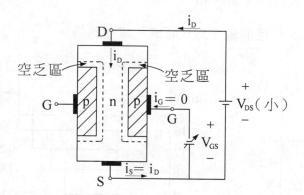

(a)V_{DS}很小，$|V_{GS}| < V_P$時

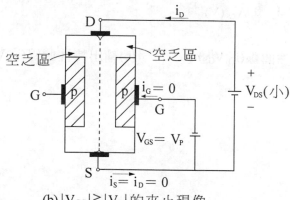

(b)$|V_{GS}| \geqq |V_P|$的夾止現象

2. 三極體區
　(1)此區域共有四種名稱
　　{①三極體區（triode region）⇐Smith
　　②歐姆區（ohm region）⇐millman
　　③非飽和區（nonsaturation region）
　　④電壓控制電阻區 VCR 區（Voltage-Controlled-Resistance）
　(2)工作說明
　　V_{DS} 不小時
　　①若 V_{GS} 固定，而調變 V_{DS} 時會改變通道寬度的大小，
　　　V_{DS} 愈大時則靠近 D 端的通道愈窄。當 V_{DS} 大至和夾止
　　　電壓 $|V_P|$ 相等時則在 D 端通道為 0，而在 S 端的通道寬
　　　度仍很大，此時 JFET 亦稱「夾止」，而電流 i_D 為一固
　　　定值 I_{DSS}。在 $|V_{GS}| < |V_P|$，即未進入截止區，$|V_{GS}|$ 為一
　　　固定輸入電壓值時，此時
　　　a. 未達夾止之前，為三極體區。
　　　b. 達夾止之後，且未崩潰，為夾止區。

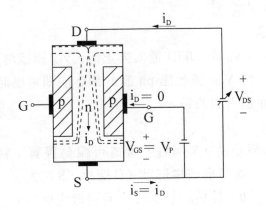

　　　　　　V_{DS} 不小時的夾止現象

　　②當 $|V_{DG}| < |V_P|$ 時，JFET 的電流 V_{DS} 的增加而增加，但

因 V_{DS} 增加時，會使通道變窄。猶如洩極和源極間的電阻 r_{DS} 會增加，故此區域又稱「電壓控制電阻區」（VCR）。

③此三極體區的判斷式，為 $|V_{GS}| < |V_P|$ 且 $|V_{DG}| < |V_P|$

3. 夾止區

(1)此區域共有二種名稱

①夾止區（pinch-off region）

②飽和區（saturation region）

(2)當 $V_{GD} > |V_P|$ 時，JFET 進入夾止區，此時 V_{DS} 無法影響 I_D 之大小，只有 V_{GS} 可以影響 i_D 之值。換言之，在夾止區中，JFET 如同一個恆流源，而電流值由 V_{GS} 所控制。

(3)此夾止區的判斷式為 $V_{GS} < |V_P|$ 且 $|V_{DG}| \geqq |V_P|$

4. 三極體區及夾止區之界線方程式

由特性曲線可知，此界線為一條拋物線，並由 $V_{GD} = V_P$ 決定。

亦即 $V_{DS} = V_{GS} - V_P$ 將其代入

$i_D = I_{DSS}(1 - \dfrac{V_{GS}}{V_P})^2$，可得拋物線的方程式為

$i_D = I_{DSS}(\dfrac{V_{DS}}{V}_P)^2$

5. 崩潰區

當 $V_{GD} = V_P$ 時，JFET 進入夾止區，V_{DS} 繼續增加，亦使 $|V_{GD}|$ 增加，當 V_{GD} 值超過 pn 面的額定崩潰電壓時，i_D 會急遽增加，而進入崩潰區。

八、結論

1. 當 V_{DS} 極小時，$V_D \approx V_S$，通道可視為**等寬**；當 V_{DS} 增加時，$V_D > V_S$，通道形成**梯形狀**（D 端小，S 端大）

2. 當 $V_{GS} = 0$，且 $V_{DS} \geqq |V_P|$ 時，通道電流稱為 I_{DSS}。

3. 當 $V_{GS} = V_P$ 時，通道完全被空乏區所夾止，$I_D = 0$，稱為夾止（cut off）狀態。

4. 溫度效應

   (1) $T \uparrow$ ，載子 $\uparrow$ ， $n \uparrow$ ，濃度增高，則空乏區變窄，易穿透。

   　　而 I_D 則因通道變小而下降

   (2) $I_{DSS} \propto T^{-3/2}$

   (3) $\dfrac{\triangle V_P}{\triangle T} = -2 \ ^{mv}/_{\degree C}$

   (4) 所以 FET 比 BJT 更具溫度穩定性

5. P 通道的所有公式，與 n 通道相同，其差異只在於 V_P 正負值：

   n 通道 $\Rightarrow V_P$ 為負值

   P 通道 $\Rightarrow V_P$ 為正值

九、崩潰

   1. $V_{DS} \uparrow \uparrow \Rightarrow$ 累增崩潰

   2. 定義 BV_{DG0} 為 $V_{GS} = 0$ 情形下，造成崩潰時的 V_{DG} 值。

   3. $V_{GS} = -1V \Rightarrow$ 耐壓減少 $1V \Rightarrow$ 依此類推

   4. $\therefore BV_{DG} = BV_{G0} - |V_{GS}| \Leftarrow$ 即 $|V_{GS}| \uparrow \Rightarrow BV_{DG} \downarrow$

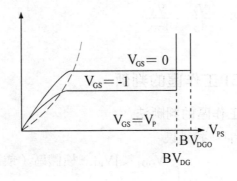

十、JFET 當電流源

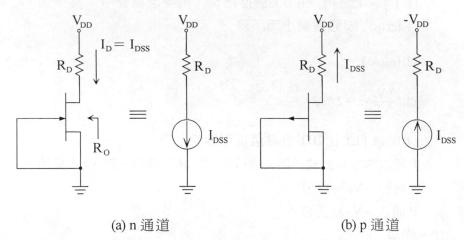

(a) n 通道　　　　　　　　(b) p 通道

分析：

1. 當電流源條件 $|V_{GD}| \geqq |V_P|$，即工作區在夾止區

2. $I_D = I_{DSS}(1 - \dfrac{V_{GS}}{V_P})^2(1+\lambda V_{DS}) = I_{DSS}(1+\lambda V_{DS}) \approx I_{DSS}$

3. $R_0 = R_0 = \dfrac{V_A}{I_D} = \dfrac{V_A}{I_{DSS}}$

考型 63　JFET 工作區的判斷

一、JFET 工作區的判斷法

$|V_{GS}| \begin{cases} \geqq |V_P| : 截止區 \\ \\ < |V_P|，且 \begin{cases} |V_{GD}| < |V_P| 三極體區（或 |V_{DS}| < |V_{GS}-V_P| ） \\ \\ |V_{GD}| \geqq |V_P| : 夾止區（或 |V_{DS}| \geqq |V_{GS}-V_P| ） \end{cases} \end{cases}$

二、電流方程式

1. 截止區：$I_D = 0$

2. 三極體區

a. $i_D = I_{DSS}\left[2(1-\dfrac{V_{GS}}{V_P})(\dfrac{V_{DS}}{-V_P})-(\dfrac{V_{DS}}{-V_P})^2\right] \approx K\left[2(V_{GS}-V_P)V_{DS}\right]$

b. 通道電阻 r_{DS}

$$r_{DS} = \frac{V_{DS}}{i_D} = \frac{1}{2K(V_{GS}-V_P)}$$

c. $\dfrac{-1}{r_{DS}}$ 可視為輸出特性曲線在三極區內之斜率

d. $K = \dfrac{I_{DSS}}{V_P^2}$

3. 夾止區

(1) 理想狀況

$$i_D = I_{DSS}(1-\frac{V_{GS}}{V_P})^2 = K(V_{GS}-V_P)^2$$

註：此區的輸出特性曲線為水平，歐力（early）電壓 $V_A = \infty$。
解此 I_D 二次式，必有二個答案，取 i_D 較小值必為符合
條件的答案。

(2) 實際狀況

實際狀況需考慮歐力效應，$(V_A \neq \infty)$，此時含有輸出電阻
r_0。此區的輸出特性曲線具有斜率。如圖

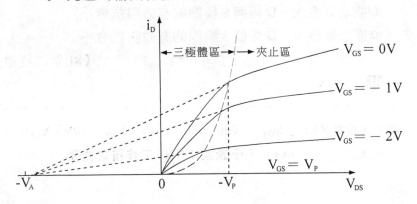

$$(i) i_D = I_{DSS}(1 - \frac{V_{GS}}{V_P})(1 + \frac{V_{DS}}{V_A})$$

$$(ii) r_0 \approx \frac{V_A}{I_{DQ}}$$

歷屆試題

338. 對 p 型 JFET 而言，假設夾止電壓$V_P = 5V$，$V_{SG} = -3V$，則當 V_{SD} 為下列何者時，此 JFET 會操作在夾止區　(A)-1V　(B) 1V　(C)-3V　(D) 3V。（✣題型：工作區判斷）

【86年二技電機】

解☞：(D)

1. 夾止區條件：$|V_{GS}| < |V_P|$，且$|V_{GD}| \geqq |V_P|$

$|V_{GD}| \geqq |V_P| \Rightarrow |V_{GS} - V_{DS}| \geqq |V_P| \Rightarrow |V_{SD}| \geqq |V_P - V_{GS}|$

即

$V_{SD} \geqq |V_P + V_{SG}| = |5-3| = 2V$（選 D）

---

339. 若n通道JFET在歐姆區（ohmic region）內正常工作，則閘極與源極間的電壓 V_{GS} 負得愈多

(A)匱乏區（depletion region）愈大，D 極與 S 極間的有效阻抗愈大。

(B)匱乏區愈小，D 極與 S 極間的有效阻抗愈大

(C)匱乏區愈大，D 極與 S 極間的有效阻抗愈小

(D)匱乏區愈小，D 極與 S 極間的有效阻抗愈小

【81年二技電子】

解☞：(A)

---

340. 若n通道JFET之$I_{DSS} = 10mA$，$V_P = -4V$，$V_{DS} = 10V$，$V_{GS} = -1V$，則 $I_{DS} = $_____mA。（✣題型：JFET 工作區之判斷）

【76 年二技電子】

解☞：

1. 判斷工作區

∵ $V_{GD} = V_{GS} - V_{PS} = -1 - 10 = -11V$

∴ $|V_{GS}| < |V_P|$ 且 $|V_{GD}| > |V_P|$

故 JFET 在夾止區

2. 電流方程式

$I_{DS} = K(V_{GS} - V_P)^2 = \dfrac{I_{DSS}}{V_P^2}(V_{GS} - V_P)^2 = \dfrac{10mA}{16}(1 + 4)^2 = 5.625mA$

---

341. JFET 之夾止電壓（pinch-off voltage）之溫度係數是　(A)-0.2mV/℃　(B) 20mV/℃　(C) 26mV/℃　(D)-2mV/℃　【74 年二技】

解☞：(D)

題型變化

342. 某個 JFET 電路的 $I_{DSS} = 10mA, V_P = -2V$，若外加很小的 V_{DS} 值，則 (1) $V_{GS} = 0$，(2) $V_{GS} = -1V$ 時的 r_{DS} 值各為何？

解☞：

$V_{DS} = \dfrac{1}{2K(V_{GS} - V_P)}$，$K = \dfrac{I_{DSS}}{V_P^2} = \dfrac{(10mA)}{-2^2} = 2.5mA/V^2$

1. $V_{GS} = 0, r_{DS} = \dfrac{1}{2K(V_{GS} - V_P)} = \dfrac{1}{(2)(2.5m)(0+2)} = 100\Omega$

2. $V_{GS} = -1, r_{DS} = \dfrac{1}{2K(V_{GS} - V_P)} = \dfrac{1}{(2)(2.5m)(1)} = 200\Omega$

343.

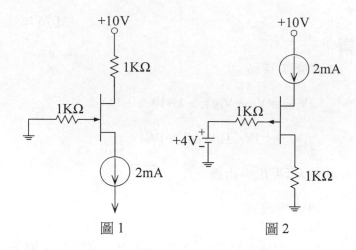

圖1　　　　　　圖2

圖 1 與圖 2 中的 JFET 的 V_P 均為 4V，$|I_{DSS}|$ 均為 8mA。則下列敘述何者正確

(A)圖 1 與圖 2 中的 JFET 均操作於歐姆區

(B)圖 1 與圖 2 中的 JFET 均操作於飽和區

(C)圖 1 中的 JFET 操作於歐姆區，圖 2 中的 JFET 操作於飽和區

(D)圖 1 中的 JFET 操作於飽和區，圖 2 中的 JFET 操作於歐姆區

（❖題型：工作區判斷）

解☞：　(D)

〈圖 1〉：$V_D = V_{DD} - I_D(1K) = 10 - (2mA)(1K) = 8V$

$V_{GD} = V_G - V_D = 0 - 8 = -8V$

∵$|V_{GD}| > |V_P|$　∴JFET 在飽和區

〈圖 2〉注意 P 通道的電流是由 S 流入，而 N 通道的電流是由 D 流入。

∴$V_{GD} = V_G - V_D = 4 - (2mA)(1K) = 2V$

∵$|V_{GD}| < |V_P|$　∴JFET 在歐姆區

5-3 〔題型三十二〕：JFET 的直流分析

考型64 JFET 直流分析─圖解法

一、JFET 的直流偏壓

固定偏壓法（fixed bias）

較不好的偏壓法將JFET的 V_{GS} 固定在某一值的偏壓法，稱之。

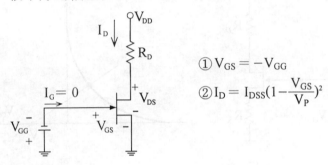

① $V_{GS} = -V_{GG}$

② $I_D = I_{DSS}(1-\frac{V_{GS}}{V_P})^2$

自偏壓法（self-bias）

1. 將 JFET 的閘極接地之法。稱之。

2. $V_{GS} + I_D R_S = 0 \Rightarrow V_{GS} = -I_D R_S$

3. $I_D = I_{DSS}(1-\frac{V_{GS}}{V_P})^2$

4. 亦即 V_{GS} 的偏壓是由自身電阻 R_S 決定

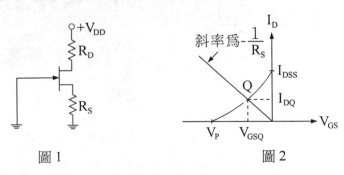

圖1   圖2

5. 自偏法中，R_S回授電阻具有溫度穩定功能：

$T\uparrow\Rightarrow I_D\uparrow\Rightarrow V_S\uparrow\Rightarrow V_{GS}$反偏$\uparrow I_D\Rightarrow\downarrow$

6. 最佳 Q 點，（即汲極電流有最大擺幅），應在 $I_{DQ}=\dfrac{1}{2}I_{DSS}$

此時 $V_{GSQ}\approx\dfrac{1}{4}V_P$

分壓偏壓法（最穩定的方法）

1. 即自偏與固定偏壓的合用。

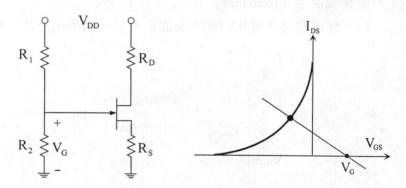

∴斜率較小，故 $V_{GS}-I_{DS}$ 改變較小，

∴較安定

2. 等效電路

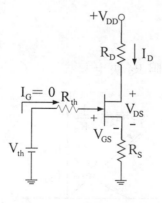

① $R_{th}=R_1//R_2$

② $V_{th}=V_{DD}\times\dfrac{R_2}{R_1+R_2}$

③ $V_{GS}=V_{DD}\times\dfrac{R_2}{R_1+R_2}-I_DR_S$

④ $I_D=I_{DSS}(1-\dfrac{V_{GS}}{V_P})^2$

⑤ $V_{DS}=V_{DD}-I_D(R_D+R_S)$

BJT 電流源偏壓法

1.

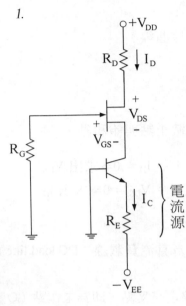

① $I_D = I_C = \dfrac{V_{EE} - V_{BE}}{R_E}$

② $I_D = I_{DSS} \left[1 - \dfrac{V_{GS}}{V_P} \right]^2$

③ $V_{DS} = V_{DD} - I_D R_D + V_{GS}$

2.

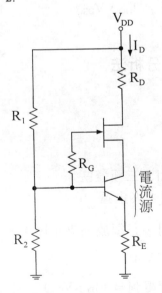

① $I_D = I_C \approx I_E \approx \dfrac{\dfrac{R_2 V_{DD}}{R_1 + R_2} - V_{BE}}{R_E}$

② I_D 為恆流源與 V_{GS} 無關

註：JFET 不能用汲極回授偏壓法，因為會使 $|V_{GD}| < |V_P|$

二、JFET 的直流分析法有二種：

1. 圖解法。（此法需配合特性曲線）

2. 電路分析法

三、圖解法的解題技巧

1. 列出輸出方程式

2. 由輸出方程式中，計算出截止點與飽和點，

截止點：在輸出方程式中，令 $I_D = 0 \Rightarrow$ 求出 V_{DS}

飽和點：在輸出方程式中，令 $V_{DS} = 0 \Rightarrow$ 求出 I_D

3. 繪出直流負載線

將截止點與飽和點連線即為直流負載線（DC load line）

4. 找出工作點

直流負載線與輸出特性曲線之交叉點，即為工作點（Q點）。

5. 求出對應的 I_{DQ}，V_{DSQ}

Q點，所對應的 I_D 及 V_{DS} 即為 I_{DQ}，V_{DSQ}

考型 65 JFET 直流分析—電路分析法

分析步驟：

1. 判斷工作區域

$$|V_{GS}| \begin{cases} \geq |V_P| \text{ 截止區} \\ < |V_P| \text{ , } |V_{GD}| \begin{cases} < |V_P| : \text{三極體區} \\ \geq |V_P| : \text{夾止區} \end{cases} \end{cases}$$

2. 列出電流方程式（當放大器用，必須放在夾止區）

$$I_D = I_{DSS}(1 - \frac{V_{GS}}{V_P})^2 = K(V_{GS} - V_P)^2$$

3. 取包含 V_{GS} 之迴路方程式，可得到 $\Rightarrow (I_D, V_{GS})$

4. 解聯立方程式(2)，(3)，求出 I_D（選最小值者），V_{GS}（選介於 $0 \sim |V_P|$ 者）

5. 代入 Q（I_{DQ}，V_{GSQ}，V_{DSQ}）

歷屆試題

344.(1) 右圖之 FET 電路中，若 FET 的參數為 $V_P = -4V$，$I_{DSS} = 5mA$ 及 $V_{DD} = 10V$；今要使該電路的工作點為 $I_{DQ} = 2.5mA$ 及 $V_{DSQ} = 4V$，試求 $V_{GSQ} = ?$

   (A)-1.172V (B)-6.828V (C)-0.293V (D)-1.707V

(2)承(1)題，試求 $R_S = ?$

   (A)2.7kΩ (B)1.2kΩ (C)0.68kΩ (D)0.47kΩ

(3)承(1)題，試求 $R_D = ?$

   (A)180Ω (B)1.2kΩ (C)1.93kΩ (D)1.72kΩ

(4)承(1)題，該 FET 工作在那一區？

   (A)飽和區 (B)截止區 (C)歐姆區 (D)崩潰 區（✧題型：自偏法）

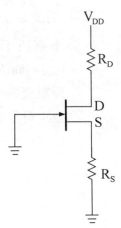

【88 年二技電子】

解☞：(1) (A)，(2) (D)，(3) (C)，(4) (A)

(1)電流方程式

$$I_D = K \left[V_{GS} - V_P \right]^2 = \frac{I_{DSS}}{V_P^2} \left[V_{GS} - V_P \right]^2$$

$$2.5mA = \frac{5mA}{16} \left[V_{GS} + 4 \right]^2$$

$$\therefore V_{GSQ} = -1.172V$$

(2)取含 V_{GS} 之方程式

$$V_{GS} = V_G - V_S = -I_D R_S$$

$$\therefore R_S = \frac{V_{GS}}{-I_D} = \frac{-1.172V}{-2.5mA} = 0.47k\Omega$$

(3)電路分析

$$V_{DD} = (R_D + R_S)I_D + V_{DS}$$

$$\therefore R_D = \frac{V_{DD} - V_{DS}}{I_D} - R_S = \frac{10-4}{2.5mA} - 0.47k = 1.93k\Omega$$

(4)飽和區條件

$$|V_{GS}| \leqq |V_P| \, 且 \, |V_{GD}| \geqq |V_P|$$

其中 $V_{GD} = V_{GS} - V_{DS} = -1.172 - 4 = -5.172V$

---

345. 下圖所示為一 JFET 小訊號放大電路，已知 JFET 的參數值 $I_{DSS} = 8mA$，夾止電壓 $|V_P| = 4V$，則在直流電壓時，JFET 的汲極電流為： (A) 3.6mA (B) 3.0mA (C) 2.6mA (D) 2.0mA（✤題型：分壓偏壓法）

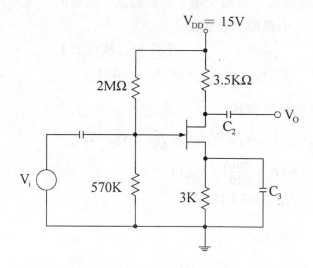

【86年二技電子】

<u>解</u>☞：⑩

此為放大電路，故 JFET 必在夾止區

1. 取含 V_{GS} 之迴路方程式

$$V_{GS} = V_G - V_S = \frac{(570K)(V_{DD})}{570K+2M} - I_D R_S = 4 - 3K(I_D) \quad ①$$

2. 電流方程式

$$I_D = K(V_{GS} - V_P)^2 = \frac{I_{DSS}}{V_P^2}[V_{GS} - V_P]^2 = \frac{8mA}{16}[V_{GS}+4]^2 \quad ②$$

（注意，N 通道的 JFET 之 $V_P = -4V$）

3. 解聯立方程式①，②得

$$I_D = 2mA$$

346.圖所示為一 n 通道 JFET 電路，此 JFET 的夾止電壓（pinch-off voltage）$V_P = -2.0V$，V_{GS} 為零時的汲極電流 $I_{DSS} = 2.65mA$。如要 $I_D = 1.25mA$，則 R_S 為　(A) $2.7K\Omega$　(B) 850Ω　(C) 250Ω　(D) 500Ω

（❖題型：自偏法）

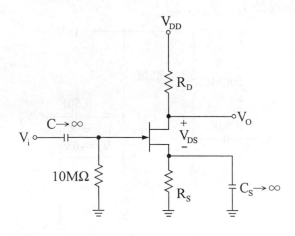

解☞：(D)

1. 取含 V_{GS} 之迴路方程式

$$I_G(10M) + V_{GS} + I_DR_S = 0 \Rightarrow V_{GS} = -I_DR_S$$

2. 電流方程式

$$I_D = K(V_{GS}-V_P)^2 = \frac{I_{DSS}}{V_P{}^2}(V_{GS}-V_P)^2 = \frac{2.65mA}{4}(-I_DR_S + 2)^2$$

$$1.25 \text{ mA} = \frac{2.65 \text{ mA}}{4}\left[\,2-(1.25 \text{ mA})R_S\,\right]^2$$

$$\therefore R_S = 0.501K\Omega = 501\Omega$$

347.(1)下圖所示之 JFET 放大電路，其工作點的偏壓狀態為？　　(A)
$V_{GS} = -0.56V$　　(B) $V_{GS} = -0.32V$　　(C) $V_{GS} = +0.26V$　　(D)
$V_{GS} = +0.44V$

(2)上題中的工作點其洩極電流 I_{DQ} 為？　　(A)$I_{DQ} = 7.2$ mA　　(B)
$I_{DQ} = 7.8$ mA　　(C)$I_{DQ} = 9.8$ mA　　(D)$I_{DQ} = 10.2$ mA（❖題型：分
壓偏壓法）

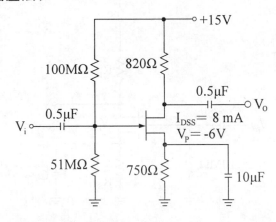

解☞：(1) (B)　(2) (A)

1. 取一含V_{GS}之迴路方程式

$$V_{GS} = V_G - V_S = \frac{(51M)(15)}{51M+100M} - I_D R_S$$

$$\Rightarrow V_{GS} = 5-(0.75K)I_D \text{——①}$$

2. 電流方程式

$$I_D = K \left[V_{GS}-V_P \right]^2 = \frac{I_{DSS}}{V_P{}^2} \left[V_{GS}-V_P \right]^2 = \frac{8\ mA}{36} \left[V_{GS}+6 \right]^2 \text{——②}$$

3. 解聯立方程式①，②，得

$$I_D = \begin{cases} 30.2mA （不合，\because I_D > I_{DSS}） \\ 7.1mA （符合） \end{cases}$$

4. $\therefore V_{GS} = 5 - I_D R_S = -0.325V$

348.(1)有一 n 通道 JFET 電路如下圖所示，圖中 JFET 的 $I_{DSS} = 20$ mA
　　及 $V_P = -6V$，試求其偏壓點 $V_{GSQ} = ?$

　　(A)-2.75V　(B)-3.45V　(C)-9.45V　(D)-4.65V

(2)上題中，該電路的直流工作點（I_{DQ}，V_{DSQ}）為若干？

　　(A) 3.60mA，4.20V　(B) 1mA，12V　(C) 4.50mA，1.50V

　　(D) 2.25mA，8.25V（❖題型：分壓偏壓法）

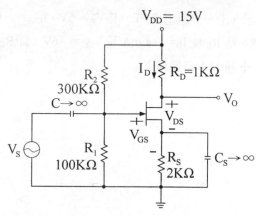

解☞：(1) (B) ，(2) (A)

(1) *1.* 取含 V_{GS} 之迴路方程式

$$V_{GS} = V_G - V_S = \frac{(R_1)(V_{DD})}{R_1 + R_2} - I_D R_S = \frac{(100K)(15)}{100K + 300K} - (2K)I_D$$

即 $V_{GS} = 3.75 - (2K)I_D$ ——①

2. 電流方程式

$$I_D = K(V_{GS} - V_P)^2 = \frac{I_{DSS}}{V_P{}^2}[V_{GS} - V_P]^2 = \frac{20mA}{36}[V_{GS} + 6]^2$$ ——②

3. 解聯立方程式①，②得

$$I_D = \begin{cases} 6.6\,mA\ (\text{不合，} \because V_{GS}\text{之故}) \\ 3.6\,mA\ (\text{符合}) \end{cases}$$

4. $\therefore V_{GS} = 3.75 - (3.6\,mA)(2K) = -3.45V$

(2) $V_{DS} = V_{DD} - I_D(R_S + R_D)$

$15 - (1K+2K)(3.6\,mA) = 4.2V$

$\therefore$ 工作點（I_{DQ}，V_{DSQ}）$= (3.6\ mA，4.2V)$

---

349. 如下圖 所示，有一P通道 JFET，其 $V_P = 5V$，$I_{DSS} = -12\ mA$，$V_{DD} = -12$，決定 R_D 及 R_S 使 $I_D = -4\ mA$ 及 $V_{DS} = -6V$，即 $R_D = \underline{\hphantom{XX}}\ \Omega$，$R_S = \underline{\hphantom{XX}}\ \Omega$。（❖題型：自偏法）

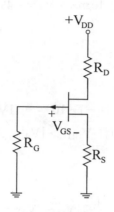

【79年二技電子】

解☞：設 JFET 在夾止區，（∵$I_D = -4$ mA）

   1. 寫出電流方程式

$$I_D = K(V_{GS} - V_P)^2 = \frac{I_{PSS}}{V_P^2}(V_{GS} - V_P)^2 = \frac{-12mA}{25}(V_{GS} - 5)^2 = -4 \text{ mA}$$

$$\therefore V_{GS} = \begin{cases} 7.887V（不含）（\because |V_{GS}| < |V_P|） \\ 2.113V \end{cases}$$

   2. 取含 V_{GS} 之迴路方程式

$$I_G R_G + V_{GS} + I_D R_S = 0 \quad , \quad (I_G = 0)$$

$$\Rightarrow \therefore R_S = -\frac{V_{GS}}{I_D} = -\frac{2.113}{-4mA} = 0.5275 K\Omega$$

   3. $\because V_{DS} = V_{DD} - I_D(R_D + R_S)$

$$\therefore R_D = \frac{V_{DD} - V_{DS}}{I_D} - R_S = \frac{-12 - (-6)}{-4mA} - 0.5275K = 0.9275 K\Omega$$

350.某 n 通道 JFET 之 $I_{DSS} = 10\,mA$，$V_P = -4V$，$V_{DS} = 10V$，$V_{GS} = -1V$，

則 $I_{DS} =$ ___ mA 【76 年二技電子】

解☞：

　　1. 判斷工作區

$$V_{GD} = V_{GS} - V_{DS} = -1 - 10 = -11V$$

$$\because |V_{GS}| < |V_P| \; 且 \; |V_{GD}| > |V_P| \quad \therefore JFET 在飽和區$$

　　2. 電流方程式

$$I_D = K[V_{GS} - V_P]^2 = \frac{I_{DSS}}{V_P{}^2}[V_{GS} - V_P]^2 = \frac{10\,mA}{16}[-1+4]^2 = 5.625\,mA$$

351.如右圖所示，n 通道 FET 之偏壓線與轉換特性曲線的關係圖應

為（❖題型：分壓偏壓法）

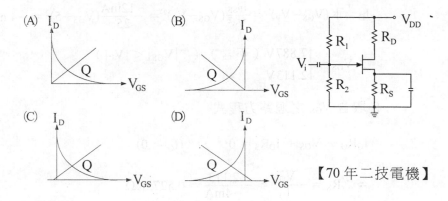

(A) (B) (C) (D)

【70 年二技電機】

解☞：　(D)

$$\because V_{GS} = V_G - V_S = \frac{R_2 V_{DD}}{R_1 + R_2} - I_D R_S$$

即　$\dfrac{R_2 V_{DD}}{R_1 + R_2} = V_{GS} + I_D R_S$

令 $I_D = 0 \Rightarrow V_{GS} = \dfrac{R_2 V_{DD}}{R_1 + R_2} = a$ 點

令 $V_{GS} = 0 \Rightarrow I_D = \dfrac{R_2 V_{DD}}{R_S(R_1 + R_2)} = b$ 點

所以偏壓線如下：

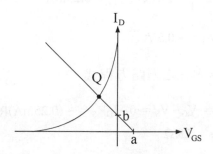

352.如下圖所示，JFET 之 $V_P = -1V$，$I_{DSS} = 1mA$，且 $V_D = 10V$，則
R_S 為　(A) 1KΩ　(B) 2KΩ　(C) 3KΩ　(D) 4KΩ

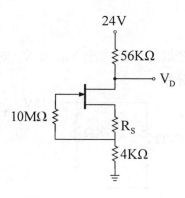

解☞：(B)

　1. 設 JFET 在夾止區，

又 $I_D = \dfrac{V_{DD}-V_D}{R_D} = \dfrac{24-10}{56K} = 0.25mA$

2. 電流方程式

$$I_D = K\ [\ V_{GS}-V_P\ ]^{\ 2} = \dfrac{I_{DSS}}{V_P{}^2}\ [\ V_{GS}-V_P\ ]^{\ 2}$$

$$= \dfrac{1mA}{1}\ [\ V_{GS}+1\ ]^{\ 2} = 0.25mA$$

$$\therefore V_{GS} = -0.5V$$

3. 取含 V_{GS} 之迴路方程式

$$V_{GS} = V_G-V_S = 0-I_DR_S = -(0.25mA)R_s = -0.5V$$

$$\therefore R_S = 2K\Omega$$

4. 驗證

$$|V_{GS}| < |V_P|\ 且\ |V_{GD}| > |V_P|\quad 所設無誤$$

題型變化

353.如下圖所示之電路，試求出 V_{GS} 及 V_S 及 V_D（✤題型：P 通道 JFET 之直流分析）

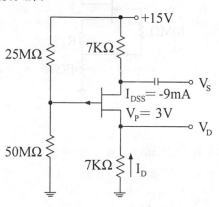

解☞：

1. 取含 V_{GS} 之迴路方程式

$$V_{GS} = V_G - V_S = \frac{(50M)(15)}{25M+50M} - (15+7KI_D) = -5-(7K)I_D$$

$$\Rightarrow V_{GS} = -5-(7K)I_D \text{——①}$$

2. 電流方程式

$$I_D = K(V_{GS}-V_P)^2 = \frac{I_{DSS}}{V_P^2}(V_{GS}-V_P)^2 = \frac{-9mA}{9}(V_{GS}-3)^2$$

$$\Rightarrow I_D = (-1mA)(V_{GS}-3)^2 \text{——②}$$

3. 解聯立方程式，①，②得

$$I_D = \begin{cases} -1.31mA（不合，\because |V_{GS}| > |V_P|） \\ -1mA（符合） \end{cases}$$

$$\therefore V_{GS} = -5 - (7K)(1\ mA) = 2V$$

故 $V_S = 15 + (7K)I_D = 8V$

$V_D = -(7K)I_D = 7V$

---

354. 如右圖所示，Q_1 和 Q_2 的特性相同，
若 $I_{DSS} = 8mA$，$V_p = -2V$，則 I 及
V_o 為何？（❖題型：偏壓電路設計）

解☞：

1. 取含 V_{GS2} 之迴路方程式
$$V_{GS2} = V_{G2} - V_{S2} = -10 - I_D(4K) + 10$$
$$\therefore V_{GS2} = (-4K)I_D \text{——①}$$

2.電流方程式

$$I_D = K(V_{GS} - V_P)^2 = \frac{I_{DSS}}{V_P^2}(V_{GS} - V_P)^2 = \frac{8mA}{4}(V_{GS} + 2)^2$$

$$\Rightarrow I_D = (2mA)(V_{GS} + 2)^2 \text{——②}$$

3.解聯立方程式①，②得

$$I = I_D = 0.39mA，V_{GS2} = -1.56V$$

$$\because I_{D1} = I_{D2} = I_D \Rightarrow V_{GS1} = V_{GS2}$$

4.$\therefore V_0 = -V_{GS1} - (4K)I = -1.56 - (4K)(0.39mA) = 0V$

355.如右圖所示，兩個 JFET 的特性完
全相同，若電路中的$V_{DG1} = 4V$，
$V_{DG2} = 2V$，則 R_D 及 R_S 為何？

(A)$R_S = 1K\Omega，R_D = 5K\Omega$

(B)$R_S = 2K\Omega，R_D = 4K\Omega$

(C)$R_S = 3K\Omega，R_D = 3K\Omega$

(D)$R_S = 4K\Omega，R_D = 2K\Omega$

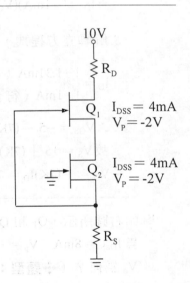

（❖題型：偏壓電路設計）

解☞：(A)

1.判斷工作區

$\because |V_{DG1}| > |V_{P1}|$ 且 $|V_{DG2}| > |V_{P2}|$

$\therefore Q_1，Q_2$ 皆在飽和區

2.$\because V_{DG2} = V_{D2} - V_{G2} = V_{D2} - 0 = 2V$

$\because I_{D1} = I_{D2} \Rightarrow K(V_{GS1} - V_P)^2 = K(V_{GS2} - V_P)^2$

$\therefore V_{GS1} = V_{GS2}$

（思考：只要知 V_{GS2} 值，即可求出 I_D）

3. $V_{GS2} = V_{G2} - V_{S2} = V_{S2}$

    $V_{G1} = V_{S1} + V_{GS1} = 2 + V_{GS2}$

    又 $V_{G1} = V_{S2} = -V_{GS2} = 2 + V_{GS2}$

    $\therefore V_{GS2} = -1V$

4. 故 $I_{D1} = I_{D2} = K(V_{GS2} - V_P)^2 = \dfrac{I_{DSS}}{V_P^2}(V_{GS2} - V_P)^2$

    $= \dfrac{4mA}{4}(-1 + 2)^2 = 1mA$

5. $\because V_{S2} = -V_{GS2} = 1V$

    $\therefore R_S = \dfrac{V_{S2}}{I_D} = \dfrac{1V}{1mA} = 1K\Omega$

6. $V_{DG1} = V_{D1} - V_{G1} = V_{D1} - 2 - V_{GS2} = 4V$

    $\therefore V_{D1} = 5V$

7. $\therefore R_D = \dfrac{10 - V_{D1}}{I_{D1}} = \dfrac{10 - 5}{1mA} = 5K\Omega$

---

356. 如右圖所示，JFET 之 $V_P = -4V$，$I_{DSS} = 14mA$，則使 JFET 位於
飽和區的 R_D 最大值為　(A) 0.5KΩ　(B) 1KΩ　(C) 2KΩ　(D) 4KΩ

（❖題型：偏壓電路設計）

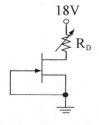

解☞：⒝

飽和區條件：$|V_{GS}| \leq |V_P|$ 且 $|V_{GP}| \geq |V_P|$

$\because V_{GS} = 0$　$\therefore I_D = I_{DSS} = 14mA$

又 $V_{GD} = V_G - V_D = 0 - 〔18 - (14mA)R_D〕\leq -4$

$\therefore R_D \leq 1K\Omega$　故 $R_{D,max} = 1k\Omega$

---

357. 如右圖所示，JFET 之 $V_P = -8V$，$I_{DSS} = 8mA$，
則使 JFET 維持在飽和區的最大 R_D 為
何？（❖題型：**偏壓電路設計**）

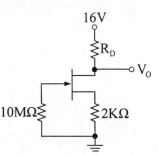

解☞：

飽和條件：$|V_{GS}| \leq |V_P|$ 且 $|V_{GD}| \geq |V_P|$

1. 取含 V_{GS} 之迴路方程式

$V_{GS} = V_G - V_S = 0 - I_D(2K)$

$\Rightarrow V_{GS} = (-2K)I_D$ ——①

2. 電流方程式

$I_D = K(V_{GS} - V_P)^2 = \dfrac{I_{DSS}}{V_P^2}(V_{GS} - V_P)^2 = \dfrac{8mA}{64}(V_{GS} + 8)^2$

$= \dfrac{1mA}{8}(V_{GS} + 8)^2$ ——②

3. 解聯立方程式①，②得 $I_D = 2mA$

4. $\because V_{GD} = V_G - V_D = 0 - 〔16 - I_D R_D〕\leq -8V$

$R_D \leq 4K\Omega$

358.請求下圖中的I_D、V_D及V_C（✚題型：BJT 電流源偏壓法）

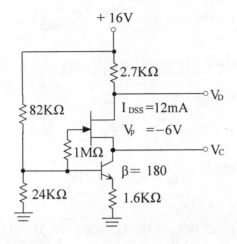

解☞：

BJT 的作用在當電流源，所以必在主動區。

1. 化戴維寧等效電路

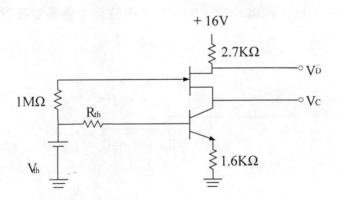

$$V_{th} = \frac{(24k)(16)}{24k + 82k} = 3.623V$$

$$R_{th} = 24k \mathbin{/\!/} 82k = 18.566k\Omega$$

2. 取含 V_{BE} 之迴路方程式

$$\therefore I_D = I_C = \beta I_B = \beta \left[\frac{V_{th} - V_{BE}}{R_{th} + (1+\beta)(1.6k)} \right]$$

$$= (180) \left[\frac{3.623 - 0.7}{18.566k + (181)(1.6k)} \right] = 1.71mA$$

3. JFET 的電流方程式

$$\therefore I_D = K \left[V_{GS} - V_P \right]^2 = \frac{I_{DSS}}{V_P{}^2} \left[V_{GS} - V_P \right]^2$$

$$= \frac{12mA}{36} \left[V_{GS} + 6 \right]^2 = 1.71V$$

$$\therefore V_{GS} = -3.73V$$

4. $V_D = 16 - (2.7k)I_D = 16 - (2.7K)(1.71mA) = 11.38V$

5. $V_{th} + I_G(1M) = V_{GS} + V_c$ $\quad (\because I_G = 0)$

$$\therefore V_c = V_{th} - V_{GS} = 3.623 + 3.73 = 7.353V$$

---

359. 假設下圖中 $V_{DD} = 20V$，若欲使工作Q位於 $V_{DS} = 15V$，$I_D = 2mA$，$V_{GS} = -1V$，則 $R_D = ？$，$R_S = ？$（❖題型：偏壓電路設計）

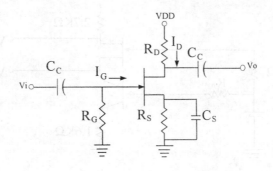

解☞：

1. $\because V_{GS} = V_G - V_S = 0 - I_D R_S = (-2mA)R_S = -1V$

$$\therefore R_S = -\frac{V_{GS}}{I_D} = \frac{1V}{2mA} = 500\Omega$$

2. $V_{DD} = I_D(R_D + R_S) + V_{DS}$

$$\therefore R_D = \frac{V_{DD} - V_{DS}}{I_D} - R_S = \frac{20 - 15}{2mA} - 500 = 2K\Omega$$

360.圖 1、圖 2 分別為 JFET 自給偏壓電路及特性曲線，Q 為工作點，則 $R_S = $ ？（❖題型：圖解法）

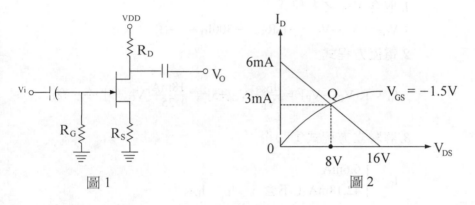

圖 1　　　　　　　　　　　　　　圖 2

解☞：由圖可知：$I_D = 3mA$，$V_{GS} = -1.5V$

$$\therefore V_{GS} = V_G - V_S = 0 - I_D R_S$$

$$\therefore R_S = -\frac{V_{GS}}{I_D} = \frac{1.5V}{3mA} = 500\Omega$$

361.下圖之放大器中，JFET 的 $V_P = -5V$，$I_{DSS} = 18mA$，求 I_D 約為多少毫安培？（❖題型：自偏法）

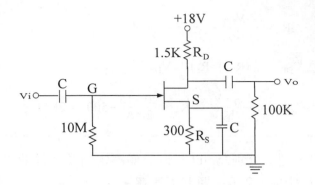

解☞ :

1. 取含 V_{GS} 之方程式

$V_{GS} = V_G - V_S = -I_D R_S = -300 I_D$ ——①

2. 電流方程式

$$I_D = K[V_{GS} - V_P]^2 = \frac{I_{DSS}}{V_P^2}[V_{GS}+5]^2 = \frac{18mA}{25}[V_{GS}+5]^2$$ ——②

3. 解聯立方程式①②得

$$I_D = \begin{cases} 6.6mA \\ 42.18mA（不含，∵I_D > I_{DSS} \end{cases}$$

---

362. 如下圖所示電路，假設$V_{DD} = 20V$，$V_{SS} = +20V$，且工作點$V_{GS} = -1V$，$V_{DS} = 9V$，$I_D = 7mA$，求(1)求$R_S = ?$　(2)$R_D = ?$（✤題型：雙電源偏壓法）

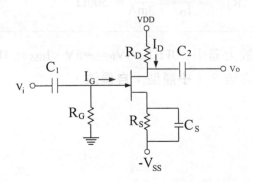

解☞：

   1. 取含 V_{GS} 之方程式

$$V_{GS} = V_G - V_S = -V_S = -(I_D R_S - V_{SS})$$

$$\therefore R_S = \frac{-V_{SS} + V_{GS}}{-I_D} = \frac{-20-1}{-7mA} = 3K\Omega$$

   2. $R_D = \dfrac{V_{DD} - V_{DS} + V_{SS}}{I_D} - R_S$

$$= \frac{20 - 9 + 20}{7mA} - 3K = 1.43K\Omega$$

5-4〔題型三十三〕：EMOS 的物理特性及工作區

考型 66 EMOS 的物理特性

一、EMOS 的物理結構

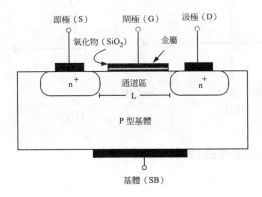

   1. EMOS：（Enhancement MOS）

   2. EMOS 為四端元件

3. 製造完成時「並無通道」

4. MOSFET 與 JFET 最大區別為：閘極即使受到正電壓也不會
   有閘極電流，因為閘極和通道之間有氧化層（絕緣質）隔
   離。所以 $I_G \approx 0$（比 JFET 更小）

二、EMOS 電路符號

NMOS（n 通道）

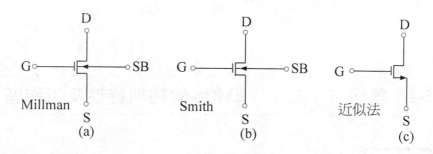

NMOS（n 通道）

PMOS（P 通道）

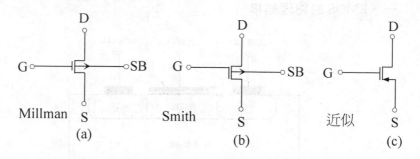

三、EMOS 特性曲線（n 通道）

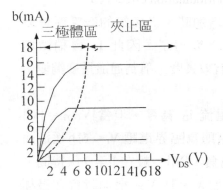

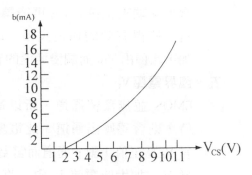

(a) 輸出特性曲線   (b) 輸入特性曲線

四、工作原理

1. 正常工作時：

(1) $i_G \approx 0$

(2) 必須保持基體 SB 端對通道之逆向偏壓。

(3) V_{GS} 必須順向偏壓（即吸入自由電子）

2. V_t（Threshold Voltage）臨界電壓：

足以形成通道的最小 V_{GS}。

一般 $V_t \approx 2V$（對 NMOS 而言）

3. 當 V_{DS} 很小時，通道是**等寬**。

4. 當 V_{DS} 不小時，通道是**梯形狀**。

5. 當 $|V_{GD}| = |V_t|$ 時

(1) D 端幾乎無法形成通道

(2) $J_D = \dfrac{i_D}{A}$，$A\downarrow \Rightarrow J_D\uparrow$，但 $i_D \neq \infty$，$\therefore A \neq 0$

故產生夾止（pinch-off）現象。

6. 通道長度調變（Channel Length Modulation effect）：

當汲極端夾止後，V_{DS} 再繼續增加時，汲極端的空乏區會變寬，使得有效的通道長度（L）變短了，因此 I_D 會稍微增加，此種由 V_{DS} 而調變通道的有效長度，稱為通道長度調變。

五、臨界電壓 V_t

EMOS 並無預留通道，所以電流 i_D 為零。但當 $|V_{GD}| = |V_t|$ 時，則會感應出通道，此電壓即為臨界電壓 V_t。對 n 通道而言 V_t 為正值，對 p 通道而言為負，$|V_t|$ 一般在 1 至 3 伏特間。當 V_{GS} 加大時電流 i_D 會一直加大。且 V_{DS} 增加時會在汲極端發生通道夾止的現象而源極通道寬度不變（當 V_{GS} 固定時）。

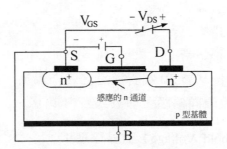

六、各工作區域的條件（配合輸出特性曲線）

$$|V_{GS}| \begin{cases} \leq |V_t| \text{ 截止區} \\ > |V_t| \text{ 且 } |V_{GD}| \begin{cases} > |V_t| \text{ 三極體區} \\ \leq |V_t| \text{ 夾止區} \end{cases} \end{cases}$$

1. 上式加絕對值，則 NMOS 與 PMOS 均適用。

2. 以 $|V_{GD}|$ 來判斷，而不用 $|V_{DS}|$ 判斷，是因為需考慮 $|V_{GS}|$ 值。

例如：進入夾止區的條件（以 n 通道為例）

$V_{DS} \geq V_{GS} - V_t \Rightarrow V_t > V_{GS} - V_{DS}$ 即 $V_t > V_{GD}$

七、實際 EMOS 和 DMOS 與 JFET 一樣。i_D 在夾止區時並非固定，而是 i_D 隨著 V_{DS} 增大而增加即輸出特性曲線的斜率增加。故輸出電阻並非無窮大，而是有限值。

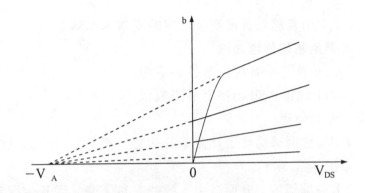

八、MOS 的崩潰有二種：

1. 第一種，當基體對汲極端之逆電壓大於崩潰電壓（V_{ZK}：50~100V）時之瞬間 i_D 由汲極流至基體的大電流現象（**無破壞性**）

2. 第二種，第 $V_{GS} > 50V$，將閘極氧化層打穿的現象（**有破壞性**），故必須在 BG 間加上曾納二極體，以限制 $V_{GS} < 50V$

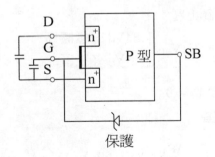

保護

九、基體效應（body effect）

1. 在 IC 中，通常是多個 MOS 共用一個基體。若 SB 端不接至 S 端，則 SB 和 S 端間的逆向偏壓也會產生空乏區，進而影響

通道的寬度。此種由 SB 端與 S 端間之逆向偏壓所產生之通道寬度影響的效應，稱為基體效應。可以下式表示：

$$\Delta V_T \approx C\sqrt{V_{SB}}$$

C：由基體雜質濃度所決定的常數 $\approx 0.5V^{\frac{1}{2}}$

2. 避免基體效應之法

(1) n 通道 ⇒ SB 端接至最負電源

(2) P 通道 ⇒ SB 端接至最正電源

十、溫度效應

1. $|V_t|$ 會隨著溫度上升而下降。每升高 1℃，$|V_t|$ 約減少 2mV，使 I_D 上升。

2. K 會隨溫度上升而減少，故造成 I_D 下降。因 K 值影響較大，所以總體而言溫度上升將導致汲極電流下降。

考型 67 EMOS 工作區的判斷

EMOS 工作區的判斷

$$|V_{GS}| \begin{cases} < |V_t| \ 截止區 \\ > |V_t|，且 \ |V_{GD}| \begin{cases} > |V_t| \ 三極體區 \\ < |V_t| \ 夾止區 \end{cases} \end{cases}$$

一、截止區：$I_D = 0$

二、三極體區

1. $i_D = \dfrac{1}{2}\mu_n C_{ox}(\dfrac{W}{L})\left[\,2(V_{GS}-V_t)\cdot V_{DS}-V_{DS}{}^2\,\right]$

$\approx K\left[\,2(V_{GS}-V_t)V_{DS}\,\right]$

其中：

(1)C_{ox}：單位面積的閘極電容。

(2)$K = \dfrac{1}{2}\mu_n C_{ox}(\dfrac{W}{L})$，$K$：製作參數（電導因數）

2. 通道電阻（r_{DS}）

$$r_{DS} = \dfrac{V_{DS}}{i_{DS}} = \left[\, 2K(V_{GS} - V_t)\,\right]^{-1}$$

(1)一般 r_{DS} 值很小，約為幾$\Omega \sim$ 幾$+\Omega$

(2)$r_{DS} \propto \dfrac{1}{V_{GS}}$

三、夾止區

1. 輸出電阻（r_o）

$r_o = \dfrac{V_A}{I_{DQ}}$（非常大）

2. 電流方程式

(1)理想時（$V_A = \infty$）

$$\Rightarrow I_D = \dfrac{1}{2}\beta(V_{GS} - V_t)^2 = K(V_{GS} - V_t)^2$$

$$\beta = 2k = \mu_n Cox\,(\dfrac{W}{L})$$

(2)實際性（$V_A \neq \infty$）

$$i_D = K(V_{GS} - V_t)^2(1 + \dfrac{V_{DS}}{V_A})$$

一般標準的 IC V_A 大約在 30 到 200V 之間。

四、夾止區與三極體之界線方程式

$i_D = K(V_{GS} - V_t)^2$

$V_{GD} = V_t \Rightarrow V_{GS} - V_{DS} = V_t \Rightarrow V_{GS} - V_t = V_{DS}$

$\Rightarrow i_D = KV_{DS}^2$　　界面方程式

歷屆試題

363. 有關金氧半電晶體（MOS）的特性與應用，下列敘述何者為非？
(A)為電壓控制的元件　(B)運用於放大器電路時，其通常工作於三極體（tride）區　(C) nMOS 的導電載子為電子　(D)適用於超大型積體電路（VLSI）的設計與製作　　　【86 年二技電子】

解☞：　(B)

---

364. 金氧半場電晶體（Metal Semiconductor FET, MOSFET）之特點為可以使其開關頻率達到接近　(A) 10MHz　(B) 5GHz　(C) 500MHz
(D) 100MHz　　　　　　　　　　　　　　　　【87 年二技電子】

解☞：　(B)

MOSFET 的開關頻率可接近 5GHz

---

365. (1)下圖電路中，Q_1為加強型 NMOS，其臨限電壓V_T（threshold voltage）= 2V，Q_2為加強型 PMOS，$V_T = -2V$，當$V_{DD} = 4V$，$0 < V_i < 2V$時　(A)Q_1，Q_2皆 OFF　(B)Q_1，Q_2皆 ON　(C)$V_0 = V_{DD}$
(D)$V_0 = 0V$

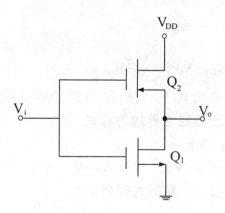

(2)在上題中，當$V_{DD}=3V$，$1V<V_i<2V$時　(A)Q_1 OFF，Q_2 ON
(B)Q_1 ON，Q_2 OFF　(C)Q_1，Q_2皆 OFF　(D)Q_1，Q_2皆 ON。（✛
題型：EMOS 的工作區判斷）

【85 年南臺二技電子】

解☞：　*1.* (C)　*2.* (C)

　　1. 對 Q_2 而言

　　　∵$V_{GD}=V_{GS}-V_{DS}=V_i-V_{DD}=(0\sim2)-4=(-4\sim-2)$

　　　∴$|V_{GD}|>|V_t|$故在三極體區

　　2. 對 Q_1 而言

　　　∵$|V_{GS}|=|V_i|<|V_t|$

　　　∴$Q_1=OFF$

　　3. 故 $V_0=V_{DD}=4V$

366.如下圖所示電路中之Zener二極體之功用是　(A)穩定工作點
(B)傍路過量之靜電荷　(C)負回授用　(D)以上皆非。【74 年二技】

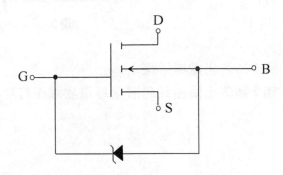

解☞：　(B)

MOS閘極的輸入阻抗極高，會有大量靜電荷儲存，易使閘極
下端薄的 SiO_2 被擊穿，所以加 Zener 可防止閘極過量電荷的
累積。

367.閘極與源極間電位差為零時，汲極電流為零的FET是　(A)JFET
(B)空乏型 MOSFET　(C)增強型 MOSFET　(D)以上皆非

【74 年二技電子】

解☞：　(C)

$V_{GS} = 0$時，JFET 的 $I_D = I_{DSS}$，而 EMOS 的 $I_D = 0$

368.見下圖 1 新的 single gate MOSFET 之四隻腳上所套之細金屬絲環
之目的為？又下圖 2 之 gate 至 source 間之 Zener Diode 之功用是？

【72 年二技】

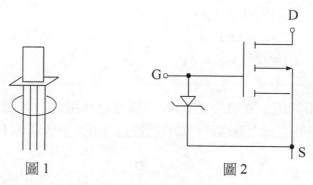

圖 1　　　　　　　　　　圖 2

解☞：圖 1 為防止電場干擾

圖 2 為防止閘極氧化層受靜電放電而打穿

題型變化

369.某增強型 NMOS，$V_t = 2V$，當 $V_{GS} = V_{DS} = 3V$ 時，$I_D = 1mA$，
則當 $V_{GS} = 4V$，$V_{DS} = 5V$ 時 I_D 值為何？並計算當 V_{DS} 很小且
$V_{GS} = 4V$ 時的汲極對源極電阻 $r_{DS(ON)}$ 值。

解☞：

1. 由條件知：

當 $V_{GS} = V_{DS} = 3V$，$I_D = 1mA$

∵$|V_{GS}| > |V_t|$ 且 $V_{GS} = V_{GD} - V_{DS} = 0$ 即 $|V_{GD}| < |V_t|$

∴此時 JFET 在夾止區。

故 $I_D = K(V_{GS} - V_t)^2 \Rightarrow 1mA = K(3-2)^2$

∴$K = 1mA/V^2$

2. 當 $V_{GS} = 4V$，$V_{DS} = 5V$

∵$|V_{GS}| > |V_t|$，且 $V_{GD} = V_{GS} - V_{DS} = -1V$，即 $|V_{GD}| \leq |V_t|$

∴JFET 仍在夾止區。

故 $I_D = K(V_{GS} - V_t)^2 \Rightarrow (1mA/V^2)(4-2)^2 = 4mA$

3. 當 V_{DS} 很小時，JFET 在三極體區

$$r_{DS} = \frac{1}{2K(V_{GS} - V_t)} = \frac{1}{(2)(1m)(4-2)} = 250\Omega$$

5-5〔題型三十四〕：EMOS 的直流分析

考型 68 EMOS 直流分析 – 電路分析法

一、EMOS 之兩種偏壓法

1. 分壓偏壓法

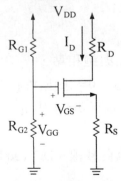

2. 汲極回授偏壓法

 (1)未導通 $V_{GS} = V_{DD} > V_t$

 (2)導通，又 $I_G = 0$，有 I_D

 (3)在夾止區，$V_{GD} < V_t$，$I_G = 0$

  $\because I_G = 0$，$V_{GD} = 0 < V_t$

  $\therefore$ 必在夾止區

3. EMOS 不能用源極自偏法偏
 壓，因為會形成逆偏。

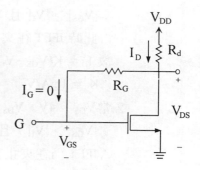

二、分析要領

 1. 判斷工作區域

$$|V_{GS}|\begin{cases} \leq |V_t| \Rightarrow \text{截止區} \\ > |V_t|, \end{cases} \qquad \text{且}\quad |V_{GD}|\begin{cases} > |V_t| \Rightarrow \text{三極體區} \\ \leq |V_t| \Rightarrow \text{夾止區} \end{cases}$$

 2. 列出電流方程式（當放大器用，須在夾止區）
  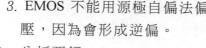
  $I_D = K(V_{GS} - V_t)^2$

 3. 取包含 V_{GS} 之迴路方程式。

 4. 解聯立方程式，求得 I_D 及 V_{GS}

考型 69　EMOS 直流分析－圖解法

 圖解法的解題技巧：

 1. 列出輸出方程式

 2. 由輸出方程式中，計算出截止點與飽和點，
  截止點：在輸出方程式中，令 $I_D = 0 \Rightarrow$ 求出 V_{DS}
  飽和點：在輸出方程式中，令 $V_{DS} = 0 \Rightarrow$ 求出 I_D

 3. 繪出直流負載線
  將截止點與飽和點連線即為直流負載線（DC load line）

4. 找出工作點

   直流負載線與輸出特性曲線之交叉點，即為工作點（Q點）。

5. 求出對應的 I_{DQ}，V_{DSQ}

   Q點，所對應的 I_D 及 V_{DS}，即為 I_{DQ}，V_{DSQ}

歷屆試題

370. 下圖 1 中的金氧半場效電晶體為 N 通道增強型，其 $i_D - V_{DS}$ 特性曲線如圖 2 所示。請問此電晶體之臨界電壓（threshold voltage）V_t 為　(A)-1V　(B) 0V　(C) 1V　(D) 2V（ ✛ 題型：分壓偏壓法 ）

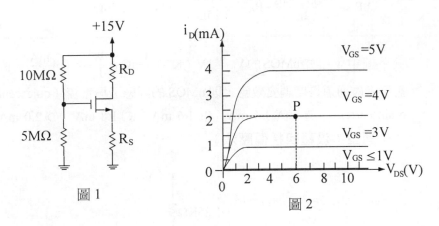

圖 1　　　　圖 2

【87 年二技電機】

解☞：(C)

由圖知，在截止區 $I_D = 0$ 時　$V_{GS} < 1V$

而截止區條件為 $|V_{GS}| < |V_t|$，故知 $V_t = 1V$

---

371. 同上題，今欲將圖 1 中的電晶體偏壓於圖 2 中的 P 點，則圖 2 中 R_D 及 R_S 的電阻值應分別為　(A)$R_S = 257\Omega$，$R_D = 3743\Omega$　(B) $R_S = 444\Omega$，$R_D = 3556\Omega$　(C) $R_S = 731\Omega$，$R_D = 3269\Omega$　(D) $R_S = 1000\Omega$，$R_D = 3000\Omega$　　　　【87 年二技電機】

解☞：(B)

1. 取含 V_{GS} 之方程式（由圖知 $I_D = 2.25mA$，$V_{DS} = 6V$）

$$V_{GS} = V_G - V_S = \frac{(5M)(15)}{5M + 10M} - I_D R_S = 5 - (2.25mA)R_S = 4V$$

$$\therefore R_S = \frac{5-4}{2.25mA} = 444\Omega$$

2. $V_{DD} = (R_D + R_S)I_D + V_{DS}$

$$\therefore R_D = \frac{V_{DD} - V_{DS}}{I_D} - R_S = \frac{15-6}{2.25mA} - 444 = 3556\Omega$$

372.於下圖中，已知nMOS的$V_t = 1V$，$K = \frac{1}{2}\mu C_{OX}\frac{W}{L} = 0.4\frac{mA}{V^2}$。假設不考慮通道長度調變效應，則 nMOS 的靜態汲極電流（quiescent drain current）為　(A) 1.4 mA　(B) 1.6 mA　(C) 1.8 mA　(D) 2.0 mA

（❖題型：汲極回授偏壓法）

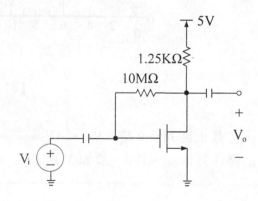

【86 年二技電子電路】

解☞：(B)

1. 取含 V_{GS} 之方程式

$$V_{GS} = V_{DS} = V_{DD} - I_D R_D$$
$$\Rightarrow V_{GS} = 5 - (1.25K) I_D \text{——①}$$

2. 電流方程式
$$I_D = K \left[V_{GS} - V_t \right]^2 = (0.4m) \left[V_{GS} - 1 \right]^2 \text{——②}$$

3. 解聯立方程式①，②得
$$I_D = 1.6mA$$

---

373. 下圖為金氧半場效電晶體（MOSFET）放大電路，其輸入及輸出均用電容器隔離直流成份；若場效型電晶體之參數為：臨界電壓（threshold voltage）$V_t = 1.5V$，電導常數 $K = 0.125 \text{ mA/V}^2$，通道長度調變等效電壓 $V_A = 100V$，則此直流操作點之汲極（drain）電壓 V_D 為　(A) 2.2　(B) 4.4　(C) 6.6　(D) 8.8　伏特（❖ 題型：汲極回授偏壓法）

【82 年二技電機】

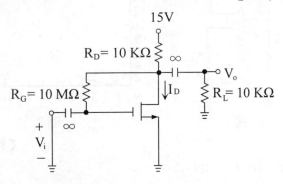

解☞：(B)

1. 取含 V_{GS} 之方程式
$$V_{GS} = V_{DS} = V_{DD} - I_D R_D = 15 - (10K) I_D \text{——①}$$

2. 電流方程式
$$I_D = K \left[V_{GS} - V_t \right]^2 = (0.125m) \left[V_{GS} - 1.5 \right]^2 \text{——②}$$

3. 解聯立方程式①，②得

$$I_D = \begin{cases} 1.0588 \text{ mA} \\ 1.7212 \text{ mA（不合，}\because V_{GS}為逆偏） \end{cases}$$

4. $\therefore V_D = V_{DD} - I_D R_D = 15 - (10K)(1.0588 \text{ mA}) = 4.41V$

374.(1)圖 1 電路中的 MOSFET 具有如圖 2 的 $i_D - V_{GS}$ 特性曲線，R_{G1} = 120 仟歐姆，R_{G2} = 80 仟歐姆，R_D = 0.5 仟歐姆，V_{DD} = 20 伏特，試求 R_S = 0 仟歐姆時，I_D 約為　(A) 2.1　(B) 6.7 (C) 8.9 (D) 13.7　毫安培

(2)同上一題，試求 R_S = 1 仟歐姆時，I_D 約為 (A) 2.8　(B) 4.9　(C) 7.1 (D) 10.3　毫安培（❖題型：EMOS 直流分析圖解法）

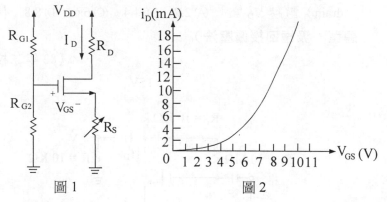

圖 1　　　　　　　圖 2

【81 年二技電機】

解☞：(1) (C)　　(2) (D)

1. 取含 V_{GS} 之迴路方程式

$$V_{GS} = V_G - V_S = \frac{R_{G2}V_{DD}}{R_{G1} + R_{G2}} - I_D R_S$$

2. 繪出負載線

$$\left. \begin{aligned} &\diamondsuit\ I_D = 0 \Rightarrow V_{GS} = \frac{R_{G2}V_{DD}}{R_{G1} + R_{G2}} \\ &\diamondsuit\ V_{GS} = 0 \Rightarrow I_D = \frac{R_{G2}V_{DD}}{R_S(R_{G1} + R_{G2})} \end{aligned} \right\} 連線即為負載線$$

(1) $R_S = 0$

$$V_{GS} = \frac{(80K)(20)}{80K+120K} = 8V \text{，} I_D = \infty$$

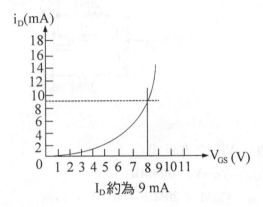

I_D 約為 9 mA

(2) $R_S = 1K\Omega$

$$V_{GS} = \frac{(80K)(20)}{80K+120K} = 8V \text{，} I_D = \frac{8V}{1K} = 8mA$$

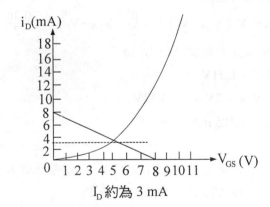

I_D 約為 3 mA

375. 如圖所示之增強型 MOSFET 電路，若 $V_{DS} \geq V_{GS} - V_P$，轉移電導 $\beta = 0.3$ 及 $V_t = +4$ 伏特，試求 I_D，V_{GS} 及 V_{DS} 的靜態值為何？（β 單位為毫安培／伏特²）（❖題型：固定偏壓法）

【81 年電機普考】

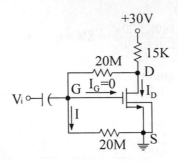

解☞：

1. 取含 V_{GS} 之方程式

$$V_{GS} = V_G - V_S = (20M)I$$

2. $V_{DS} = (20M + 20M)I = 40MI = 2V_{GS}$

$$\therefore I_D = \frac{V_{DD} - V_{DS}}{R_D} = \frac{30 - 2V_{GS}}{15K} ——①$$

3. 電流方程式

$$I_D = K \left[V_{GS} - V_t \right]^2 = \frac{\beta}{2} \left[V_{GS} - V_t \right]^2 = \frac{0.3m}{2} \left[V_{GS} - 4 \right]^2 ——②$$

4. 解聯立方程式①，②得

$$V_{GS} = 6.71V$$

$$\therefore V_{DS} = 2V_{GS} = 13.42V$$

$$I_D = 1.105 \ mA$$

376. 兩增強型 n 通道 MOSFET 元件，其電導參數 K 皆為 0.5 mA/V²，而臨界電壓 V_{TR} 則分別為 2V 及 4V。

(1)若同以下圖1之電路偏壓，則兩元件 I_D 之差值為＿＿＿A。

(2)若同以下圖 2 之電路偏壓，則兩元件 I_D 之差值為＿＿＿A。

（❖題型：MOS 不同偏壓法之比較）

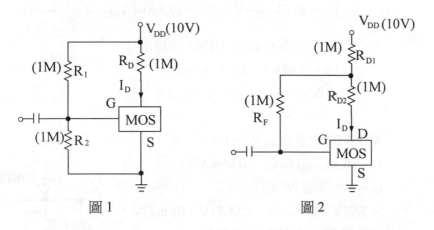

圖 1   圖 2

解☞：

(1)固定偏壓法

　①取含 V_{GS} 之方程式

$$V_{GS} = V_G - V_S = \frac{R_2 V_{DD}}{R_1 + R_2} - 0 = \frac{1}{2} V_{DD} = 5V$$

　②電流方程式

$$I_{D1} = K \left[V_{GS} - V_{TR1} \right]^2 = (0.5m)\left[5-2\right]^2 = 4.5mA$$

$$I_{D2} = K \left[V_{GS} - V_{TR2} \right]^2 = (0.5m)\left[5-4\right]^2 = 0.5mA$$

$$\therefore \Delta I_D = |I_{D1} - I_{D2}| = 4mA$$

(2)汲極回授偏壓法

　①取含 V_{GS} 之方程式

$$V_{GS1} = V_{DD} - I_{D1}R_{D1} = 10 - (1M)I_{D1} \quad ──①$$

$V_{GS2} = V_{DD} - I_{D2}R_{D1} = 10 - (1M)I_{D2}$ ——②

②電流方程式

$I_{D1} = K\left[V_{GS1} - V_{TR1}\right]^2 = (0.5m)\left[V_{GS1} - 2\right]^2$ ——③

$I_{D2} = K\left[V_{GS2} - V_{TR2}\right]^2 = (0.5m)\left[V_{GS2} - 4\right]^2$ ——④

③解聯立方程式①③及②④得

$I_{D1} = 4.88mA$，$I_{D2} = 3.4mA$

$\therefore \Delta I_D = |I_{D1} - I_{D2}| = 1.48mA$

---

377. MOSFET 的參數為 $V_t = 1V$，

$K = 0.5\mu_n C_{OX}(W/L) = 0.05mA/V^2$，

$r_o = \infty$，試求 V_0 約為

(A) 3.74V   (B) 4.36V   (C) 5.81V   (D) 6.73V

（❖題型：汲極回授偏壓法）

【79 年二技電機】

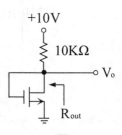

解☞：(B)

1. 取含 V_{GS} 之方程式

$V_{GS} = V_{DS} = V_0 = V_{DD} - I_D R_S = 10 - (10K)I_D$ ——①

2. 電流方程式

$I_D = K(V_{GS} - V_t)^2 = (0.05m)(V_{GS} - 1)^2$ ——②

3. 解聯立方程式①②，得

$V_{GS} = \begin{cases} -4.36V（不合）\\ 4.36V（合） \end{cases}$ $\therefore V_0 = V_{GS} = 4.36V$

378.如圖示的電路，若其 FET 的 $i_{DS} = K(V_{GS} - V_T)^2$，且 $K = 0.4mA/V^2$ 及 $V_T = 2.5V$，求工作點 $I_{DS} = $____ 及 $V_{DS} = $____ （❖題型：汲極回授偏壓法）

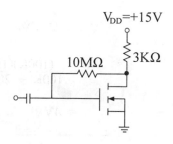

【77 年二技電子】

解☞：

1. 取含 V_{GS} 之方程式

$$V_{GS} = V_{DS} = V_{DD} - I_{DS}R_D$$

$$V_{GS} = 15 - (3K)I_D \text{——①}$$

2. 電流方程式

$$I_{DS} = K(V_{GS} - V_t)^2 = (0.4m)(V_{GS} - 2.5)^2 \text{——②}$$

3. 聯立方程式①②得

$$I_{DS} = \begin{cases} 5.39 \text{ mA（不合）} \\ 3.22 \text{ mA} \end{cases}$$

$$\therefore V_{GS} = V_{DS} = 5.34V$$

379.右圖所示的 N 通道 MOSFET 電路中，$V_{DD} = 15$ 伏洩極（Drain）電流 $I_D = 10$ 毫安，則閘極（Gate）與源極（Source）間的電壓 V_{GS} 為： (A)3.3 伏 (B)4 伏 (C)5 伏 (D)6 伏 （❖題型：分壓偏壓法）

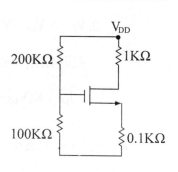

【77 年二技電機】

解☞：(B)

取含 V_{GS} 之方程式

$$V_{GS} = V_G - V_S = \frac{(100K)V_{DD}}{100K + 200K} - I_D(0.1K)$$

$$= \frac{(100K)(15)}{100K + 200K} - (10mA)(0.1K)$$

$$= 4V$$

---

380. 設 NMOSFET 中 I_{DS} 之關係為 $I_{DS} = K\left[2(V_{GS}-V_T)V_{DS}-V_{DS}^2\right]$，在此 $0 \le V_{DS} \le V_{GS}-V_T$。當 $V_{DS} \ll 1$ 時，此 FET 可視為可變電阻，其大小為 $r \cong$ _____。當 $V_{DS} \ge V_{GS}-V_T$ 時，I_{DS} 會飽和，試問此時 $I_{DS} =$ _____。（❖題型：通道電阻）

【75 年二技】

解☞：

    1. $0 \le V_{DS} \le V_{GS} - V_T \Rightarrow 0 \le V_{DG} \le -V_T$

    此時在三極體區，且 $\because V_{DS} \ll 1$

    $\therefore I_{DS} = K\left[2(V_{GS}-V_T)V_{DS}-V_{DS}^2\right] \approx K\left[2(V_{GS}-V_T)V_{DS}\right]$

    故 $r = \dfrac{V_{DS}}{I_{DS}} = \dfrac{1}{2K(V_{GS}-V_T)}$

    2. $V_{DS} > V_{GS}-V_T \Rightarrow V_{DG} > -V_T$

    此時在飽和區，

    $\therefore I_D = K(V_{GS}-V_T)^2$

---

381. 下圖所示電路中，當 $V_{GS} = 4$ 伏特，V_{DS} 為　(A) 4.8 伏　(B) 2.4 伏　(C) 8 伏　(D) 7 伏（❖題型：EMOS 直流分析圖解法）

【74 年二技電子】

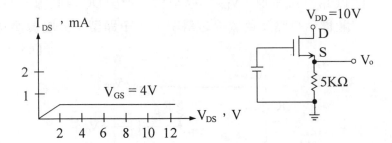

解☞：(D)

1. 列出輸出迴路方程式

$V_{DD} = V_{DS} + (5K)I_D$

2. 繪出直流負載線

令 $I_D = 0 \Rightarrow V_{DS} = V_{DD} = 10V$

令 $V_{DS} = 0 \Rightarrow I_D = \dfrac{V_{DD}}{5K} = \dfrac{10}{5K} = 2mA$

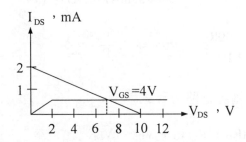

可知 $V_{DS} = 7$ 伏

---

382. 有一加強模式之 n-通道 MOSFET，連成如下圖之電路

(1) 若要使此電晶體偏壓工作於 $I_D = 35mA$，$V_{GS} = 13V$，求 R_1 / R_2 之值。

(2)以 I_D 為縱坐標，V_{DS} 為橫坐標，繪出 DC 負載線及偏壓線，並標示 Q 點及負載線之斜率。（✢題型：分壓偏壓法）

【65 年二技】

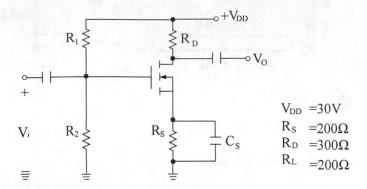

V_{DD} =30V
R_S =200Ω
R_D =300Ω
R_L =200Ω

解☞ :

(1) ∵ $V_{GS} = V_G - V_S = \dfrac{R_2 V_{DD}}{R_1 + R_2} - I_D R_S$

$= \dfrac{R_2(30)}{R_1 + R_2} - (35mA)(0.2K) = 13V$

即 $\dfrac{30R_2}{R_1 + R_2} = 20 \Rightarrow \therefore \dfrac{R_1}{R_2} = \dfrac{1}{2}$

(2)

1. 輸出迴路方程式

$(R_D + R_S) I_D + V_{DS} = V_{DD}$

$\Rightarrow (0.5K) I_D + V_{DS} = 30$

2. 繪出直流負載線

令 $I_D = 0 \Rightarrow V_{DS} = 30V$

令 $V_{DS} = 0 \Rightarrow I_D = \dfrac{30}{0.5K} = 60$ mA

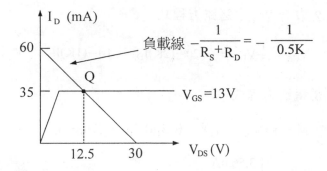

題型變化

383. 如下圖所示電路，$V_t = 3V$，$K = 0.3mA/V^2$，求工作點 I_D，V_{DS}。

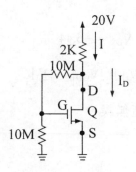

解☞：

1. 設 NMOS 在夾止區，則

$$I = I_D + \dfrac{V_{DS}}{20M} \quad\text{——①}$$

$$V_{DS} = V_{DD} - (2K)I = 20 - (2K)I \quad\text{——②}$$

由方程式①，②得

$$V_{DS} \approx 20-(2K)I_D$$

2. 取含 V_{GS} 之迴路方程式

$$V_{GS} = \frac{1}{2}V_{DS} = \frac{1}{2}[20-(2K)I_D] = 10-(1K)I_D$$

3. 電流方程式

$$I_D = K(V_{GS} - V_P)^2 = (0.3m)[10-(1K)I_D-3]^2$$

$$\therefore I_D = \begin{cases} 3.56mA \\ 13.78mA \ (不合，\because V_{GS}為逆偏) \end{cases}$$

4. $V_{GS} = 10-(1K)I_D = 6.44V$

$$V_{DS} = 2V_{GS} = 12.88V$$

5. 驗證

$$V_{GD} = V_{GS}-V_{DS} = -6.44$$

$$\because |V_{GS}| > |V_t| \ 且 \ |V_{GD}| > |V_t|$$

$$\therefore 在夾止區無誤$$

384. 下圖所示為一 FET 之自給偏壓電路，若洩極靜態電流為 0.3 mA，則其閘源極電壓 V_{GS} ＝ ？（✤ 題型：分壓偏壓法）

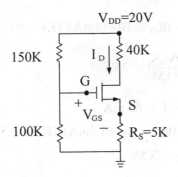

解☞：

1. 取含 V_{GS} 之方程式

$$V_{GS} = V_G - V_S = \frac{(100K)(20)}{100K + 150K} - I_D R_S = 8 - (5K)(0.3mA) = 6.5V$$

---

385. 如下圖所示電路，當開關 SW OPEN 時，電流計讀數為 6.5 mA，SW CLOSE 時，讀數為 4 mA，求電晶體 Q 之 V_T 與 K。（✤ 題型：偏壓電路）

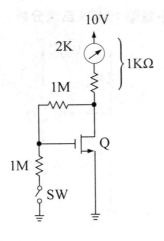

解☞：

1. SW close 時   I ＝ 4 mA

   ∴$V_{DS1} = V_{DD} - IR_D = 10 - (4mA)(1K) = 6V$

   又 $V_{GS1} = \dfrac{(1M)V_DS_1}{1M+1M} = 3V$

2. SW OPEN 時，I ＝ 65 mA

   $V_{DS2} = V_{DD} - IR_D = 10 - (6.5mA)(1K) = 3.5V$

   又 $V_{GS2} = V_{DS2} = 3.5V$

3. 電流方程式

   $6.5mA = K[V_{GS2} - V_t]^2 = K(3.5 - V_t)^2$ ——①

   $4mA = k[V_{GS1} - V_t]^2 = k[3 - V_t]^2$ ——②

4. 解聯立方程式①，②得

   $V_T = 1.18V，K = 4.8\ mA/V^2$

---

386. 兩特性相同FET，接成如下的電路，已知$V_T = 2V$，$k = 0.25mA/V^2$，$V_{DD} = 20V$，$R_1 = 10M\Omega$，試設計 R_2 值，使得每個裝置的電流均為 1 mA。（❖題型：MOS 直流分析）

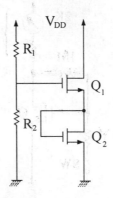

解☞：

1. $\because I_{D1} = I_{D2} = I_D = K(V_{GS} - V_t)^2 = (0.25m)(V_{GS} - 2)^2 = 1mA$

   $\therefore V_{GS} = V_{GS1} = V_{GS2} = 4V$

2. $V_{G1} = V_{GS1} + V_{GS2} = 8V$

3. $V_{G1} = \dfrac{R_2 V_{DD}}{R_1 + R_2}$，即

   $\dfrac{R_2\,(20)}{(10M) + R_2} = 8$

   $\therefore R_2 = 6.67m\Omega$

5-6〔題型三十五〕：DMOS 的物理特性及工作區

考型 70 ▸ DMOS 的物理特性

一、DMOS 的物理結構（n 通道）

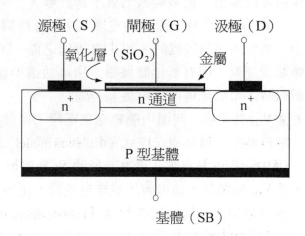

源極（S）　　閘極（G）　　汲極（D）

氧化層（SiO₂）　　　金屬

n⁺　　　　n 通道　　　　n⁺

P 型基體

基體（SB）

二、電子符號

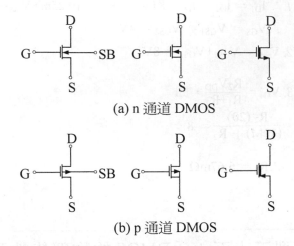

(a) n 通道 DMOS

(b) p 通道 DMOS

三、工作說明

　　空乏型的 DMOS 動作原理和 JFET 一樣：在 D 和 S 間有一條通道，是由 V_{GS} 大小來控制通道的寬窄。通常是把基體接到源極，因 D 極電壓大於 S 極，如此可使基體對通道接面保持逆向偏壓，使基體電流幾乎等於零。

　　當 V_{DS} 很小時，通道的寬度是由 V_{GS} 控制，且因 V_{DS} 很小，所以通道為等寬的。和 JFET 不同之處，DMOS 的 V_{GS} 可順偏或逆偏，因有氧化層保護，所以通道不會被打穿。V_{GS} 順偏時，可感應通道使電流 i_D 增加。

1. 當 V_{GS} 為逆偏，通道內部感應正電荷，使得通道中的電子數目減少，稱為空乏模式（depletion model）。此時 n 通道 DMOS 的 V_t 為負值，而 P 通道的 V_t 為正值。

2. 當 V_{GS} 為順偏，通道內部感應負電荷，使得通道中的電子數目更增強，稱為增強模式（enhancement model）。此時 n 通道 DMOS 的 V_t 為正值，而 P 通道的 V_t 為負值。

四、DMOS 的特性

1. MOS 為四端元件

2. MOS 只有一個 pn 接面（通道－基體），閘極 G 端只是一個金屬接點，與 JFET 不同。且因閘極與通道間有絕緣層，故閘極電流非常小，約 $i_G \approx 10^{-12} \sim 10^{-15}A$，而 JFET 的 $i_G \approx 10^{-9}A$，故從 G 端看入之輸入阻抗而言：

R_{in}（MOS）$> R_{in}$（JFET）

3. $I_G = 0$

4. SB 端必須加逆向偏壓

5. V_{GS} 的偏壓可正可負。

6. 當 V_{DS} 很小時，（通道為等寬）

7. 當 V_{DS} 不小時，（通道為梯形狀）

8. 當 V_{GS} 為正，則通道加寬。

可將更多的自由電子吸至通道中，使得通道變寬，而電阻值降低，此時之空乏型 NMOS 稱為增強模式（Enhancement Mode）。其電流方程式與工作區的判斷，與 EMOS 相同。

9. 當 V_{GS} 為負，則與 JFET 工作原理一樣，稱為空乏模式。

五、DMOS 特性曲線

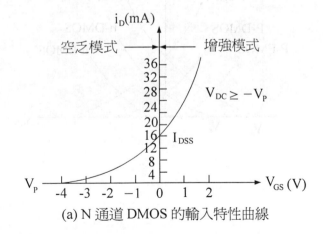

(a) N 通道 DMOS 的輸入特性曲線

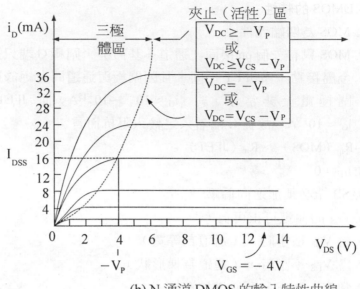

(b) N 通道 DMOS 的輸入特性曲線

六、各類 FET 的輸入特性曲線比較

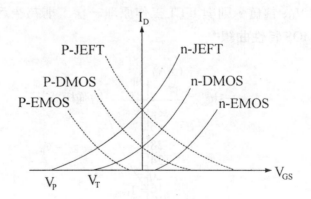

七、DMOS 與 EMOS 之差別

1.空乏型 $\begin{cases} (1)存有預留通道。 \\ (2)當 V_{GS} = 0V 時，I_D = I_{DSS}，故此型又稱為通式裝 \\ \quad \text{置}（ON\ device）。 \\ (3)閘極可工作在順向，也可以工作在逆向偏壓。 \end{cases}$

2.增強型 $\begin{cases} (1)無預留通道，通道是由 V_{GS} 順偏而感應出來的。 \\ (2)當 V_{GS} = 0V 時，I_D = 0，故此型裝置（OFF device）。 \\ \quad 又稱為斷式裝置 \end{cases}$

考型71 DMOS 工作區的判斷

1. DMOS若為空乏模式，則其工作區的判斷，及電流方程式，與 JFET 相同。此時只須將 JFET 的 $|V_P|$，視為 DMOS 的 $|V_t|$ 即可。

2. DMOS若為增強模式，則其工作區的判斷，及電流方程式，與 EMOS 相同。

3. DMOS $\begin{cases} 空乏模式 \begin{cases} N\ 通道：V_t 為負值 \\ P\ 通道：V_t 為正值 \end{cases} \\ 增強模式 \begin{cases} N\ 通道：V_t 為正值 \\ P\ 通道：V_t 為負值 \end{cases} \end{cases}$

歷屆試題

387. 關於增強型（enhancement-type）與空乏型（depletion-type）n-channel MOSFET 的敘述何者為非？

(A)增強型與空乏型都是使用 p-type 基片（substrate）。

(B)增強型 MOSFET 結構上在閘極（gate）下方，源極（source）

與汲極（drain）之間，植入一個 n 型通道。

(C)空乏型 MOSFET 的 V_{GS} 的臨界電壓（threshold voltage）V_{th} 為負的。

(D)作為放大器使用時，增強型 MOSFET 的 V_{GS} 加正的偏壓。

【83 年二技電子】

解 ☞：(B)

388.下圖 1 與圖 2 之差別是圖 1 為空乏型，圖 2 為增強型，又圖 2 與圖 3 之差別是圖 2 為 MOSFET，圖 3 為 JFET，【72 年二技】

圖 1   圖 2   圖 3

5-7〔題型三十六〕：DMOS 的直流分析

考型 72 DMOS 的直流分析

一、DMOS 的直流偏壓法

1. 自偏法

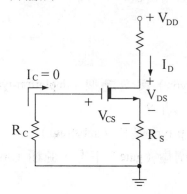

① $V_{GS} = -I_D R_S$

② $I_D = K(V_{GS} - V_T)^2$

③ $V_{DS} = V_{DD} - I_D(R_D + R_S)$

2.分壓法

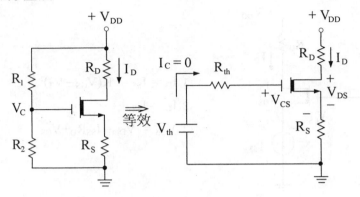

(1) $R_{th} = R_1 /\!/ R_2$

(2) $V_{th} = V_{DD} \times \dfrac{R_2}{R_1} + R_S$

(3) $V_{GS} = V_{DD} \times \dfrac{R_2}{R_1 + R_2} - I_D R_S$

(4) $I_D = K(V_{GS} - V_T)^2$

(5) $V_{DS} = V_{DD} - I_D (R_D + R_S)$

3.閘極零偏壓法

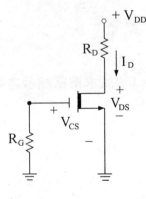

① $V_{GS} = 0$

② $I_D = I_{DSS}$

③ $V_{DS} = V_{DD} - I_{DSS} R_D$

4. 定電流源偏壓法

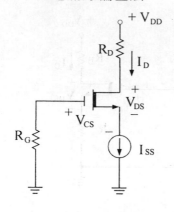

① $I_D = I_{SS} = K(V_{GS} - V_T)^2$

② $I_D = I_{SS}$

③ $V_{DS} = V_{DD} - I_{SS}R_D + V_{CS}$

二、JFET，EMOS，DMOS 直流偏壓的比較

　1. EMOS 不能用自偏法偏壓，因 $V_{DG} < 0$ 將使 n−MOS截止。

　2. 汲極回授偏壓法，n- 通道EMOS一定工作於夾止區，而DMOS 不能採用此法來偏壓。

　3. JFET 亦不能採用汲極回授偏壓法，因$V_{DC} = 0 < V_P$，n通道 JFET 非工作於夾止區。

三、DMOS 直流分析的方法有二：(1)圖解法　(2)電路分析法。

　1. 此二法的技巧，與 EMOS 及 JFET 完全相同。

　2. 需留意 DMOS 是空乏模式，或增強模式。

題型變化

389. 下圖中，$|V_t| = 1V$，$k = 0.5 \ mA/V^2$，$\lambda = 0$，試求電路標示之電流 與電壓值。

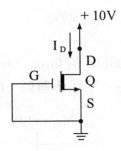

$+10V$

I_D

D

G　　Q

S

解☞:

1. 此為空乏型 N 通道 MOSFET ∴$V_t = -1V$

∴$V_{GS} = V_G - V_S = 0$ 且 $V_{GD} = V_G - V_D = -10V$

∴$|V_{GS}| < |V_t|$，又 $|V_{GD}| > |V_t|$

故此 DMOS 在夾止區（工作區之判斷法與 JFET 同）

2. ∴$I_D = K(V_{GS} - V_t)^2 = (0.5m)(0+1)^2 = 0.5$ mA

---

390. 右圖電路中的 MOSFET 具有 K = 1 mA／V^2，

$|V_T| = 4V$，$P_{max} = 250mW$ 的元件參數。

(1)當 $V_{DD} = 20V$ 時，最小的 R_1 值為何？

(2)當 $R_1 = 0$ 時，最大的 V_{DD} 值為何？

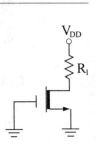

V_{DD}

R_1

解☞:

設 DMOS 在飽和區，則

1. $I_D = K(V_{GS} - V_t)^2 = K(0 - V_t)^2 = kV_t^2$

$= (1m)(16) = 16$ mA

∴$V_{DS,max} = \dfrac{P_{max}}{I_D} = \dfrac{250mW}{16mA} = 15.625V$

2. $R_{1,min} = \dfrac{V_{DD} - V_{DS,max}}{I_D} = \dfrac{20 - 15.625}{16m} = 0.273k\Omega$

3. $V_{DD,max} = V_{DS,max} = 15.625V$

391.下圖中，空乏型 MOSFET 的 $I_{DSS} = 1mA$，$V_{GS(off)} = -4$ 伏特，若 I_G 可忽略不計，則 $I_D = ?$ （❖題型：固定偏壓法）

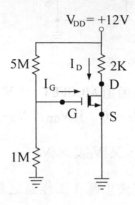

解☞：

1. 取含 V_{GS} 之迴路方程式

$$V_{GS} = V_G - V_S = V_G = \frac{(1m)(12)}{1M+5M} = 2V$$

2. 電流方程式

$$I_D = K\left[V_{GS}-V_P\right]^2 = \frac{I_{DSS}}{V_P{}^2}\left[V_{GS}-V_P\right]^2$$

$$= \frac{1mA}{16}\left[2+4\right]^2 = 2.25\ mA$$

註：① $V_{GS(off)} = V_P$

② $\because V_P = -4V$，可知此DMOS屬於空乏型電流方程式 與 N 通道的 JFET 相同。

---

392. 下圖中，若 $|V_t| = 1V$，$k = 0.5mA ／ V^2$，求 V_A。（✥ 題型：DMOS 直流分析）

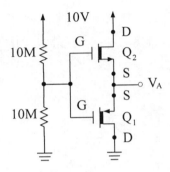

解☞：

　　1. 判斷工作區

　　　$\because V_G = \dfrac{(10M)(V_{DD})}{10M+10M} = 5V = V_{G1} = V_{G2}$

　　　① $\because V_{GD2} = V_{G2} - V_{D2} = 5-10 = -5V$

　　　　$\therefore |V_{GD2}| > |V_t| \Rightarrow Q_2 ：sat$　且知 $V_{t2} = 1V$

　　　② $\because V_{GD1} = V_{G1} - V_{D1} = 5-0 = 5V$

　　　　$\therefore |V_{GD1}| > |V_t| \Rightarrow Q_1 ：sat$，且知 $V_{t1} = -1V$

　　2. 分析電路

　　　$\because I_{D2} = I_{D1}$

　　　$\therefore K(V_{GS2} - V_{t1})^2 = k(V_{GS1} - V_{t1})^2$

　　　$\Rightarrow K(5-V_A-1) = K(5-V_A+1)^2$

　　　$\therefore V_A = 5V$

CH6　FET 放大器（FET Amplifier）

引讀

1. 本章基本上與 BJT 放大器結構是一樣的，所以先讀熟第四章，則此章可迎刃而解。

2. 本章考型 75，76，77，81 可多留意些。

3. 雖然 FET 的種類有 JFET，EMOS，DMOS 等，但其小訊號等效圖都是一樣的，甚至分析方法也一樣。唯一要注意的是輸入轉移電導 g_m，JFET 與 MOS 是不一樣的。因此只要分別背熟 JFET 的 g_m，及 MOS 的 g_m，則有助解題。

6-1〔題型三十七〕：FET 的小訊號模型

考型 73 ：FET 的小訊號模型及參數

一、一階 π 模型

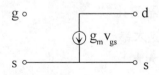

二、一階 T 模型

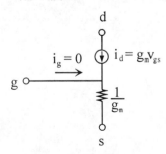

三、二階 π 模型

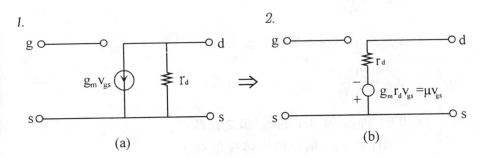

1.   2.

(a)   (b)

$$\mu = \frac{\partial v_{ds}}{\partial v_{gs}}\bigg|_Q = \frac{\partial i_d}{\partial v_{gs}}\bigg|_Q \cdot \frac{\partial v_{ds}}{\partial i_D}\bigg|_Q = g_m r_d$$

μ：電壓放大倍數（voltage Amplication factor）

四、參數求法

1. 放大因數　$\mu = g_m r_d$

2. 輸出內阻　$r_d = r_o = \dfrac{V_A}{I_{DQ}}$ ，V_A：歐力電壓（early）

3. 輸入轉移電導 g_m，

(1) $g_m = \dfrac{i_d}{v_{gs}} = \dfrac{\partial I_D}{\partial V_{GS}}\bigg|_Q$

(2) g_m，可視為 FET 的輸入特性曲線之斜率。

(3) g_m，永遠為正。

4. JEFT 的 gm

(1) $g_m = \dfrac{2I_{DSS}}{-V_p}\left(1 - \dfrac{V_{GS}}{V_p}\right) = \dfrac{2I_{DSS}}{V_p^2}\left[V_{GS} - V_p\right] = 2k\left[V_{GS} - V_p\right]$

(2) $g_m = \dfrac{2I_{DSS}}{-V_p}\left(1 - \dfrac{V_{GS}}{V_p}\right) = \dfrac{2I_{DSS}}{|-V_p|}\sqrt{\dfrac{I_D}{I_{DSS}}} = \dfrac{2}{|V_p|}\sqrt{I_{DSS}I_D} = g_{mo}\sqrt{\dfrac{I_D}{I_{DSS}}}$

$$(3)\, k = \frac{I_{DSS}}{V_p^2}$$

$(4)\, g_{mo}$，當 $V_{GS} = 0$ 時之 g_m 值

$$g_{mo} = \frac{2I_{DSS}}{-V_p}$$

5. JFET 的 g_m 與 BJT 的 g_m 值之比較

(1) BJT 的 g_m，稱為輸出轉移電導。

　　JFET 的 g_m，稱為輸入轉移電導。

(2) BJT 的 g_m

$$g_m = \frac{I_c}{V_T} \Rightarrow g_m \propto I_C \quad 線性成正比$$

a. g_m 受直流 I_C 影響

b. g_m 不受尺寸影響

(3) JFET 的 g_m

$$g_m = \frac{i_d}{v_{gs}} = \frac{2I_{DSS}}{-V_p}\sqrt{\frac{I_D}{I_{DSS}}} = \frac{2}{|V_p|}\sqrt{I_{DSS}I_D} \Rightarrow g_m \propto \sqrt{I_D}$$

a. 受直流 I_D 影響。

b. 與尺寸有關。

6. EMOS 的 g_m

$$(1)\, g_m = 2K\,(V_{GS} - |V_t|) = 2K\sqrt{\frac{I_D}{K}} = 2\sqrt{KI_D}$$

$$(2)\, K = \frac{1}{2}\mu_n\, C_{ox}\,\left(\frac{W}{L}\right)$$

五、完整二階模型：r_d 二端均不接地的分析（重要）

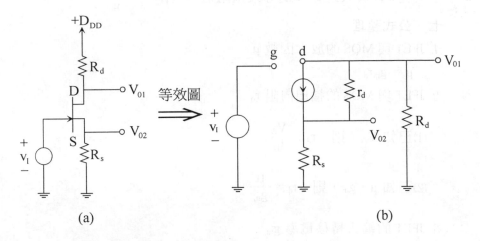

(a)

等效圖 ⟹

(b)

1. 由汲極端看入之等效圖

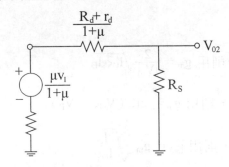

2. 由源極端看入之等效圖

六、等效電阻值

1. 從 g 端看入之 g，s 間等效電阻值 $\Rightarrow V_{gs} / i_g = \infty$

2. 從 s 端看入之 g，s 間等效電阻值 $\Rightarrow V_{gs} / i_d = \dfrac{1}{g_m}$

七、公式整理

1. JFET 與 MOS 的放大因數 μ

$$\mu = g_m r_d$$

2. JFET 與 MOS 的輸出內阻 r_o

(1)已知 V_A，則 $\quad r_d = \dfrac{V_A}{I_D}$

(2)已知 μ，g_m，則 $\quad r_d = \dfrac{\mu}{g_m}$

3. JFET 的輸入轉移電導 g_m

(1)定義 $\quad g_m = \dfrac{I_d}{v_{gs}} = \left.\dfrac{\partial I_D}{\partial V_{GS}}\right|_Q$

(2)通式 $\quad g_m = 2K\left(V_{GS} - V_p\right) = \dfrac{2}{|V_p|}\sqrt{I_{DSS}I_D} = g_{mo}\sqrt{\dfrac{I_D}{I_{DSS}}}$

① 製作因數（電導因數） $\quad K = \dfrac{I_{DSS}}{V_p^2}$

② $g_{mo} = \left.\dfrac{2I_{DSS}}{-V_p}\right|_{V_{GS}=0}$

(3)使用技巧

① 已知 I_D 時，則用 $g_m = \dfrac{2}{|V_p|}\sqrt{I_{DSS}I_D}$

② 已知 V_{GS} 時，則用 $g_m = 2K\left(V_{GS} - V_P\right)$

③ 已知 g_{mo} 時，則用 $g_m = g_{mo}\sqrt{\dfrac{I_D}{I_{DSS}}}$

4. EMOS 的輸入轉移電導 g_m

(1)定義　$g_m = \dfrac{I_d}{v_{gs}} = \dfrac{\partial I_D}{\partial V_{GS}}\bigg|_Q$

(2)通式　$g_m = 2K\,(V_{GS} - V_t) = 2\sqrt{KI_D}$

製作因數（電導因數）$K = \dfrac{1}{2}\mu_n\,Cox\left(\dfrac{W}{L}\right)$

(3)使用技巧

① 已知 I_D 時，則用 $g_m = 2\sqrt{KI_D}$

② 已知 V_{GS} 時，則用 $g_m = 2K\,(V_{GS} - V_t)$

歷屆試題

393. 對 JFET 而言，假設其操作在夾止（pinch off）區，且其夾止電壓 $V_p = -4V$，$I_{DSS} = 8mA$，$V_{GS} = -2V$，求其小信號之傳導（transconductance）g_m

(A) 4mA/V　(B) 3mA/V　(C) 2mA/V　(D) 1mA/V（✤題型：求參數）

【86 年二技電機】

解☞：　(C)

$g_m - 2K(V_{GS} - V_P) = \dfrac{2I_{DSS}}{V_P{}^2}(V_{GS} - V_P) = \dfrac{(2)(g_m)}{16}(-2 + 4) = 2mA/v$

---

394. 某一 JFET 的規格為 $I_{DSS} = 15mA$，$V_p = -6V$，$Y_{os} = 0.05m\mho$，則其互導（當 $V_{GS} = 0$）g_{mo} 為　(A) 5m$\mho$　(B) 2.5m$\mho$　(C) 0.2m$\mho$　(D) 0.4m$\mho$（✤題型：求參數）

【82 年二技電機】

解☞：　(A)

$g_{mo} = \dfrac{2\mid I_{DSS}\mid}{\mid V_p\mid} = \dfrac{2\times 15}{6} = 5m\mho$

395. 下圖為一場效電晶體（FET）的互導及汲極電阻溫度特性。試計算室溫（25℃）下放大因數 μ ＝？。圖中，g_m（互導）的定義式是＝？。在室溫時 g_m 的溫度係數是＝？。（✥**題型：求參數**）

【78 年二技】

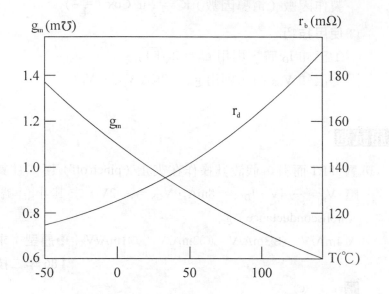

解☞：① 查圖可知，T ＝ 25℃ 時，$g_m ＝ 1m\mho$，$r_d \simeq 140k\Omega$

∴$\mu ＝ g_m r_d ＝ (1m\mho)(140k) ＝ 140$

② $g_m ＝ \dfrac{\partial i_D}{v_{gs}}$

③ $\dfrac{\Delta g_m}{\Delta T} ＝ \dfrac{g_{m2} － g_{m1}}{T_2 － T_1} ＝ \dfrac{1m\mho － 1.1m\mho}{25℃ － 0℃} ＝ － 0.004m\mho/℃$

396. 對接面 FET 進行測試，可以得到下面的數據：在－1V 的固定閘極電壓下，汲極電壓由 8V 升到 10V，使得汲極電流從 2.8 升到 3mA。然後把汲極電壓保持固定，若閘極電壓由－1V 改

變到 － 0.5V 時，汲極電流則從 3mA 改變到 4.8mA。試計算此 FET 之互導 g_m 的參數值為　(A) 1　(B)1.8　(C)3.6　(D)10m℧（✚ 題型：求參數）

【77 年二技】

解☞：(C)

$$\because g_m = \frac{\partial i_D}{\partial V_{GS}} = \frac{\Delta I_D}{\Delta V_{GS}}$$

由題意知

$$V_{GS1} = V_{G1} = -1V \text{，} V_{GS2} = V_{G2} = -0.5V$$

$$I_{D1} = 3mA \text{，} I_{D2} = 4.8mA$$

$$\therefore g_m = \frac{\Delta I_D}{\Delta V_{GS}} = \frac{I_{D2} - I_{D1}}{V_{GS2} - V_{GS1}} = \frac{4.8mA - 3mA}{-0.5 - (-1)} = 3.6m℧$$

397. 同上題，此 FET 的汲極電阻 r_d 的參數值為　(A) 1　(B)1.8　(C) 3.6　(D)10kΩ。

解☞：(D)

$$\because r_d = \frac{\partial V_{DS}}{\partial I_D} = \frac{\Delta V_{DS}}{\Delta I_D} = \frac{10 - 8}{3mA - 2mA} = 10kΩ$$

398. 下圖的電路，若其 FET 的 $I_{DS} = K(v_{GS} - V_T)^2$，且 K = 0.4mA/V² 及 $V_T = 2.5V$。求

(1)工作點 I_{DS} 及 $V_{DS} = $ _____ 。

(2)在(1)工作點上的 g_m 值。$g_m = $ _____ 。（✚ 題型：汲極回授 的 CS Amp）

【77 年二技】

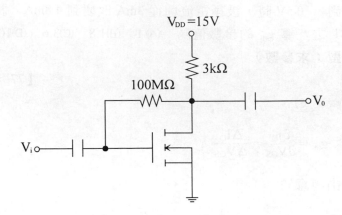

解☞：

1. 直流分析

(1)電流方程式

$I_D = K(V_{GS} - V_t)^2 = (0.4m)(V_{GS} - 2.5)^2$

(2)取含 V_{GS} 的方程式

$V_{GS} = V_{DS} = V_D = V_{DD} - I_D R_D = 15 - (3k) I_D$

(3)解聯立方程式①，②，得

$I_D = 3.22mA$，$V_{DS} = V_{GS} = 5.34V$

2. 求參數

$g_m = 2\sqrt{KI_D} = (2)\sqrt{(0.4m)(3.22m)} = 2.27m\mho$

6-2〔題型三十八〕：共源極放大器

一、JFET 之 CS Amp

1. 電路

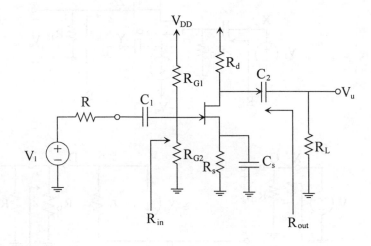

二、EMOS 之 CS Amp

　　1. 電路

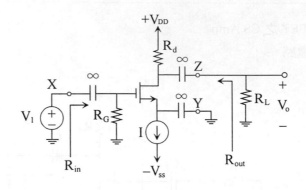

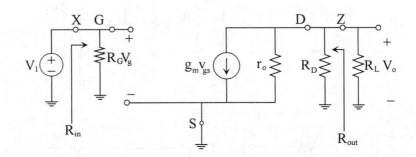

　2. 小訊號分析中的（$R_d \mathbin{/\mkern-5mu/} R_L \mathbin{/\mkern-5mu/} r_o$）只是個近似值。因為 R_d 及 R_L
　　是直接接地，而 r_o 卻是汲源間電阻。然其計算結果與實際
　　值近似。

　3. **優點**

　　⑴高輸入電阻

　　⑵電壓增益很大

　4. **缺點**

　　⑴高輸出電阻

　　⑵高頻時增益大幅降低（頻寬很低），因 C_{gd} 被放大（$1 -$
　　　A_V）倍（Miller 定理）。

三、小訊號等效電阻
1. 恆流源等效電阻

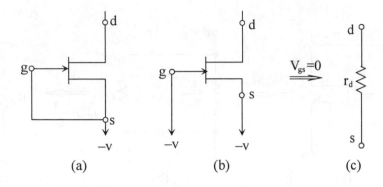

(a)   (b)   (c)

2. 分壓式等效電阻

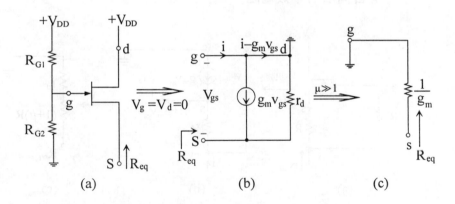

(a)   (b)   (c)

(1) $v_{gs} = r_d\,(i - g_m V_{gs})$

(2) $R_{eg} = \dfrac{v_{gs}}{i} = \dfrac{i r_d - g_m r_d v_{gs}}{i} = r_d - g_m r_d R_{eg}$

$\therefore R_{eg} = \dfrac{r_d}{1 + g_m r_d} = \dfrac{r_d}{1 + \mu}$

(3) 若 $\mu \gg 1$ 　則　 $R_{eg} \approx \dfrac{r_d}{\mu} = \dfrac{1}{g_m}$

3. EMOS 負載等效電阻

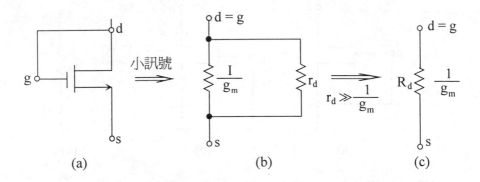

    (a)   (b)   (c)

4. 自偏法的等效電阻

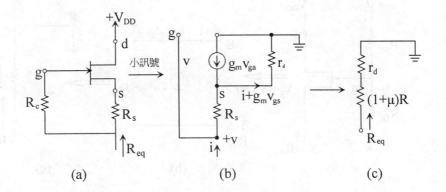

    (a)   (b)   (c)

1. $v_{gs} = iR_s$——①

2. $iR_s + (I + g_m V_{gs}) r_d = V$——②

3. 解聯立方程式①，②得

$$R_{eg} = \frac{V}{i} = r_d + (1 + \mu) R_s$$

四、共源級小訊號分析技巧

考型有三 {
1. CS 不含 R_S →解題技巧：觀察法：$A_v = -g_m$（汲極所有電阻）
2. CS 含 R_S →解題技巧：以汲極看入之等效電路分析
3. 汲極回授→解題技巧：
}

{
①若只求 A_v，則用節點分析法
②若需求 R_{in}，R_{out}，則用米勒效應
}

考型 74 不含 R_s 的共源極放大器

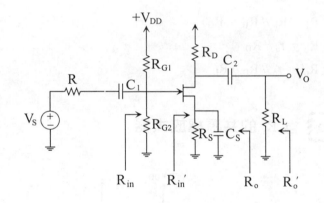

一、小訊號等效模型

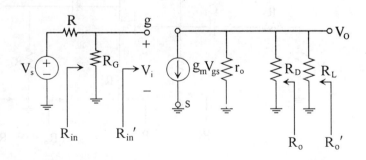

$$R_G = R_{G1} \,/\!/\, R_{G2}$$

二、電路分析

1. $A_v = \dfrac{V_o}{V_i} = \dfrac{V_o}{V_{gs}} = \dfrac{-g_m v_{gs} \, (r_o \,/\!/\, R_D \,/\!/\, R_L)}{v_{gs}} = -g_m \, (r_o \,/\!/\, R_D \,/\!/\, R_L)$

〔**觀察法**〕：$A_V = \dfrac{V_o}{V_i} = -g_m \cdot$（汲極所有電阻）

2. $A_{vs} = \dfrac{V_o}{V_s} = \dfrac{V_o}{V_i} \cdot \dfrac{V_i}{V_s} = A_V \cdot \dfrac{R_i}{R + R_i}$

〔**觀察法**〕：$A_{vs} = A_V \cdot$（由訊號源看入之分壓法）

3. $R_i{}' = \infty$

4. $R_i = R_i{}' \,/\!/\, R_G = R_G$

5. $R_o = r_o \,/\!/\, R_D$

6. $R_o{}' = r_o \,/\!/\, R_D \,/\!/\, R_L$

考型 75 含 R_s 的共源極放大器

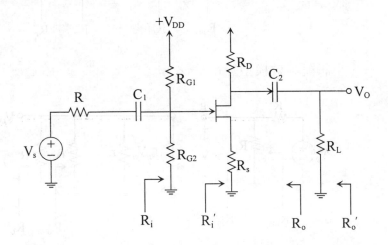

一、小訊號等效模型

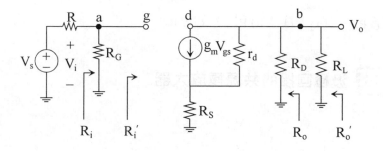

$R_G = R_{G1} // R_{G2}$

在 a，b 之間由汲極看入之等效如下

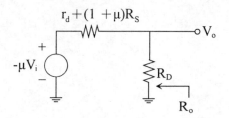

$\mu = g_m r_d$

二、電路分析

1. $A_v = \dfrac{V_o}{V_i} = \dfrac{-\mu V_i R_D}{(r_d + (1 + \mu)R_s + R_D)V_i} = \dfrac{-\mu R_D}{r_d + (1 + \mu)R_s + R_D}$

2. $A_{rs} = \dfrac{V_o}{V_s} = \dfrac{V_o}{V_i} \cdot \dfrac{V_i}{V_s} = A_V \cdot \dfrac{R_i}{R + R_i}$

3. $R_i' = \infty$

4. $R_i = R_G$

5. $R_o = [r_d + (1 + \mu) R_s] \mathbin{/\mkern-3mu/} R_D$

6. $R_o' = [r_d + (1 + \mu) R_s] \mathbin{/\mkern-3mu/} R_D \mathbin{/\mkern-3mu/} R_L$

考型 76 汲極回授的共源極放大器

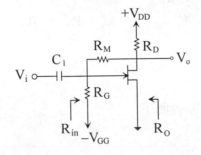

解法有三：

    1. 米勒效應

    2. 節點分析法

    3. 迴授分析法

在此以米勒效應分析

(1)化為米勒效應等效

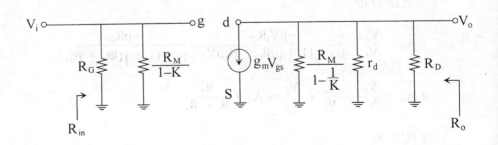

1. $K = \dfrac{V_o}{V_i} = - g_m (R_D /\!/ r_d)$ （即將 R_M 開路）

2. 以下分析，則與前述二種考型相同

3. 若 $R_M \gg 10 (R_D /\!/ r_d)$ 時，$\dfrac{R_M}{1 - \dfrac{1}{K}}$ 可忽略

　　若 $R_M \geqq 10 (R_D /\!/ r_d)$ 時，$\dfrac{R_M}{1 - \dfrac{1}{K}} \approx R_M$

歷屆試題

399. 如圖，V_i 為小信號輸入，其中 NMOS 電晶體具有 $|V_t| = 0.9V$，$V_A = 50V$，且偏壓於 $V_D = 2V$。求 $|v_o / V_i|$： (A) 13.2　(B) 10.5　(C) 8.3　(D) 6.1（❖題型：汲極回授的共源極放大器）

【88 年二技電機】

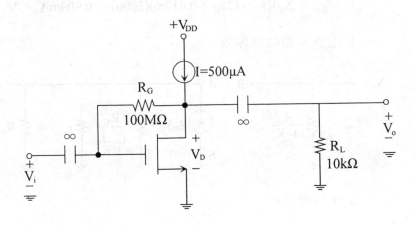

解 ☞ : (C)

1. 直流分析求參數

(1)取含 V_{GS} 的方程式

$$V_{GS} = V_{DS} = V_D = 2V$$

(2)電流方程式

$$I_D = K(V_{GS} - |V_t|)^2$$

$$\Rightarrow 500\mu A = K(2 - 0.9)^2$$

$$\therefore 電導因數 \quad K = 0.413mA／v^2$$

(3)求參數

$$r_o = \frac{V_A}{I_D} = \frac{50V}{500\mu A} = 100k\Omega$$

$$g_m = 2\sqrt{KI_D} = (2)\sqrt{(0.413m)(500\mu)} = 0.909mA／V$$

2. 化為米勒效應等效

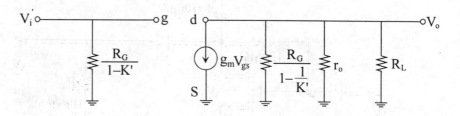

3. 小訊號分析

$$\therefore R_G \gg 10 (r_o ／／ R_L) \quad \therefore \frac{R_G}{1 - \frac{1}{K'}} 可忽略$$

故 $|A_V| = \left| \dfrac{V_o}{V_i} \right| = \left| \dfrac{-g_m V_{gs} \, (r_o \mathbin{/\!/} R_L)}{v_{gs}} \right| = 8.3$

400.(1)下圖中已知 NMOS 的 $V_t = 1V$，$K = \dfrac{1}{2}\mu Cox\dfrac{W}{L} = 0.4\dfrac{mA}{V^2}$，假

設不考慮通道長度調變效應，則NMOS的靜態汲極電流為：

(A) 1.4mA　(B)1.6mA　(C)1.8mA　(D)2.0MA。

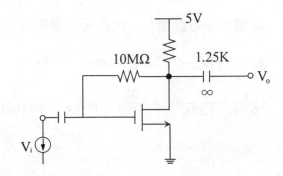

(2)同上題，求其小訊號電壓增益 $\dfrac{V_o}{V_i} = ?$　(A)-2　(B) -3　(C)-4

(D) -5。（✛題型：汲極回授小訊號分析）

【86 年二技電子】

解☞：(1)(B)　(2)(A)

　1. 直流分析

　　(1)電流方程式

　　　$I_D = K(V_{GS} - V_t)^2 = (0.4m)(V_{GS} - 1)^2$ ——①

　　(2)含 V_{GS} 的方程式

　　　$V_{GS} = V_{DS} = V_{DD} - I_D R_D = 5 - I_D(1.25K)$ ——②

　　(3)解聯立方程式①，②得

　　　$I_D = 1.6 \text{ mA}$，$V_{GS} = 3V$

2.交流分析

(1)繪出小訊號分析

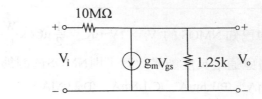

本題只求電壓增益，所以可用節點分析法

$$g_m = 2\sqrt{KI_D} = (2)\sqrt{(0.4m)(1.6m)} = 1.6m$$

$$(\frac{1}{10M} + \frac{1}{1.25K})V_o = \frac{V_i}{10M} - g_m V_{gs} = V_i(\frac{1}{10M} - g_m)$$

$$\therefore A_V = \frac{V_o}{V_i} = -2$$

401.如下圖，此增強型 MOSFET 之 $V_T = 1.5V$，$\beta = 0.25mA/V^2$，$r_o = \frac{50}{I_D}$，求其中頻之增益為何？　(A)-1.1　(B)-2.2　(C)-3.3　(D)-4.4。（❖題型：汲極回授的 CS Amp）

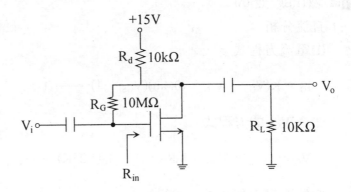

【86 年二技電機】

解 ☞： (D)

觀念：汲極回授的題目，若只求電壓增益，可用節點分析
法，即可求出，但若有求輸入電阻 R_{in} 或輸出電阻，
則用米勒效應較快。

1. 直流分析求參數

   (1)電流方程式

   $$I_D = \beta(V_{GS} - V_t)^2 = (0.25m)(V_{GS} - 1.5)^2$$

   (2)取含 V_{GS} 的方程式

   $$V_{GS} = V_{DS} = V_{DD} - I_D R_d = 15 - I_D(10K)$$

   (3)解聯立方程式(1)(2)，得

   $$I_D = 1.14 \text{ mA}，V_{GS} = 3.6V$$

   $$g_m = 2\beta(V_{GS} - V_t) = (2)(0.25m)(3.6 - 1.5) = 1.05mA/V$$

   $$r_o = \frac{50}{I_D} = \frac{50}{1.14mA} = 43.86k\Omega$$

2. 繪出小訊號等效電路（米勒效應）

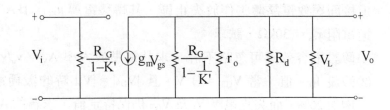

3.分析電路

(1)求不含 R_G 的電壓增益 $K' = \dfrac{V_o}{V_i}$

$$K' = \frac{V_o}{V_i} = \frac{V_o}{V_{gs}} = -g_m(r_o \mathbin{/\mkern-5mu/} R_d \mathbin{/\mkern-5mu/} R_L)$$

$$\approx -(1.05m)(43.86k \mathbin{/\mkern-5mu/} 10k \mathbin{/\mkern-5mu/} 10k) = -4.71$$

(2)求含 R_G 的電壓增益 $A_V = \dfrac{V_o}{V_i}$

$$A_V = \frac{V_o}{V_i} \approx K' = -4.71$$

註：$\because R_G \gg 10(r_o \mathbin{/\mkern-5mu/} R_d \mathbin{/\mkern-5mu/} R_L)$ 時，$\dfrac{R_G}{1 - \dfrac{1}{K'}}$ 可忽略

402.同題 403，其輸入電阻為　(A) 1.23MΩ　(B) 3.32MΩ　(C) 4.25MΩ　(D) 2.33MΩ

解☞：(A)

$$R_{in} = \frac{R_G}{1 - K'} = \frac{10M}{1 + 4.71} = 1.75M\Omega$$

403.下圖所示為一小訊號放大器，$R_D = 20k\Omega$，$R_S = 1k\Omega$。假設n通道接面場效電晶體工作於夾止區，其轉移電導 $g_m = 1kA/V$，通道電阻 $r_{ds} = 30k\Omega$，試求：

(1)假設電容效應可忽略不計，求其電壓放大率 $A_v = v_o/v_s$。

(2)假設 I_{DSS} 值（當 $V_{GS} = 0\ V$，且 $|V_{DS}| = |V_p|$ 時的汲極電流）增加20%，而夾止電壓 V_t 及 V_{GS} 仍保持定值，求新的 A_v 值。

(3)比較 FET 及 MOS 兩種元件之相同與相異點。（❖題型：含 R_S 時的 CS Amp）

【86 年保甄】

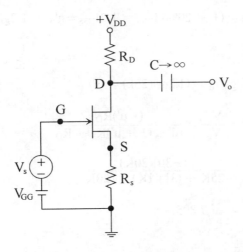

解☞：

(1) 繪出小訊號模型（由汲極端看入之等效電路）

$$\therefore A_V = \frac{V_o}{V_s} = \frac{(-\mu)R_D}{r_d + (1+\mu)R_S + R_D} = \frac{(-30)(20k)}{30k + (31)(1k) + (20k)} = -7.404$$

其中 $\mu = g_m r_d = (1m)(30k) = 30$

(2) $\because g_m = 2k(V_{GS} - v_p) = \frac{2I_{DSS}}{V_p{}^2}(V_{GS} - V_p) \Rightarrow g_m \Rightarrow I_{DSS}$

$r_d = \frac{\mu}{g_m} \Rightarrow r_d \propto \frac{1}{I_{DSS}}$

$$\therefore I'_{DSS} = (1 + 20\%)\, I_{DSS} = 1.2 I_{DSS} \Rightarrow g'_m = 1.2 g_m = 1.2\text{mA/V}$$

$$\Rightarrow r_d' = \frac{1}{1.2} r_d = 25\text{k}\Omega$$

$$\therefore \mu' = g_m' r_d' = (1.2\text{m})(25\text{k}) = 30$$

$$故\, A_V' = \frac{V_o'}{V_S}' = \frac{(-\mu')R_D}{rd' + (1 + \mu')R_S + R_D}$$

$$= \frac{(-30)(20\text{K})}{25\text{K} + (31)(1\text{K}) + (20\text{K})}$$

$$= -7.895$$

(3)相異點：

① JFET 是 PN 接面，而 MOS 的絕緣閘是有氧化層。

② JFET 是空乏式操作，而 MOS 有增強型及空乏型二種。

③ JFET 無基體效應，但 MOS 有基體效應。

④ JFET 輸入阻抗雖高，但 MOSFET 輸入阻抗更高。

⑤ JFET 閘極較不怕靜電破壞，而 MOS 之閘極較易有靜電損壞氧化層。

---

404. 下圖之 FET 放大電路，若 $R_D = 20\text{k}\Omega$ 且 FET 之 $r_d = 10\text{k}\Omega$，$\mu = 30$，求電壓增益： (A)-20 (B)-10 (C) 10 (D) 20。（✣ 題型：不含 R_S 的 CS Amp.）

【85 年二技電機】

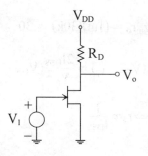

解☞：　(A)

1. 繪出小訊號等效電路

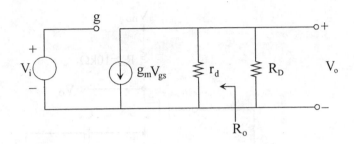

2. 求參數

$$g_m = \frac{\mu}{r_d} = \frac{30}{10k} = 3m\mho$$

3. 分析電路

$$A_V = \frac{V_o}{V_i} = \frac{V_o}{V_{gs}} = -g_m\,(r_d\,//\,R_D) = (-3m)(10k\,//\,20k) = -20$$

4. 觀察法（不含 R_S 時）

$$A_V = -\,g_m \cdot (汲極所有電阻) = -g_m\,(r_d\,//\,R_D)$$

---

405. 求上題之電路中，輸出電阻為多少kΩ：　(A) 5　(B) 10　(C) 20 (D) 30。

解☞：　(B)

$R_o = r_d = 10k\Omega$

---

406. 下圖為一放大器，工作於$I_D = 1mA$，g_m 值（transconductance）為 1mA/V，若忽略 r_o (output resistance)，則中頻增益（midband gain）為　(A) -30　(B) -20　(C) -10　(D) -1。（❖題型：不含 R_S

的 CS Amp.）

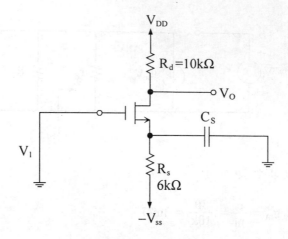

解☞：(C)

方法一：小訊號分析

1. 繪出小訊號等效電路

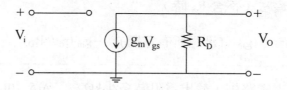

2. 分析電路

$$\therefore A_V = \frac{V_o}{V_i} = \frac{V_o}{V_{gs}} = -g_m R_D = (-1m)(10k) = -10$$

方法二：觀察法

$$A_V = -g_m（汲極所有電阻）= -g_m R_D = -10$$

407.若圖中，電壓增益 V_o / V_i 為 - 3.3，試以米勒定理（Miller's theorem）求其輸入電阻(input resistance)值為多少？　(A) 100kΩ (B) 2.33MΩ　(C) 5.2MΩ　(D) 10MΩ。（❖題型：汲極回授小訊號分析）

【84年二技電子】

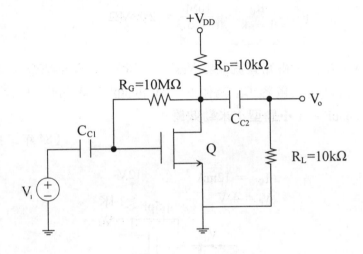

解☞：(B)

1. 繪出小訊號分析

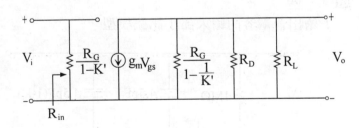

2. 求不含 R_G 的電壓增益 $k' = \dfrac{V_o}{V_i}$

$$K' = \frac{V_o}{V_i} = \frac{V_o}{V_{gs}} = - g_m (R_D /\!/ R_L) = A_V = - 3.3$$

$$(\because R_G \gg 10(R_D /\!/ R_L) \Rightarrow A_V \approx - g_m (R_D /\!/ R_L))$$

$$\therefore R_{in} = \frac{R_G}{1 - k'} = \frac{10M}{1 + 3.3} = 2.33 M\Omega$$

---

408. 下圖中，得知直流偏壓 $V_{GS} = - 1.8V$，在此偏壓點，計算該電路之輸入電容 C_{in} 為何？ (A) 40.2pF (B) 9pF (C) 21.7pF (D) 65pF。（✤題型：米勒效應）

【84 年二技電子】

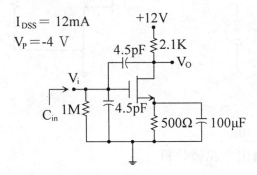

解☞：(A)

1. 繪出含電容的輸入部小訊號模型

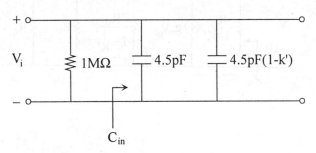

2. 求參數（此 MOS 為空乏型，因為 V_{GS} 為逆偏）

$$g_m = 2K(V_{GS} - V_P) = \frac{2I_{DSS}}{V_P{}^2}(V_{GS} - V_P)$$

$$= \frac{(2)(12m)}{16}〔1.8 + 4〕 = 3.3m℧$$

3. 求不含 4.5pF 的 $k' = \dfrac{V_o}{V_i}$

$$k' = \frac{V_o}{V_i} = -g_m R_D = (-3.3m)(2.1k) = -6.93$$

4. 求 C_{in}

$$C_{in} = 4.5pF + 4.5pF(1 - k') = 4.5pF + 4.5pF(7.93) = 40.2pF$$

---

409. 下圖所示為一 n 通道 JFET 電路，此 JFET 的夾止電壓（pinch — off voltage）$V_p = -2.0V$，V_{GS} 為零時的汲極電流 $I_{DSS} = 2.65mA$，如要 $I_D = 1.25mA$，則 R_S 為：　(A) 2.7kΩ　(B) 850kΩ　(C) 250Ω　(D) 500Ω。（✧題型：自偏法的直流分析）

【83 年二技】

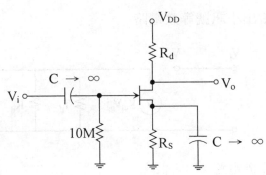

解☞：　(D)

1. 電流方程式

$$I_D = K〔V_{GS} - V_p〕^2 = \frac{I_{DSS}}{V_p{}^2}〔V_{GS} - V_p〕^2 = \frac{2.65m}{4}〔V_{GS} + 2〕^2$$

$$\therefore V_{GS} = -\,0.63V$$

2. 取含 $V_{GS} = V_G - V_S = V_G - I_D R_S = -\,I_D R_S$

$$\therefore R_S = \frac{-\,V_{GS}}{I_D} = \frac{0.63V}{1.25mA} \approx 500\Omega$$

---

410. 上題中，在此偏壓狀態下，此 JFET 的轉移電導（transconductance）g_m 為： (A) 0.63mA/V (B) 1.33mA/V (C) 1.82mA/V (D) 1.18mA/V。（✤題型：求參數）

解☞： (C)

$$g_m = \frac{2}{|V_p|}\sqrt{I_D I_{DSS}} = \frac{2}{|-2|}\sqrt{(1.25mA)(2.65mA)} = 1.82mA/V$$

---

411. 上題中，如JFET的低頻小訊號等效電路裡的 $r_d = 500k\Omega$，而電路中的 $R_d = 10k\Omega$，則此電路電壓增益大小為： (A) 17.8 (B) 11.6 (C) 13.0 (D) 6.2。（✤題型：不含 R_s 的 CS Amp.）

解☞： (A)

1. 繪出小訊號等效電路

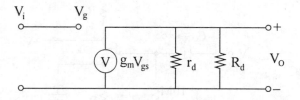

2. 分析電路

$$A_V = \frac{V_o}{V_i} = \frac{V_o}{V_{gs}} = -\,g_m(r_d \mathbin{/\mkern-5mu/} R_d) = (-\,1.82m)(10k \mathbin{/\mkern-5mu/} 500k) \approx 17.8$$

412.下圖示為金氧半場電晶體（MOSFET）放大電路，其輸入及輸出均用電容器隔離直流成份；若場效型電晶體之參數為：臨界電壓（threshold voltage）$V_t = 1.5V$，電導常數 $K = 0.125mA/V^2$，通道長度調變等效電壓 $V_A = 100V$，則此直流操作點之汲極（drain）電壓 V_D 為 (A) 2.2 (B) 4.4 (C) 6.6 (D) 8.8 伏特。（✢

題型：汲極回授偏壓法）

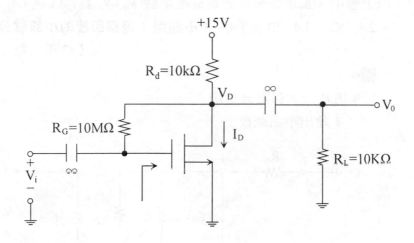

【82 年二技電機】

解☞：(B)

1. 電流方程式

$$I_D = K(V_{GS} - V_t)^2 = \frac{V_{DD} - V_D}{R_D} = \frac{15 - V_D}{10k} \cdots\cdots ①$$

2. 含 V_{GS} 之方程式

$$V_{GS} = V_G - V_S = V_G = V_D \cdots\cdots ②$$

3. 解聯立方程式①、②

$$\frac{15 - V_D}{10k} = K(V_{GS} - V_t)^2$$

$$\Rightarrow \frac{15 - V_D}{10k} = (0.125m)\,(V_D - 1.5)^2$$

$$\therefore V_D = \begin{cases} -2.23V（不合∵逆偏） \\ 4.41V（合）\Rightarrow I_D = \dfrac{15 - V_{GS}}{10K} = 1.06mA \end{cases}$$

---

413. 上題中，試求低頻小信號電壓增益 V_o/V_i 為　(A)－1.4　(B)－2.4　(C)－3.4　(D)－4.4。（❖題型：汲極回授的小訊號分析）

【82年二技電機】

解☞：　(C)

A. 方法一：節點分析法

1. 繪出小訊號模型

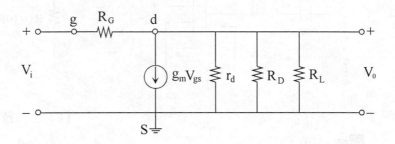

2. 求參數

$$g_m = 2k(V_{GS} - V_t)$$

$$= (2)(0.125m)(4.41 - 1.5) = 0.725mA/V$$

$$r_d = \frac{V_A}{I_D} = \frac{100V}{1.06mA} = 94.34k\Omega$$

3. 電路分析

$$\left(\frac{1}{R_G} + \frac{1}{r_d} + \frac{1}{R_D} + \frac{1}{R_L}\right)V_o = \frac{V_i}{R_G} - g_m V_{gs} = \left(\frac{1}{R_G} - g_m\right)V_i$$

$$\Rightarrow \left(\frac{1}{10M} + \frac{1}{94.34K} + \frac{1}{10k} + \frac{1}{10k}\right)V_o = \left(\frac{1}{10M} - 0.725m\right)V_i$$

$$\therefore A_V = \frac{V_o}{V_i} = -3.44$$

B. 方法二：米勒效應

1. 繪出小訊號模型

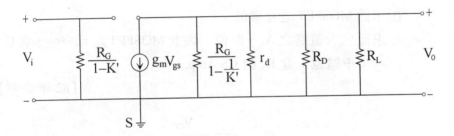

2. 求不含 R_G 時的 $K' = \frac{V_o}{V_i}$

$$K' = \frac{V_o}{V_i} = -g_m(r_d \mathbin{/\mkern-5mu/} R_D \mathbin{/\mkern-5mu/} R_L) = -(0.725m)(94.34k \mathbin{/\mkern-5mu/} 10k \mathbin{/\mkern-5mu/} 10k) = -3.44$$

3. 求含 R_G 時的

$$A_V = \frac{V_o}{V_i} = -g_m\left(\frac{R_G}{1 - \frac{1}{K'}} \mathbin{/\mkern-5mu/} r_d \mathbin{/\mkern-5mu/} R_D \mathbin{/\mkern-5mu/} R_L\right) = -3.44$$

其中 $\quad \dfrac{R_G}{1 - \dfrac{1}{K'}} = \dfrac{10M}{1 + \dfrac{1}{3.44}} = 7.75M\Omega$

4.註

①當 $R_G \gg 10(r_d \mathbin{/\mkern-5mu/} R_D \mathbin{/\mkern-5mu/} R_L)$ 時，$\dfrac{R_G}{1 - \dfrac{1}{K'}}$ 可忽略

②當 $R_G \geqq 10(r_d \mathbin{/\mkern-5mu/} R_D \mathbin{/\mkern-5mu/} R_L)$ 時，$\dfrac{R_G}{1 - \dfrac{1}{K'}} \approx R_G$

---

414. 如下圖所示電路，設 N 通道空乏型 MOSFET 之 $I_{DSS} = 5mA$，$V_{GS(OFF)} = -3V$， 若 $V_{DD} = 20V$，$R_L = 10k\Omega$，$R_D = 2k\Omega$，$R_{S1} = 0.1k\Omega$，$R_1 = 4M\Omega$，$R_2 = 1M\Omega$，並設調變 R_{S2} 值使 I_D 工作於飽和區，且 $I_{DS} = 2.5mA$

(1) 求此 MOSFET 之互導值

(2) 求此放大電路之 A_V，R_i 值，設此 MOSFET 之 $r_{ds} \to \infty$，各 $C \to \infty$（❖題型：含 R_S 的 CS Amp.）

【82 年普考】

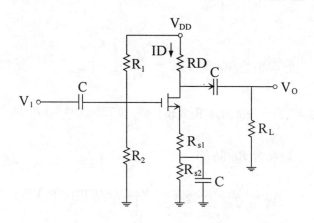

解☞：

(1) $g_m = \dfrac{2}{|V_p|}\sqrt{I_{DSS}I_D} = \dfrac{2}{3}\sqrt{(5mA)(2.5mA)} = 2.35mA/V$

(2) 1. 繪出小訊號模型

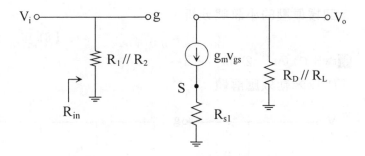

2. 分析電路

①$R_{in} = R_1 // R_2 = 4M // 1M\Omega = 0.8M\Omega$

②$V_i = V_{gs} + I_D R_{S1} = v_{gs} + g_m V_{gs} R_{S1} = V_{gs}(1 + g_m R_{S1})$

$V_o = - g_m V_{gs}(R_D // R_L)$

$\therefore A_V = \dfrac{V_o}{V_i} = \dfrac{- g_m(R_D // R_L)}{1 + g_m R_{S1}} = - 3.17$

3. 觀念：本題不含 r_d，μ，不適用由汲極看入之等效電路法

415.(1)若 D 極的電流為 $i_D = K(V_{GS} - V_p)^2$

，$K = 0.25mA/V^2$，

$V_p = 2V$，V_{GS} 為 G 極與 S 極間的電壓；D 極與 S 極間的有效阻抗 $r_d = 100V/I_D$，I_D 為操作點的 I_d 值，若 $r_d \ll R_G$，

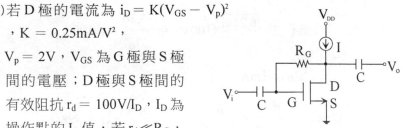

欲使 V_o / V_i 的小信號增益為-100，設右圖中的電容都非常大，則 $I = ?$　(A)1.04mA　(B)1.14mA　(C)1.23mA　(D)1.30mA。

(2)若上題中的 $R_G = 10M\Omega$，則 V_i 的輸入阻抗 R_{in} 為：

(A) 80kΩ　　(B) 100kΩ　　(C) 150kΩ　　(D) 200kΩ。（✥題型：汲極
回授偏壓的小訊號分析）

【81 年二技電子】

解☞：(1) (A)　　(2) (B)

(1)以米勒效應解題

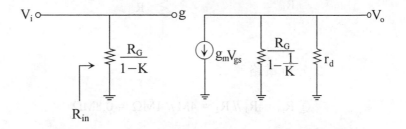

①求 R_G 開路時的 K

$$K' = \frac{V_o}{V_i} = \frac{V_o}{v_{gs}} = - g_m R_d = A_V$$

②含 R_G 時的 A_v

$$A_V = \frac{V_o}{V_i} = \frac{V_o}{v_{gs}} = - g_m \left(\frac{R_G}{1 - \frac{1}{K'}} // r_d \right) \approx - g_m R_d = (2\sqrt{KI_D})(\frac{100V}{I_D})$$

$$= (-2\sqrt{\frac{0.25m}{I_D}})(100V) = \frac{-3.16}{\sqrt{I_D}} = -100$$

$$\therefore I_D = 1mA$$

(2) $R_{in} = \frac{R_G}{1 - K} = \frac{R_G}{1 - A_v} = \frac{10M\Omega}{1 - (-100)} = 99k\Omega$

416.(1) MOSFET 的參數為 $V_t = 1V$，

K $= 0.5\mu_nC_{ox}(W/L) = 0.05mA/V^2$，$r_o = \infty$，試求

V_o 約為　(A) 3.74V　(B) 4.36V　(C) 5.81V　(D)

6.73V。

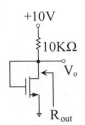

(2)續上題，試求在圖中之等效小信號輸出阻抗

R_{out} 為　(A) 2.3KΩ　(B) 5.4KΩ　(C) 7.1KΩ　(D)

10KΩ（❖題型：汲極回授的小訊號分析）

【79 年二技電機】

解☞：(1) (B)　(2) (A)

(1)一、直流分析

　　1.電流方程式

　　　$I_D = K(V_{GS} - V_t)^2 = (0.05m)(V_{GS} - 1)^2$

　　2.取含 V_{GS} 的方程式

　　　$V_{GS} = V_{DS} = V_D = V_{DD} - I_DR_D = 10 - (10K)I_D$

　　3.解聯立方程式①②，得

　　　$V_{GS} = V_o = 4.36V$

(2)二、交流分析

　　1.繪出小訊號等效電路（取 $R_o = \dfrac{V_o}{I_o}\bigg|_{V_i = 0}$）

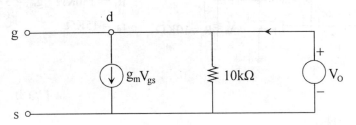

2.求參數

$$g_m = 2k(V_{GS} - V_t) = (2)(0.05m)(4.36 - 1) = 0.336 \text{ mA/V}$$

3.分析電路

$$I_o = g_m V_{gs} + \frac{V_o}{10k} = g_m V_o + \frac{V_o}{10k} = V_o \left(g_m + \frac{1}{10k} \right)$$

$$\therefore R_{out} = \frac{V_o}{I_o} = \frac{1}{g_m + \frac{1}{10k}} = \frac{1}{0.336m + \frac{1}{10k}} = 2.3k\Omega$$

417.如圖所示電路，已知MOSFET（空乏型）的 $g_m = 3 \times 10^{-3}$(A/V)，$r_d = 15K\Omega$，試求利用小信號模式求下列問題。

(1)電壓增益 $A_V = \dfrac{V_o}{V_s} = $ _____

(2)輸入阻抗 $Z_i = $ _____ （Ω）

(3)輸出阻抗 $Z_o = $ _____ （Ω）（❖題型：汲極回授的小訊號分析）

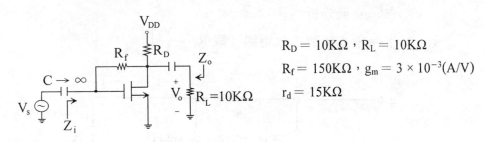

$R_D = 10K\Omega$，$R_L = 10K\Omega$

$R_f = 150K\Omega$，$g_m = 3 \times 10^{-3}$(A/V)

$r_d = 15K\Omega$

【78年二技電子】

解☞：

A.方法一：使用節點分析法

一、

1. 繪出小訊號等效電路

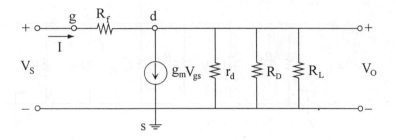

2. 分析電路

$$(\frac{1}{R_f} + \frac{1}{r_d} + \frac{1}{R_D} + \frac{1}{R_L})V_o = \frac{V_s}{R_f} - g_m V_{gs} = (\frac{1}{R_f} - g_m)V_s$$

$$\Rightarrow (\frac{1}{150k} + \frac{1}{15k} + \frac{1}{10k} + \frac{1}{10k})V_o - (\frac{1}{150k} - 3 \times 10^{-3})V_s$$

$$\therefore A_V = \frac{V_o}{V_s} = -10.95$$

3. $Z_I = \dfrac{V_s}{I} = \dfrac{V_s}{\dfrac{V_s - V_o}{R_f}} = \dfrac{1}{\dfrac{1 - A_V}{R_f}} = \dfrac{R_f}{1 - A_V} = \dfrac{150k}{1 - (-10.95)} = 12.55k\Omega$

二、 $Z_o = \dfrac{V}{I}\Big|_{V_s = 0 = V_{gs}} = R_f /\!/ r_d /\!/ R_D /\!/ R_L = 3.66K\Omega$

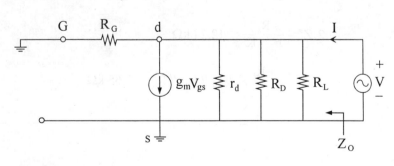

B.方法二：米勒效應

一、繪出小訊號等效電路

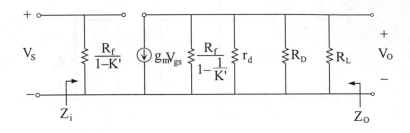

1. 求不含 R_f 之 $K' = \dfrac{V_o}{V_i}$

$$K' = \dfrac{V_o}{V_i} = -g_m(r_d \mathbin{/\!/} R_D \mathbin{/\!/} R_2) = -3 \times 10^{-3}(15K \mathbin{/\!/} 10K \mathbin{/\!/} 10K)$$

$$= -11.25$$

$$\therefore A_V = \dfrac{V_o}{V_s} = \dfrac{V_o}{V_i} = -g_m \left[\dfrac{R_f}{1 - \dfrac{1}{K'}} \mathbin{/\!/} r_d \mathbin{/\!/} R_D \mathbin{/\!/} R_L \right] = -10.95$$

其中

$$\dfrac{R_f}{1 - \dfrac{1}{K'}} = 137.76 \text{ k}\Omega \text{ , } \dfrac{R_f}{1 - K'} = 12.24 \text{ k}\Omega$$

2. $Z_i = \dfrac{R_f}{1 - K'} = 12.24 \text{ k}\Omega$

3. $Z_o = \dfrac{R_f}{1 - \dfrac{1}{K'}} \mathbin{/\!/} r_d \mathbin{/\!/} R_D \mathbin{/\!/} R_L = 3.65 \text{ k}\Omega$

418. 有一 FET 小信號放大電路如右圖
　　所示，其 μ = 50，r_d = 10kΩ，求：

　　(1) $A_v = \dfrac{V_o}{V_i}$，$A_V =$ ＿＿＿＿。

　　(2) 輸出阻抗 $R_o =$ ＿＿＿＿。

（❖ 題型：汲極回授的小訊號分析）

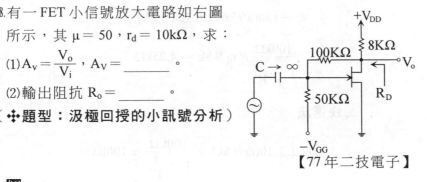

【77 年二技電子】

解☞ :

　1. 繪出小訊號等效電阻(米勒效應)

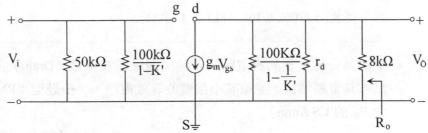

　2. 求參數

$$g_m = \frac{\mu}{r_d} = \frac{50}{10k} = 5m\mho$$

　3. 求不含 100kΩ 時的 $K' = \dfrac{V_o}{V_i}$

$$K' \approx \frac{V_o}{V_i} = \frac{V_o}{v_{gs}} = -g_m(r_d \mathbin{/\mkern-5mu/} 8k) = (-5m)(10k \mathbin{/\mkern-5mu/} 8k) = -22.22$$

　4. 求含 100kΩ 米勒效應的 $A_V = \dfrac{V_o}{V_i}$ 及 R_o

$$① A_V = \frac{V_o}{V_i} = \frac{V_o}{V_{gs}} = -g_m\left(\frac{100k\Omega}{1 - \dfrac{1}{K'}} \mathbin{/\mkern-5mu/} r_d \mathbin{/\mkern-5mu/} 8k\right)$$

$$= -(5m)(95.69k \mathbin{/\mkern-5mu/} 10k \mathbin{/\mkern-5mu/} 8k) = -21.23$$

②$R_o = \dfrac{100k\Omega}{1 - \dfrac{1}{K'}} \mathbin{/\mkern-5mu/} r_d \mathbin{/\mkern-5mu/} 8k = 4.25k\Omega$

5. 快速法

∵$100k\Omega \geqq 10(r_d \mathbin{/\mkern-5mu/} 8k) \Rightarrow \dfrac{100k\Omega}{1 - \dfrac{1}{K'}} \approx 100K\Omega$

①$A_V = \dfrac{V_o}{V_i} = -g_m(100k \mathbin{/\mkern-5mu/} r_d \mathbin{/\mkern-5mu/} 8k) = -21.27$

②$R_o = (100k \mathbin{/\mkern-5mu/} 10k \mathbin{/\mkern-5mu/} 8k) = 4.26k\Omega$

---

419. 下圖為一場效電晶體電路,若輸出端點在洩極點(Drain)上,試求其電壓增益,並繪其小信號的等效電路。(❖題型:PMOS 含 R_s 的 CS Amp.)

【72 年二技】

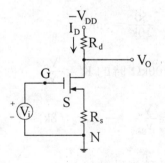

解☞: 1. 繪出小訊號等效電路（由汲極看入）

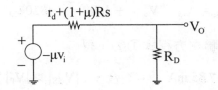

2. 分析電路

$$V_o = \frac{(-\mu V_i)(R_d)}{r_d + (1+\mu)R_s + R_d}$$

$$\therefore A_V = \frac{V_o}{V_i} = \frac{-\mu R_d}{r_d + (1+\mu)R_s + R_d}$$

---

420. 下圖之放大器用的是 N−通道之 FET，若 $R_g = 1M$，$V_p = -2V$，$I_{DSS} = 1.65mA$，$V_{DD} = 24V$，$R_d = 10k$，$r_d = 40k$，$R_s = 820\Omega$，試求 I_D（直流值），互導 g_m 及 $A_V = \frac{V_o}{V_i}$（❖題型：CS Amp.）

【69 年二技】

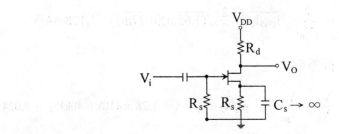

解☞:

一、直流分析

1. 電流方程式

$$I_D = K(V_{GS} - V_p)^2 = \frac{I_{DSS}}{V_p{}^2}(V_{GS} - V_p)^2 = \frac{1.65mA}{4}(V_{GS} + 2)^2$$

2.取含 V_{GS} 的方程式

$$V_{GS} = V_G - V_S = -I_D R_S = -(820)I_D$$

3.解聯立方程式①②，得

$$I_D = \begin{cases} 7.85 \text{ mA} & (\text{不合}, \because |V_{GS}| > |V_P|) \\ 0.77 \text{ mA} \end{cases}$$

二、小訊號分析

1.繪出等效電路

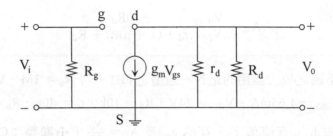

2.求參數

$$g_m = \frac{2}{|V_p|}\sqrt{I_{DSS}I_D} = \frac{2}{2}\sqrt{(1.65m)(0.77m)} = 1.128 \text{mA/V}$$

3.分析電路

$$A_V = \frac{V_o}{V_i} = \frac{V_o}{v_{gs}} = -g_m(R_d // r_d) = (-1.28 \text{ m})(10k // 40k) = -9.024$$

題型變化

421.如下圖的 JFET 放大電路，已知 $I_{DSS} = 12\text{mA}$，$V_p = -4\text{V}$，$r_d = 100\text{k}\Omega$，(a)求 I_{DQ} 和 V_{DSQ}，(b)繪出交流小信號等效電路，並計算電壓增益。（❖題型：不含 R_s 的 CS Amp.）

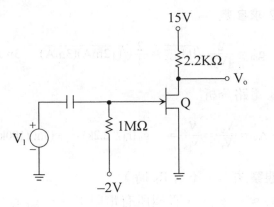

解☞：

一、直流分析

　　1. 電流方程式

$$I_D = K \left[V_{GS} - V_p \right]^2 = \frac{I_{DSS}}{V_p{}^2} \left[V_{GS} - V_p \right]^2 = \frac{12m}{16}(V_{GS} + 4)^2$$

　　2. 取含 V_{GS} 的方程式

　　$V_{GS} = V_G - V_S = -2 - 0 = -2V$

　　3. 解聯立方程式①，②得

　　$I_{DQ} = 3mA$，

　　$V_{DSQ} = V_{DD} - I_D R_D = 15 - (3mA)(2.2k) = 8.4V$

二、小訊號分析

　　1. 繪出小訊號等效電路

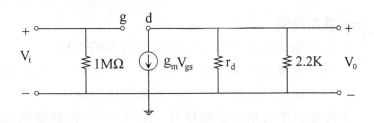

2. 求參數

$$g_m = \frac{2}{|V_p|}\sqrt{I_D I_{DSS}} = \frac{2}{4}\sqrt{(12mA)(3mA)} = 3mA/V$$

3. 電路分析

$$A_V = \frac{V_o}{V_i} = \frac{V_o}{v_{gs}} = -g_m(r_d \mathbin{/\mkern-5mu/} 2.2k) = -(3m)(100k \mathbin{/\mkern-5mu/} 2.2k) = -6.46$$

三、觀察法：（不含 R_S 時）

$$A_V \approx -g_m \cdot （汲極所有電阻）= -g_m(r_d \mathbin{/\mkern-5mu/} 2.2k)$$

6-3〔題型三十九〕：共汲極放大器（源極隨耦器）

考型 77 源極隨耦器

一、電路說明

1. 源極隨耦器，是以共汲極組態連接的電路。

2. 源極隨耦器的 R_{in} 極高，R_{out} 極低，所以可耦合高阻抗訊號源和低阻抗負載，以執行緩衝器的功能。

3. 緩衝器不提供的電壓增益（$A_V \approx 1$），而能提供大的電流增

益及功率增益。

4.考型有二

　①共汲極（源極隨耦器）

　②靴帶式源極隨耦器（bootstrap source-follower）

二、源極隨耦器

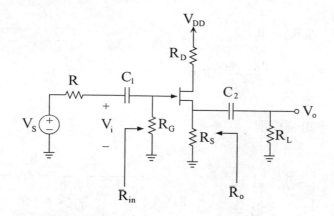

方法一：由 V_S 右端，且由源極看入之等效

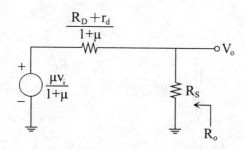

$\mu = g_m r_d$

分析電路

$$1.\ A_V = \frac{V_o}{V_i} = (\frac{\mu}{1+\mu})(\frac{R_S}{R_S + \frac{R_D + r_d}{1+\mu}}) = \frac{\mu R_S}{R_D + r_d + (1+\mu)R_S}$$

$$2.\ A_{vs} = \frac{V_o}{V_s} = \frac{V_o}{V_i} \cdot \frac{V_i}{V_s} = A_V \frac{R_{in}}{R + R_{in}}$$

$$3.\ R_{in} = R_G$$

$$4.\ R_o = \frac{R_D + r_d}{1+\mu} \,/\!/\, R_S$$

方法二：

1. 小訊號模型

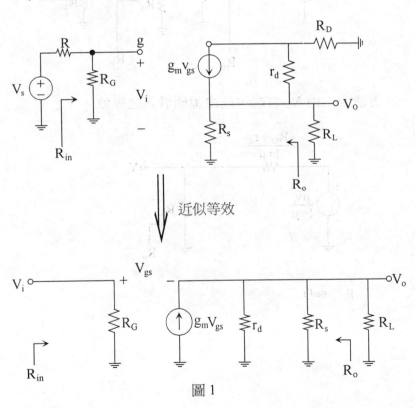

近似等效

圖 1

其中

$$g_mV_{gs} = g_m(V_g - V_s) = g_mV_{gs} - g_mV_S = g_mV_{gs} - g_mV_O = g_mV_i - g_mV_o$$

而 g_mV_o 可視為 $\dfrac{1}{g_m}$ 與 V_o 之關係，故等效圖可改成如下

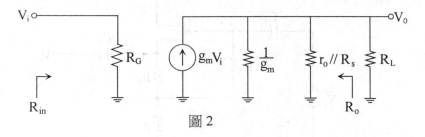

圖 2

2. 分析電路

(1) $R_{in} = R_G$ 由圖 1 知

(2) $V_o = g_mv_{gs}(r_d // R_S // R_L) = g_m(V_i - V_o)(r_d // R_S // R_L)$

$$\therefore A_V = \frac{V_o}{V_i} = \frac{g_m(r_d // R_S // R_L)}{1 + g_m(r_d // R_S // R_L)}$$

(3) 若由圖 2，則知

$$A_V = \frac{V_o}{V_i} = g_m(\frac{1}{g_m} // r_d // R_S // R_L)$$

(4) $R_o = \dfrac{1}{g_m} // r_d // R_S$

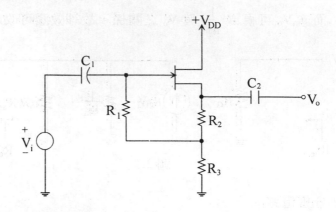

一、以米勒效應解題

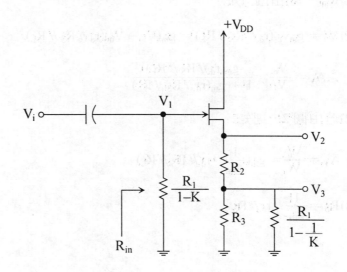

1. $\because V_2 \approx V_1$

$$\therefore K = \frac{V_3}{V_1} \approx \frac{R_3}{R_2 + R_3}$$

2. $R_{in} = \dfrac{R_1}{1 - K} = (1 + \dfrac{R_3}{R_2})R_1 > R_1$ （靴帶式的 R_{in} 較大）

3. 其餘分析，與前述相同

歷屆試題

422.如下圖之電路中，已知接面場效電晶體的參數為 $I_{DSS} = 10mA$，
$V_p = -5V$，$r_d = 1.25M\Omega$，圖 中 $V_{DD} = 15V$，其 他 元 件 值 為
$R_1 = 1M\Omega$，$R_2 = 150k\Omega$，$R_L = 15k\Omega$，$R_S = 15k\Omega$。若 $I_D = 0.4mA$，
試求 $V_{GS} = $ ？（✥題型：CD Amp 的交直流分析）

(A)$-5V$　(B)$-4V$　(C)$-3V$　(D)$-6V$

【87年二技電子】

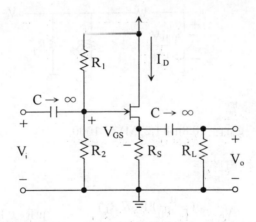

解☞：(B)

電流方程式

$$I_D = K(V_{GS} - V_p)^2 = \dfrac{I_{DSS}}{V_p^2}〔V_{GS} - V_p〕^2 = \dfrac{10mA}{25}(V_{GS} + 5)^2 = 0.4mA$$

$\therefore V_{GS} = -4V$

423.承上題，試求圖中接面場效電晶體之互導參數 $g_m = ?$ 　(A)
0.8mA/V　(B) 0.4mA/V　(C) 2mA/V　(D) 1mA/V

解☞： (A)

$$g_m = \frac{2}{|V_p|}\sqrt{I_{DSS}I_D} = \frac{2}{5} \cdot \sqrt{(10m)(0.4m)} = 0.8mA/V$$

424.承題 422，試求電壓增益 $A_V = \dfrac{V_o}{V_i} = ?$ 　(A) 0.52　(B) 5　(C) 0.86
(D) 6

解☞： (C)

   1. 繪出小訊號等效電路（由源極看入）

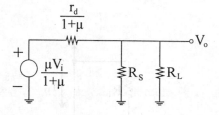

   2. 求參數

   $\mu = g_m r_d = (0.8m)(1.25M) = 1000$

   3. 分析電路

$$A_V = \frac{V_o}{V_i} = \frac{(\dfrac{\mu}{1+\mu})(R_S \mathbin{/\mkern-5mu/} R_L)}{\dfrac{r_d}{1+\mu} + (R_S \mathbin{/\mkern-5mu/} R_L)} = \frac{\mu(R_S \mathbin{/\mkern-5mu/} R_L)}{r_d + (1+\mu)(R_S \mathbin{/\mkern-5mu/} R_L)}$$

$$= \frac{(1000)(15k \mathbin{/\mkern-5mu/} 15k)}{1.25M + (1001)(15k \mathbin{/\mkern-5mu/} 15k)} = 0.86$$

   4. 觀察法

   源汲隨耦器 $A_V \approx 1$，但小於 1，所以選項 (B)， (D)為錯。

425.若 FET 的 $g_m = 1400\mu S$，放大器的電壓增益為　(A) 1　(B) 2　(C) 10　(D) 100（❖題型：CD Amp）

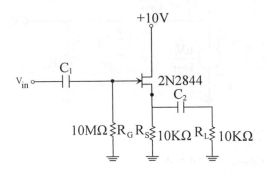

+10V

C_1

V_{in}

2N2844

C_2

$10M\Omega \lessgtr R_G$　$R_S \lessgtr 10K\Omega$　$R_L \lessgtr 10K\Omega$

【85 年南台二技電機】

解☞：(A)

此題可直接觀察，因為 CD Amp 的 $A_V \approx 1$

426.有一只共洩極（common drain）組態的增強型（enhancement）N 通道金氧半場效電晶體（MOSFET）電路，其中在一已知的工作點上之電晶體小信號模型的參數值洩極電阻 $r_d = 2$ 仟歐姆，互導 $g_m = 11$ 毫安／伏。若接於此電晶體源極（source）的電阻 $R_S = 1$ 仟歐姆，R_S 的另一端接地；而加於閘極上交流輸入電壓的峰對峰值 $V_i = 5$ 毫伏，則自源極引出的交流輸出電壓，其峰對峰值 v_o 為？　(A) 1.67 毫伏　(B) 3.33 毫伏　(C) 4.4 毫伏　(D) 15 毫伏（❖題型：CD Amp）

【83 年二技電機】

解☞：(C)

1. 繪出小訊號模型（由源極看入）

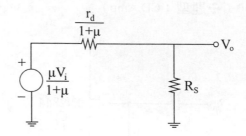

2. 求參數

$$\mu = g_m r_d = (11m)(2k) = 22$$

3. 分析電路

$$V_o = \frac{(\frac{\mu V_i}{1+\mu})(R_S)}{\frac{r_d}{1+\mu} + R_S} = \frac{\mu R_S V_I}{r_d + (1+\mu)R_S} = \frac{(22)(1k)(5mV)}{2k + (23)(1k)} = 4.4mV$$

---

427. 下圖所示電路中 $R_3 = 3R_2$，接面場效電晶體（JFET）工作於飽和區域，設 V_S 與 V_g 可看成相等，則輸入電阻 R_i 在 $R_1 \gg R_3$ 時約為　(A)$R_1 + R_2$　(B)$R_1 + R_3$　(C)$4R_2$　(D)$4R_1$（❖題型：靴帶式源極隨耦器）

【73 年二技電子】

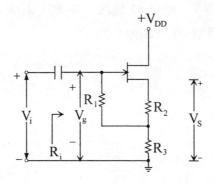

解☞：(D)

1. 繪出米勒效應的等效電路

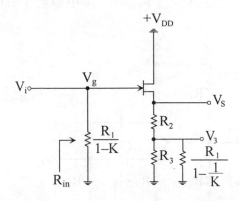

2. 求不含 R_1 時的 $K = \dfrac{V_3}{V_i}$

$\because V_S = V_g = V_i$

$\therefore K = \dfrac{V_3}{V_i} = \dfrac{V_3}{V_2} = \dfrac{R_3}{R_2 + R_3}$

3. 分析電路

$$R_i = \frac{R_1}{1 - K} = \frac{R_1}{1 - \dfrac{R_3}{R_2 + R_3}} = \frac{R_1}{\dfrac{R_2}{R_2 + R_3}} = R_1\left(1 + \frac{R_3}{R_2}\right) = R_1(1 + 3) = 4R_1$$

題型變化

428. 下圖中，$R_{G1} /\!/ R_{G2} = 1M\Omega$，$R_D = 10k\Omega$，$R_S = R_L = 20k\Omega$，$\mu = 10$，$g_m = 0.2mA/v$，則 $v_o/v_i = ?$ $R_{out} = ?$ （❖題型：CD Amp）

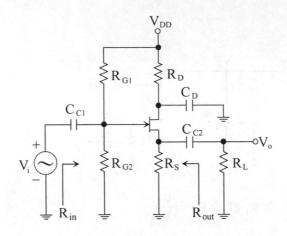

解☞：

1. 繪出小訊號等效電路（由源極看入）

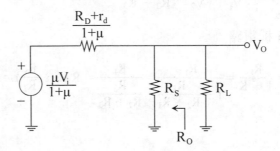

2. 求參數

$$r_d = \frac{\mu}{g_m} = \frac{10}{0.2m} = 50k\Omega$$

3.分析電路

$$V_D = \frac{(\frac{\mu V_i}{1+\mu})(R_S /\!/ R_L)}{\frac{R_D + r_d}{1 + \mu} + (R_S /\!/ R_L)} = \frac{\mu V_i(R_S /\!/ R_L)}{R_D + r_d + (1 + \mu)(R_S /\!/ R_L)}$$

$$\therefore A_V = \frac{V_o}{V_i} = \frac{\mu(R_S /\!/ R_2)}{R_D + rd + (1+\mu)(R_S /\!/ R_L)}$$

$$= \frac{(10)(20K /\!/ 20K)}{10K + 50K + (1 + 10)(20K /\!/ 20K)}$$

$$= 0.588$$

$$R_{out} = \frac{R_D + r_d}{1 + \mu} /\!/ R_S = \frac{10k + 50k}{11} /\!/ 20k = 4.286k\Omega$$

429.下圖為一CD放大器，試求 v_o 端看進去之輸出阻抗為何？（已知 FET 之 $g_m = 2mA/V$，$r_d = 50k\Omega$）（✤題型：CD Amp）

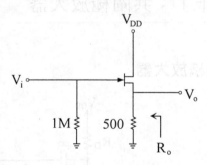

解☞：

1. 繪出小訊號等效電路（由源極看入）

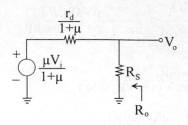

2. 求參數

$$\mu = g_m r_d = (2m)(50k) = 100$$

3. $R_o = \dfrac{r_d}{1 + \mu} \mathbin{/\mkern-5mu/} R_S = \dfrac{50k}{101} \mathbin{/\mkern-5mu/} 500 = 248.7\Omega$

6-4〔題型四十〕：共閘極放大器

考型 79 共閘極放大器

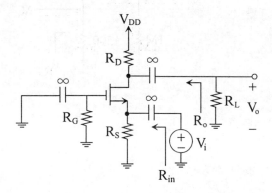

一、優點
1. 電壓增益和共源極放大器幾乎相同。
2. 頻寬比共源極放大器寬很多。

二、缺點
1. 輸入電阻很小，故輸入幾乎都使用電流訊號，如此低輸入電阻反而成為優點。

三、電路分析（近似等效）

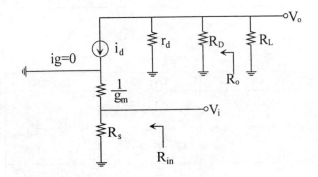

1. $A_v = \dfrac{V_o}{V_i} = \dfrac{-i_d(r_d \mathbin{/\!/} R_D \mathbin{/\!/} R_L)}{-i_d(\dfrac{1}{g_m})} = g_m(r_d \mathbin{/\!/} R_D \mathbin{/\!/} R_L)$

觀察法：$A_V = g_m \cdot$ （汲極所有電阻）

2. $R_{in} = R_S \mathbin{/\!/} \dfrac{1}{g_m}$

3. $R_o = r_d \mathbin{/\!/} R_D$

註：共閘極的精確分析，請見《研究所電子學題庫大全》

考型 80 CS、CD、CG 放大器的比較

1.

組態	A_V	A_I	R_{in}	R_0
CS	> 1	—	∞	中等
CD	≃ 1	—	∞	低
CG	> 1	≃ 1	低	中等

表一

2.

	CS(不含R_S)	CS(含R_S)	CD(不含R_D)	CG
A_V(不含r_o)	$A_V = \dfrac{V_o}{V_i} = -g_m R_D'$	$A_V = \dfrac{V_o}{V_i} = \dfrac{-g_m R_D'}{1 + g_m R_S}$ 或 $A_V = \dfrac{V_o}{V_i} = \dfrac{-\mu R_D'}{R_D' + R_o}$	$A_V = \dfrac{V_o}{V_i} = \dfrac{g_m R_S}{1 + g_m R_S}$	$A_V = \dfrac{V_o}{V_i} = g_m R_D'$
A_V(含r_o)	$A_V = \dfrac{V_o}{V_i} = -g_m R_D''$	$A_V = \dfrac{V_o}{V_i} = \dfrac{-g_m R_D'}{1 + g_m R_S}$	$A_V = \dfrac{V_o}{V_i} = \dfrac{g_m R_S'}{1 + g_m R_S'}$ 或 $A_V = \dfrac{V_o}{V_i} = \dfrac{\mu R_S'}{r_o + (1+\mu)R_S'}$	$A_V = g_m R_D''$
R_{in}	∞	∞	∞	$\dfrac{R_D + r_o}{1+\mu}$
R_o	R_D''	$[\,r_o + (1+\mu)R_S\,] \mathbin{/\!/} R_D \mathbin{/\!/} R_L$	$R_S' \mathbin{/\!/} \dfrac{r_o}{1+\mu}$	R_D'

表二

① $R_D' = R_D \mathbin{/\!/} R_L$

② $R_D'' = R_D \mathbin{/\!/} r_o \mathbin{/\!/} R_L$

③ $R_S' = R_S \mathbin{/\!/} R_L$

430.(1)一放大器電路如下圖所示,其中的接面場效電晶體(JFET)工作於飽和區內,電晶體的夾止電壓(pinch-off voltage)$V_p = -4V$,$I_{DSS} = KV_p^2 = 10mA$,假設可忽略電晶體的通道長度調變效應,並且 C_1、C_2 有很大的電容值,試計算電壓增益 $A_V = \dfrac{V_o}{V_i} = ?$　(A) 0.83　(B) 1.67　(C) 3.26　(D) 6.52

(2)同上題,下圖所示之電路的電阻 $R_i = ?$　(A) 173　(B) 375　(C) 612　(D) 1.26KΩ（❖題型：CG Amp）

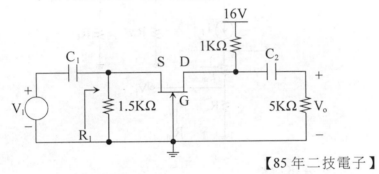

【85 年二技電子】

解☞：(1) (B)　(2) (B)

一、直流分析

1. 電流方程式

$$I_D = K(V_{GS} - V_p)^2 = \frac{I_{DSS}}{V_p^2}(V_{GS} - V_p)^2 = \frac{10mA}{16}(V_{GS} + 4)^2$$

2. 取含 V_{GS} 的方程式

$$V_{GS} = V_G - V_S = -I_D R_S = -(1.5k)I_D$$

3. 解聯立方程式①,②得

$$I_D = \begin{cases} 4.4\text{mA}(\text{不合}) \\ 1.6\text{mA} \end{cases}$$

4. 求參數

$$g_m = \frac{2}{|V_p|}\sqrt{I_{DSS}I_D} = \frac{2}{4}\sqrt{(10\text{m})(1.6\text{m})} = 2\text{mA/V}$$

二、小訊號分析

1. 繪出等效電路

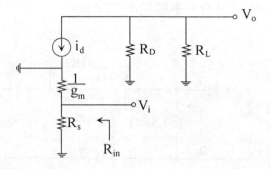

2. 分析電路

$$A_V = \frac{V_o}{V_i} = \frac{-I_d(R_D \mathbin{/\mkern-5mu/} R_L)}{-I_d(\frac{1}{g_m})} = g_m(R_D \mathbin{/\mkern-5mu/} R_L) = (2\text{m})(1\text{k} \mathbin{/\mkern-5mu/} 5\text{k}) = 1.67$$

3. 觀察法：$A_V = g_m$（汲極所有電阻）$= g_m(R_D \mathbin{/\mkern-5mu/} R_L)$

$$R_{in} = \frac{1}{g_m} \mathbin{/\mkern-5mu/} R_S = \frac{1}{2\text{m}} \mathbin{/\mkern-5mu/} 1.5\text{k} = 375\Omega$$

6-5〔題型四十一〕：FET 多級放大器

考型 81 FET 多級放大器

　　FET 多級放大器與 BJT 一樣，有許多型式。（詳見〔題型二十九〕）。此處僅以串疊電路說明如下

1. Cascode（串疊）$\begin{cases} \text{FET : CS + CG} \\ \text{BJT : CE + CB} \end{cases}$

2. Cascade（串接）$\begin{cases} \text{CS} \\ \text{CG} \\ \text{CD} \end{cases} + \begin{cases} \text{CS} \\ \text{CG} \\ \text{CD} \end{cases}$ ＜任二級串接＞

3. Cascode 電路分析

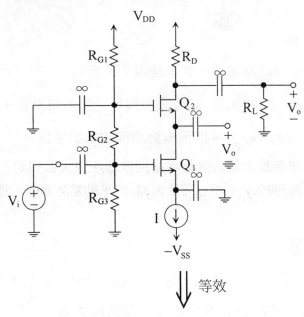

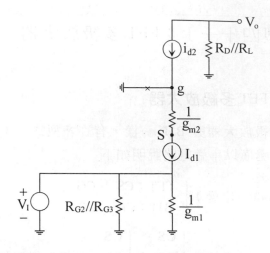

$$A_V = \frac{V_o}{V_i} = \frac{-i_{d2}(R_D \mathbin{/\mkern-5mu/} R_L)}{V_i} = \frac{-i_{d1}(R_D \mathbin{/\mkern-5mu/} R_L)}{V_i} = -g_{m1}(R_D \mathbin{/\mkern-5mu/} R_L)$$

其中 $\quad i_{d1} = \dfrac{V_i}{\dfrac{1}{g_{m1}}} = g_{m1}V_i$

4.分析

(1)Q_2 共 CG 組態，從源極看入的電阻為 $\dfrac{1}{g_{m2}}$。而其中 $A_V \approx 1$

(2)Q_1 是 CD 組態 Q_1 的汲極與地之間的電阻為（$r_{d1} \mathbin{/\mkern-5mu/} \dfrac{1}{g_{m2}}$）

若 $r_{d1} \gg \dfrac{1}{g_m}$，則汲極與地間的電阻近似為 $\dfrac{1}{g_{m2}}$。

(3)串疊放大器的電壓增益與共源極放大器相同，但因有共閘極
組態的 Q_2，所以可降低 Q_1 的米勒電容效應，進而增加頻寬。

歷屆試題

431.下圖為一放大電路，FET 之 $g_m = 5mS$，電晶體之 $h_{ie} = 2k\Omega$ 及
$h_{fe} = 100$，試求整個電路之電壓增益 $A_V = \dfrac{V_o}{V_i} = ?$ (A) 1619

(B) 1000　　(C) 4200　　(D) 3153（✤題型：CS＋CE）

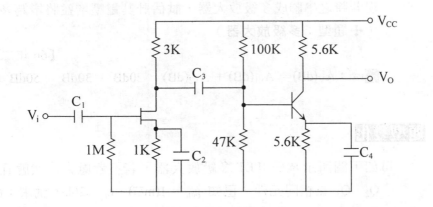

【86 年二技電子】

解☞：　(A)

1. 繪出小訊號等效電路

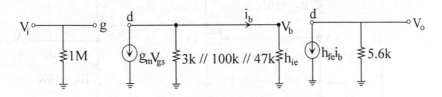

2. 分析電路

$$A_V = \frac{V_o}{V_i} = \frac{V_o}{V_b} \cdot \frac{V_b}{V_i} = \frac{V_o}{V_b} \cdot \frac{V_d}{V_i} = A_{v2} \cdot A_{v1}$$

$$= \frac{-h_{fe}(5.6k)}{h_{ie}} \cdot (-g_m)(3k \mathbin{/\mkern-5mu/} 100k \mathbin{/\mkern-5mu/} 47k \mathbin{/\mkern-5mu/} h_{ie})$$

$$= \frac{(-100)(5.6k)}{2k} \cdot (-5m)(3k \mathbin{/\mkern-5mu/} 100k \mathbin{/\mkern-5mu/} 47k \mathbin{/\mkern-5mu/} 2k)$$

$$= 1619$$

432.有兩個共源極場效電晶體,其電壓增益分別為 20 dB 與 30 dB。現若將之串聯成多級放大器,試估計其電壓增益將增為多少?

（✛題型：多級放大器）

【66 年二技】

解☞：$A_V(dB) = A_{v1}(dB) + A_{v2}(dB) = 20dB + 30dB = 50dB$

題型變化

433.如下圖所示為一 JFET 多級放大器,若不考慮直流狀態且Q_1, Q_2, Q_3 為相同元件,已知 $g_m = 1(m\mho)$, $r_o = 20k$,試求:(1)R_{in} (2)A_V (3)R_{out}（✛題型：多級放大器）

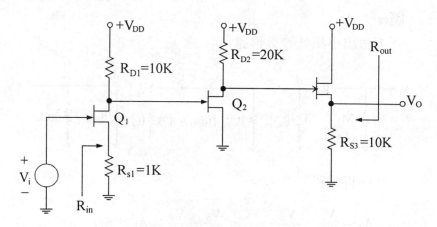

解☞：

1. 繪出Q_1小訊號等效電路

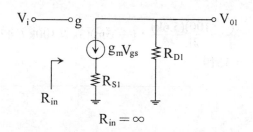

$R_{in} = \infty$

2.繪出多級放大器的小訊號等效電路

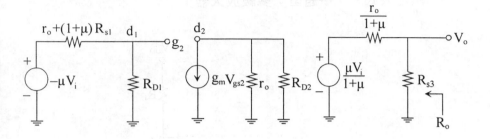

3.求參數

$$\mu = g_m r_d = (1m)(20k) = 20$$

4.分析電路

(1)$A_V = A_{v3} \cdot A_{v2} \cdot A_{v1}$

$$A_{v3} = \frac{(\dfrac{\mu}{1+\mu})R_{S3}}{\dfrac{r_o}{1+\mu} + R_{S3}} = \frac{\mu R_{S3}}{r_o + (1+\mu)R_{S3}} = \frac{(20)(10k)}{20k + (21)(10k)} = 0.87$$

$$A_{v2} = - g_m(R_{D2}//r_o) = (-1m)(20k//20k) = -10$$

$$A_{v1} = \frac{-\mu R_{D1}}{r_o + (1+\mu)R_{S1} + R_{D1}} = \frac{(-20)(10k)}{20k + (21) + (1k) + 10k} = -3.92$$

$$\therefore A_V = A_{V3}A_{V2} \cdot A_{V1}$$

$$= (0.87)(-10)(-3.92)$$

$$= 34.104$$

(2)$R_o = \dfrac{r_o}{1+\mu} // R_{S3} = \dfrac{20k}{21} // 10k = 870\Omega$

434.如下圖，兩個 FET 完全相同，參數為 μ 及 r_d，求 R_L 上信號電壓之公式。（❖題型：多級放大器）

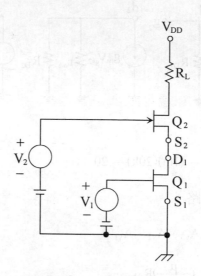

解☞：

技巧：Q_2 由 S_2 看入，Q_1 由 D_1 看入

繪出小訊號等效電路

$$I = \frac{\dfrac{\mu V_2}{1+\mu} - (-\mu V_1)}{r_d + \dfrac{r_d + R_L}{1+\mu}} = \frac{\mu V_2 + (1+\mu)\mu V_1}{r_d + R_L + (1+\mu)r_d}$$

$$= \frac{\mu \left[V_2 + (1 + \mu)V_1 \right]}{(\mu + 2)r_d + R_L}$$

$$\therefore V_o = - IR_L = \frac{- \mu R_L}{(\mu + 2)r_d + R_L} \left[V_2 + (1 + \mu)V_1 \right]$$

435.如下圖所示電路，$r_d = 10k\Omega$，$g_m = 2mA/V$，求 $A_V \equiv \dfrac{V_o}{V_i}$，$R_{out}$。

（✤題型：串疊電跛路（Cascode））

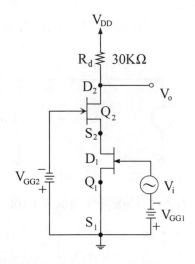

解☞：

技巧：Q_2 由 S_2 看入，Q_1 由 D_1 看入

1. 繪出小訊號等效電路

2.求參數

$\mu = g_m r_d = (2m)(10k) = 20$

3.分析電路

$$(1) i = \frac{-\mu V_i}{r_d + \dfrac{r_d + R_L}{1 + \mu}} = \frac{-\mu(1 + \mu)V_i}{r_d + R_d + (1 + \mu)r_d} = \frac{-\mu(1 + \mu)V_i}{R_d + (\mu + 2)r_d}$$

$$\therefore A_V = \frac{V_o}{V_i} = \frac{iR_d}{V_i} = \frac{-\mu(1 + \mu)R_d}{(\mu + 2)r_d + R_d} = \frac{(-20)(21)(30k)}{(22)(10k) + 30k} = -50.4$$

(2)求 R_{out}

繪出 Q_2 由 D_2 看入的小訊號等效電路，Q_1 視為 r_d

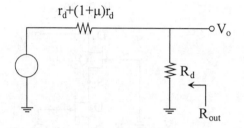

$$\therefore R_{out} = R_d // [r_d + (1 + \mu)r_d] = 30k // [10k + (21)(10k)] = 26.4k\Omega$$

CH7 差動放大器 (Differential Amplifier)

引讀

1. 本章對電子科同學而言，相當重要，宜多注意。

2. 本章重點在於題型四十三（BJT差動對），題型四十六（BJT電流鏡）及題型四十七（主動性負載）。

3. 考型82，要會計算差模增益，共模拒斥比。

4. 題型四十四（FET差動對），JFET及EMOS差動對的算法，其實是一樣的。但以EMOS差動對為重要。

5. 關於各類差動對，讀者必須熟記BJT、JFET、EMOS擔任放大器或開關（數位反相器）的輸入範圍條件。

6. 題型四十五（差動放大器的非理想特性），必須熟記造成 BJT及FET差動對，無法匹配的因素為何？（觀念題）

7. 題型四十六（BJT電流鏡），讀者必須注意，電晶體完全匹配時，如何由電路圖中，以分流方式由下往上推算出參考電流 I_{REF}，及投射電流 I_O，這類考題多半是求電流轉移比 $I_O／I_{REF}$，其中以考型93（威爾森電流鏡），尤其重要。

8. 題型四十七（主動性負載），以二級及三級串疊的分壓器為重要，讀者必須要認識分壓器的電路，如此則遇到題目，立即知其用途，因而能用簡單的分壓法，即可算出輸出 V_O。

9. 本章考型相當的多，有些考型只需知道電路的特性，優、缺點，用途即可。

7-1〔題型四十二〕：差動放大器的基本概念

考型82 觀念題

一、理想差動放大器的特性

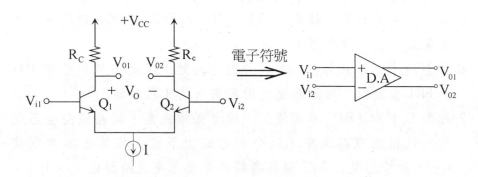

1. Q_1 及 Q_2 在主動區。
2. Q_1 及 Q_2 的所有參數值均相等。
3. 無歐力效應（early effect），即 $V_A = \infty$
4. 電流源 I 為理想的。

二、BJT 差動對之二種工作方式

1. 當大訊號輸入時，是具數位功能。
2. 當小訊號輸入時，具有放大器功能。

三、差動放大器的積體電路製作法

1. R_C 被動性負載，可用電晶體組成主動性負載替代。
2. 電流源 I，可用電晶體組成的電流鏡替代。

四、一般放大器，只有一個輸入端，所以信號與雜訊同時進入放大器，一起被放大。而差動放大器（Differential Amplifier，簡稱D.A）是設計成兩個輸入端，加以特殊安排，即可消除共

模信號（雜訊），而只放大差模信號（主要信號）。即

$$V_O = A_d V_{id} + A_{cm} V_{cm} = A_d V_{id}(1 + \frac{A_{cm}}{A_d} \frac{V_{cm}}{V_{id}})$$

$$= A_d V_{id}(1 + \frac{1}{CMRR} \frac{V_{cm}}{V_{id}} = A_d V_{id}(1 + \frac{1}{\rho} \frac{V_{cm}}{V_{id}})$$

1. 共模信號：$V_{cm} = \frac{V_{i1} + V_{i2}}{2}$，雜訊通常就是共模信號，相位相同部份。

2. 差模信號：$V_{id} = V_{i1} - V_{i2}$，是主要信號。

3. 共模增益：A_{cm}，理想差動放大器：$A_{cm} = 0$。

4. 差模增益：A_d，理想差動放大器 A_d 越大越好。

5. 共模拒斥比：$CMRR = \rho = \left| \frac{A_d}{A_{cm}} \right|$，理想的 ρ 是無限大。

(1)共模拒斥比（common-mode rejection ration; CMRR）：即該差動放大器對共模信號的抵抗能力。

CMRR 定義為差模增益與共模增益之比值。

(2)一個理想差動放大器之差模增益 $A_d = \infty$，共模增益 $A_c = 0$，CMRR 的值愈大，越能阻止雜訊輸入。

(3) CMRR 的值若以 dB 計算，則

$$CMRR_{(dB)} = 20 \log \left| \frac{A_d}{A_{cm}} \right| = 20 \log\rho$$

五、差動放大器的操作方式

差動放大器使用方法，可以分為四種情況：(1)單端輸入平衡輸出　(2)單端輸入不平衡輸出　(3)雙端輸入平衡輸出　(4)雙端輸入不平衡輸出。

(1)單端輸入，雙端輸出（平衡輸出）

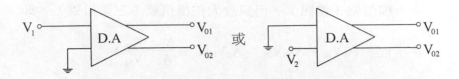

(2)單端輸入，單端輸出（不平衡輸出）

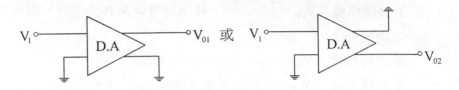

(3)雙端輸入，雙端輸出（平衡輸出）

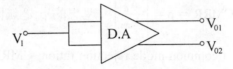

(4)雙端輸入，單端輸出（不平衡輸出）

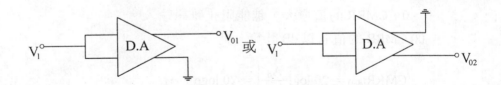

六、差模輸入與共模輸入

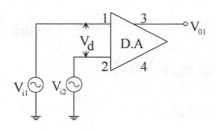

圖 1　理想差訊工作

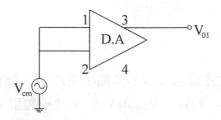

圖 2　理想共模工作

七、其他

1. 運算放大器（OPA）的第一級輸入級就是差動放大器。

2. 基本的差動放大器，是由兩個匹配的電晶體 Q_1、Q_2 與兩個集極電阻 R_{c1}、R_{c2}，以及共用一個射極電阻 R_E 組成的。

3. 在積體電路中，基本的理想差動放大器結構，是由兩個特性匹配的電晶體，加上恆流源電路（Constant-Current Source C. C. S）所組成的。一般 I. C. 電路中，恆流源已被「電流鏡」（Current Mirror）取代了。

4. 在相同的輸入情況之下，平衡輸出的振幅為不平衡輸出的兩倍振幅，即 $V_{od} = 2V_{01} = - V_{02}$。

八、公式整理

1. $V_0 = A_d V_{id} - A_c V_{cm} = A_d V_{id} (1 + \dfrac{1}{\text{CMRR}} \dfrac{V_{cm}}{V_{id}})$

2. 共模信號 $V_{cm} = \dfrac{V_1 + V_2}{2}$

3. 差模信號 $V_d = V_1 - V_2$

4. 共模拒斥比 $\text{CMRR} = \rho = \left| \dfrac{A_d}{A_{cm}} \right|$

5. $\text{CMRR}_{(dB)} = 20 \log \left| \dfrac{A_d}{A_{cm}} \right|$

歷屆試題

436. 下圖中之差動放大器，其輸出電壓與下列何種信號成正比　(A) V_1　(B)V_2　(C)$V_1 + V_2$　(D)$V_1 - V_2$（✤題型：$V_0 = A_d V_d + A_c V_c$）

【85 年二技電機】

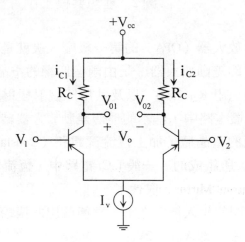

解☞：　(D)

∵$V_0 = A_d V_d + A_c V_c \approx A_d V_d = A_d (V_1 - V_2)$

437. 一般OP-AMP內部輸入第一級通常為　(A)達靈頓對　(B)電壓隨
耦器　(C)差動放大器　(D)推挽式電路。【85年南台二技電機】

解 ☞ ： (C)

---

438. 差動放大器之共模增益 $A_C = -0.01$，差模增益 $A_d = -1000$，
求共模拒斥比CMRR為　(A) 10dB　(B) 60dB　(C) 100dB　(D) 120dB
（✦ **題型：CMRR**）

【84 年二技電子】

解 ☞ ： (C)

$$CMRR = 20 \log \left| \frac{A_d}{A_c} \right| = 20 \log \left| \frac{-1000}{-0.01} \right| = 20 \log 10^5 = 100 \text{ dB}$$

---

439. 差動放大器的輸入電壓分別為 $V_1 = 10\,\mu V$、$V_2 = -10\,\mu V$，差動電
壓增益 $A_d = 1000$，共模拒斥比 CMRR = 1000，試求輸出電壓 V_0為
(A) 10　(B) 20　(C) 30　(D) 40 毫伏。（✦ **題型：$V_0 = A_d V_d + A_c V_c$**）

【82 年二技電機】

解 ☞ ： (B)

$$V_d = V_1 - V_2 - 20\,\mu V$$

$$V_C = \frac{V_1 + V_2}{2} = 0$$

$$\therefore V_0 = A_d V_d + A_c V_c = A_d V_d = (1000)(20\,\mu V) = 20\text{ mV}$$

---

440. 將二個最大輸出電流，最高輸出電壓及放大倍數皆相同但放
大相位相反的功率放大器橋接如圖，則其最大輸出功率為原來
單一放大器的　(A) 2 倍　(B) 4 倍　(C) 1/2 倍　(D) 1/4 倍。（✦ **題
型：平衡輸出**）

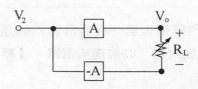

【81 年二技電子】

解☞：(B)

1. $\because V_{01} = AV_i \qquad I_{01} = AI_i$

$\quad V_{02} = -AV_i \qquad I_{02} = -AI_i$

2. $V_0 = V_{01} - V_{02} = 2AV_i$

$\quad I_0 = I_{01} - I_{02} = 2AI_i$

3. $P_0 = I_0V_0 = (2AV_i)(2AI_i) = 4A^2I_iV_i$

$\quad P_{01} = I_{01}V_{01} = (AV_i)(AI_i) = A^2I_iV_i$

$\quad \therefore P_0 = 4P_{01}$

---

441. 一差動放大器之兩輸入訊號分別為 $V_1 = 2V$，$V_2 = -2V$ 時，其輸出為 40V，若輸入改為 $V_1 = 3V$，$V_2 = 1V$ 時，其輸出為 24V，則此差動放大器之共模增益 A_c 為　(A) 1　(B) 2　(C) 3　(D) 4mV。

（❖題型：$V_0 = A_dV_d + A_cV_c$）

【81 年二技電機】

解☞：(B)

1. $V_{d1} = V_1 - V_2 = 4V$，$V_{c1} = \dfrac{V_1 + V_2}{2} = 0$

$\quad V_{01} = A_dV_{d1} + A_cV_{c1} \Rightarrow 40 = 4A_d$

$$\therefore A_d = 10$$

2. $V_{d2} = V_1 - V_2 = 2V$，$V_{c2} = \dfrac{V_1 + V_2}{2} = 2V$

$$V_{02} = A_d V_{d2} + A_c V_{c2} \Rightarrow 24 = (10)(2) + 2A_C$$

$$\therefore A_c = 2$$

---

442. 施加於一差動（difference）放大器級輸入端的信號包含 100mV/1KH$_Z$ 之差動信號及 1V/60H$_Z$ 的共模（common mode）信號，測得輸出含 10V / 1KHz 及 100mV / 60Hz 兩信號，則此級的共模拒斥比（commonmode rejection ratio, CMRR）應為　(A) 80dB (B) 100dB (C) 120dB　(D) 60dB。（❖題型：CMRR）

解☞：(D)

$$A_d = \frac{V_{od}}{V_{id}} = \frac{10}{100m} = 100$$

$$A_c = \frac{V_{oc}}{V_{ie}} = \frac{100}{1} = 0.1$$

$$\therefore CMRR = 20 \log \left| \frac{A_d}{A_c} \right| = 60dB$$

題型變化

443. 差動放大器中輸入電壓分別是 $V_1 = 150\,\mu V$，$V_2 = 100\,\mu V$，差模增益 $A_d = 1000$，且 CMRR = 100，試求輸出電壓 V_0，又輸出電壓中共模成份佔了多少百分比。（❖題型：$V_0 = A_d V_d + A_c V_c$）

解☞：

差動放大器　539

$$V_c = \frac{V_1 + V_2}{2} = 125 \ \mu V$$

$$V_d = V_1 - V_2 = 50 \ \mu V$$

1. $V_0 = A_d V_d + A_c V_c = A_d V_d (1 + \frac{1}{CMRR} \frac{V_c}{V_d})$

$$= (1000)(50 \ \mu)[1 + (\frac{1}{100})(\frac{125 \ \mu}{50 \ \mu})] = 51.25 \ mV$$

2. $V_{0c} = V_0 - A_d V_d = 51.25 \ m - (1000)(50 \ \mu) = 1.25 \ mV$

$$\therefore \frac{V_{0c}}{V_0}\% = \frac{1.25 \ mv}{51.25 \ mv} \times 100\% = 2.44\%$$

7-2〔題型四十三〕：BJT 差動對

考型 83 不含 R_E 的 BJT 差動對

一、BJT 差動對之基本電路組態

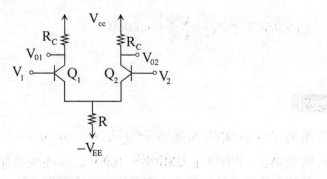

Q_1，Q_2 可用達靈頓電路替代，以提高 A_d，CMRR，R_{id}

二、直流分析

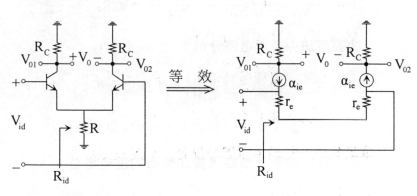

1. $I_E = \dfrac{V_{BE1} - (-V_{EE})}{R} = \dfrac{V_{EE} - V_{BE1}}{R}$

2. $I_{E1} = I_{E2} = \dfrac{1}{2} I_E \Rightarrow I_{C1} = I_{C2} \approx \dfrac{1}{2} I_E$

3. $r_{e1} = \dfrac{V_T}{I_{E1}} = \dfrac{V_T}{I_{E2}} = r_{e2}$

4. $r_{\pi 1} = r_{\pi 2}$

5. $g_m = \dfrac{I_C}{V_T} = \dfrac{I_E}{2V_T}$

三、差模分析

1. **重要觀念**：在差模分析時，R 視為不存在。

2. 差模輸入電阻 R_{id}

$$R_{id} = 2r_\pi = 2(1 + \beta)r_e$$

3. 單端輸出時的差模增益 A_d

由 V_{01} 輸出：$\begin{cases} V_{01} = -\alpha i_e R_C \\ A_{d1} = \dfrac{V_{01}}{V_{id}} = \dfrac{-\alpha i_e R_C}{(2r_e)i_e} = -\dfrac{\alpha R_c}{2r_e} \approx -\dfrac{R_c}{2r_e} \end{cases}$

由 V_{02} 輸出：$\begin{cases} V_{02} = \alpha i_e R_c \\ A_{d2} = \dfrac{V_{02}}{V_{id}} = \dfrac{\alpha i_e R_c}{(2r_e)i_e} = \dfrac{\alpha R_c}{2r_e} \approx \dfrac{R_c}{2r_e} \end{cases}$

(1)由 "＋" 端輸出時，A_d 為負值（即 V_{01} 為反相）

(2)由 "－" 端輸出時，A_d 為正值（即 V_{02} 為同相）

4. 雙端輸出時的差模增益 A_d

$$V_0 = V_{01} - V_{02} = -\alpha i_e R_c - \alpha i_e R_c = -2\alpha i_e R_c$$

(1)$A_d = \dfrac{V_0}{V_{id}} = \dfrac{-2\alpha i_e R_c}{i_e(2r_e)} = -\dfrac{\alpha R_c}{r_e} = -g_m R_c$

(2)**觀察法**：（半電路分析）

$$A_d = -\alpha \frac{(集極所有電阻)}{(射極內部電阻)} \leftarrow T 模型分析$$

$$= -g_m (集極所有電阻) \leftarrow \pi 模型分析$$

5. 單端輸出的差模增益與雙端輸出的差模增益

$$|A_{d\,單}| = \frac{1}{2}|A_{d\,雙}|$$

四、共模分析

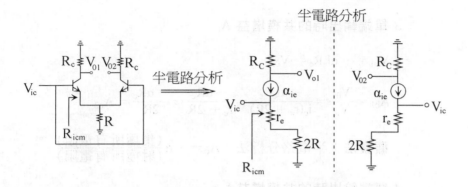

半電路分析

1. 重要觀念：在共模分析時，以半電路分析法，R_C 可視為 2R。

2. 共模輸入電阻 R_{icm}

(1)不含 r_μ 及 r_0 時的 R_{icm}

$$R_{icm} = \frac{1}{2}(1+\beta)(r_e + 2R) = \frac{1}{2}\left[r_\pi + (1+\beta)(2R)\right]$$

(2)含 r_μ 及 r_0 時的 R_{icm}

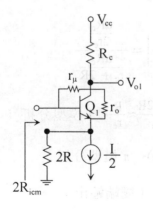

$$2R_{icm} = r_\mu \mathbin{/\mkern-5mu/} \left[(\beta+1)(2R) \mathbin{/\mkern-5mu/} (\beta+1)r_0\right]$$

$$R_{icm} = \frac{r_\mu}{2} \; /\!/ \; \left[\; (\beta + 1) \, R \; /\!/ \; (\beta + 1) \, \frac{r_0}{2} \; \right]$$

3.單端輸出時的共模增益 A_c

$$V_{01} = -\alpha i_e R_c = V_{02}$$

$$A_{c1} = \frac{V_{01}}{V_{ic}} = \frac{-\alpha i_e R_c}{i_e(r_e + 2R)} = \frac{-\alpha R_c}{r_e + 2R} \approx \frac{-\alpha R_c}{2R} = A_{c2}$$

觀察法：半電路分析法：$A_c = -\alpha \dfrac{(集極所有電阻)}{(射極所有電阻)}$

4.雙端輸出時的共模增益 A_c

$$V_0 = V_{01} - V_{02} = 0$$

$$A_c = \frac{V_0}{V_{ic}} = 0 \; (雙端輸出有較佳的 CMRR)$$

五、共模雜訊拒斥比 CMRR

1. 雙端輸出的 CMRR $= \left| \dfrac{A_d}{A_c} \right| = \infty$

2. 單端輸出的 CMRR $= \left| \dfrac{A_d}{A_c} \right| = \dfrac{\dfrac{\alpha R_c}{2r_e}}{\dfrac{\alpha R_c}{r_e + 2R}}$

$$= \frac{r_e + 2R}{2r_e} \approx \frac{R}{r_e} \leftarrow T \text{ 模型分析}$$

$$= g_m(R) \leftarrow \pi \text{ 模型分析}$$

3.觀察法：半電路分析法：（雙端輸出）

$$CMRR = \frac{(射極所有電阻)}{(射極內部電阻)} = g_m \, (射極外部電阻)$$

4. 單端輸出與雙端輸出的共模雜訊拒斥比

$$CMRR_{(單)} = \frac{1}{2}CMRR_{(雙)}$$

5. (1) A_d 越大越好　$A_d = - g_m R_c$

(2) A_c 越小越好　$A_C \cong \dfrac{- \alpha R_C}{2R}$

(3) CMRR 越大越好　$CMRR \cong \dfrac{2R}{r_e}$

(4) 所以 R 越大越好 $\Rightarrow$ 缺點：造成工作點不穩

改善法：以恆流源替代 R，通常在 IC 中以電流鏡替代

六、BJT 差動對之二種工作方式

1. 當大訊號輸入時，是具數位功能。

$\Rightarrow$ 適用範圍：$|V_{id}| = |V_1 - V_2| > 4V_T$（$\approx\pm50mv$）

2. 當小訊號輸入時，是具放大器功能。

$\Rightarrow$ 適用範圍：$|V_{id}| = |V_1 - V_2| < 2V_T$（$\approx\pm25mv$）

七、公式整理

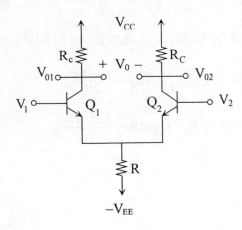

1. 差模輸入電阻 $R_{id} = (1 + \beta)(2r_e) = 2r_\pi$

2. 共模輸入電阻

(1)不含 r_μ 及 r_0 時

$$R_{icm} = \frac{1}{2}\left[(1 + \beta)(r_e + 2R)\right] = \frac{1}{2}\left[r_\pi + (1 + \beta)(2R)\right]$$

(2)含 r_μ 及 r_0 時

$$R_{icm} = \frac{r_u}{2} /\!/ \left[(\beta + 1)R /\!/ (\beta + 1)\frac{r_0}{2}\right]$$

3. 雙端輸出時

(1)差模增益　$A_d = -\dfrac{\alpha R_c}{r_e} = -g_m R_c$

(2)共模增益　$A_{CM} = 0$

(3)共模雜訊拒斥比　$CMRR = \infty$

4. 單端輸出時

(1)差模增益　$A_d = -\dfrac{\alpha R_c}{2r_e} = -\dfrac{1}{2}g_m R_c$

（注意由 Q_1 輸出 A_d 為負，由 Q_2 輸出 A_d 為正）

(2)共模增益　$A_{CM} = \dfrac{-\alpha R_c}{r_e + 2R} \approx \dfrac{-\alpha R_c}{2R}$

(3)共模雜訊拒斥比　$CMRR = \dfrac{r_e + 2R}{2r_e}$

5. 觀察法：

(1)雙端輸出時

$$A_d = -\alpha \frac{(集極所有電阻)}{(射極所有電阻)} = -g_m\,(集極所有電阻)$$

(2)單端輸出時 A_d 單 $= \dfrac{1}{2}A_d$ 雙

(3)單端輸出時 $A_{CM} \simeq -\alpha \dfrac{(集極所有電阻)}{(射極所有電阻)}$

　　註：差模分析時，射極所有電阻 $= r_e$

　　　　共模分析時，射極所有電阻 $= 2R + r_e$

(4)單端輸出時 CMRR $= \dfrac{射極所有電阻}{射極內部電阻} = g_m \cdot$（射極外部電阻）

(5)雙端輸出時，CMRR $= \infty$

考型 84 含 R_E 的 BJT 差動對

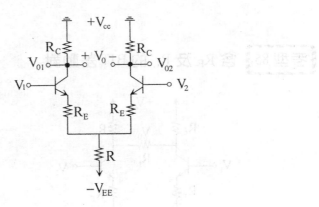

1. 差模分析

　　(1)雙端輸出時，$A_d = \dfrac{V_{01} - V_{02}}{V_{id}} = -\alpha \dfrac{R_c}{r_e + R_E}$

(2)單端輸出時，$A_d = \pm \dfrac{1}{2}\,\alpha\,\dfrac{R_c}{r_e + R_E}$

(3)差模輸入電阻　$R_{id} = R_{id1} + R_{id2} = 2(1 + \beta)(r_e + R_E)$

2. 共模分析

(1)雙端輸出時，$A_{CM} = \dfrac{V_{01} - V_{02}}{V_{CM}} = 0$

(2)單端輸出時，$A_{CM} = -\alpha\,\dfrac{R_c}{R_E + r_e + 2R}$

(3)共模輸入電阻，$R_{icm} = \dfrac{1}{2}\,[(1 + \beta)(r_e + R_E + 2R)]$

3. 共模拒斥比

(1)單端輸出　$CMRR = \left|\dfrac{A_d}{A_{CM}}\right| = \dfrac{R_E + r_e + 2R}{2(r_e + R_E)}$

(2)雙端輸出　$CMRR = \infty$

考型 85 含 R_E 及 R_L 的 BJT 差動對

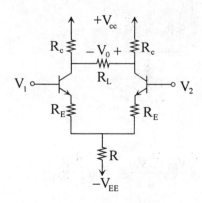

1. 差模分析

(1) $A_d = \dfrac{V_0}{V_d} = \alpha\dfrac{(R_c\,/\!/\,\dfrac{R_L}{2})}{r_e + R_E}$

(2) $R_{id} = 2(1+\beta)(r_e + R_E)$

2. 共模分析

(1) $A_{cm} = \dfrac{V_0}{V_{CM}} = 0$

(2) $R_{iCM} = \dfrac{1}{2}\left[(1+\beta)(r_e + R_E + 2R)\right]$

歷屆試題

444. *1.* 如下圖，其中電晶體的參數 $\beta = 100$ 且熱電壓 $V_T = 25\text{mV}$。
求小信號增益 V_0 / V_i： (A) 10 (B) 20 (C) 30 (D) 40。

2. 續第上題，求小信號輸入電阻 R_i： (A) 40kΩ (B) 50kΩ (C)
60kΩ (D) 70kΩ（❖題型：含 R_E 的 BJT 差動放大器。）

【88 年二技電機】

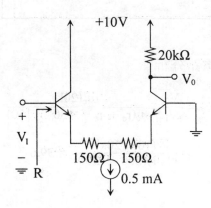

解☞： *1.* (D)　　*2.* (B)

(1)

一、直流分析，求參數

$$I_{E1} = I_{E2} = \frac{1}{2}(0.5 \text{ mA}) = 0.25 \text{ mA}$$

$$r_{e1} = r_{e2} = r_e = \frac{V_T}{I_{E2}} = \frac{25\text{mV}}{0.25\text{mA}} = 100\Omega$$

$$\alpha = \frac{\beta}{1 + \beta} = \frac{100}{101}$$

二、小訊號分析

　　1. 繪小訊號等效電路

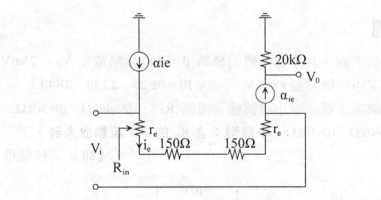

　　2. 電路分析

$$A_V = \frac{V_0}{V_i} = \frac{\alpha i_e(20k)}{i_e(r_e + r_e + 150 + 150)}$$

$$= \frac{(100)(20k)}{(101)(200 + 300)} = 39.6$$

3.觀察法

$$A_d = \frac{V_0}{V_i} = \frac{\alpha R_c}{2(r_e + R_E)} \approx \frac{R_c}{2(r_e + R_E)} = \frac{20K}{2(100 + 150)} = 40$$

(2) $R_{in} = (1 + \beta)(2r_e + 2R_E) = 2(101)(100 + 150) = 50.5\ k\Omega$

---

445. 下圖為差動放大器，已知 Q_1 及 Q_2 均工作於主動區，且 Q_1 及 Q_2 具有相同之特性。假設兩電晶體之 β 值極高，故可忽略其基極電流，則直流輸出電壓 V_o 為　(A) 0V　(B) 11V　(C) 13V　(D) 15V。　【87 年二技電機】

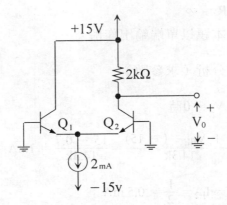

解☞ : (C)

直流分析

$\because I_{B1} = I_{B2} \approx 0$

$\therefore I_{C2} = I_{E2} = I_{E1} = \frac{2mA}{2} = 1mA$

$\therefore V_0 = V_{CC} - I_{C2}R_C = 15 - (1mA)(2k) = 13V$

---

446. 電晶體 $\beta = 200$，$V_{BE} = 0.7V$，$V_1 = V_2 = 0$ 時，試求其 CMRR 值？ (A) 680 (B) 570 (C) 200 (D) 140 （✣

題型：CMRR）

【86 年二技電子】

解☞：無答案（送分）

觀念：本題未註明單端式雙端輸出，若為雙端輸出，則 CMRR $= \infty$ 所以本題以單端輸出作解

一、直流分析（求參數）

$V_1 = V_2 = 0$ 時

$$I = \frac{0 + V_{BE} - (-15)}{14.3k} = \frac{15 - 0.7}{14.3k} = 1mA$$

$$\therefore I_{E1} = I_{E2} = \frac{I}{2} = 0.5 \text{ mA}$$

$$r_{e1} = r_{e2} = r_e = \frac{V_T}{I_{E1}} = 50 \ \Omega$$

$$\alpha = \frac{\beta}{1 + \beta} = \frac{200}{201}$$

二、單端輸出的小訊號分析

$$A_d = \frac{V_{02}}{V_d} = \frac{\alpha R_C}{2r_e} = \frac{1}{2}(\frac{200}{201})(\frac{10k}{50}) = 99.5$$

$$A_C = \frac{V_{02}}{V_C} = \frac{\alpha R_C}{(r_e + 2R_E)} = (\frac{200}{201})(\frac{10k}{50 + (2)(14.3k)}) = 0.347$$

$$\therefore CMRR = \left| \frac{A_d}{A_c} \right| = \frac{99.5}{0.347} = 287$$

---

447. 下圖所示為一差動放大器，假設 Q_1 與 Q_2 為完全匹配的電晶體且均工作在作用區，則下列敘述何者為非？ (A)當 R_{EE} 的值變大時，CMRR 值增大。 (B)當 I_{EE} 的值變大時，差動電壓增益值 $|A_{DM}|$ 增大 (C)R_C 的值越大則 $|A_{DM}|$ 越大 (D)R_C的值越大則共模電壓增益值 $|A_{CM}|$ 越小（❖題型：BJT D.A 的特性）

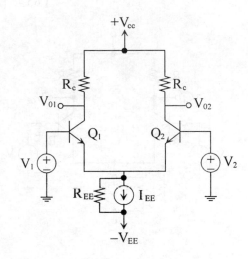

【86 年二技電子】

解☞ : (D)

特性 : 1. $CMRR = g_m R_{EE} \Rightarrow R_{EE} \uparrow \Rightarrow CMRR \uparrow$ ∴A 正確

2. $|A_{DM}| = g_m R_C$，又 $g_m = \frac{I_C}{V_T}$

$$\therefore I_{EE} \uparrow \Rightarrow I_E \uparrow \Rightarrow I_c \uparrow \Rightarrow g_m \uparrow \Rightarrow |A_{DM}| \uparrow \quad \therefore B\ 正確$$

$$3.\ 同\ 2.\ 知,\ R_c \uparrow \Rightarrow |A_{DM}| \uparrow \quad \therefore C\ 正確$$

$$4.\ |A_{cm}| = \frac{\alpha R_C}{r_e + 2R_{EE}} \Rightarrow R_C \uparrow \Rightarrow A_{cm} \uparrow \quad \therefore D\ 錯誤$$

---

448. 在下圖的差動放大器中,若$R_c = 100k\Omega$,$R_E = 500k\Omega$,電晶體的小信號參數 $\beta_0 = 10$,$g_m = 5m\mho$,當 $V_1 = 0V$,$V_2 = 2\ mV$ 時,試求V_{02}值 (A) 500mV (B)-500mV (C) 400mV (D)-400mV。(✥題型:**基本結構 BJT D.A. 單端輸出**)

【85 年南台二技電子】

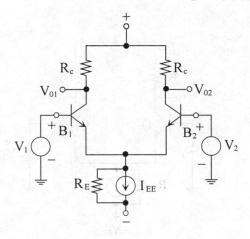

解☞: (B)

∵單端輸出(由 V_{02} 輸出)

$$A_d = \frac{1}{2} g_m R_c = \frac{1}{2}(5m)(100k) = 250$$

$$\therefore V_{02} = A_d V_d = A_d(v_1 - V_2) = 250(0 - 2mV) = -500mV$$

註：$V_0 = A_d V_d = A_c V_c \approx A_d V_d$

$\therefore A_c$ 極小

449.(1)下圖所示為一差動放大電路，所有電晶體完全一樣。當 $V_1 - V_2 = 0$ 時，$I_{EQ1} = I_{EQ2} = ImA$，若 $V_d = V_1 - V_2$ 為兩輸入信號之差額電壓，請計算 V_d 之最大範圍值。　(A)±17mV　(B)±35mV　(C)±70mV　(D)±140mV

(2)請計算上題中電晶體 Q_3 上的 V_{BB} 電壓值　(A) 1.4V　(B) 2.5V　(C) 3.6V　(D) 4.3V（✤題型：BJT 差動對直流分析）

【84 年二技電子】

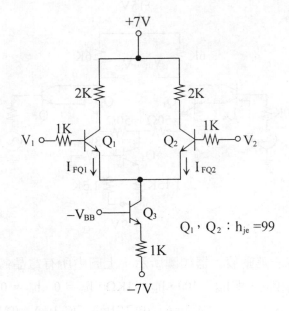

解☞：　1. (A)　2. (D)

(1) BJT 差動放大器的輸入範圍為

$$|V_d| < 2V_T \Rightarrow |V_d| < \pm 25mV$$

$$\therefore \text{選 } \underline{(A)}$$

$$(2) I_{c3} \simeq I_{E3} = I_{EQ1} + I_{EQ2} = 2mA$$

$$- V_{BB} = V_{BE} + I_{E3}R_{E3} + (- V_{EE})$$

$$= 0.7 + (2mA)(1k) - 7 = - 4.3V$$

$$\therefore V_{BB} = 4.3V$$

450.

(1)有一差動放大器如圖所示，上圖中所有電晶體之共射極特性均相同，即$h_{fe} = 100$，$h_{ie} = 1K\Omega$，$h_{re} = 0$，$h_{oe} = 0$，$V_T = 25mV$，試求$I_{E3} = ?$　(A) 2mA　(B) 7.21mA　(C) 1mA　(D) 8.43mA

(2)同上題所示之電路，試求上圖中I_{B4}之值　(A) 0.02mA　(B) 0.01mA　(C) 100mA　(D) 200mA

(3)同上題，試求上圖中R_i之值　(A) 501KΩ　(B) 612KΩ　(C) 102KΩ

(D) 107KΩ

(4)同上題中，差模增益 $|A_d|$ = ?　　(A) 12000　(B) 240　(C) 1000

(D) 500（❖題型：達靈頓式的 BJT D.A.）

解☞：　1. (A)　　2. (C)　　3.無答案　　4.無答案

(1)直流分析

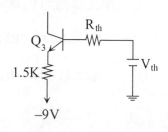

　1. 對 Q_3 取截維寧等效電路

　　　R_{th} = 3k // 1.5k = 1k

　　　$V_{th} = (-9V)(\dfrac{3K}{3K + 1.5K}) = -6V$

　2.分析電路

　　　$V_{th} = I_{B3}R_{th} + V_{BE} + I_{E3}R_{E3} + V_{EE}$

　　　$\therefore I_{E3} = \dfrac{V_{th} - V_{BE} - V_{EE}}{\dfrac{R_{th}}{1 + h_{fe}} + R_{E3}} = \dfrac{-6 - 0.7 - (-9)}{\dfrac{1K}{101} + 1.15K} = 1.98\,mA$

(2) $I_{E1} = \dfrac{1}{2}I_{E3}$

　　$I_{B1} = \dfrac{I_{E1}}{(1 + h_{fe})} = I_{E4}$

　　$\therefore I_{B4} = \dfrac{I_{E4}}{(1 + h_{fe})} = \dfrac{I_{E1}}{(1 + h_{fe})^2} = \dfrac{I_{E3}}{2(1 + h_{fe})^2} = \dfrac{1.98mA}{(2)(101)^2} = 97nA$

(3)小訊號分析

　依半電路分析法

　　$R_i = 2\,\{\,[(50)(1 + h_{fe}) + h_{ie1}]\,(1 + h_{fe}) + h_{ie4}\,\}$

$$= 2\{[(50)(101) + 1K](101) + 1K\}$$

$$= 1224\ k\Omega$$

註：本題選項中無答案（坊間書籍有誤）（送分）

(4)此電路可化為達靈頓等效電路

$$h_{fe}{}' \approx h_{fe}{}^2 = 10^4$$

$$h_{ie}{}' \cong (1 + h_{fe})\,h_{ie}$$

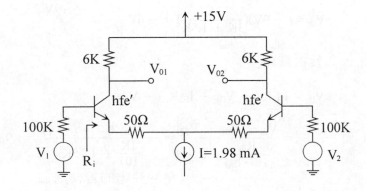

依半電路分析法知

$$A_d = \dfrac{\dfrac{V_0}{2}}{\dfrac{V_i}{2}} = \dfrac{V_0}{V_i} = \dfrac{-h_{fe}{}'R_c}{R_i} = \dfrac{-10^4(6k)}{1224K} = -49$$

$$\therefore |A_d| = 49$$

註：本題選項中無答案（送分）

451.(1) $R_E \to \infty$ ，$|V_{B1} - V_{B2}| \to 0^+$，則 $|V_{C1} - V_{C2}| \diagup |V_{B1} - V_{B2}| =$ (A)
26 (B) 190 (C) 48 (D) 96

(2) $R_E = 50K\Omega$ ，$V_{B1} = V_{B2} \triangleq V_{CM}$，則 $\Delta V_{C1} \diagup \Delta V_{CM} =$ (A) 0.05
(B) 0.04 (C) 0.01 (D) 0.02 （✤題型：PNP BJT D.A）

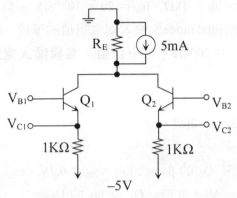

【82 年二技電子】

解☞： *1.* (D) *2.* (C)

1. 差模分析

$$\frac{V_{C1} - V_{C2}}{V_{B1} - V_{B2}} = \frac{V_0}{V_{id}} \quad \text{此為雙端輸出的差模增益}$$

$$\therefore A_d = \frac{V_0}{V_{id}} = \left| \frac{V_{c1} - V_{c2}}{V_{B1} - V_{B2}} \right| = \frac{\alpha R_C}{r_e} \approx \frac{R_C}{r_e} = \frac{1K}{10} = 100$$

其中

$$r_e = \frac{V_T}{I_E} = \frac{V_T}{\dfrac{5mA}{2}} = \frac{25mV}{2.5mA} = 10\Omega$$

2. 共模分析

$$A_C = \frac{\Delta V_{c1}}{\Delta V_{cm}} \quad \text{此為單端輸出的共模增益}$$

差動放大器 559

$$\therefore A_C = \frac{\alpha R_c}{(r_e + 2R_E)} \approx \frac{R_C}{2R_E} = \frac{1K}{(2)(50K)} = 0.01$$

452. 若一恆流源差動放大器的各個 BJT 參數相同，即 $\beta_0 = 100$，$h_{ie} = 1k\Omega$，$h_{oe} = 20 \times 10^{-6}S(S = \Omega^{-1})$。則放大器的差模（differential mode）輸入端電阻值約等於　(A) $2000k\Omega$　(B) $20k\Omega$　(C) $2k\Omega$　(D) $200k\Omega$。（✦題型：差模輸入電阻）

【81 年二技電子】

解☞：(C)

$R_{id} = 2h_{ie} = 2k\Omega$

453. 已知 Q_1 及 Q_2 的 $\beta_0 = 200$，$V_{BE} = 0.7V$，

(1)若 $V_1 = V_2 = 0$ 時，Q_1 及 Q_2 的 $I_{CQ} = $ _____ mA

(2)此放大器的 $g_m = $ _____ ℧

(3)由 Q_1 及 Q_2 的兩個基極（base）端看進去的差模阻抗 $R_{id} = $ _____ Ω（✦題型：基本結構的 BJT D. A.）

【79 年二技電子】

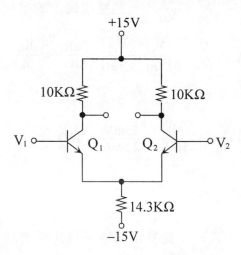

解☞：

(1)直流分析

$$I = \frac{0 - V_{BE} - V_{EE}}{R} = \frac{0 - 0.7 - (-15)}{14.3k} = 1 \text{ mA}$$

$$\therefore I_{CQ} = \frac{\beta_0}{1 + \beta_0} I_E = \frac{\beta_0}{1 + \beta_0} (\frac{I}{2}) = (\frac{200}{201})(0.5 \text{ mA}) = 0.4975 \text{ mA}$$

(2)求參數

$$g_m = \frac{I_{CQ}}{V_T} = \frac{0.4975 \text{ mA}}{25 \text{ mV}} = 0.0199 \text{℧}$$

(3)小訊號分析

$$R_{id} = (1 + \beta)(2r_e) = 2r_\pi = 2(\frac{\beta}{g_m}) = 20100\Omega$$

454.(1)圖 1 所示為差動放大器，$R_1 = R_2 = 20k\Omega$，$R_3 = 5k\Omega$，Q_1 及 Q_2 具有相同的參數，且其低頻小信號等效電路如圖 2 所示，試求小信號電壓 $\frac{V_0}{V_I}$　(A) 22　(B) 37　(C) 45　(D) 73。

(2)圖 2 中的等效小信號輸入阻抗 R_{in} 為　(A) 20.2k　(B) 42.7k　(C) 15k　(D) 35k（✤題型：含 R_L 的 BJT 差動對）

【79 年二技電機】

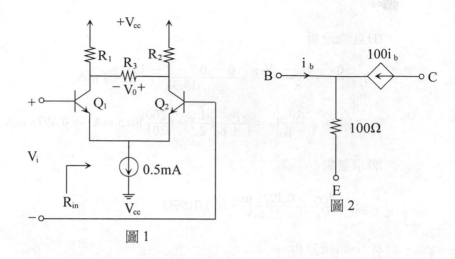

圖 1

圖 2

解☞： *1.* (A)　　*2.* (A)

(1)方法一：半電路法

　　1. 半電路圖

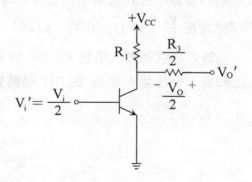

　　2. 求參數

　　　由圖 2 知 $\beta = 100$，$r_e = 100\Omega$

3.分析電路

$$A_V = \frac{V_0'}{V_i'} = \frac{(\frac{V_0}{2})}{(\frac{V_i}{2})} = \frac{V_0}{V_i} = \alpha \frac{(R_1 /\!/ \frac{R_3}{2})}{r_e} = \frac{\beta(R_1 /\!/ \frac{R_3}{2})}{(1 + \beta)r_e}$$

$$= \frac{100(20k /\!/ 2.5k)}{(101)(100)} = 22$$

方法二：節點法

1. 繪小訊號等效圖

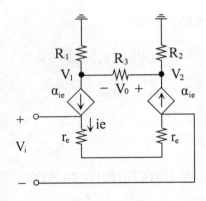

2. 求參數

$$\alpha = \frac{\beta}{1 + \beta} = \frac{100}{101}$$

3.分析電路

$$i_e = \frac{V_i}{2r_e} = \frac{V_i}{200} \Rightarrow V_i = 200\,i_e$$

在 V_1 點分析

$$(\frac{1}{R_1} + \frac{1}{R_3})V_1 = \frac{V_2}{R_3} - \alpha i_e = \frac{V_2}{5k} - (\frac{100}{101})(\frac{V_i}{200})$$

$$\Rightarrow (\frac{1}{20k} + \frac{1}{5k})V_1 = \frac{V_2}{5k} - \frac{100V_i}{(101)(200)}$$

$$\Rightarrow V_1 = 0.8V_2 - 19.8V_i \text{——①}$$

在 V_2 點分析

$$(\frac{1}{R_2} + \frac{1}{R_3})V_2 = \frac{V_1}{R_3} + \alpha i_e = \frac{V_1}{5k} + (\frac{100}{101})(\frac{V_i}{200})$$

$$\Rightarrow (\frac{1}{20k} + \frac{1}{5k})V_2 = \frac{V_1}{5k} + \frac{100V_i}{(101)(200)}$$

$$\Rightarrow V_2 = 0.8V_1 + 19.8V_i \text{——②}$$

$$\therefore V_0 = V_2 - V_1 = -0.8(V_2 - V_1) + 39.6V_i$$

$$= -0.8V_0 + 39.6V_i$$

故 $A_v = \frac{V_0}{V_i} = 22$

$(2) R_{in} = (1 + \beta)(2r_e) = (101)(2)(100) = 20.2k\Omega$

455.如下圖所示，假設 $A_d = \dfrac{V_{01}}{V_s}$ 且電晶體之 $h_{ie} \gg R_3$，則 A_d 之值應

為 (A)$\dfrac{1}{2}g_mR_c$ (B)g_mR_c (C)$2g_mR_c$ (D)$\dfrac{1}{4}g_mR_C$ (E)$\dfrac{1}{8}g_mR_C$。（❖

題型：單端輸出的 A_d）

【71 年二技電子】

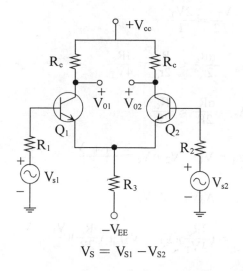

$$V_S = V_{S1} - V_{S2}$$

解☞：(A)

單端輸出的 $|A_d| = \left| -\frac{1}{2} g_m R_c \right| = \frac{1}{2} g_m R_c$

---

456. 續上題，差訊放大器最佳線性範圍的差訊輸入電壓值約為：(A) ±100mV　(B) ±26mV　(C) ±250V　(D) ±1V　　【71 年二技電子】

解☞：(B)

差訊放大器的輸入範圍為 $|V_s| < \pm 25$mV

題型變化

457. 某差動放大器，其輸出是由單端取出，若輸入訊號為 $V_1 = V_{icm} + (V_{id} / 2)$，$V_2 = V_{icm} - (V_{id} / 2)$，令偏壓電流源為 I，且輸出電阻為 R，則(1)將 V_0 表示成 V_1、V_2、I、R、R_C 和 V_T 的函數，(2)若 I = 1mA，且 CMRR 值大於 80dB，則 R 的最小值為何？（✤題型：$V_0 = A_d V_d + A_c V_c$）

解☞：

$(1) r_e = \dfrac{V_T}{I/2} = \dfrac{2V_T}{I}$

$\therefore A_d = \dfrac{\alpha R_c}{2r_e} \approx \dfrac{R_c}{2r_e} = \dfrac{IR_c}{4V_T}$

$A_c = \dfrac{\alpha R_c}{2R} \approx \dfrac{R_c}{2R}$

$V_d = V_1 - V_2 \,,\, V_c = \dfrac{V_1 + V_2}{2}$

$\therefore V_0 = A_d V_d + A_c V_c$

$\qquad = (\dfrac{IR_c}{4V_T})(V_1 - V_2) + (\dfrac{R_c}{2R})(\dfrac{V_1 + V_2}{2})$

$(2)\ \text{CMRR} = 20 \log \left| \dfrac{A_d}{A_c} \right| = 80\text{dB}$

$\therefore \dfrac{A_d}{A_c} = 10^4 = \dfrac{IR_c}{4V_T} \Big/ \dfrac{R_c}{2R} = \dfrac{IR}{2V/T} = \dfrac{(1\text{mA})R}{(2)(25\text{mV})}$

故 $R = 0.5\ \text{M}\Omega$

---

458. 下圖所示電路中,求 V_E, V_{c1} 和 V_{c2}。(❖題型:PNP BJT 差動對作開關)

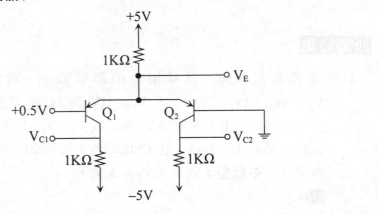

解☞：

Q_1：逆偏 $\Rightarrow Q_1$：OFF $\Rightarrow I_{c1} = 0$　$\therefore V_{c1} = -5V$

Q_2：順偏 $\Rightarrow Q_2$：ON

$\therefore V_E = V_{BE2} = 0.7V$

$$I_{E2} = \frac{5 - 0.7}{1k} = 4.3mA \approx I_{c2}$$

$$V_{c2} = I_{c2}R_{c2} + V_{cc} = (4.3m)(1k) - 5 = -0.7V$$

註：$|V_d| = |V_1 - V_2| = 0.5V > 4V_T$

　　$\therefore$ 此差動對為開關

459.如下圖電路 $\beta = 200$。

(1)求 $V_1 = V_2 = 0$ 時之偏壓電流 I_c。

(2)$V_1 = \dfrac{V_d}{2}$，$V_2 = \dfrac{-V_d}{2}$，求 $\left|\dfrac{V_0}{V_d}\right|$ 值。當 $V_1 = V_2 = V_{cm}$，求 $\left|\dfrac{V_0}{V_{cm}}\right|$

之值。又共模拒斥比 CMRR？

(3)求 V_0 以 V_1 及 V_2 表示。

(4)求 R_{id} 與 R_{icm}。（❖題型：BJT D.A 單端輸出）

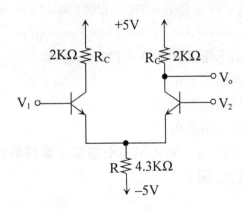

解☞：

(1) $V_1 = V_2 = 0$

$$\therefore I = \frac{0 - V_{BE} - V_{EE}}{R} = \frac{5 - 0.7}{4.3k} = 1\ mA$$

$$\therefore I_c = I_{E2} = I_{E1} = \frac{I}{2} = 0.5\ mA$$

(2) 單端輸出

$$g_m = \frac{I_c}{V_T} = \frac{0.5\ mA}{25\ mV} = 20\ mV\ , \ r_e = \frac{V_T}{I_{E2}} = \frac{25\ mV}{0.5\ mA} = 50\Omega$$

$$\left|\frac{V_0}{V_d}\right| = |A_d| = \frac{1}{2}g_m R_c = 20$$

$$\left|\frac{V_0}{V_{cm}}\right| = |A_c| = \left|\frac{-\alpha R_c}{(r_e + 2R)}\right| = \left(\frac{200}{201}\right)\left[\frac{2k}{50 + (2)(4.3k)}\right] = 0.23$$

$$CMRR = \left|\frac{A_d}{A_c}\right| = \frac{20}{0.23} = 87$$

(3) $V_0 = A_d V_d + A_c V_c = (20)(V_1 - V_2) - (0.23)(\frac{V_1 + V_2}{2})$

$$= 19.885 V_1 - 20.115 V_2$$

(4) $R_{id} = (1 + \beta)(2r_e) = (201)(100) = 20.1 k\Omega$

$$R_{icm} = (1 + \beta)(r_e + 2R) = (201)(50 + 244.3k) = 1.738 M\Omega$$

---

460. 下圖所示，電晶體的 $\beta = 100$，試計算：

(1) 直流偏壓電流 I_{EE}

(2) 輸入基極偏壓電流

(3) 差模輸入電阻 R_{td}

(4) 差模增益 $A_d = V_0 / V_s$（✢題型：含被動性恆流源的 BJT D. A（含 R_E 型））

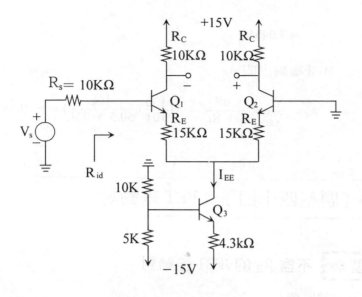

解☞ :

(1) 直流分析

$$V_{B3} = \frac{(10k)(-15v)}{10k + 5k} = -10v$$

$$I_{E3} = \frac{V_{B3} - V_{BE} - V_{EE}}{4.3k} = \frac{15 - 10 - 0.7}{4.3k} = 1mA$$

$$I_{EE} = \frac{\beta}{1 + \beta}I_{E3} = (\frac{100}{101})(1mA) = 0.99\ mA$$

(2) $I_{E1} = \frac{1}{2}I_{EE} = 0.495\ mA$

$$\therefore I_{B1} = \frac{I_{E1}}{1 + \beta} = \frac{0.495\ m}{101} = 4.9\ \mu A$$

(3) $r_e = \frac{V_T}{I_{E1}} = \frac{25\ mV}{0.495\ mA} = 50.5\Omega$

$$R_{id} = 2(1 + \beta)(r_e + R_E) = (2)(101)(50.5 + 15K)$$

$$= 3.04\text{M}\Omega$$

(4)雙端輸出的 A_d

$$A_d = \frac{V_0}{V_s} = \frac{-\alpha R_c}{r_e + R_E} = -\left(\frac{100}{101}\right)\left(\frac{10k}{50.5 + 15k}\right) = -0.66$$

§7-3〔題型四十四〕：FET 差動對

考型 86 不含 R_S 的 JFET 差動對

一、電路圖

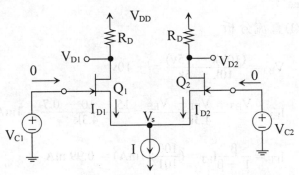

二、直流分析

1. $I_D = I_{DSS}(1 - \frac{v_{GS}}{V_p})^2$

$$I_{D1} = I_{DSS}(1 - \frac{v_{G1} - V_s}{V_p})^2$$

$$\sqrt{I_{D1}} = \sqrt{I_{DSS}}\,(1 - \frac{v_{G1}}{V_p} + \frac{v_S}{V_p})$$

2. $I_{D2} = I_{DSS}(1 - \dfrac{V_{G2} - v_s}{V_p})^2$

$\sqrt{I_{D2}} = \sqrt{I_{DSS}}(1 - \dfrac{V_{G2}}{V_p} + \dfrac{v_s}{V_p})$

$\sqrt{I_{D1}} - \sqrt{I_{D2}} = \sqrt{I_{DSS}}\ (\dfrac{V_{G1} - V_{G2}}{-V_p})$

3. $\because v_{GS1} - V_{GS2} = V_{id}$

$\therefore \sqrt{I_{D2}} = \sqrt{I_{D1}} - \sqrt{I_{DSS}}\ (\dfrac{V_{id}}{-V_p})\ \cdots\cdots①$

4. $I_{D1} + I_{D2} = I \cdots\cdots②$

將①代入②得

$I_{D1} = \dfrac{I}{2} + V_{id}\dfrac{I}{-2V_p}\sqrt{2\dfrac{I_{DSS}}{I} - (\dfrac{v_{id}}{V_p})^2(\dfrac{I_{DSS}}{I})^2}$

$I_{D2} = \dfrac{I}{2} - v_{id}\dfrac{I}{-2V_p}\sqrt{2\dfrac{I_{DSS}}{I} - (\dfrac{v_{id}}{V_p})^2(\dfrac{I_{DSS}}{I})^2}$

5. $V_{id} = 0$ 時：$I_{D1} = I_{D2} = \dfrac{1}{2}$

6. 當開關使用時：此時 $Q_1：ON \Rightarrow I_{D1} = 1$，$Q_2：OFF \Rightarrow I_{D2} = 0$。

$v_{id}(-\dfrac{I}{2V_p}) \cdot \sqrt{2(\dfrac{I_{DSS}}{I}) - (\dfrac{v_{id}}{V_p})^2(\dfrac{I_{DSS}}{I})^2} = \dfrac{I}{2}$

$\therefore \left|\dfrac{v_{id}}{V_p}\right| = \sqrt{\dfrac{I}{I_{DSS}}}$

故知，JFET 當開關使用時的輸入範圍為 $|V_{id}| \geqq |V_p|\sqrt{\dfrac{I}{I_{DSS}}}$

三、差模分析

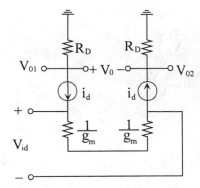

1. 雙端輸出時的差模增益

(1) $A_d = - g_m R_D$

(2) **觀察法**：$A_d = - g_m \cdot$（汲極所有電阻）

2. 單端輸出時的差模增益

$$A_{d\,單} = \frac{1}{2} A_{d\,雙} = - \frac{1}{2} g_m R_D$$

3. 差模輸入電阻 R_{id}

$$R_{id} = \frac{V_{id}}{i_d} = \frac{i_d(\dfrac{2}{g_m})}{i_d} = \frac{2}{g_m}$$

四、共模分析(半電路分析法)

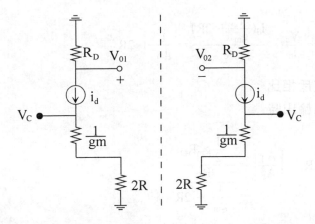

1. 單端輸出

$$V_{01} = - i_d R_D$$

$$V_c = i_d(\frac{1}{g_m} + 2R)$$

$$V_{02} = - i_d R_D$$

$$V_c = i_d(\frac{1}{g_m} + 2R)$$

$$A_{c1} = A_{c2} = \frac{V_{01}}{V_c} = \frac{- R_D}{\frac{1}{g_m} + 2R}$$

2. 雙端輸出

$$V_0 = V_{01} - V_{02} = 0$$

$$A_c = \frac{V_0}{V_c} = 0$$

3. 共模輸入電阻 R_{icm}

$$R_{icm} = \frac{V_c}{i_d} = \frac{i_d(\frac{1}{g_m} + 2R)}{i_d} = \frac{1}{g_m} + 2R$$

五、共模斥拒比

1. 單端輸出時

$$CMRR = \left| \frac{A_d}{A_c} \right| = \frac{\frac{1}{2}g_m R_D}{\dfrac{R_D}{\dfrac{1}{g_m} + 2R}}$$

$$= \frac{1}{2}(1 + 2g_m R)$$

2. 雙端輸出時

$$CMRR = \left| \frac{A_d}{A_c} \right| = \infty$$

六、JFET 的適用範圍

1. 當數位電路或開關時

$$|V_{id}| \geqq |V_p| \cdot \sqrt{\frac{I}{I_{DSS}}}$$

2. 當放大器使用時

$$|V_{id}| \leqq |V_p| \cdot \sqrt{\frac{2I}{I_{DSS}}}$$

考型 87 含 R_S 及 R_L 的 JFET 差動對

一、不考慮 r_d 時

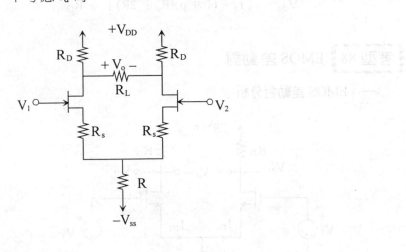

1. $R_L \neq \infty$ 時

$$A_d = \frac{V_0}{V_{id}} \approx -\frac{R_D \mathbin{/\mkern-5mu/} \dfrac{R_L}{2}}{\dfrac{1}{g_m} + R_S}$$

2. $R_L = \infty$ 時

$$A_d = -\frac{R_D}{\dfrac{1}{g_m} + R_s}$$

二、考慮 r_d 時

1. 圖同上

2. $A_d = \dfrac{V_o}{V_{id}} = \dfrac{-\mu \left(R_D \mathbin{/\mkern-5mu/} \dfrac{R_L}{2}\right)}{\left(R_D \mathbin{/\mkern-5mu/} \dfrac{R_L}{2}\right) + \left[r_d + (1 + \mu)R_S\right]}$

3. 單端輸出時

$$A_{CM} = \frac{V_0}{V_{cm}} = \frac{-\mu R_D}{[r_d + (1 + \mu)(R_s + 2R)] + R_D}$$

考型 88 EMOS 差動對

一、EMOS 差動對分析

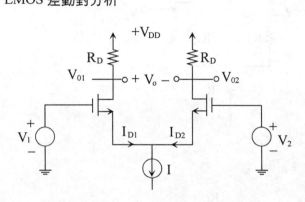

二、直流分析

1. $I_{D1} = k(v_{GS1} - V_t)^2$, $I_{D2} = k(v_{GS2} + V_t)^2$

$\sqrt{I_{D1}} = \sqrt{k}(v_{GS1} + V_t)$, $\sqrt{I_{D2}} = \sqrt{k}(v_{GS2} - V_t)$

$\sqrt{I_{D1}} - \sqrt{I_{D2}} = \sqrt{k}V_{id}\cdots\cdots①$

$(v_{GS1} - v_{GS2} = v_{id})$

2. $I_{D1} + I_{D2} = I\cdots\cdots②$

由①②得

$$\begin{cases} i_{D1} = \dfrac{I}{2} + \sqrt{2kI}(\dfrac{v_{id}}{2})\sqrt{1 - \dfrac{(v_{id}/2)^2}{(I/2k)}} \\[4mm] I_{D2} = \dfrac{I}{2} - \sqrt{2kI}(\dfrac{v_{id}}{2})\sqrt{1 - \dfrac{(v_{id}/2)^2}{(I/2k)}} \end{cases}$$

$$\dfrac{I}{2} = k(V_{GS} - V_t)^2$$

$$\Rightarrow \begin{cases} I_{D1} = \dfrac{I}{2} + (\dfrac{I}{V_{GS} - V_t})(\dfrac{V_{id}}{2})\sqrt{1 - (\dfrac{v_{id}/2}{V_{GS} - V_t})^2} \\[5mm] I_{D2} = \dfrac{I}{2} - (\dfrac{I}{V_{GS} - V_t})(\dfrac{V_{id}}{2})\sqrt{1 - (\dfrac{V_{id}/2}{V_{GS} - V_t})^2} \end{cases}$$

3. 當 $V_{id} = 0$ 時

$$I_{D1} = I_{D2} = \dfrac{I}{2}$$

4. 當開關使用時，$I_{D1} = I$，$I_{D2} = 0$，則

$$V_{id} = \sqrt{2}(V_{GS} - V_t)$$

故知

(1)當開關使用時，$|V_{id}| \geqq \sqrt{2}(V_{GS} - V_t)$ 或 $|V_{id}| \geqq \sqrt{\dfrac{I}{k}}$

(2)當放大器使用時，$|V_{id}| < \sqrt{2}\ (V_{GS} + V_t)$ 或 $|V_{id}| < \sqrt{\dfrac{I}{k}}$

5. $g_m = g_{m2} = g_m = 2\sqrt{KI_D} = \sqrt{2KI} = \dfrac{I}{V_{GS} - V_t}$

四、小訊號分析

1. 兩端輸出時

(1) $V_0 = V_{01} - V_{02} = -i_{D1}R_D - i_{D2}R_D = -2i_D R_D$

$$= -2\left(\dfrac{V_{id}}{\dfrac{2}{g_m}}\right)R_D = -g_m R_D V_{id}$$

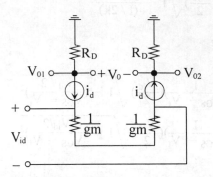

(2) $A_d = \dfrac{V_0}{V_{id}} = -g_m R_D$

觀察法

$A_d = -g_m$（汲極所有電阻）

2. 單端輸出時

$$A_{d\,單} = \dfrac{1}{2}A_{d\,雙} = -\dfrac{1}{2}g_m R_D$$

註：以上公式推專均與 JFET 同

五、BJT 差動對與 MOS 差動對的比較

1. BJT 差動對

(1) $A_d = -g_m R_c \Rightarrow A_d \propto g_m$

(2) $g_m = \dfrac{I_c}{V_T} = \dfrac{I}{2V_T}$

2..MOS 差動對

  (1)$A_d = - g_m R_D \Rightarrow A_d \propto g_m$

  (2)$g_m = 2\sqrt{KI}$

3.g_m 的比較（設恆流源 $I = 1mA$）

  $g_{m(BJT)} > g_{m(MOS)}$

4.A_d 的比較

  $A_{d(BJT)} > A_{d(MOS)}$

歷屆試題

461.(1)如右圖，增強型 MOS
差動放大器，假定
此兩個元件相匹配
因此有相同的 β 與
V_T ($\beta = 0.5mA/V^2$，
$V_T = 2V$)，且 $I = 4$
mA，求當 Q_2 恰好
截止時，$v_{id} = v_{G1} -$
$v_{G2} = ?$

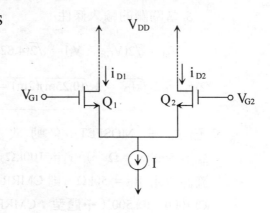

  (A) 1V   (B) 2V   (C) 3V   (D) 4V

(2)同上題之差動放大器，求每一元件之傳導 g_m (A) 1.414mA /
V   (B) 1.732mA / V   (C) 0.707mA / V   (D) 2mA / V（✥題型：
EMOS 差動對的輸入範圍）

解☞：　1. (D)　　2. (A)

(1)

1. 說明

Q$_2$：OFF，則Q$_1$：ON，此為差動對當開關

$\therefore K = \dfrac{\beta}{2} = 0.25\text{mA} / V^2$

2. 電流方程式

$I_{D1} = \dfrac{I}{2} = K(V_{GS} - V_t)^2 = (0.25\text{m})[V_{GS} - 2]^2 = 2\text{mA}$

$\therefore V_{GS} = 4.828V$

3. 當開關的輸入條件

$V_{id} = \sqrt{2}(V_{GS} - V_t) = \sqrt{2}(4.828 - 2) = 4V$

(2) $g_m = 2\sqrt{kI_{D1}} = 2\sqrt{(0.25\text{m})(2\text{m})} = 1.414\text{mA} / V$

---

462. 已知一 MOSFET 差動放大器的元件參數如下：$g_m = 5\text{mS}(S = \Omega^{-1})$，$r_d = 100\text{k}\Omega$，汲極負荷 $R_d = 5\text{k}\Omega$，源極電流源內阻 $R_B = 50\text{k}\Omega$，則 CMRR 值約等於　(A) 2000　(B) 1500　(C) 1000　(D) 500（✜題型：CMRR）

解☞：　(D)

CMRR $\approx g_m(2R_B) = (5\text{m})(2)(50\text{k}) = 500$

463. FET 的 源 極 耦 合 對 如 下 圖 所 示，假 設 每 一 電 晶 體 之
$V_p = -2V$，$I_{DSS} = 2mA$，試求差模增益 A_d，共模增益 A_{cm} 和共
模拒斥比 CMRR。（❖題型：JFET D.A.）

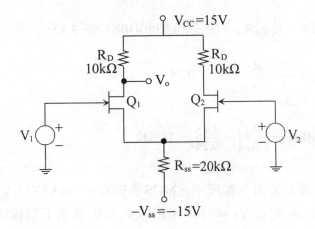

解☞：

一、直流分析⇒求參數

    1. 電流方程式

$$I_D = k(V_{GS} - V_p)^2 = \frac{I_{DSS}}{V_p^2}(V_{GS} - V_p)^2 = \frac{2mA}{4}(V_{GS} + 2)^2$$

    2. 取含 V_{GS} 的方程式

$$V_{GS} = V_G - V_S = -V_S = -(2I_D R_{SS} + V_{SS}) = 15 - 2I_D(20K)$$

    3. 解聯立方程式①，②得

$$I_D = 0.4 \text{ mA}，V_{GS} = -1.1V$$

4.求參數

$$g_m = -\frac{2}{V_p}\sqrt{I_D I_{DSS}} = 0.89 \text{ mA / V}$$

二、小訊號分析（單端輸出）

1. $A_d = -\frac{1}{2}g_m R_D = (-\frac{1}{2})(0.89m)(10K) = -4.45$

2. $A_C = \dfrac{-R_D}{\dfrac{1}{g_m} + 2R_{SS}} = -0.24$

3. $CMRR = \left|\dfrac{A_d}{A_c}\right| = \dfrac{4.45}{0.24} = 18.542$

464.差動放大器如下圖所示，MOS參數 K = 2 mA / V²，$V_T = 1.1V$，
BJT Early 電壓 $V_A = 110V$。試以 V_1 及 V_2 表示下列輸出值：

(1)單端輸出 V_{01}；

(2)雙端輸出 $V_{01} - V_{02}$；（❖題型：含電流鏡的 EMOS D.A.）

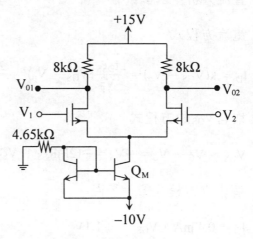

解 ☞ :

一、直流分析（電流鏡部份）

$$I = \frac{O - V_{BE} - (-10)}{4.65k} = \frac{10 - 0.7}{4.65k} = 2mA$$

$$R = r_0 = \frac{V_A}{I} = \frac{110}{2mA} = 55\ k\Omega$$

$$I_{D1} = I_{D2} = \frac{I}{2} = 1mA$$

$$g_m = 2\sqrt{KI_{D1}} = 2\sqrt{(2m)(1m)} = 2.83mA\ /\ V$$

二、小訊號分析

單端輸出 $A_{d1} = \frac{V_{01}}{V_d} = -\frac{1}{2}g_m R_D = -\frac{1}{2}(2.83m)(8k) = -11.32$

$$A_{d2} = \frac{V_{02}}{V_d} = \frac{1}{2}g_m R_D = 11.32$$

$$A_{c1} = \frac{-R_D}{\frac{1}{g_m} + 2R} \cong -0.073 = A_{C2}$$

(1) $\therefore V_{01} = A_{d1}V_d + A_{c1}V_c = -11.32(V_1 - V_2) = 0.073(\frac{V_1 + V_2}{2})$

$$= -11.36V_1 + 11.28V_2$$

$$V_{02} = A_{d2}V_d + A_{C2}V_C = 11.32\ (V_1 - V_2) - 0.073\ (\frac{V_1 + V_2}{2})$$

(2) $V_{01} - V_{02} = -2A_{d1}V_d = -22.64(V_1 - V_2)$

§7-4〔題型四十五〕：差動放大器的非理想特性

考型 89 ┤ BJT 非理想的差動對

BJT 差動對的非理想特性之原因

原因 $\begin{cases} (1)輸入補偏(offset)電壓起因有二： \\ \qquad ① R_{c1} 和 R_{c2} 不匹配 \\ \qquad ② Q_1 和 Q_2 不匹配 \\ (2)輸入補偏(offset)電流 \\ (3)輸入偏壓(bias)電流 \end{cases}$

一、輸入補偏（offset）電壓

$$V_{off} = \frac{V_0}{A_d}$$

1. R_{c1} 和 R_{c2} 不匹配

(1) $R_{c1} = R_c + \dfrac{\Delta R_c}{2}$

(2) $R_{c2} = R_c - \dfrac{\Delta R_c}{2}$

(3) $|V_{off}| = V_T(\dfrac{\Delta R_c}{R_c})$

2. Q_1 和 Q_2 不匹配

逆向飽和電流 I_s

(1) $I_{S1} = I_s + \dfrac{\Delta I_s}{2}$

$(2)\, I_{S2} = I_S - \dfrac{\Delta I_S}{2}$

$(3)\, |V_{off}| = V_T(\dfrac{\Delta I_S}{I_S})$

3. 總輸入補偏電壓

$$V_{off} = V_T\sqrt{(\dfrac{\Delta R_c}{R_c})^2 + (\dfrac{\Delta I_S}{I_S})^2}$$

二、輸入補偏（offset）電流及輸入偏壓（bias）電流

1. 偏壓電流 I_{Bias} 是因 β 值不匹配引起的

$(1)\, \beta_1 = \beta + \dfrac{\Delta\beta}{2}$

$(2)\, \beta_2 = \beta - \dfrac{\Delta\beta}{2}$

$(3)\, I_{bias} = \dfrac{I_{B1} + I_{B2}}{2}$

2. 輸入補偏（offset）電流

$$I_{off} = I_{B1} - I_{B2} = I_{bias}(\dfrac{\Delta\beta}{\beta})$$

考型 90 ╎ MOS 非理想的差動對

MOS 差動對的非理想特性之原因

原因 $\begin{cases} (1)負載電阻不匹配 \\ (2)\text{k} 的不匹配 \\ (3)V_t 的不匹配 \end{cases}$

一、負載不匹配

1. $R_{D1} = R_D + \dfrac{\Delta R_D}{2}$

2. $R_{D2} = R_D - \dfrac{\Delta R_D}{2}$

3. $V_{off} = (\dfrac{V_{GS} - V_t}{2})\dfrac{\Delta R_D}{R_D}$

二、K 的不匹配

1. $k_1 = k + \dfrac{\Delta k}{2}$

2. $K_2 = k - \dfrac{\Delta k}{2}$

3. $V_{off} = \dfrac{(V_{GS} - V_t)}{2} \cdot \dfrac{\Delta k}{k}$

三、V_t 的不匹配

1. $V_{t1} = V_t + \dfrac{\Delta V_t}{2}$

2. $V_{t2} = V_t - \dfrac{\Delta V_t}{2}$

3. $\Delta I = I_2 - I_1 = I\dfrac{\Delta V_t}{V_{GS} - V_t}$

4. $V_{off} = \dfrac{\Delta I \times R_D}{g_m R_D} = \Delta V_t$

由以上的討論知：MOS 差動對的 V_{off} 比 BJT 差動對 V_{off} 大很多，原因是$(V_{GS} - V_t)/2$要比 V_T 大很多。欲使 V_{off} 變小就必須使 Q_1 和 Q_2 之（$V_{GS} - V_t$)很小。

題型變化

465. 在下圖中之差模放大器，若電路完全對稱，則當輸出以差模方式取出時（$V_0 = V_{01} - V_{02}$），共模增益為零。但實際電路不可能完全對稱，考慮集極電阻有 ΔR_C 的不匹配情形，亦即 Q_1 的集極負載電阻為 R_C，而 Q_2 集極負載電阻為 $R_C + \Delta R_C$，決定共模增益。（❖題型：BJT D.A. 的非理想特性）

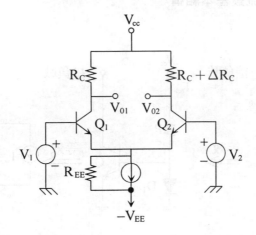

解 ☞ ：

$$V_{0c1} = A_{c1}V_2 = \frac{-\alpha R_c}{r_e + 2R_{EE}}V_c$$

$$V_{0c2} = A_{c2}V_c = \frac{-\alpha(R_c + \Delta R_c)}{r_e + 2R_{EE}}V_c$$

$$\therefore V_0 = V_{0c1} - V_{0c2} = \frac{\alpha \Delta R_c}{r_e + 2R_{EE}}V_c$$

$$\therefore A_c = \frac{V_0}{V_c} = \frac{\alpha \Delta R_c}{r_e + 2R_{EE}} = \frac{\alpha R_c}{r_e + 2R_{EE}} \cdot \frac{\Delta R_c}{R_c}$$

$$A_{c(非理想)} = A_{c(理想)} \cdot \frac{\Delta R_c}{R_c}$$

§7-5〔題型四十六〕：BJT 電流鏡（current Mirror）

一、BJT 電流鏡基本結構

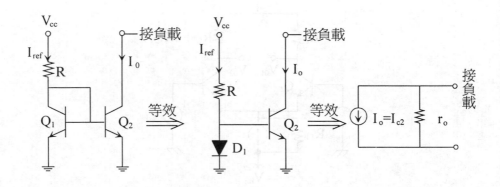

1. Q_1 與 Q_2 均在作用區上工作。且互相匹配

2. Q_1 的作用，可視為二極體的作用。

3. I_{ref} 稱為參考電流（reference current），I_0 稱為反射電流。

4. 理想的電流鏡，$I_{ref} = I_0$

5. $I_{ref} = \dfrac{V_{CC} - V_{BE}}{R}$

6. 在 IC 電路中，通常以電流鏡作為恆流源，以提供 IC 內的電路，作為偏壓使用。

7.電流鏡亦可作為差動放大器的恆流源，如圖1

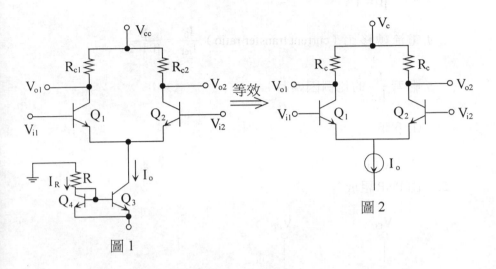

等效 ⟹

圖1

圖2

考型 91 由二個 BJT 組成的電流鏡

一、由 NPN 組成

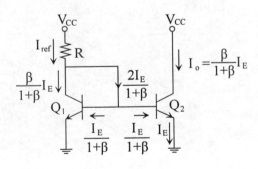

1. 分析如上

2. $I_0 = \dfrac{\beta}{1+\beta} I_E$

3. $I_{ref} = \dfrac{\beta + 2}{\beta + 1} I_E$

4. 電流轉移比（current transfer ratio）$\dfrac{I_0}{I_{ref}} = \dfrac{\beta}{\beta + 2}$

5. 影響 $\dfrac{I_0}{I_{ref}}$ 的比例因素為

(1) β 值

(2) V_A 值

二、由 PNP 組成

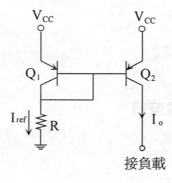

考型 92 由三個 BJT 組成的電流鏡

＜具有基極電流之溫度補償功能＞

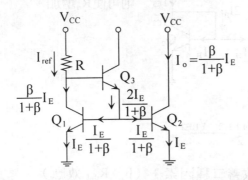

一、分析：（I_0、I_{REF} 之關係）

$$\frac{I_0}{I_{REF}} = \frac{\dfrac{\beta}{1+\beta}I_E}{\dfrac{\beta}{1+\beta}I_E + \dfrac{2I_E}{(1+\beta)^2}} = \frac{\beta(1+\beta)}{\beta(1+\beta)+2}$$

其中 $I_{ref} = \dfrac{V_{cc} - V_{EE2} - V_{BE3}}{R}$

二、補償 I_c 變化：

$T\uparrow$，$i_{c1}\uparrow$，I_{REF} 固定，$i_{B3}\downarrow$，$i_{E3}\downarrow$，$i_{B1}\downarrow$，$i_{c1}\downarrow$，由 i_{B3} 作用，使 i_{B1} 降低達到溫度補償的效果。

考型 93 威爾森（Wilson）電流鏡

1. 一種可得到與參考電流大小，很接近（差 mA）之偏壓電流的電流鏡。

2. 電路結構：

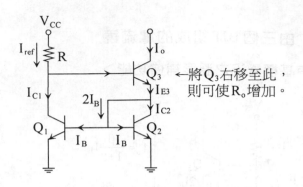

其中 $I_{ref} = \dfrac{V_{CC} - V_{BE3} - V_{BE2}}{2}$

3. 威爾森電流鏡，改善二種因素：（β及R_{out} 效應）

(1) $\dfrac{I_{ref}}{I_{out}} = \dfrac{(\beta^2 + 2\beta) + 2}{\beta^2 + 2\beta}$，更可以忽略 2 之誤差→$I_{ref} \cong I_{out}$

(2) 其輸出電阻約等於βr_0 / 2，比簡單電流源之輸出電阻大了β / 2 倍。

$(R_0 = 4_{01} + \left[1 + h_{fe} \right] \cdot \left[r_{\pi2} // r_{\pi3} \right] = r_{01} + \dfrac{1 + \beta}{2} \cdot r_{\pi})$

考型 94 衛得勒電流鏡

1.

(1) Wilson 電流鏡中，若要得到 μA 之反射電流，則需很大的電阻值，而太高的電阻值在 IC 內很難製造。

(2) Widlar，可以「使用小電阻，即獲得極小值的反射電流」，如此可節省 IC 相當大的晶片面積（Chip area）。

2.分析：

$$V_{BE1} = V_T \ln(\frac{I_{REF}}{I_s})$$

$$V_{BE2} = V_T \ln(\frac{I_o}{I_s})$$

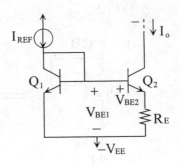

$$V_{BE1} - V_{BE2} = V_T \ln(\frac{I_{REF}}{I_o}) = I_o R_E$$

$$\therefore I_o = \frac{V_T}{R_E} \ln(\frac{I_{REF}}{I_o})$$

3.討論

(1)在直流分析時

$$R_E = 0 \Rightarrow I_o \approx I_{REF}$$

$$R_E \neq 0 \Rightarrow V_{BE1} > V_{BE2} \Rightarrow I_{REF} \gg I_o$$

(2)在交流分析時

$$R_E = 0 \Rightarrow R_o = r_{o2}$$

4.考型有二：

(1)已知 I_{REF}，I_o，求 R_E

解☞：$R_E = \frac{V_T}{I_o} \ln \frac{I_{REF}}{I_o}$

(2)已知 I_{REF}，R_E，求 I_o

解☞：$I_o = \frac{V_T}{R_E} \ln(\frac{I_{REF}}{I_o})$

此法需用試誤法計算

5.分析 R_o

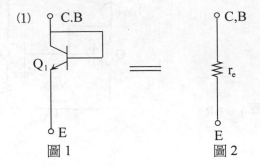

(1) C.B

Q_1

E
圖 1

C,B

r_e

E
圖 2

(2)求 R_o 時的小訊號等效圖

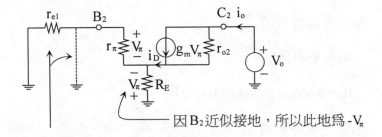

因 B_2 近似接地,所以此地為 $-V_\pi$

因 r_e 值極小可視為近似接地

(3)電路分析

① $V_0 = r_{02}(i_0 - g_m V_\pi) - V_\pi = i_0 r_{02} - V_\pi(g_m r_{02} + 1)$

② $-V_\pi = i_0(R_E // r_\pi) \Rightarrow$ 代入①式,得

③ $V_0 = i_0 r_{02} + i_0(g_m r_{02} + 1)(R_E // r_\pi)$

$\quad = i_0 [r_{02} + (1 + g_m r_{02})(R_E // r_\pi)]$

④ $\therefore R_{out} = \dfrac{V_0}{i_0} = r_{02} + (1 + g_m r_{02})(R_E // r_\pi)$

$$= r_{02} + (1 + \mu_2)(R_E /\!/ r_\pi)$$

其中

$$\mu = g_m r_{02} = \frac{I_C}{v_T} \cdot \frac{V_A}{I_C} = \frac{V_A}{V_T}$$

考型 95 比例型電流鏡

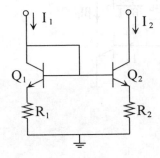

分析

1. $I_1 \approx I_{c1} \approx I_{E1}$，$I_2 \approx I_{c2} \approx I_{E2}$

2. $I_1 R_1 + V_{BE1} \approx I_2 R_2 + V_{BE2}$

$$\Rightarrow V_{BE1} - V_{BE2} = I_2 R_2 - I_1 R_1 = V_T \ln(\frac{I_1}{I_2})$$

$$\Rightarrow \frac{I_2}{I_1} = \frac{R_1}{R_2} \left[1 - \frac{V_T}{I_1 R_1} \ln(\frac{I_1}{I_2}) \right]$$

3. 設 $\frac{V_T}{I_1 R_1} \ln(\frac{I_1}{I_2}) \ll 1$，則 $\frac{I_2}{I_1} = \frac{R_1}{R_2}$

考型 96 串疊型電流鏡（Cascode Current Mirror）

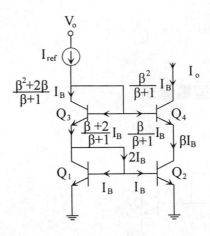

1. $I_0 = \dfrac{\beta^2}{\beta+1}I_B$

2. $I_{ref} = \dfrac{\beta^2+2\beta}{\beta+1}I_B + \dfrac{2\beta+2}{\beta+1}I_B = \dfrac{\beta^2 4\beta+2}{\beta+1}I_B$

3. $\dfrac{I_0}{I_{ref}} = \dfrac{\beta^2}{\beta^2+4\beta+2}$

考型 97 電流重複器（Current Repeater）

1. 多集極電晶體（multi-emitter transistor）

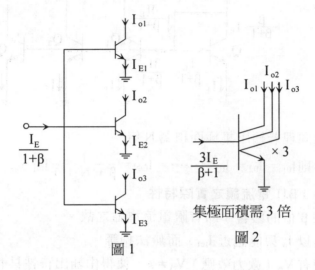

圖1

集極面積需 3 倍

圖2

(1) $\because V_{BE1} = V_{BE2} = V_{BE3}$

$\therefore I_{E1} = I_{E2} = I_{E3} = I_E$

(2) 故 $I_{01} = I_{02} = I_{03} = \dfrac{\beta}{\beta + 1} I_E$

2. 重複器

(1) $I_{ref} = \dfrac{\beta}{\beta + 1} I_E + 4 \dfrac{I_E}{\beta + 1} = \dfrac{\beta + 4}{\beta + 1} I_E$

(2) $I_{01} = I_{02} = I_{03} = \alpha I_E = \dfrac{\beta}{\beta + 1} I_E = \dfrac{1}{\beta + 4} I_{ref}$

(3) 其中 $I_{ref} = \dfrac{V_{CC} - V_{BE}}{R}$

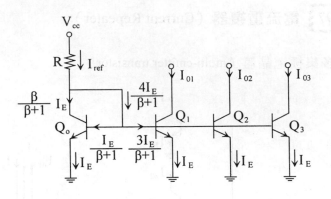

(4)同理若輸出集極面積為 N 倍

則 $I_{01} = I_{02} = I_{03} = \cdots\cdots = I_{ON} = \dfrac{1}{\beta + N + 1} I_{ref}$

結論：BJT 電流鏡之實際特性

1. 因 β 值的影響，即有限電流增益之故。

所以 I_o 只能趨近 I_{ref}，而無法相等。

2. 因有 V_A（歐力效應）$V_A \neq \infty$，使得由輸出特性具有斜率，所以 I_o 無法等於 I_{REF}

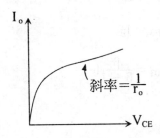

3. 改善之法為提高 β 值，及 r_o 值

4. **實際接線法：**

(1)由三個電晶體組合：可提高 β 效應

(2)威爾森電流鏡：提高 β 效應，且增加 R_{out} 值，可達 $\dfrac{\beta}{2}$ 倍

(3)衛得勒電流鏡：可提高 R_o，$R_o = r_{02} + (1 + \mu) \left[R_E \ /\!/ \ r_\pi \right]$

歷屆試題

466.如下圖所示，兩電晶體完全相同，其 $\beta = 200$，$V_{BE} = 0.7V$，試
求 V_0 之電壓值？ (A) 5V (B) 6V (C) 7V (D) 8V。（✚題型：
BJT 的直流分析）

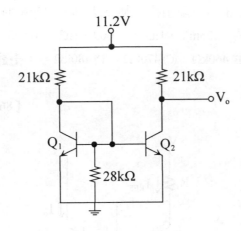

【86 年二技電子】

解☞： (B)

1. ∵$V_{BE1} = V_{BE2}$

   ∴$I_{B1} = I_{B2} = I_B$，$I_{c1} = I_{c2} = I_c$

2. 取含V_{BE}的迴路方程式

$$I_{21k\Omega} = \frac{V_{CC} - V_{BE}}{21k} = \frac{11.2 - 0.7}{21k} = 0.5 \text{ mA}$$

$$I_{21k\Omega} = I_{c1} + I_{B1} + I_{B2} + \frac{V_{BE}}{28k} = I_c + 2I_B + \frac{0.7}{28k}$$

$$= I_c(1 + \frac{2}{\beta}) + \frac{0.7}{28k} = 0.5 \text{ mA}$$

$$\therefore I_c = 0.2475 \text{ mA}$$

3. 故 $V_0 = V_{CC} - I_C R_C = 11.2 - (0.2475 \text{ mA})(21k) = 6V$

467. 如下圖已知當電晶體之集極電流為 1mA 時，其 $V_{BE} = 0.7V$，假設我們忽略 β 為有限值之效應，當 $I_0 = 20\mu A$ 時，求電阻 R_1 值（熱電壓 $V_T = 25mV$，$\ln 5 = 1.609$，$\ln 2 = 0.693$，$V_{cc} = 10V$）。

(A) 450kΩ (B) 460kΩ (C) 470kΩ (D) 480kΩ。（❖題型：電流鏡設計）

【86 年二技電機】

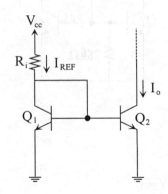

解☞： (C)

1. 思考：此題若直接用

$$I_{REF} = \frac{V_{CC} - V_{BE}}{R_1} = \frac{V_{CC} - 0.7}{R_1} = \begin{cases} 1mA \\ 20\mu A \end{cases} \text{矛盾}$$

（∵V_{CC}，R_1 皆為固定）

所以可知 V_{BE} 需以二極體接面電位觀念解題，即

$$V_1 - V_2 = \eta V_T \ln\frac{I_1}{I_2}$$

2. 解題

(1) $V_{BE1} - V_{BE2} = V_T \ln\frac{I_1}{I_2}$

$\Rightarrow V_{BE1} = V_{BE2} + V_T \ln\frac{I_1}{I_2} = 0.7 + (25\text{mV}) \ln\frac{20\ \mu\text{A}}{1\ \text{mA}} = 0.602$

(2) $\because I_0 \approx I_{REF} = \dfrac{V_{CC} - V_{BE}}{R_1} = \dfrac{10 - 0.602}{R_1} = 20\ \mu\text{A}$

$\therefore R_1 = 470\ \text{k}\Omega$

(3) 註：

$\ln\left[\dfrac{20\mu\text{A}}{1\text{mA}}\right] = \ln(0.02) = \ln(\dfrac{1}{50}) = \ln(1) - \ln50 = -\ln(2\times5^2)$

$= -[\ln2 + 2\ln5] = -3.912$

---

468. 如下圖所示，已知 $I_{ref} = 1\text{mA}$ 及 $\beta = 20$，試求 I_0 值　(A) 0.9　(B) 5mA　(C) 0.83mA　(C) 0.77mA（✥題型：疊接電流鏡）

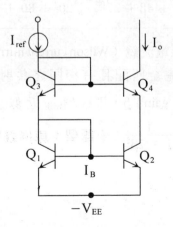

解☞：(C)

分析電路

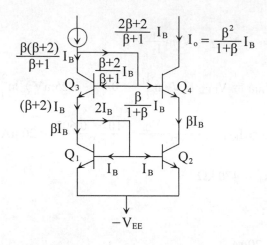

$$I_{ref} = \frac{\beta^2 + 2\beta}{\beta + 1} I_B + \frac{2\beta + 2}{\beta + 1} I_B = \frac{\beta^2 + 4\beta + 2}{\beta + 1} I_B$$

$$\therefore \frac{I_0}{I_{ref}} = \frac{\beta^2}{\beta^2 + 4\beta + 2}$$

故 $I_0 = \frac{\beta^2}{\beta^2 + 4\beta + 2} I_{ref} = (\frac{20^2}{20^2 + 80 + 2})(1mA) = 0.83 \ mA$

---

469. 下圖是威爾森電流鏡（Wilson current mirror），假設所有雙極性電晶體彼此完全匹配且有相同之共射極電流增益（common emitter current gain）β，則 I_0 / I_{REF} 近似於　(A) 1　(B)$\frac{1}{1+\beta}$　(C) $\frac{1}{1 + 2/\beta^2}$　(D)$\frac{1}{1 + 2\beta^2}$（❖題型：威爾森電流鏡）

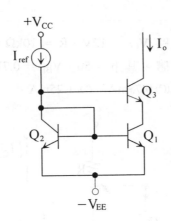

解☞：(C)

分析電路

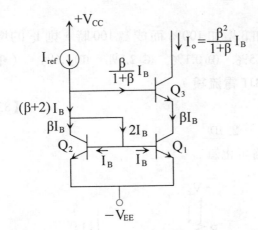

$$\therefore I_{ref} = (\beta + 2 + \frac{\beta}{1+\beta})I_B = \frac{\beta^2 + 4\beta + 2}{1+\beta}I_B$$

$$I_0 = \frac{\beta^2}{1+\beta}I_B$$

故 $\frac{I_0}{I_{ref}} = \frac{\beta^2}{\beta^2 + 4\beta + 2} = \frac{1}{1 + \frac{4}{\beta} + \frac{2}{\beta^2}} \approx \frac{1}{1 + \frac{2}{\beta^2}}$

470.(1)下圖所示電路 $V_{CC} = 12V$，$R = 10k\Omega$，Q_1 與 Q_2 為特性完全相同的電晶體，其 $\beta = 50$，$V_{BE} = 0.7V$，則 I_C　(A) 0.55mA　(B) 1.08mA　(C) 0.75mA　(D) 1.25mA。　　　　　【83 年二技】

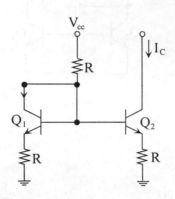

(2)上題中，如 β 增加 100% 而成為 100 時，則 I_C 的增加量百分比為　(A) 0.5%　(B) 0.1%　(C) 2.5%　(D) 1.6%。（❖題型：基本結構的 BJT 電流鏡）

【83 年二技】

解☞：　1. (A)　　2. (D)

1. (1) 此電路可化為

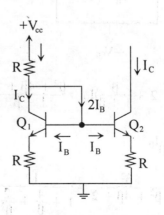

(2)分析電路

$$\because V_{BE} + I_{E1}R = V_{BE} + I_{E2}R$$

$$\therefore I_{E1} = I_{E2} \Rightarrow \begin{cases} I_{B1} = I_{B2} = I_B \\ I_{C1} = I_{C2} = I_C \end{cases}$$

$$\therefore V_{CC} = R(I_C + 2I_B) + V_{BE} + I_E R$$

$$= R(I_C + \frac{2I_C}{\beta}) + V_{BE} + \frac{\beta + 1}{\beta}I_C R$$

$$即 R = I_c(10k)\ (1 + \frac{2}{50} + \frac{51}{50}) + 0.7$$

$$\therefore I_c = 0.5485mA$$

2. 已知　$\beta_1 = 50 \Rightarrow I_{C1} = 0.5485$ mA

$$\beta_2 = 100 \Rightarrow I_{C2} = \frac{V_{CC} - V_{BE}}{R(\frac{\beta_2 + 2}{\beta_2} + \frac{\beta_2 + 1}{\beta_2} + 1)} = 0.5567 \text{ mA}$$

$$\therefore \Delta I_C\% = \frac{\Delta I_C}{I_{C1}} = \frac{I_{C2} - I_{C1}}{I_{C1}} = \frac{0.5567 - 0.5485}{0.5485} \approx 1.5\%$$

---

471. 已知 $V_1 = 15V$，$V_{BE} = 0.75V$，

$I_0 = 5mA$，$\beta \gg 1$，$R =$ 　(A) $0.75K\Omega$ (B)

$1.4K\Omega$　(C) $3K\Omega$　(D) $5K\Omega$（✣題型：

具溫度補償效應的 BJT 電流鏡）

【82 年二技電子】

解☞：(B)

$$\because I_O = I_{ref} = \frac{V_I - V_{BE} - V_{BE}}{2R} = 5 \text{ mA}$$

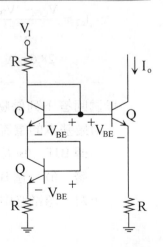

$$R = \frac{V_I - 2V_{BE}}{2I_0} = \frac{15 - (2)(0.75)}{(2)(5mA)} = 1.35K\Omega$$

472.如圖，若三個電晶體完全相同，且其 $\beta \gg 1$，V_{BE} 亦皆等於 0.7V，則正常工作下，$I_{c2} =$ (A) 31.4mA (B) 30mA (C) 29.3mA (D) 28.6mA（❖題型：3 個 BJT 組成的電流鏡）

【81 年二技電子】

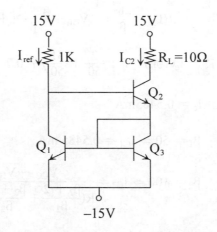

解☞：(D)

$$I_{c2} = \frac{V_{CC} - V_{BE2} - V_{BE3} - V_{EE}}{R} = \frac{15 - 0.7 - 0.7 - (-15)}{1K}$$

$$= 28.6 \text{ mA}$$

473.試回答下列偏壓及穩定度相關問題：

(1)最基本的電流鏡（current mirror）電路包括 (A)兩個電阻和一個 BJT (B)兩個 BJT 和一個電阻 (C)兩個 BJT 接成兩個二極體 (D)一個 BJT 和一個電阻

(2)如上題電路中，已知 $\beta_F = 100$，$V_{BE} = 0.7V$，則溫度漂移時，

I_C 隨　(A)$\sqrt{\beta_F}$　(B)$\sqrt{\beta_F + 2}$　(C)$- V_{BE}{}^2$　(D)限流元件 R(T) 而變動

(3)已知 $I_C = 10mA$，而利（Early）電壓 $V_A = 100V$，$V_{BE} = 0.6V$，則(1)題電流鏡之輸出端電阻值 R_0 等於　(A) $100K\Omega$　(B) $10K\Omega$　(C) $1K\Omega$　(D) 100Ω

(4)已知 $V_{CC} = 10V$，$V_{BE} = 0.7V$，$\beta_F = 100$，限流元件R $= 10K\Omega$，則(1)題電流鏡之輸出端電流等於　(A) 0.31mA　(B) 0.71mA　(C) 0.91mA　(D) 0.95m A

【80 年二技電子】

解☞：　*1.* (B)　　*2.* (D)　　*3.* (B)　　*4.* (C)

(3) $r_0 = \dfrac{V_A}{I_C} = \dfrac{100V}{10mA} = 10K\Omega$

(4)

$\therefore I_{ref} = \beta_F I_B + 2I_B = (\beta_F + 2)I_B$

$I_0 = \beta_F I_B$

故 $\dfrac{I_0}{I_{ref}} = \dfrac{\beta_F}{\beta_F + 2}$，又 $I_{ref} = \dfrac{V_{CC} - V_{BE}}{R} = \dfrac{10 - 0.7}{10K} = 0.93$ mA

即 $I_0 = \dfrac{\beta_F}{\beta_F + 2} I_{ref} = (\dfrac{100}{102})(0.93$ mA$) = 0.91$ mA

474. 有兩個特性完全相同的電晶體連接成如下圖的電路，該兩晶體的特性如下：$V_{BE} = 0.7V$，$\beta = 200$，$V_T = 25mV$逆向飽和電流不計入，回答下列問題：Q_1 電晶體的 I_{C1} 為　(A) 0.25mA　(B) 0.50mA　(C) 1.00mA　(D) 2.5mA。（❖題型：基本 BJT 電流鏡）

【80 年二技電子】

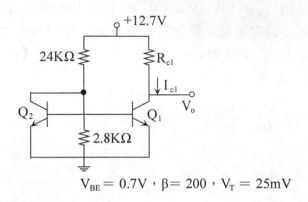

$V_{BE} = 0.7V$，$\beta = 200$，$V_T = 25mV$

解☞：(A)

1. 此電路可化為

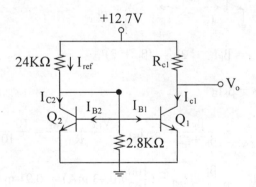

2. 分析電路

$$I_{ref} = \frac{V_{CC} - V_{BE}}{24K} = \frac{12.7 - 0.7}{24K} = 0.5 \text{ mA}$$

$$I_{ref} = I_{C2} + I_{B2} + I_{B1} + \frac{V_{BE}}{2.8K} = I_{C1} + \frac{I_{C1}}{\beta} + \frac{I_{C1}}{\beta} + \frac{0.7}{2.8K} = 0.5mA$$

$$\therefore I_{C1} = 0.25mA$$

---

475. 同上題，若欲令 Q_1 電晶體的 V_{CE1} 為 6.7V，則 R_{C1} 應為：　(A) 12kΩ　(B) 6kΩ　(C) 24kΩ　(D) 2.4kΩ。　【80 年二技電子】

解☞：(C)

$$R_{C1} = \frac{V_{CC} - V_{CE1}}{I_{C1}} = \frac{12.7 - 6.7}{0.25mA} = 24k\Omega$$

---

476. 同上二題試求 Q_2 電晶體的 g_{m2} 值為　(A) 0.02A / V　(B) 0.1A / V　(C) 0.04A / V　(D) 0.01A / V。　【80 年二技電子】

解☞：(D)

$$g_{m2} = \frac{I_{c2}}{V_T} = \frac{I_{C1}}{V_T} = \frac{0.25mA}{25mV} = 0.01A / V$$

---

477. 同上三題 Q_1 電晶體的電壓增益 A_{v1} 為　(A) − 480　(B) − 240　(C) − 10　(D) − 120　【80 年二技電子】

解☞：(B)

$$A_{v1} = \frac{V_0}{V_{be1}} = \frac{- g_m V_\pi R_{C1}}{V_\pi} = - g_m R_{C1} = - 240$$

---

478. 下圖中，Q_1 與 Q_2 之直流電流放大倍數均為 h_{FE}，則 I_{C2} 為：　(A) 10　(B) (h_{FE})　(C) (h_{FE}^2)　(D) 1mA。　（❖題型：**基本結構的BJT電流鏡**）

【78 年二技】

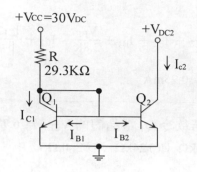

解☞：　(D)

$$I_{ref} = \frac{V_{CC} - V_{BE}}{R} = \frac{30 - 0.7}{29.3k} = 1mA$$

$$\therefore I_{C2} \approx I_{ref} = 1mA$$

題型變化

479.如下圖電路 β ＝ 320，Early 電壓 V_A ＝ 125V，反映器電晶體 Q_M
　　的射極接面面積為參考電晶體 Q_R 的一半。

　　(1)求 V_1 ＝ V_2 ＝ 0 時偏壓電流 I_C。

　　(2)求差模信號所見到的輸入電阻 R_{id}。

　　(3)求差模增益 A_d，共模增益 A_{cm}。

　　(4)求共模拒斥比 CMRR。

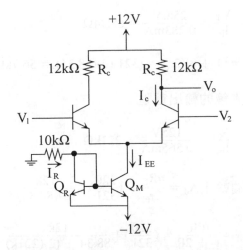

+12V

12kΩ R_c R_c 12kΩ

V_o

I_c ↓

V_1 V_2

10kΩ

I_R →   ↓ I_{EE}

Q_R Q_M

−12V

---

480. 上題中將 V_1 與 V_2 共同接到信號源 V_1，信號源電阻 50kΩ，輸出端經由耦合電容外接負載 8kΩ，試求電壓增益 V_0 / V_1。（✤ 題型：以電流鏡為恆流源的 BJT D.A.）

解☞：

1. 直流分析

$$I_R = \frac{O - V_{BE} - V_{EE}}{10k} = \frac{12 - 0.7}{10k} = 1.13mA$$

$$\therefore \frac{I_{CR}}{I_{CM}} = \frac{Q_R 集極接面積}{Q_M 集極接面積} \approx \frac{I_{ER}}{I_{EM}} = \frac{1}{2}$$

$$\therefore I_{EE} = I_{CM} = \frac{1}{2} I_R = 0.565 \ mA$$

$$故 I_C \approx I_{E2} = \frac{1}{2} I_{EE} = 0.283 \ mA$$

2. 小訊號分析

$$r_e = \frac{V_T}{I_E} = \frac{25mV}{0.283mA} = 88.34\Omega$$

$$R_{id} = (1 + \beta)(2r_e) = (321)(2)(88.34) = 56.7k\Omega$$

3. 電流鏡的輸出電阻

$$R = \frac{V_A}{I_{EE}} = \frac{125V}{0.565mA} = 221k\Omega$$

$$單端輸出 A_d = \frac{\alpha R_C}{2r_e} = \left(\frac{320}{321}\right)\left[\frac{12k}{(2)(88.34)}\right] = 67.71$$

$$A_{CM} = \frac{\alpha R_C}{r_e + 2R} = \left(\frac{320}{321}\right)\left[\frac{12k}{88.34 + (2)(221k)}\right] = 0.0271$$

4. $CMRR = \left|\frac{A_d}{A_c}\right| = \frac{67.71}{0.0271} = 2499$

---

481. 如圖：若 Q_1 及 Q_2 的放大倍數均為 h_{FE}，則 I_{C2} 為多少？（❖
題型：基本 BJT 電流鏡）

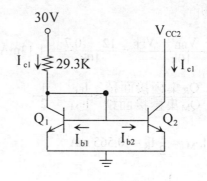

解☞：$I_{C2} \approx I_{C1} = \frac{V_{CC} - V_{BE}}{29.3k} = \frac{30 - 0.7}{29.3k} = 1mA$

---

482. 如下圖，假設所有的電晶體均完全相同，且具有很大的 β 值，試求 $V_2 - V_1$。（❖題型：基本 BJT 電流鏡）

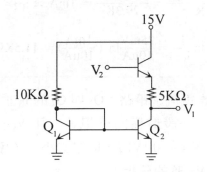

解☞ :

$$I_{10k} = I_{5k} = \frac{V_{CC} - V_{BE}}{10K} = \frac{15 - 0.7}{10K} = 1.43mA$$

$$\therefore V_2 = V_{BE} + I_{5k}(5k) + V_1$$

$$\therefore V_2 - V_1 = 0.7 + (1.43mA)(5k) = 7.85V$$

---

483. 如下圖中，若 $V_{CC} = 30V$，$R = 29.3K\Omega$，$V_{BE1} = 0.7V$，忽略 I_B，求 $I_{C2} = 10\mu A$ 時之 R_2 值（❖題型：衛得勒（widlar）電流鏡（考型一））

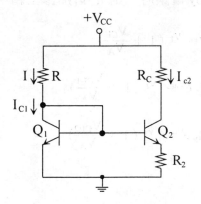

解☞：

$$\because I = \frac{V_{CC} - V_{BE1}}{R} = \frac{30 - 0.7}{29.3K} = 1mA \simeq I_{C2}$$

$$\therefore R_2 = \frac{V_T}{I_{C2}}\ln\frac{I}{I_{C2}} = \frac{25mV}{10\mu A}\ln\left(\frac{1mA}{10\mu A}\right) = 11.5K\Omega$$

---

484. 如下圖所示之電流鏡電路，Q_1 與 Q_2 的 I_B 很小可以忽略，Early 電壓為 20V，假設射極面積相等，且 $V_{CE(sat)} = 0.2V$，試求當 $V_{CE} = 10V$ 及 $V_{CE} = 0.1V$ 時，I_C 之大小。（✤題型：基本BJT電流鏡，考慮 V_A 時的分析）

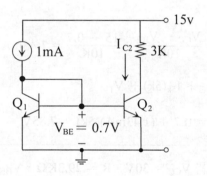

解☞：

1. 考慮 Early 電壓時，則 I_C 需加修正為

$$I_C = I_s\, e^{V_{BE}/V_T}\left(1 + \frac{V_{CE}}{V_A}\right)$$

$$\therefore I_{C1} = I_s\, e^{V_{BE}/V_T}\left(1 + \frac{V_{CE1}}{V_A}\right)$$

$$I_{C2} = I_s\, e^{V_{BE}/V_T}\left(1 + \frac{V_{CE2}}{V_A}\right)$$

故 $\dfrac{I_{C1}}{I_{C2}} = \dfrac{1 + \dfrac{V_{CE1}}{V_A}}{1 + \dfrac{V_{CE2}}{V_A}}$

2. 當 $V_{CE} = 10V$ 時，Q_2 在作用區

$\therefore \dfrac{I_{C1}}{I_{C2}} = \dfrac{1mA}{I_{C2}} = \dfrac{1 + \dfrac{0.7}{20}}{1 + \dfrac{10}{20}} \Rightarrow I_{C2} = 1.45mA$

3. 當 $V_{CE} = 0.1V$ 時，Q_2 在飽和區，此時不能用上述方法，而需用電路分析法

$\therefore I_{C2} = \dfrac{V_{CC} - V_{CE}}{3k} = \dfrac{15 - 0.1}{3k} = 4.97mA$

---

485. 如下圖所示電路中，I_B 略去不計，試證：

$\dfrac{I_2}{I_1} = \dfrac{R_1}{R_2} \left[1 - \dfrac{V_T \ln \dfrac{I_2}{I_1}}{R_1 I_1} \right]$　　　　（❖題型：比例型電流鏡）

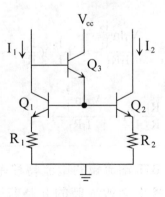

解☞：

1. 此題未註明 $R_1 = R_2$，所以不能以對稱型方式分析本題，而需以 V_{BE} 接面電位觀念解題

2. $\because I_1 \approx I_{C1} \approx I_{E1} = I_s e^{V_{BE1}/V_T}$————①

$\quad I_2 = I_{C2} \approx I_{E2} = I_s e^{V_{BE2}/V_T}$————②

又 $V_{BE1} + I_1 R_1 = V_{BE2} + I_2 R_2$

即 $V_{BE2} - V_{BE1} = I_1 R_1 - I_2 R_2$————③

3. 將方程式①，②，③代入下式得

$$\frac{I_2}{I_1} = \frac{e^{V_{BE2}/V_T}}{e^{V_{BE1}/V_T}} = e^{\left(\frac{V_{BE2} - V_{BE1}}{V_T}\right)} = e^{\left(\frac{I_1 R_1 - I_2 R_2}{V_T}\right)}$$

4. 將上式取 ln

$$\ln\frac{I_2}{I_1} = \frac{I_1 R_1 - I_2 R_2}{V_T} \Rightarrow I_1 R_1 - I_2 R_2 = V_T \ln\frac{I_2}{I_1}$$

同除 $I_1 R_1$，得

$$1 - \frac{I_2 R_2}{I_1 R_1} = \frac{V_T \ln\frac{I_2}{I_1}}{I_1 R_1} \Rightarrow \left(\frac{I_2}{I_1}\right)\left(\frac{R_2}{R_1}\right) = 1 - \frac{V_T \ln\frac{I_2}{I_1}}{I_1 R_1}$$

$$\therefore \frac{I_2}{I_1} = \frac{R_1}{R_2}\left(1 - \frac{V_T \ln\frac{I_2}{I_1}}{I_1 R_1}\right)$$

486.(1)欲使基本 BJT 電流鏡的電流轉移率 $\geq 90\%$ 時的 β 為若干？

(2)若電流轉移率 $\geq 99\%$ 時的 β 為若干？

解☞：

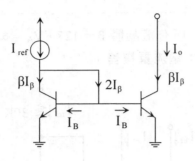

(1) 1. $I_{ref} = (\beta + 2)I_B$

2. $I_0 = \beta I_B$

3. 電流轉移率

$$\frac{I_0}{I_{ref}} = \frac{\beta}{\beta + 2} \geq 90\% \quad \therefore \beta \geq 18$$

(2) $\dfrac{I_0}{I_{ref}} = \dfrac{\beta}{\beta + 2} \geq 99\% \quad \therefore \beta \geq 198$

487.當 $\beta = 100$，且誤差不超過 10%情況下，電流重複器最多可有
多少輸出？（❖題型：電流重複器）

解☞：

1. 誤差不超過10%，即代表 $\dfrac{I_0}{I_{ref}} \geq 90\%$

2. 電流重複器

$$\frac{I_0}{I_{ref}} = \frac{\beta}{B + N + 1} = \frac{100}{101 + N} \geq 90\%$$

$$\therefore N \leq 10$$

故電流重複器最多只能有 10 級輸出

488.如下圖所示電路，所有電晶體 $\beta = 125$，$V_A = \infty$，試求 I_{C1}，I_{C2} 與 I_{C3}。（✤題型：電流重複器）

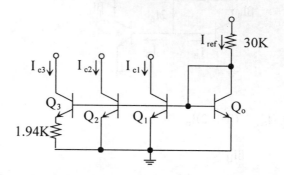

解☞：

1. $I_{ref} = \dfrac{V_{CC} - V_{BE}}{30K} = \dfrac{9 - 0.7}{30K} = 0.271mA$

2. Q_1 及 Q_2 分別與 Q_0 構成基本 BJT 電流鏡，

 $\therefore I_{C1} = I_{C2} = I_{ref} = 0.271mA$

3. Q_3 與 Q_0 構成衛得勒電流鏡（考型二）

 $\therefore I_{C3} = \dfrac{V_T}{R_E} \ln \left[\dfrac{I_{ref}}{I_{C3}} \right] = \dfrac{25mV}{1.94K} \ln \left[\dfrac{0.271mA}{I_{C3}} \right]$

 此時需用試誤法，代入上式求 I_{C3}

 $\therefore I_{C3} = 0.0287mA$

489.如下圖所示電路，電晶體參數：$\beta = 150$。

 (1)若 $V_A = \infty$ 時，求 R_C 值使 $V_0 = 0$。

 (2)若使用(1)中之 R_C 值，當 $V_A = 100V$ 時，求 V_0 值。（✤題型：

基本 BJT 電流鏡含 － V_{EE} 及 V_A）

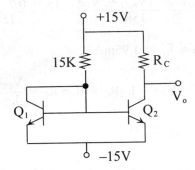

解☞：

1. 電路分析

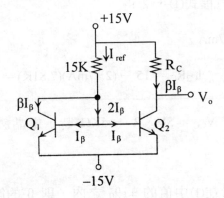

(1)

    1. $I_{ref} = (\beta + 2)I_B$

    $I_{C2} = \beta I_B$

    $\dfrac{I_{C2}}{I_{ref}} = \dfrac{\beta}{\beta + 2}$

2.直流分析

$$I_{ref} = \frac{V_{CC} - V_{BE1} - V_{EE}}{15K} = \frac{15 - 0.7 - (-15)}{15K} = 1.95mA$$

$$\therefore I_{C2} \approx I_{ref} = 1.95mA$$

$$\because V_0 = V_{CC} - I_{C2}R_C = 0 \Rightarrow R_C = \frac{V_{CC}}{I_{C2}} = \frac{15}{1.95mA} = 7.81K\Omega$$

(2)考慮V_A時，需修正I_C

1. $$\therefore I_{C2}' = I_{C2}\left(1 + \frac{V_{CE2}}{V_A}\right) = 1.95mA\left(1 + \frac{V_{CE2}}{100}\right) ——①$$

而 $$V_{CE2} = V_{CC} - I_{C2}'R_C - V_{EE} = 30 - I_{C2}R_C ——②$$

2.解聯立方程式①，②得

$$I_{C2} = 2.17mA ，$$

$$V_0 = V_{CC} - I_{C2}R_C = 15 - (2.17mA)(7.81K) = -1.95V$$

490.如下圖所示電路，$V_{CC} = 5V$，$R = 5K\Omega$ 時，電晶體 $\beta = 200$，$V_A = \infty$，試求：

(1)I_{c1}。

(2)若要 I_{C1} 變化量在(1)中值的 $\pm 1\%$ 之內，則 β 的範圍為何？

（❖題型：PNP 電流鏡）

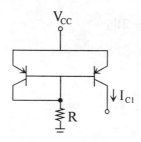

解 ☞ :

(1) *1.* 此電路可化為下圖,並作分析

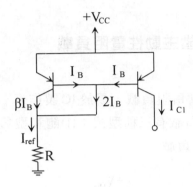

2.電路分析

$$I_{C1} = \beta I_B$$

$$I_{ref} = (\beta + 2)I_B$$

$$\therefore \frac{I_{C1}}{I_{ref}} = \frac{\beta}{\beta + 2} \Rightarrow I_{C1} = \frac{\beta}{\beta + 2}I_{ref}$$

$$又\,I_{ref} = \frac{V_{CC} - V_{EB}}{R} = \frac{5 - 0.7}{5K} = 0.86 \text{ mA}$$

$$\therefore I_{C1} = \frac{\beta}{\beta + 2}I_{ref} = 0.85 \text{ mA}$$

$$(2)\,I_{C1}' = (1\pm1\%)I_{C1} = \begin{cases} 0.8585mA \\ 0.8415mA \end{cases}$$

$$\therefore 0.8585mA = (\frac{\beta_{max}}{\beta_{max} + 2})\,(0.86mA) \Rightarrow \beta_{max} = 1145$$

$$0.8415mA = (\frac{\beta_{min}}{\beta_{min} + 2})(0.86mA) \Rightarrow \beta_{min} = 91$$

§7-6〔題型四十七〕：主動性負載

考型 98 ➤ MOS 當主動性電阻負載

一、觀念

1. 以 MOS 當電阻負載，易於 IC 製作

2. MOS 當負載有三種型式：(1)飽和型負載　(2)未飽和型負載
(3)空乏型負載

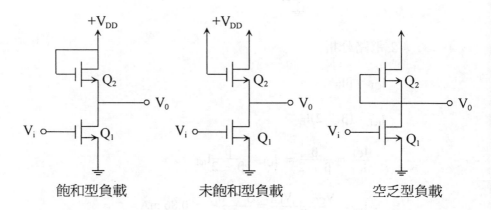

飽和型負載　　　　　　未飽和型負載　　　　　　空乏型負載

3. 以上電路，在數位電路使用，亦稱為反相器。

二、**飽和型負載**（如下圖 1）

1. Q_2 為 EMOS，可視為非線性電阻。

2. Q_2：因為 $V_{DS} > V_{GS} - V_t$，所以在飽和區工作，如下圖(2)

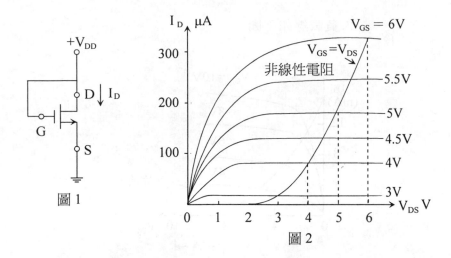

圖 1

圖 2

3. Q_1 亦為 EMOS，作驅動器（driver）使用。

4. 電路分析

(1) 當 $V_i < V_{t1}$ 時 $\Rightarrow Q_1$：OFF

①電流方程式

$$I_{D2} = K_2(V_{GS2} - V_{t2})^2 = 0$$

②取含 V_{GS2} 的方程式

$$V_{GS2} = V_{DS2} = V_{t2} = V_{DD} - V_0$$

③解聯立方程式①，②得

$$V_0 = V_{DD} - V_{t2}$$

④求Q_1的負載線

$$\because V_{DS1} = V_0 = V_{DD} - V_{t2} = V_{DD} - V_{GS2}$$

∴負載線如下圖

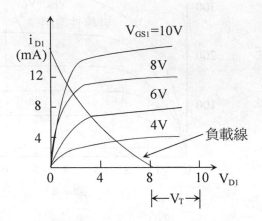

三、未飽和型負載

1. Q_2 為 EMOS，可視為線性電阻

2. Q_2：因為 $V_{DS2} < V_{GS2} - V_t$，所以在三極體區（未飽和）

3. 電路分析

(1) $V_i = 0$ 時，$V_0 = V_{DD}$

(2) $V_i = V_{DD}$，$V_0 = V_{DD} - V_{DS2}$

(3) 其負載線如下圖

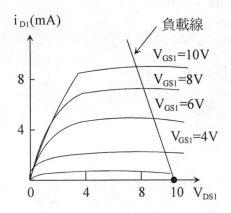

四、空乏型負載

1. Q_2 為 DMOS
2. 電路分析

$i_D = i_{D1} = i_{D2}$，$V_{DS2} = V_{DD} - V_{DS1}$

(1)當 $V_i = 0$ 時，$V_0 = V_{DD}$

(2)當 $V_i = V_{DD}$ 時，$V_0 = V_{DS1(on)}$

(3)其負載線如下圖

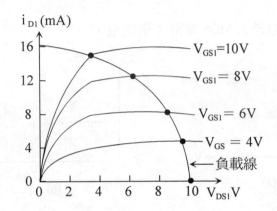

五、各類主動性負載（輸出特性曲線的比較）

1. 非線性加強式 MOS 電阻（飽和型）

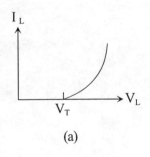

(a)

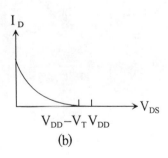

(b)

2. 線性電阻（未飽和型）

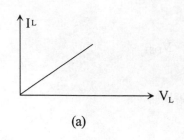

(a)

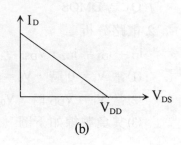

(b)

3. 非線性空乏式 MOS 電阻（空乏型）

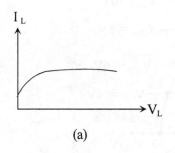

(a)

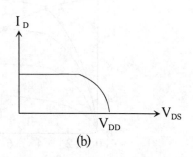

(b)

考型 99 二級串疊 MOS 的分壓器

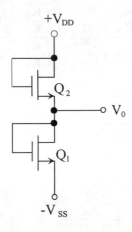

考法一：K 值，V_t 值相同

1. Q_1 與 Q_2 皆在夾止區

∵$I_{D1} = I_{D2}$

∴$\begin{cases} K_1 (V_{GS1} - V_{t1})^2 = K_1 (V_0 + V_{SS} - V_{t1})^2 \\ K_2 (V_{GS2} - V_{t2})^2 = K^2 (V_{DD} - V_0 - V_{t2})^2 \end{cases}$

2. ∵$K_1 = K_2$，$V_{t1} = V_{t2}$，所以

$$V_o = \frac{1}{2}(V_{DD} - V_{SS})$$

考法二：V_t值相同，K 值不同

∵$I_{D1} = I_{D2}$

$$\sqrt{K_1} \ (V_0 + V_{SS} - V_t) = \sqrt{K_2} \ (V_{DD} - V_0 - V_t)$$

$$\left[\sqrt{\frac{K_1}{K_2}} + 1\right] V_0 = V_{DD} - \sqrt{\frac{K_1}{K_2}} V_{SS} + \left[\sqrt{\frac{K_1}{K_2}} - 1\right] V_t$$

$$V_0 = \frac{1}{\sqrt{\frac{K_1}{K_2}} + 1} V_{DD} - \frac{\sqrt{\frac{K_1}{K_2}}}{\sqrt{\frac{K_1}{K_2}} + 1} V_{SS} + \frac{\sqrt{\frac{K_1}{K_1}} - 1}{\sqrt{\frac{K_1}{K_2}} + 1} V_t$$

考型 100 三級串疊 MOS 的分壓器

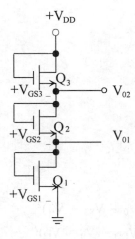

電路分析

1. Q_1，Q_2，Q_3 皆位於夾止區

∵$I_{D1} = I_{D2} = I_{D3}$

∴$K_1(V_{GS1} - V_{t1})^2 = K_2(V_{GS2} - V_{t2})^2 = K_3(V_{GS3} - V_{t3})^2$

2. 若設 $K_1 = K_2 = K_3$，$V_{t1} = V_{t2} = V_{t3}$

$$\because V_{GS1} + V_{GS2} + V_{GS3} = V_{DD}$$

$$\therefore V_{GS1} = V_{GS2} = V_{GS3} = \frac{1}{3}V_{DD}$$

$3.\ V_{01} = \frac{1}{3}V_{DD}$

$V_{02} = \frac{2}{3}V_{DD}$

歷屆試題

491.如下圖，假設 $\beta_1 = \beta_2/4$，臨界電壓 $V_{t1} = V_{t2} = 2V$，求 V_o （A）
3V　(B) 4V　(C) 5V　(D) 6V（❖題型：二級串疊的分壓器（考法
二，K 值不同））

【86 年二技電機】

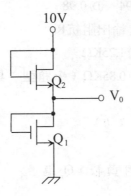

解☞：(D)

$1.\ I_{D2} = \beta_2(V_{GS2} - V_{t2})^2 = \beta_2(V_{DD} - V_D - V_{t2})^2$

$I_{D1} = \beta_1(V_{GS1} - V_{t1})^2 = \beta_1(V_o - V_{t1})^2$

2. $\because I_{D1} = I_{D2}$

$\therefore \beta_2 (V_{DD} - V_o - V_{t2})^2 = \beta_1(V_o - V_{t1})^2$

即 $\beta_2 (10 - V_o - 2)^2 = \dfrac{\beta_2}{4}(V_o - 2)^2$

$\therefore V_o = 6V$

492.(1)於下圖中，假設兩個參數相同的 JFET 皆在夾止區（pinch-off）工作。已知 $I_{DSS} = 1mA$，$|V_p| = 2V$ 與 $|V_A|$（early voltage）$= 100V$，求其小訊號電壓增益 $\dfrac{V_o}{v_i} = ?$　(A) 0.86
(B) 0.90　(C) 0.94　(D) 0.98

(2)同上題，求其輸出阻抗$R_o = ?$
(A) 1.56KΩ　(B) 1.25KΩ
(C) 0.98KΩ　(D) 0.85KΩ（❖題型：具主動性負載的 CD Amp.）

解☞：　1. (D)　2. (C)

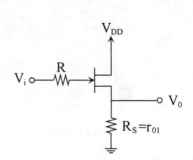

(1)Q_1為主動性負載，Q_2為 CD Amp.

　1. 直流分析 ⇒ 求參數

　　$\because V_{GS1} = V_{G1} - V_{S1} = 0$

　　$\therefore I_{D1} = I_{D2} = I_D = I_{DSS} = 1mA$

$$R_{out} = r_{o1} = R_S = \frac{V_A}{I_{D1}} = \frac{100V}{1mA} = 100K\Omega = r_{o2} = r_o$$

$$g_{m1} = \frac{2}{|V_p|}\sqrt{I_D I_{DSS}} = 1mA/V$$

$$\mu = g_m r_o = 100$$

2. 小訊號分析

(1)繪出等效電路（由源極看入）

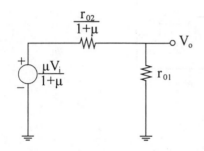

$$\therefore A_v = \frac{V_o}{V_i} = (\frac{\mu}{1+\mu})(-\frac{r_{o1}}{\frac{r_{o2}}{1+\mu} + r_{o1}})$$

$$= \frac{\mu r_o}{r_o + (1+\mu)r_o} = \frac{(100)(100K)}{100K + (101)(100K)} = 0.98$$

(2)$R_o = \frac{1}{g_{m1}} // r_{o1} // r_{o2} = \frac{1}{g_{m1}} // \frac{r_o}{2} = 0.98K$

493.下圖的電路包含五個完全相同的電晶體，各電晶體的 $V_T = 1V$，假設可忽略基體效應與通道長度調變效應，試求輸出電壓 V_o = ？　(A) 1V　(B)2V　(C)3V　(D)4V（✤題型：三級串疊分壓器）

【85 年二技電子】

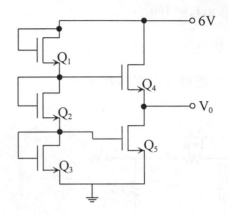

解☞：　(B)

$1.$ Q_1，Q_2 及 Q_3 為分壓器

$\because V_{GS1} = V_{GS2} = V_{GS3}$

又 $V_{GS1} + V_{GS2} + V_{GS3} = 6V$

$\therefore V_{GS1} = V_{GS2} = V_{GS3} = 2V$

$2.$ $\because I_{D4} = I_{D5}$

$\therefore V_{GS4} = V_{GS5} = V_{DS3} = V_{GS3} = 2V$

$\therefore V_o = V_{D2} - V_{GS4} = V_{GS2} + V_{GS3} - V_{GS4} = 2V$

494. 如右圖所示電路的 Q_1 與 Q_2 為完全的電晶體，各電晶體的 $V_t = 1V$，假設可忽略基體效應與通道長度調變效應，試求使 Q_1 飽和的輸入電壓 V_i 之最大值＝？ (A) 1V (B) 2V (C) 3V (D) 4V (❖題型：飽和型 EMOS 主動性負載的直流分析）

【85 年二技電子】

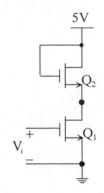

解☞ : (C)

1. 飽和條件 $|V_{GS}| \geq |V_t|$，$|V_{GS}| \leq |V_t|$

2. 對 Q_2 而言

∵ $|V_{GS2}| \geq |V_t|$

∴ $V_{GS2min} = 1V$

3. 對 Q_1 而言

$V_{GD1} = V_{GS1} - V_{DS1} = V_i - V_{D1} = V_i - (V_{DD} - V_{DS2})$

$= V_i - (V_{DD} - V_{GS2})$

∵ $|V_{GD1}| \leq |V_t|$，即

$V_i - (5 - 1) \leq -1 \Rightarrow V_i \leq 3V$

故 $V_{i,max} = 3V$ （V_{GS2} 取 $V_{GS2,min}$）

495. 在積體電路設計中，如圖為一邏輯反相電路，則 Q_1，Q_2 應為何種型式之 NMOS 電晶體 (A)Q_1：增強型，Q_2：增強型 (B)Q_1：增強型，Q_2：空乏型 (C)Q_1：空乏型，Q_2：增強型 (D)Q_1：空

乏型，Q_2：空乏型。（✤題型：DMOS 主動性負載）

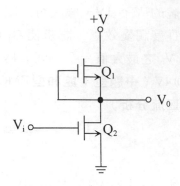

【84 年二技電子】

解☞：(C)

題型變化

496.下圖所示電路中，兩個接面場效體的特性相同，I_{DSS}=8mA，V_p=－2V，V_A=100V。若 V_{DD}=10V，R_G=10MΩ，R_L=5KΩ，則 A_v=？（✤題型：含主動性負載（及R_L）的 CD Amp.）

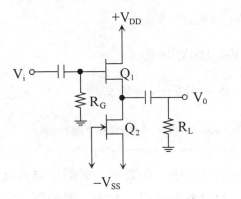

解☞：

一、直流分析 ⇒ 求參數

Q$_2$為主動性負載，∵ V$_{GS2}$=0

∴ I$_{D2}$ = I$_{D1}$ = I$_D$ = I$_{DSS}$ = 8 mA

$$g_{m1} = g_{m2} = \frac{2}{|V_P|} \sqrt{I_D I_{DSS}}$$

$$r_o = r_{o1} = r_{o2} = \frac{V_A}{I_D} = 12.5 \ \text{K}\Omega$$

$$\mu = g_m r_o = 100$$

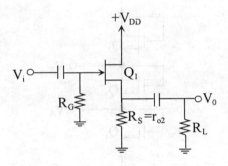

二、小訊號分析

   1. 繪小訊號等效電路（由源極看入）

2.分析電路

$$A_v = \frac{V_o}{V_i} = \frac{\dfrac{\mu V_i}{1 + \mu}\left(\dfrac{r_o \mathbin{/\mkern-5mu/} R_L}{\dfrac{r_o}{1 + \mu} + r_o \mathbin{/\mkern-5mu/} R_L}\right)}{V_i} = \frac{\mu(r_o \mathbin{/\mkern-5mu/} R_L)}{r_o + (1 + \mu)(r_o \mathbin{/\mkern-5mu/} R_L)}$$

$$= \frac{(100)(12.5K \mathbin{/\mkern-5mu/} 5K)}{12.5K + (101)(12.5K \mathbin{/\mkern-5mu/} 5K)} = 0.957$$

497.如下圖中 $|V_t| = 1V$，每個 k 值均相同，$k = 0.5mA/V^2$，$\lambda = 0$，求 V_A 與 V_B。（❖題型：三級串疊的分壓器）

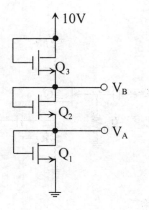

解☞：

1.方法一：觀察法

此為三級串疊的分壓器

$$\therefore V_A = \frac{1}{3} V_{DD} = \frac{10}{3} V$$

$$V_B = \frac{2}{3} V_{DD} = \frac{20}{3} V$$

2.方法二：電路分析法

$\because I_{D1} = I_{D2} = I_{D3}$

$\therefore k(V_{GS1} - V_{t1})^2 = k_2(V_{GS2} - V_{t2})^2 = k_3(V_{GS3} - t_3)^2$

故 $V_{GS1} = V_{GS2} = V_{GS3} = V_{GS} = \frac{1}{3}V_{DD} = \frac{10}{3}V$

$\therefore V_A = V_{GS1} = \frac{10}{3}V$

$V_B = V_{GS2} + V_{GS1} = \frac{20}{3}V$

---

498. 如下圖所示 R-C 耦合放大器，$V_T = 2V$，$K_1 = 270\ \mu A/V^2$，$K_2 = 30\mu A/V^2$，試求 I_D 與 V_{DS1}，V_{DS2}。（❖題型：EMOS 飽和式主動性負載）

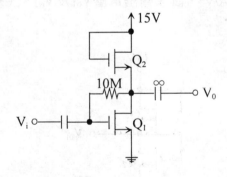

解☞：

1. Q_2為飽和式主動性負載

   Q_1為汲極回授偏壓

   $\therefore Q_1$及Q_2均在飽和區

故 $I_{D2} = I_{D1}$

2.電流方程式

$$I_{D1} = K_1(V_{GS1} - V_t)^2 = (270\mu)(V_{D1} - 2)^2$$

$$I_{D2} = K_2(V_{GS2} - V_t)^2 = (30\mu)(V_{DD} - V_{D1} - 2)^2$$

$$= (30\mu)(15 - V_{D1} - 2)^2$$

3.∵ $I_{D1} = I_{D2}$

∴ $V_{D1} = V_{GS1} = 4.75V$

故 $I_D = K_1(V_{GS1} - V_t)^2 = 2.04$ mA

499.如圖所示的電路中各電晶體的，$V_T = 1V$，$K_1 = K_3 = 0.5mA/V^2$，$K_2 = 0.125mA/V^2$，試求輸出電壓 V_{o1} 及 V_{o2}。（❖**題型：三級串疊放大器**）

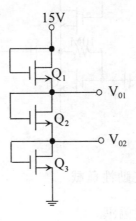

解☞：

1. $\because I_{D1} = I_{D2} = I_{D3}$

$\therefore K_1(V_{GS1} - V_t)^2 = K_2(V_{GS2} - V_t)^2 = K_3(V_{GS3} - V_t)^2$

$\therefore \dfrac{K_2}{K_3} = \dfrac{(V_{GS3} - V_t)^2}{(V_{GS2} - V_t)^2} = \dfrac{(V_{GS3} - 1)^2}{(V_{GS2} - 1)^2} = 0.25$

$\therefore V_{GS2} = 2V_{GS3} - 1$

2. 又 $K_1 = K_3 \Rightarrow V_{GS1} = V_{GS3}$

$\therefore V_{GS1} + V_{GS2} + V_{GS3} = V_{DD}$

$\Rightarrow V_{GS3} + (2V_{GS3} - 1) + V_{GS3} = 15$

$\therefore V_{GS3} = 4V$

3. 故 $V_{o2} = V_{GS3} = 4V \Rightarrow V_{GS2} = 2V_{GS3} - 1 = 7V$

$V_{o1} = V_{GS3} + V_{GS2} = 11V$

---

500. Q_1 特性：$V_{BE} = 0.7V$，$V_{CE(sax)} = 0.3V$

Q_2 特性：$K = 10mA/V^2$，$V_T = -2V$

(1) $R_L \to \infty$ 時，線性操作下的 v_o 範圍為何？

(2) v_o 為 $V_p = 1V$ 的弦波輸出，R_L 的最小值為何？（❖題型：
具主動性偏壓的放大器）

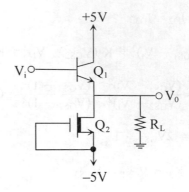

解☞ :

(1) 1. Q_2 為恆流源偏壓，因此在飽和區

2. 電流方程式

$I_D = K(V_{GS} - V_t)^2 = (10m) [0 + 2]^2 = 40mA$

3. 求 $V_{o, max}$ 時（由 Q_1 知）

$V_{o, max} = V_{CC} - V_{CE1, sat} = 5 - 0.3 = 4.7V$

4. 求 $V_{o, min}$ 時，即 Q_2 位於飽和區及三極體之分界點

故 $|V_{GD}| \geq |V_t|$

$\therefore |V_G - V_D| \geq |V_t| \Rightarrow |V_G - V_O| \geq |V_t|$

因此　$V_{o, min} = V_G - V_t = -5 + 2 = -3V$

註：此 DMOS 為空乏式，因為 $V_t = -2V$

(2) $R_L \geq \dfrac{V_o}{I_D} \Rightarrow R_{L,min} = \dfrac{V_o}{I_D} = \dfrac{1V}{40mA} = 25\Omega$

(3)技巧說明：

    1. 求 V_o，max 時，是 Q_1 飽和時

    2. 求 V_o，min 是 Q_2 進入三極體區時，或 Q_1 截止

501.圖中，$|V_t| = 1V$，$k=0.5mA/V^2$，$\lambda = 0$，試求 V_A 與 I_D 之值。（✥

    題型：DMOS 分壓器）

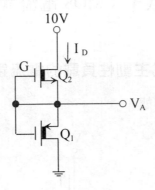

解☞：Q_1，Q_2 皆為空乏式的 DMOS

    1. 對 Q_2 而言

    $V_{GS2} = V_{G2} - V_{S2} = 0$

    ⇒不在截止區：符合 $|V_{GS2}| \leq |V_t|$ 的條件

    ∴$V_{t2} = - 1V$

    2. 對 Q_1 而言

    $V_{GS1} = V_{G1} - V_{S1} = 0$

    ⇒不在截止區：符合 $|V_{GS1}| \leq |V_t|$ 的條件

$$\therefore V_{t1} = 1V$$

3. $\therefore I_{D2} = I_{D1} = K〔V_{GS2} - V_t〕^2 = (0.5m)〔0 - (-1)〕^2 = 0.5mA$

4. $V_A = \dfrac{1}{2}V_{DD} = 5V$

7-7〔題型四十八〕：MOS 電流鏡

考型 101 飽和式主動性負載的電流鏡

一、基本電路組態

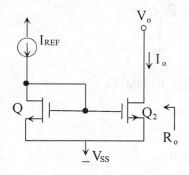

$\because V_{GD1} = 0 < V_t \quad \therefore Q_1$ 在夾止區

假設 Q_2 在夾止區（$\because$ 有 I_o 流）

$I_{REF} = I_{D1} = K_1(V_{GS1} - V_{t1})^2$

$I_o = I_{D2} = K_2(V_{GS2} - V_{t2})^2$

又 $V_{GS1} = V_{GS2}$（材料同 $V_{t1} = V_{t2} = V_t$，且 $K_1 = K_2$）

$$\therefore \frac{I_o}{I_{REF}} = \frac{K_2}{K_1} = \frac{\beta_2}{\beta_1}$$

$$= \frac{\mu_n C_{ox}\left(\frac{W}{L}\right)_2}{\mu_n C_{ox}\left(\frac{W}{L}\right)_1} = \frac{\left(\frac{W}{L}\right)_2}{\left(\frac{W}{L}\right)_1}$$

一般情形 $\left(\frac{W}{L}\right)_1 = \left(\frac{W}{L}\right)_2$……決定倍數

$\Rightarrow$ ① $I_o = I_{REF}$

② $R_o = r_o$

二、考慮通道調度效應時（$\lambda \neq 0$，其餘參數相同）

1. $I_o = K_2(V_{GS} - V_{t2})^2(1 + \lambda_2 V_{DS2})$

2. $I_{REF} = K_1(V_{GS} - V_{t1})^2(1 + \lambda_1 V_{DS1})$

3. $\dfrac{I_o}{I_{REF}} = \dfrac{\left(\frac{W}{L}\right)_2}{\left(\frac{W}{L}\right)_1} \times \dfrac{(1 + \lambda V_{DS2})}{(1 + \lambda V_{DS1})}$

4. $\lambda = \dfrac{1}{V_A}$

三、MOS 電流鏡之實際特性

無 BJT 之 β 值之因素 $\Rightarrow$ 而僅有 r_o 之因素 $\Rightarrow$ 改進之法用疊聯電流鏡 如威爾森電流鏡。

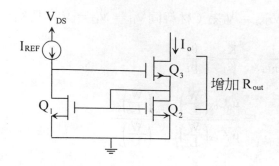

四、飽和式主動性負載的電流鏡

1. 電路

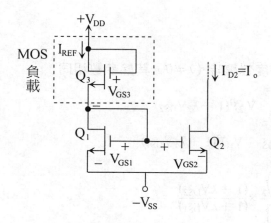

2. 直流分析 ($V_{t1} = V_{t2} = V_{t3} = V_t$)

(1) $\because I_{D3} = I_{D1}$

$$\therefore K_1(V_{GS1} - V_{t1})^2 = K_3(V_{G3} - V_{t3})^2$$

(2) $V_{GS1} = \sqrt{\dfrac{K_3}{K_1}}(V_{GS3} - V_{t3}) + \dfrac{V_{t1}}{K_1}$

$$= \sqrt{\dfrac{K_3}{K_1}}V_{GS3} + \left[\dfrac{1}{K_1} + \sqrt{\dfrac{K_3}{K_1}}\right] V_t = V_{GS2}$$

(3)$\because V_{GS3} = V_{DD} - V_{GS1} + V_{SS}$

(4)解聯立方程式①，②，③得

$$V_{GS1} = \frac{\sqrt{\dfrac{K_3}{K_1}}}{1 + \sqrt{\dfrac{K_3}{K_1}}}(V_{DD} + V_S) + \frac{(1 - \sqrt{\dfrac{K_3}{K_1}})}{(1 + \sqrt{\dfrac{K_3}{K_1}})}V_t = V_{GS2}$$

$$而 I_o = K_2(V_{GS2} - V_t)^2 = \frac{1}{2}\mu_n C_{ox}(\frac{W}{L})_2(V_{GS2} - V_t)^2$$

考型 102 威爾森 MOS 電流鏡

1.

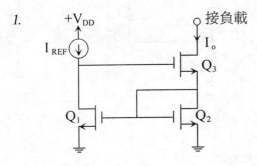

2. 直流分析

$$V_{DS1} = V_{GS3} + V_{DS2}$$

$$\because V_{GS3} > V_t > 0$$

$$\therefore V_{DS1} > V_{DS2}$$

故 $I_{REF} > I_o$ （缺點）

3.討論

(1)欲使 $I_o = I_{REF}$，則需 $V_{DS1} = V_{DS2}$

（$\because V_{GS1} = V_{GS2}$，如此則 $V_{GS3} = 0$）

將使 $I_o = 0$

(2)改善法：用串疊型主動性電流鏡

4.小訊號分析

(1)小訊號等效電路（求 R_{out} 時）

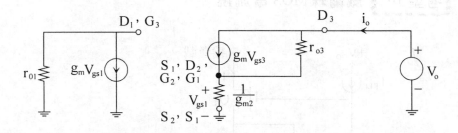

(2)分析電路

$V_o = (i_o - g_{m3}v_{gs3})r_{o3} + v_{gs1}$————①

$V_{gs3} + V_{gs1} = -g_{m1}v_{gs1}r_{o1}$

$\therefore v_{gs3} = -v_{gs1}(1 + g_{m1}r_{o1}) = -i_o(\frac{1}{g_{m2}})(1 + g_{m1}r_{o1})$————②

將②代入①得

$v_o = i_o r_{o3} + v_{gs1} [1 + (1 + g_{m1}r_{o1})(g_{m3}r_{o3})]$

$\therefore R_{out} = \frac{V_o}{i_o} = r_{o3} + (\frac{1}{g_{m2}} [1 + (1 + g_{m1}r_{o1})(g_{m3}r_{o3})])$

$$\approx \left(\frac{g_{m1}}{g_{m2}}\right)(g_{m3}r_{o3})\, r_{o1} \approx g_{m3}r_{o3}r_{o1} \approx \mu_3 r_{o1}$$

考型 103 串疊型主動性電流鏡

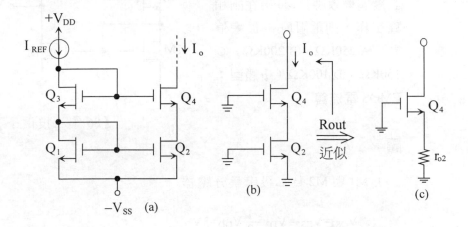

(b)

Rout
近似

(c)

−V_SS (a)

1. $R_{out} = r_{o4} + (1 + \mu_4)r_{o2} = r_{o4} + (1 + g_m r_{o4})r_{o2}$

2. 若 $r_{o4} = r_{o2} = r_o$ 則

$\qquad R_{out} = (\mu_4 + 2)r_o$

502. 已知 M1，M2 與 M3 具有相同的參數值：$V_t = 2V$ 與 $K = 20\dfrac{\mu A}{V^2}$。假設不考慮通道長度調變效應且M3 須在飽和區工作，則電阻R_D的最大值為 (A)250KΩ (B)200KΩ (C)150KΩ (D)100KΩ（❖題型：EMOS 電流鏡）

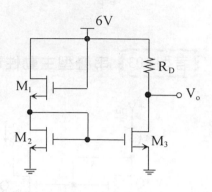

【86 年二技電子】

解☞： (A)

1. M1 與 M2 為二級串疊分壓器

$\therefore V_{GS3} = V_{GS2} = V_{D2} = \dfrac{1}{2}V_{DD} = 3V$

故 $I_{D3} = K(V_{GS3} - V_t)^2 = (20\mu)(3 - 2)^2 = 20\mu A$

2. 飽和區條件 $|V_{GD}| \leqq |V_t|$

$V_{GD3} = V_{GS3} - V_{DS3} = V_{GS3} - V_o = V_{GS3} - (V_{DD} - I_D R_D)$

$= 3 - [6 - (20\mu A)R_D] \leq V_t$

即

$-3 + (20\mu A)R_D \leq 2$

$\therefore R_{D,\,max} = \dfrac{5}{20\mu} = 250K\Omega$

503.(1)下圖所示為兩個增強型NMOS
組成的電流鏡（current mir-
ror），假設 Q_1 與 Q_2 完全相
同，其元件參數如下：K（已
包含外觀比（aspect ra-
tio）=20μA / V^2，臨界電壓
（threshold voltage）$V_{th} = 1V$，

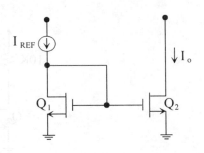

爾利電壓（Early voltage）$V_A = 50V$，如 $I_{REF} = 10μA$，則 V_{GS}
為： (A) 0.29V (B) 1.50V (C) 3.0V (D) 1.71V

【83 年二技電子】

(2)上題中，自 Q_2 端看此電路的輸出阻抗為： (A) 170kΩ (B)
100kΩ (C) 5MΩ (D) 500kΩ。（❖題型：基本EMOS電流鏡）

解☞： *1.* (D) *2.* (C)

  1. $I_{REF} = K(V_{GS} - V_t)^2$

  $\Rightarrow 10μA = (20μ)〔V_{GS} - 1〕^2$

  $\therefore V_{GS} = 1.71V$

  2. $R_{out} = r_o = \dfrac{V_A}{I_o} = \dfrac{V_A}{I_{REF}} = \dfrac{50V}{10μA} = 5MΩ$

---

504. 如下圖所示電路，若 Q_1 與 Q_2 之 $V_T = 2V$，$μnC_{ox} = 20μA/V^2$，
$L_1 = 10μm$，$W_1 = 50μm$，$λ = 0$。
欲使 Q_1 之 $I_{D1} = 0.4mA$，R_1 值應為多少？（❖題型：MOS電流
鏡）

差動放大器 649

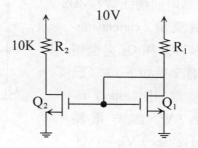

解☞：

1. 電流方程式

$$I_{D1} = K(V_{GS1} - V_t)^2 = \frac{1}{2}\mu_n C_{ox}\frac{W}{L}(V_{GS1} - V_t)^2$$

$$= (\frac{1}{2})(20\mu)(\frac{10\mu}{50\mu})(V_{GS1} - 2)^2 = 0.4mA$$

$$\therefore V_{GS1} = 3.414V$$

2. 分析電路

$$I_{D1} = \frac{V_{DD} - V_{DS1}}{R_1} = \frac{V_{DD} - V_{GS1}}{R_1}$$

$$\therefore R_1 = \frac{V_{DD} - V_{GS1}}{I_{D1}} = 12.93K\Omega$$

7-8〔題型四十九〕：CMOS

考型 104 JFET 開關、NMOS 開關、CMOS 開關

一、JFET 開關

JFET 作為開關用，在輸入電壓為 0 時，JFET 處於在三極體區的導通狀態。而在輸入為 $-V_p$ 時則會使 JFET 進入截止區。

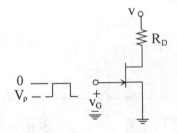

1. $V_I = 0$ 時，FET 在三極體區

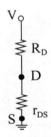

① $V_I = 0$，且 R_D 較大時，JFET 工作於三極體區。

$$V_o = V_{DD} \times \frac{r_{DS}}{R_D + r_{DS}} \approx 0$$

2. $V_I = -V_p$，FET 在截止狀態

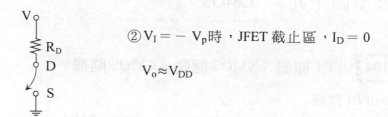

② $V_I = -V_p$ 時，JFET 截止區，$I_D = 0$

$V_o \approx V_{DD}$

二、NMOS 開關

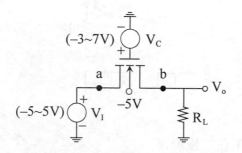

1. 導通於三極體區。

2. 源汲極可對調。

3. 導通電阻不固定（受輸入訊號之影響）。

4. 當 $V_I = -5{\sim}5V$　則 $\begin{cases} V_c > 7\,V & ON \\ V_c < -3V & OFF \end{cases}$

5. 控制訊號與 V_I 輸入訊號位準不同 ＜缺點＞

6. r_{DS} 會隨 V_{GS} 而變。$\Rightarrow V_{GS}\uparrow$，$r_{DS}\downarrow$ ＜缺點＞

三、CMOS 開關

1. 所謂 CMOS 是將一個 N 型的 EMOS 與另一個 P 型 EMOS 連接成互補式裝置的元件。

2. CMOS 結構及接線方式

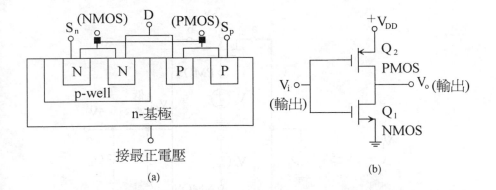

(a)   (b)

① NMOS，PMOS 製在同一晶片上，可消除基體效應

② $R_o = r_{o1} // r_{o2}$

3. CMOS 的用途

(1)數位電路：當反相器：①當 $V_i = 0$ 時，$V_o = V_{DD}$

②當 $V_i = V_{DD}$ 時，$V_o = 0$

(2)類比電路：當傳輸閘：

①當 $C = V_{DD}$ 時，則 V_i 傳送到 V_o，即 $V_i = V_o$

②當 $C = 0$ 時，則無法傳送。

③當放大器使用

4. CMOS 開關（CMOS 傳輸閘）的工作原理
   (1)電路圖

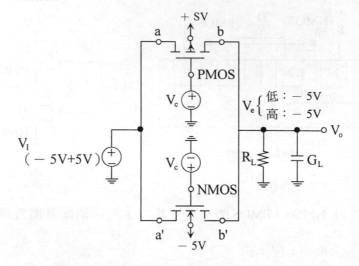

① $V_I < -3V$ 時，只有 NMOS 導通。

② $-3V < V_I < 3V$ 時，NMOS 及 PMOS 都會導通。

③ $V_I > 3V$ 時，則只有 PMOS 導通。

(2)CMOS 傳輸閘的優點——可改善暫態響應，因通道電阻幾乎為固定值。

5. CMOS 傳輸閘的電子符號

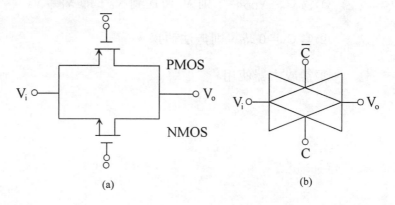

同時輸入訊號的 CMOS 放大器

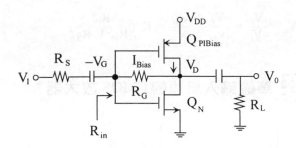

一、直流分析

$V_G = V_D$ $(\because I_G \approx 0)$

$\because R_G$ 可把兩個 MOS 的 GD 連在一起，故必在 $\Rightarrow$ sat.

$\because I_{Bias} = k_p \left[V_{GSp} - V_{tp} \right]^2 = k_n \left[V_{GSN} - V_{tn} \right]^2 = I_D$

二、小訊號分析

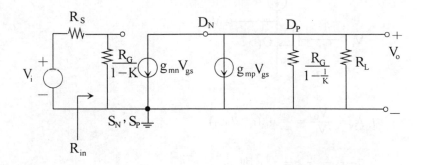

1. $K = \dfrac{V_o}{v_{gs}} = -(g_{mn} + g_{mp}) \left[R_L \mathbin{/\mkern-5mu/} \dfrac{R_G}{1 - \dfrac{1}{K}} \right]$

$\Rightarrow K \approx -(g_{mn} + g_{mp}) R_L$

$$2.\ R_{in} = \frac{R_G}{1-K} = \frac{R_G}{1+(g_{mn}+g_{mp})R_L}$$

$$3.\ A_v = \frac{V_o}{V_i} = \frac{V_o}{v_{gs}} \cdot \frac{v_{gs}}{V_i} = K\left(\frac{R_{in}}{R_{in}+R_S}\right)$$

考型 106 單端輸入訊號的 CMOS 放大器

一、

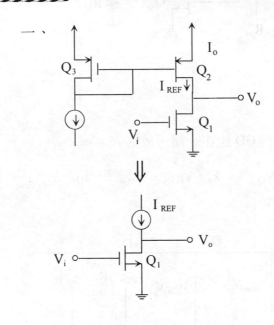

$$1.\ A_v = \frac{V_o}{V_i} = -\ g_m(r_{o1} \mathbin{/\mkern-5mu/} r_{o2})$$

2. 若 $r_{o1} = r_{o2} = r_o$ ，則

$$A_v = -\frac{1}{2}g_{m1}r_o = -\frac{1}{2}\mu$$

$$= -\frac{1}{2}(2\sqrt{K_n\,I_{REF}})(\frac{V_A}{I_{REF}}) = \sqrt{\frac{K_n}{I_{REF}}}V_A$$

3.即 $A_v \propto \dfrac{1}{\sqrt{I_{REF}}}$

$$A = \frac{V_o}{V_i} = -g_m r_o \cong -\mu = -\frac{V_A}{V_T} \ (與 I 無關)$$

二、比較 BJT

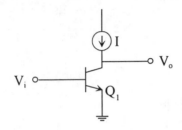

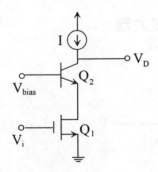

1. Q_2 為 BJT 之原因：

① $V_A\uparrow \Rightarrow r_{O2}\uparrow \Rightarrow R_{out}\Rightarrow A_v\uparrow$

② $g_{m2}\uparrow \Rightarrow \dfrac{1}{g_{m2}}\approx\dfrac{\alpha}{g_{m2}} = r_e\downarrow \Rightarrow K_1\downarrow \Rightarrow 密勒效應\downarrow \Rightarrow BW\uparrow$

2. $R_{out} = r_o(1 + \mu)R'$

$\Rightarrow R_{out} = r_{o2} + (1 + g_{m2}r_{o2})(r_{\pi2} /\!/ r_{o1}) = r_{o2} + g_{m2}r_{o2}r_{\pi2} = r_{o2}(1 + g_{m2}r_{\pi2})$
$\qquad = \beta_2 r_{o2}$

$A = \dfrac{V_o}{V_i} = - g_{m1}R_{out} = - g_{m1}\beta_2 r_{o2}$

說明

1. BJT 具有較高的 A_v

2. MOS 具有較佳的高頻特性

3. MOS 具有極高的 R_{in}

4. Bi-CMOS：可發輝 BJT 和 MOS 的特性

考型 108 雙級串疊的 BiCMOS 放大器

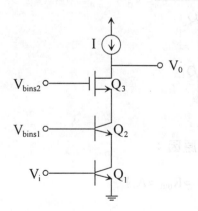

1. 假設 V_{B1}，V_{B2} 使Q_2：Act，Q_3：sat

若 Q_3 用 BJT，則

$R_{out} = r_{o3} + (1 + g_{m3}r_{o3})(R_{o2} /\!/ r_{\pi3}) \approx \beta_3 r_{o3} \approx \beta_2 r_{o2} \approx R_{o2}$（沒進步）

2. Q_3 用 MOS　（令$r_{o3} = \infty$）

$R_{out} = r_{o3} + (1 + g_{m3}r_{o3})(R_{o2}) \approx (g_{m3}r_{o3})(\beta_2 r_{o2}) \uparrow \uparrow$

$A_v = \dfrac{V_o}{V_i} = -\alpha_2 g_{m1} R_{out} = -g_{m1}g_{m3}\beta_2 r_{o2}r_{o3} \uparrow \uparrow$

3. 此電路比考型107電路，具有更高的 R_{out} 及 A_v

考型 109 雙級串疊的 BiCMOS 電流鏡

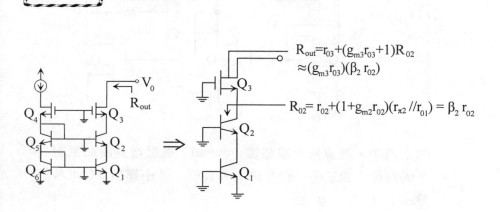

$R_{out} = r_{03} + (g_{m3}r_{03} + 1)R_{02}$
$\approx (g_{m3}r_{03})(\beta_2\,r_{02})$

$R_{02} = r_{02} + (1 + g_{m2}r_{02})(r_{\pi2} /\!/ r_{01}) = \beta_2\,r_{02}$

歷屆試題

505.(1) 下圖為一 CMOS 運算放大器（operational amplifier），若增加
場效電晶體Q_1及Q_2之寬長比（W/L ratio）為原有之四倍，Q_1
及 Q_2 之 g_m 值（transconductance）成為原有之　(A)四倍　(B)
三倍　(C)二倍　(D)八倍　　　　　　　　　　　　【85 年二技】

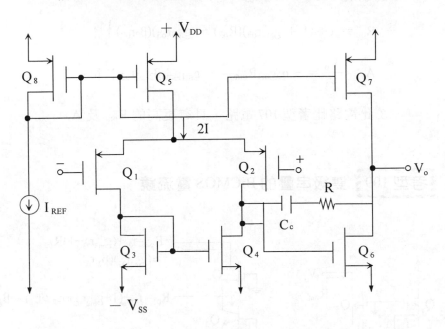

(2) 上題中，運算放大器整體（overall）電壓增益成為原有之
(A)四倍　(B)三倍　(C)二倍　(D)八倍。　（❖題型：CMOS）

解☞：　1. (C)　　2. (C)

(1) ∵ $\begin{cases} K = \dfrac{1}{2}\mu_n C_{ox}\left(\dfrac{W}{L}\right) \\ g_m = 2\sqrt{KI} \end{cases}$

∴ $\left(\dfrac{W}{L}\right)' = 4\left(\dfrac{W}{L}\right) \Rightarrow K' = 4K \Rightarrow g_m' = 2g_m$

(2) $A_d = - g_m R_L$

又 $g_m' = 2g_m \Rightarrow A_d' = 2A_d$

---

506. 下圖電路中，假設 Q_P 與 Q_N 具有相同的 $|V_t|$ 值（$|V_t| = 1V$）以及相同的 K 值（$K = \frac{1}{2}\mu_n C_{ox} \frac{W}{L} = 0.1 \frac{mA}{V^2}$）。若 $0 \leq V_i \leq 5V$，並假設基體效應（body effect）與通道長度調變效應（channel－length modulation effect）可忽略，則流經 Q_P 與 Q_N 的電流 I 之最大值為　(A) 225μA　(B) 2.25mA　(C) 1.6mA　(D) 400μA。（❖題型：CMOS 的直流分析）

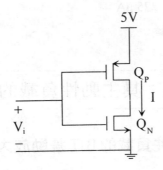

【85 年二技電子】

解☞：(A)

1. $i_{DP} = k_P(V_{GSP} - |V_{tP}|)^2 = k_P(5 - V_i - |V_{tP}|)^2$

$i_{DN} = k_N(V_{GSN} - |V_{tN}|)^2 = K_N(V_i - |V_{tN}|)^2$

$\because I_{DD} = I_{DN}$

$\therefore K_P(5 - V_i - |V_{tP}|)^2 = K_N(V_i - |V_{tN}|)^2$

$$\Rightarrow V_i - |V_{tN}| = \sqrt{\frac{K_P}{K_N}}(5 - V_i - |V_{tP}|) = (5 - V_i - |V_{tP}|)$$

即

$$V_i - 1 = (5 - V_i - 1)$$

$$\therefore V_i = 2.5V$$

2. 故 $i_{D, max} = i_{DN} = i_{DP} = K_N(V_i - |V_{tN}|)^2$

$$= (0.1m)(2.5 - 1)^2$$

$$= 225 \, \mu A$$

7-9〔題型五十〕：具主動性負載的差動放大器

考型 110 具主動性負載的 BJT 差動放大器

一、在 IC 積體電路中，大電阻值（R_c）很難製造，且佔了很大面積，所以均用 BJT 主動性負載的 r_o 來取代電阻負載 R_c。

二、優點：

　　1. 小面積可獲大電阻值，r_o 具有一非常高電阻值的負載。

　　2. 提高增益，使用主動性負載的放大器其電壓增益遠較使用 R_c 電阻者為高。

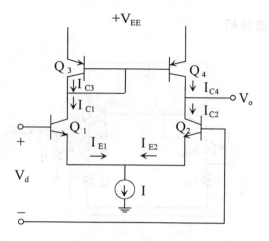

三、直流分析：

$$\because V_{BE1} = V_{BE2} \, , \, \therefore I_{c1} = I_{c2}$$

$$V_{BE3} = V_{BE4} \, , \, \therefore I_{c3} = I_{c4}$$

又 $I_{c3} \approx I_{c1}$

$$\therefore I_{c1} = I_{c2} = I_{c3} = I_{c4} = I_C$$

$$I_{E1} = I_{E2} = I_{E3} = I_{E4} = I_E = \frac{I}{2}$$

直流特性 $\begin{cases} \therefore g_{m1} = g_{m2} = g_{m3} = g_{m4} = \dfrac{I_C}{V_T} \\[3mm] r_{e1} = r_{e2} = r_{e3} = r_{e4} = r_e = \dfrac{V_T}{I_E} = \dfrac{V_T}{\dfrac{I}{2}} \\[4mm] r_{o1} = r_{o2} = r_{o3} = r_{o4} = r_o = \dfrac{V_A}{I_{CQ}} \end{cases}$

四、小訊號分析

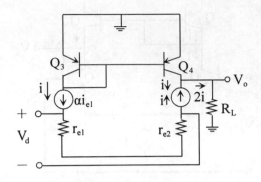

$$i = \alpha i_{e1} = \alpha \frac{V_d}{2r_e} = \frac{1}{2}g_m v_d$$

1. 若有負載時（$R_L \neq \infty$）

$$V_o = 2iR_L = g_m V_d R_L{}'$$

$$A_d = \frac{V_o}{V_d} = g_m R_L{}' = g_m(R_L \,/\!/\, r_{o2} \,/\!/\, r_{o4}) \approx g_m R_L$$

2. 若無負載時（$R_L = \infty$）

$$V_o = 2i \times \frac{1}{2}r_o = \frac{1}{2}g_m r_o V_d$$

$$A_d = \frac{V_o}{V_d} = \frac{1}{2}g_m r_o = (\frac{1}{2})(\frac{I_C}{V_T})(\frac{V_A}{I_C}) = \frac{V_A}{2V_T}$$

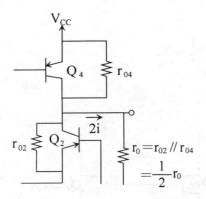

考型 111 具主動性負載的 CMOS 之差動放大器

一、直流分析

$\because Q_1 \quad V_{GS1} = V_{GS2} \Rightarrow I_{D1} = I_{D2}$

$\qquad V_{GS3} = V_{GS4} \Rightarrow I_{D3} = I_{D4}$

又 $I_{B3} = I_{D1}$

$\therefore \quad I_{D1} = I_{D2} = I_{D3} = I_{D4} = I_D = \dfrac{I}{2}$

$\therefore \quad g_{m1} = g_{m2} = g_{m3} = g_{m4} = g_m = 2k(V_{GS} - V_t)$

$\qquad r_{o1} = r_{o3} = r_{o2} = r_{o4} = r_o = \dfrac{V_A}{I_D}$

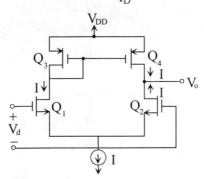

二、小訊號分析

$$i = i_{d1} = \frac{V_d}{\dfrac{2}{g_m}} = \frac{1}{2}g_m V_d$$

1. 有載時（$R_L \neq \infty$）

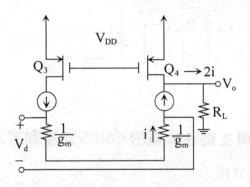

$$V_o = 2iR_L = g_m R_L V_d \Rightarrow A_d = \frac{V_o}{V_d} = g_m R_L$$

2. 無載時（$R_L = \infty$）

$$V_o = 2i \cdot \frac{1}{2}r_o = \frac{1}{2}g_m r_o V_d$$

$$A_d = \frac{V_o}{V_d} = \frac{1}{2}g_m r_o = \frac{1}{2} \cdot 2k(V_{GS} - V_T)r_o$$

$$= \frac{1}{2} \cdot 2k(V_{GS} - V_T) \cdot \frac{V_A}{I_D} = \frac{V_A}{(V_{GS} - V_T)}$$

*3.*觀察法：

$$A_d = g_m（汲極所有電阻）= \begin{cases} g_m(r_{o2} \,/\!/\, r_{o4} \,/\!/\, R_L) \\ = \frac{1}{2}g_m r_o \\ \dfrac{V_A}{V_{GS} - V_T} \end{cases}$$

三、工作說明

1. Q_3 與 Q_4 為電流鏡組合

2. Q_3 做 Q_1 的主動性負載，Q_4 做 Q_2 的主動性負載

3. Q_1 與 Q_2 為差動對組合

考型 112 BiCMOS 差動放大器

一、

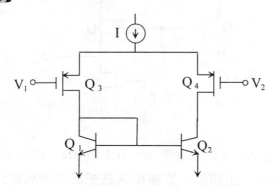

優點：$I_{bias} = 0$ （$R_{id}\uparrow$）
缺點：$V_{os}\uparrow$

二、

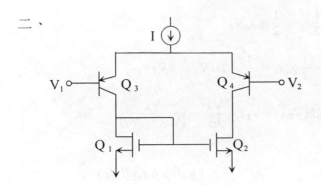

優點：$V_{os}\downarrow$

缺點：I_{bias} （$R_{id}\downarrow$）

歷屆試題

507. 下圖為一 CMOS 放大器，若 $I_{bias}=10\mu A$，且 Q1 的特性為 $\mu C_{ox}=20\mu A/V_2$，$V_A=50V$，W/L=64，$C_{gs}=C_{gd}=1pF$，且 Q2 的特性為 $C_{gd}=1pF$，$V_A=50V$，假設輸出端有 1pF 的寄生電容

(1) Q1 的 g_m (A) $80\mu A/V$ (B) $113\mu A/V$ (C) $160\mu A/V$ (D) $320\mu A/V$

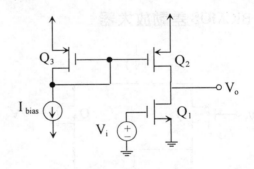

(2) 此放大器的等效輸出電阻為 (A) $1.25M\Omega$ (B) $2.5M\Omega$ (C) $5M\Omega$ (D) $10M\Omega$ （✤題型：單端輸入訊號的 CMOS 放大器）

【80 年二技電子】

解☞：(1) (C) (2) (B)

$(1) K_1 = \dfrac{1}{2}\mu_n C_{ox}\dfrac{W}{L} = (\dfrac{1}{2})(20\mu)(64) = 0.64mA/V^2$

$r_{o1} = r_{o2} = \dfrac{V_A}{I_{bias}} = \dfrac{50V}{10\mu A} = 5m\Omega = r_o$

$\therefore g_{m1} = 2\sqrt{K_1 I_{D1}} = 2\sqrt{K_1 I_{bias}} = 2\sqrt{(0.64m)(10\mu)} = 160\mu A/V$

$(2) R_{out} = r_{o1} \mathbin{/\mkern-5mu/} r_{o2} = \dfrac{1}{2}r_o = 2.5M\Omega$

---

508. 如圖 MOSFET 差動放大器 $I_o=0.2mA$，MOS 參數 $K = 0.2\,mA/V^2$，$\lambda_2 = \lambda_4 = 0.01V^{-1}$，試求差模增益 A_d。（❖題型：**具主動性負載的 CMOS 差動放大器**）

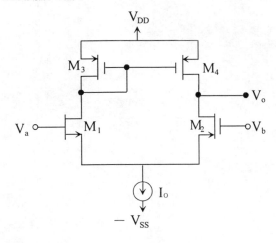

解☞：此為單端輸出型

$g_m = 2\sqrt{KI_D} = 2\sqrt{K \cdot \dfrac{I_o}{2}} = 2\sqrt{(0.2m)(0.1m)} = 0.283mA/V$

$r_{o2} = r_{o4} = r_o = \dfrac{V_A}{I_D} = \dfrac{2V_A}{I_o} = \dfrac{2}{I_o\lambda} = \dfrac{2}{(0.2m)(0.01)} = 1M\Omega$

$\therefore A_d = g_m(r_{o2} \mathbin{/\mkern-5mu/} r_{o4}) = \dfrac{1}{2}g_m r_o = 141.5$

CH8 功率放大器（Power Amplifier）

引讀

1. 本章往年都是冷門題型，但近年有加熱趨勢。
2. 本章重點在於分析 A 類及 B 類放大器的功率。
3. 各類功率放大器的比較，觀念簡單，但對本章而言，卻是較常考的題型。
4. 本章重點考型為 115，116，118，122

8-1〔題型五十一〕：功率放大器的基本概念

考型 113 功率放大器的分類

一、大訊號放大器與小訊號放大器區別：

    1. 小訊號放大器指一個多級放大器之輸入級、中間級。

      分析重點：A_V，A_I，R_{out}，R_{in}

    2. 大訊號放大器指一個多級放大器之輸出級。

      分析重點：功率效應、熱效應。

           小訊號放大器 大訊號放大器

二、交流輸出功率之表示法：

    1. $P_{ac} = I_{rms}V_{rms} = \dfrac{I_m}{\sqrt{2}} \cdot \dfrac{V_m}{\sqrt{2}} = \dfrac{1}{2}I_m V_m$

2. $P_{ac} = I^2_{\ rms}R_L = \dfrac{1}{2}I^2_m R_L$

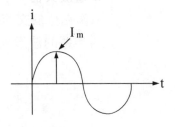

3. $P_{ac} = \dfrac{V^2_{\ rms}}{R_L} = \dfrac{V_m^{\ 2}}{2R_L}$

I_m：交流輸出弦波電流之峰值

V_m：交流輸出弦波電壓之峰值

三、分貝（Decibel；dB）表示法

1. 功率分貝增益　$dB = 10\ log\dfrac{P_2}{P_1}$

2. 電壓分貝增益　$dB = 20\ log\dfrac{V_2}{V_1}$

3. 電流分貝增益　$dB = 20\ log\dfrac{I_2}{I_1}$

四、放大器的分類

依偏壓方式不同，可得到不同位置的工作點，在弦波輸入下，以輸出訊號不為 0 的範圍，可分為 A，B，AB，C 類。

1. A 類放大器：

工作點位於交流負載的**中央部份**，在標準弦波輸入下，輸出為全週的波形。

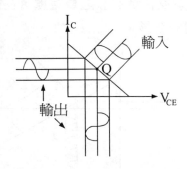

2. B 類放大器：

工作點位於交流負載線之**截止點**，在標準弦波輸入下，輸出
為半週的波形。

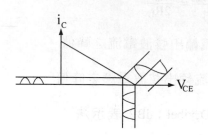

3. AB 類放大器：

工作點位於A**類與**B**類之間**，在標準弦波輸入下，輸出為大
於半週之波形。

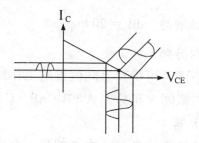

4. C 類放大器：

工作點位於交流負載線之**負值處**，在標準弦波輸入下，輸出
小於半週的波形。

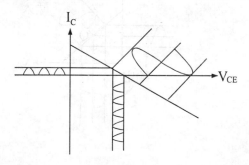

五、各種電晶體當功率放大器的比較

1. BJT 當功率放大器分析

(1)BJT當功率放大器時，受限於**二次崩潰**（Second Breakdown）。

(2)二次崩潰（second Breakdown）：

BJT 在大電壓及大電流下，流過射基接面的電流並不均勻，在接近接面處的電流密度最大），使得接面處溫度上升，若如此持續，（$T\uparrow \Rightarrow I\uparrow \Rightarrow T\uparrow\uparrow\cdots\cdots$），則造成熱跑脫，形成電晶體崩潰。此種崩潰，即為二次崩潰。

2. EMOS 當功率放大器分析

(1)不適合當高功率放大器

$$\because I_D = K\ (V_{GS} - V_t)^2 = \frac{1}{2}\mu_n C_{ox}\frac{W}{L}\ (V_{GS} - V_t)^2$$

若欲得極大的 $I_D\uparrow\uparrow \Rightarrow \dfrac{W}{L}\uparrow\uparrow \Rightarrow W\uparrow\uparrow$，$L\downarrow\downarrow$，但有效通道長度 L 太小，則崩潰電壓變小。

(2)無二次崩潰效應

3. DMOS 當功率放大器分析

(1)適合當高功率放大器因半導體結構是雙重擴散 MOS（double diffiused MOS），如此的結構，本身有效通道長度 L 本來就極小。所以崩潰電壓可達 600V。

(2)無二次崩潰效應。

4. MOS 及 BJT 當功率放大器的比較

比較項目	二次崩潰	操作速度	大的推動電流	功率
DMOS	無	快	不需	最高
EMOS	無	快	不需	小
BJT	有	慢	需	高

失真分類及諧波失真計算

一、失真的種類:

1. **諧波失真**:輸出時,內含輸入波所沒有的頻率(大多為諧波),又稱振幅失真或非線性失真。
2. **頻率失真**:不同頻率的輸入,產生不同的增益。
3. **相位失真**:不同頻率的輸入,產生不同的相位移。
4. **互調失真**:輸出波具有輸入波〝和頻〞或〝差頻〞的成份。

二、非線性失真(或諧波失真)的形成原因:

1. 工作點位於非線性區。
2. 輸入信號過大;超過飽和點與截止點。
3. 輸出信號中,有新的頻率介入。

   例:

   $$v_1 = 5\sin \omega_1 t + 2\sin \omega_2 t$$

(1) $v_o = 10\sin \omega_1 t + 0.5\sin 2\omega_1 t + 4\sin\omega_2 t$(諧波失真)

(2) $v_o = 10\sin \omega_1 t + 8.5\sin \omega_1 t$(頻率失真)

(3) $v_o = 10\sin \omega_1 t + 4\cos \omega_2 t$(相位失真)

(4) $v_o = 10\sin \omega_1 t + 4\sin \omega_2 t + 0.5\sin (\omega_1 + \omega_2) t$(互調失真)

三、諧波失真的產生

假設 $i_b = I_m \cos \omega t$

$$i_C = I_s e^{v_{BE}/V_T} = I_s (e^{V_{BEQ}/V_T}) \cdot (e^{v_{be}/V_T}) = I_{CQ} e^{(v_{be}/v_t)} = I_{CQ} e^{r_\pi i_b/V_T}$$

$$= I_{CQ} (e^{r_\pi I_m \cos\omega t/V_T}) = I_{CQ} [1 + \frac{r_\pi I_m}{V_T} \cos \omega t + \frac{r_\pi^2 I_m^2}{2! \, V_T^2} (\cos \omega t)^2 + \cdots\cdots]$$

$$= I_{CQ} + B_0 + B_1 \cos \omega t + B_2 \cos_2 \omega t + \cdots\cdots$$

其中：

1. I_{CQ}：由直流電壓源所產生的直流集極電流。
2. B_0：由交流輸入所產生的直流集極電流。
3. B_1：基本波（fundamental wave）。
4. B_2，B_3，$\cdots B_n$：稱為諧波（harmonic wave）

四、諧波失真大小之定義：

1. D_2：二次諧波失真（Second harmonic distortion）$\Rightarrow D_2 = \left| \dfrac{B_2}{B_1} \right|$

2. D_3：三次諧波失真（third harmonic distortion）$\Rightarrow D_3 = \left| \dfrac{B_3}{B_1} \right|$

3. D_n：n（高）次諧波失真（nth harmonic distortion）$\Rightarrow D_n = \left| \dfrac{B_n}{B_1} \right|$

4. D 總諧波失真（total harmonic distortion）或稱失真因數（distortion factor）

$$\Rightarrow D = \sqrt{D_2{}^2 + D_3{}^2 \cdots\cdots D_n{}^2}$$

五、基本波的輸出功率與總輸出功率之比較：

1. P_1（基本波輸出功率）

$$P_1 = \frac{1}{2}B_1{}^2 R_L$$

2. P（總輸出功率：考慮失真時）

$$P = \frac{1}{2}B_1{}^2 R_L + \frac{1}{2}B_2{}^2 R_L + \frac{1}{2}B_3{}^2 R_L + \cdots\cdots B_n{}^2 R_L$$

$$= \frac{1}{2}B_1{}^2 R_L [1 + (\frac{B_2}{B_1})^2 + (\frac{B_3}{B_2})^2 + \cdots\cdots + (\frac{B_n}{B_1})^2]$$

$$= \frac{1}{2}B_1{}^2 R_L [1 + D_2{}^2 + D_3{}^2 + \cdots\cdots + D_n{}^2]$$

$$P = P_1 [1 + D^2]$$

509.功率 BJT 與功率 MOSFET 比較，下列何者不是功率 MOSFET 的特性？ (A)二次崩潰 (B)切換速度較快 (C)能並聯使用 (D)較低的切換損失（✤題型：**功率放大器的比較**）

【86 年二技電機】

解☞： (A)

510.一功率放大器的輸入功率為 1W，其功率增益為 20dB，則此放大器的輸出功率為 (A) 10W (B) 20W (C) 100W (D) 200W（✤題型： **分貝的計算**）

【81 年二技】

解☞： (C)

$$P_{o\,(dB)} = 10\log\frac{P_o}{P_i} = 10\log\frac{P_o}{1W} = 20\ dB$$

$$\therefore P_o = 100W$$

511.將二個最大輸出電流，最高輸出電壓及放大倍數皆相同但放大相位相反的功率放大器橋接如下圖所示，則其最大輸出功率是原來單一放大器的 (A) 2 倍 (B) 4 倍 (C)$\frac{1}{2}$倍 (D)$\frac{1}{4}$倍（✤題型：**功率計算**）

【81 年二技】

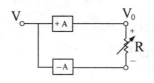

解☞： (B)

1. $\because V_o' = V_{o1} - V_{o2} = AV - (-AV) = 2AV$

2. 單級輸出　$V_o = AV$

3. $\therefore \dfrac{P_o'}{P_o} = \dfrac{(V_o')^2/R_L}{V_o{}^2/R_L} = 4$ 倍

---

512. 放大器雜訊指數（Noise figure）為 3dB，輸入信號功率為輸入
等效雜訊功率之 100 倍，則輸出信號功率比輸出雜訊功率高了
(A) 97dB　(B) 37dB　(C) 17dB　(D) 27dB（✦題型：分貝計算）

【81 年二技電子】

解☞：(C)

　$N_{(dB)} = 3dB$

　$\because 10 \log \dfrac{S}{N} = 10 \log (100) = 20 \, dB$

　$\therefore 20 - 3 = 17 \, dB$

---

513. 輸入 1KHZ，15V 正弦波至一運算放大器，測得其輸出之波形
包含的諧波量為：1kHz 者 10V，2KHz 者 1V，3KHz 者 0.5V，則
其全諧波失真（Total harmonic distortion, THD）應為　(A) 7.4%
(B) 9.8%　(C) 11.2%　(D) 15.0%（✦題型：諧波失真）

【81 年二技】

解☞：(C)

　$\because$ 諧波失真　$D_n = \left| \dfrac{B_n}{B_1} \right|$

　　依題意知，$B_1 = 10V$，$B_2 = 1V$，$B_3 = 0.5V$

　$\therefore$ 總諧波失真

$$D = \sqrt{D_2{}^2 + D_3{}^2} = \sqrt{(\dfrac{1}{10})^2 + (\dfrac{0.5}{10})^2} \times 100\% = 11.2\%$$

---

514. 已知一變壓器耦合音頻功率放大器之 $i_c = i_b + 0.7i_b{}^2$ 而 $i_b = 4\cos 2\pi\,(20)\,t\,(mA)$。則輸出信號中有 　(A) 40Hz 　(B) 10Hz 　(C) 170Hz 　(D) 14Hz 　信號（❖題型：諧波失真）

解☞ ： (A)

$\because i_c = i_b + 0.7i_b{}^2$

$= 4\cos 2\pi\,(20)\,t + 0.7\,[4\cos 2\pi\,(20)\,t]^2$

$= 4\cos 2\pi\,(20)\,t + 0.7 \times 16\cos^2[2\pi\,(20)\,t]$

$= 4\cos 2\pi\,(20)\,t + 0.7 \times 8 \times [1 + \cos 2\pi\,(40)\,t]$

$= 4\cos 2\pi\,(20)\,t + 5.6\,[1 + \cos 2\pi\,(40)\,t]$

$= 4\cos 2\pi\,(20)\,t + 5.6 + 5.6\cos 2\pi\,(40)\,t$

---

515. 有 60 瓦的功率電晶體，60 瓦指的是： 　(A)信號交流輸出功率 　(B)最大集極散逸直流功率（dissipation DC power） 　(C)電源供給直流功率 　(D)最大集極散逸交流功率。（❖題型：BJT 電晶體的規格）

【69 年二技】

解☞ ： (B)

題型變化

516. 若有一具有二次諧之電晶體放大電路，其輸入電流為 $i_b = I_{bm}\cos\omega t$，輸出電流最大為 $i_c = I_{(max)}$，最小為 $i_c = I_{(min)}$。若無輸入訊號時之輸出為 $i_c = I_C$。試求諧波失真的成份 B_2。（輸出特性曲線，見下圖。）（❖題型：諧波失真）

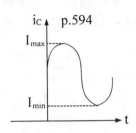

p.594

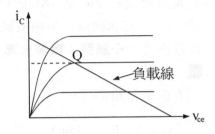

負載線

解☞：

因為 $i_b = I_{bm} \cos\omega t$，所以

(1)當 $\omega t = 0$，$i_b = I_{bm}$，此時 $i_C = I_{(max)}$

(2)當 $\omega t = \dfrac{\pi}{2}$，$i_b = 0$，此時 $i_C = I_c$

(3)當 $\omega t = \pi$ 時，$i_b = -I_{bm}$，此時 $i_C = I_{min}$

由(1)(2)(3)所得結果代入

$i_C = I_c + B_o + B_1 \cos\omega t + B_2 \cos2\omega t + \cdots\cdots$，整理可得

$$\begin{cases} I_{max} = I_C + B_0 + B_1 + B_2 \\ I_C = I_C + B_o - B_2 \\ I_{min} = I_C + B_0 - B_1 + B_2 \end{cases}$$

$$\Rightarrow \begin{cases} B_0 = B_2 = \dfrac{I_{max} + I_{min} - 2I_C}{4} \\ B_1 = \dfrac{I_{max} - I_{min}}{2} \end{cases}$$

517.若有一 n 級放大器，每一級的放大倍數均為 A_v，則總放大倍數為多少？（❖題型：多級放大器（與分貝計算比較））

解☞：$A_{vT} = A_{v1} \cdot A_{v2} \cdot \cdots = (A_v)^n$

---

518. 若電晶體供給 2w 至 4KΩ的負載，且零訊號時之集極電流為 35mA，而有訊號時之集極電流為 39mA，試求二次諧波失真的百分率？（✤題型：諧波失真）

解 ☞ ：

1. 由題意知

   $v_s = 0 \Rightarrow I_{CQ} = 35mA$

   $v_s \neq 0 \Rightarrow i_c = 39mA$

2. $\because P = \dfrac{1}{2}B_1{}^2R_L$

   $\therefore B_1 = \left(\dfrac{2P}{R_L}\right)^{1/2} = \left[\dfrac{(2)(2)}{4K}\right]^{1/2} = 31.62mA$

3. $\because i_C = I_{CQ} + B_0 + B_1\cos\omega t + B_2\cos 2\omega t + \cdots = I_C + i_c$

   $I_{CQ}\left[1 + \dfrac{r_\pi{}^2 I_m{}^2}{4V_T{}^2} + \dfrac{r_\pi I_m}{V_T}\cos\omega t + \dfrac{r_\pi{}^2 I_m{}^2}{4V_T{}^2}\cos 2\omega t + \cdots\right]$

   $\therefore 39mA = I_{CQ} + B_0 = 35mA + B_0$

   $\therefore B_0 = 4mA$

4. 由上式知

   若 $\omega = 0 \Rightarrow B_0 = B_2 = 4mA$

5. $\therefore D_2 = \left|\dfrac{B_2}{B_1}\right| \times 100\% = \dfrac{4mA}{31.62mA} \times 100\% = 12.65\%$

---

519. 三級電壓放大器，其電壓增益分別為 20，40，60dB，若輸入信號電壓 V_i 為 0.025V，求輸出電壓 V_o，總電壓增益為多少 dB？（✤題型：分貝計算）

解 ☞ ：

總電壓增益（分貝）

$$A_{vT\,(dB)} = A_{v1} + A_{v2} + A_{v3} = 20 + 40 + 60 = 120\,dB$$

又 $A_{vT\,(dB)} = 20\log\left|\dfrac{V_o}{V_i}\right| = 20\log\left|\dfrac{V_o}{0.025}\right| = 120\,dB$

$$\therefore V_o = 250KV$$

8-2〔題型五十二〕：A 類放大器

此類考型有三：

　　1. 直接耦合電阻性負載式的 A 類放大器

　　2. 變壓器耦合負載的 A 類放大器

　　3. 以電流源偏壓的 A 類放大器

考型 115 **直接耦合電阻性負載的 A 類放大器**

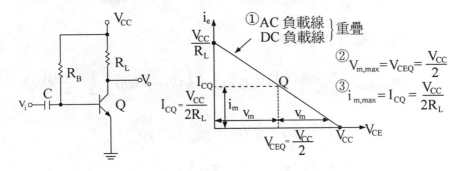

(A)：電路圖　　　　　(B)：AC、DC 負載重疊

一、直流分析：（考法：求最佳輸出時 R_B 設計）

1. $V_{CC} = I_B R_B + V_{BE}$

2. $I_C = \beta I_B$，$I_C R_L + V_{CE} = V_{CC}$ 產生最大交流輸出之 R_B 值

3. $R_B = \dfrac{V_{CC} - V_{BE}}{I_B} = \dfrac{V_{CC} - V_{BE}}{\dfrac{I_C}{\beta}} = \dfrac{V_{CC} - V_{BE}}{\dfrac{V_{CC}}{2\beta R_L}}$ 　（$\because I_C = \dfrac{V_{cc}}{2R_L}$）

4. 最佳化工作點設計：使有最大不失真擺幅需滿足：

(1) $I_{CQ} = \dfrac{V_{CC}}{R_{AC} + R_{DC}}$

(2) $V_{CEQ} = I_{CQ} R_{AC}$

二、交流分析

1. 輸入直流功率（考法：求功率）

$P_{i\,(dc)} = V_{CC}\,(I_{CQ} + I_{BQ}) \approx V_{CC} I_{CQ}$

2. 輸出交流功率

$P_{o(ac)} = \dfrac{V_o^2}{R_L} = (V_{o,rms})(i_{L,rms}) = \dfrac{v_m}{\sqrt{2}} \cdot \dfrac{i_m}{\sqrt{2}} = \dfrac{1}{2} v_m i_m$

3. 最大輸出交流功率

$P_{0(ac)max} = \dfrac{V_{0\,,max}^{\,2}}{R_L} = \dfrac{1}{2}(V_m i_m)_{max} = \dfrac{1}{2}(V_{CEQ})(I_{CQ}) = \dfrac{1}{2}\left(\dfrac{V_{cc}}{2}\right)(I_{CQ})$

$\qquad\qquad = \dfrac{1}{4} V_{CC} I_{CQ} = \dfrac{1}{4} V_{CC}\left(\dfrac{V_{CC}}{2R_L}\right) = \dfrac{V_{CC}^2}{8R_L}$

即　$P_{o\,(ac)\,max} = \dfrac{1}{4} V_{CC} I_{CQ} = \dfrac{V_{CC}^{\,2}}{8R_L}$

4. 效率

$$\eta = \frac{P_{o(ac)}}{P_{i(dc)}} \times 100\%$$

5. 最大效率

$$\eta_{max} = \frac{P_{o(ac)max}}{P_{i(dc)}} \times 100\% = \frac{\frac{1}{4}V_{CC}I_{CQ}}{V_{CC}I_{CQ}} \times 100\% = 25\%$$

6. 輸出直流功率

$$P_{o(dc)} = I_{CQ}(V_{CC} - V_{CEQ})$$

7. 電晶體的損耗功率（散逸功率）

$$P_C = P_{i(ac)} - P_{o(ac)} - P_{o(dc)}$$

$$= V_{CC}I_{CQ} - \frac{1}{2}v_m i_m - I_{CQ}(V_{CC} - V_{CEQ})$$

$$= V_{CEQ}I_{CQ} - \frac{1}{2}v_m i_m$$

8. 電晶體的最大損耗功率

$$P_{c,max} = V_{CEQ}I_{CQ} = 2P_{o(ac)max}$$

即：無輸入信號時會有$P_{c,max}$發生

9. 求最大輸出時，選 Q 在飽和區邊界點。

考型 116　變壓器耦合負載的 A 類放大器

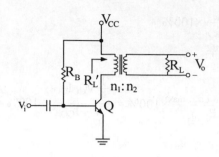

(A)電路圖

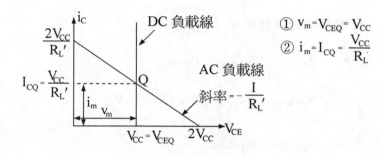

(B)負載線

1. 直流分析

$Z_L = j\omega L$，$V_{CEQ} = V_{CC}$（若有 R_E 存在，則 $V_{CEQ} \neq V_{CC}$）

考法一：設計 R_B

(1) $\dfrac{V_1}{V_2} = \dfrac{N_1}{N_2}$

(2) $\dfrac{I_1}{I_2} = \dfrac{N_2}{N_1}$

$$(3) R_L = \frac{V_1}{i_i}$$

$$R_L' = \frac{V_2\left(\frac{N_1}{N_2}\right)}{i_2\left(\frac{N_2}{N_1}\right)} = \left(\frac{N_1}{N_2}\right)^2 \cdot \frac{V_2}{i_2} = R_L\left(\frac{N_1}{N_2}\right)^2 = n^2 R_L$$

$$R_B = \frac{V_{CC} - V_{BE}}{I_B} = \frac{V_{CC} - V_{BE}}{\frac{I_{CQ}}{\beta}} = \frac{V_{CC} - V_{BE}}{\frac{V_{CC}}{\beta R_L}}$$

$$= \frac{V_{CC} - V_{BE}}{V_{CC}} \cdot R_L \begin{cases} 產生最大交流 \\ 輸出之 R_B 值 \end{cases}$$

2. 交流分析

考法二：功率計算

(1) 輸入直流功率 $P_{i(dc)} = V_{CC}I_{CQ}$

(2) 輸出交流功率 $P_{o(ac)} = \frac{V_o^2}{R_L} = \frac{1}{2}v_m i_m$

(3) 輸出最大交流功率

$$P_{o(ac,max)} = \frac{v_{o,max}^2}{R_L} = \frac{1}{2}(v_m i_m)_{max} = \frac{1}{2}(V_{CEQ}I_{CQ}) = \frac{1}{2}V_{CC}I_{CQ} = \frac{V_{CC}^2}{2R_L'}$$

(4) 效率：$\eta = \frac{P_{o(ac)}}{P_{i(dc)}} \times 100\%$

(5) 最大功率：$\eta_{max} = \frac{P_{o(ac)\,max}}{P_{i(dc)}} \times 100\% = \frac{\frac{1}{2}I_{CQ}V_{CC}}{V_{CC}I_{CQ}} \times 100\% = 50\%$

(6) 輸出直流功率 $P_{o(dc)} = 0\ (\because R_{DC} = 0)$

(7) 電晶體功率損耗 $P_C = P_{i(dc)} - P_{o(ac)} = V_{CC}I_{CQ} - \frac{1}{2}v_m i_m$

(8)電晶體最大功率損耗 $P_{c.max} = I_{CQ}V_{CC} = 2P_{o(ac)max} \Rightarrow$ 當交流輸入 $= 0$。

(9)變壓器耦合負載的 A 類放大器，當輸出訊號最大時，$I_m = I_{CQ}$，$V_m = V_{CC}$。

(10)變壓器耦合式 A 類放大器的最大效率，比直接耦合式電阻性負載的 A 類放大器為高的原因，在於理想變壓器線圈無直流功率消耗。

考型 117 以電流源偏壓的 A 類放大器

1. 線路圖

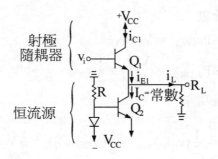

2. 電路分析

①正半週分析

$V_i \uparrow \Rightarrow V_o \uparrow \Rightarrow i_L \uparrow \Rightarrow i_{E1} \uparrow \cdots$

當 Q_1：飽和時，$V_{o,max} = V_{cc} - V_{CE1,sat}$

②負半週分析

$V_i \downarrow \Rightarrow V_o \downarrow \Rightarrow i_L \uparrow \Rightarrow i_{E1} \downarrow \cdots$

$$\begin{cases} 當\ Q_2\ 飽和時 \Rightarrow V_{o,min} = -V_{CC} + V_{CE2,sat} \\ 或\quad Q_1 : OFF\ 時 \Rightarrow V_{o,min} = -I\,R_L \end{cases} 選\ \min|V_{o1}|$$

判斷方式：

a. $I \geqq \dfrac{|-V_{CC} + V_{CE\,(sat)}|}{R_L} \Rightarrow Q_2：飽和$

b. $I < \dfrac{|-V_{CC} + V_{CE\,(sat)}|}{R_L} \Rightarrow Q_1：OFF$

3. 轉移曲線

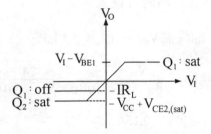

520. 下圖之電路中，已知$V_{CC} = 24V$，$n = 3$，$\beta = 100$，$V_{BE(on)} = 0.7V$，$V_{CE(sat)} = 0V$，$R_L = 4\Omega$，$C_E \to \infty$，$C_C \to \infty$，試求工作點（I_{CQ}，V_{CEQ}）$= ?$　(A)（$1A$，$14V$）　(B)（$0.35A$，$20.5V$）　(C)（$1.2A$，$12V$）　(D)（$0.5A$，$19V$）（❖題型：變壓器耦合式 A 類放大器）

【88 年二技電子】

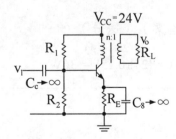

解☞：無答案（此題少給 R_1，R_2，R_E 值，故連 4 題全送分）

註明：本題自行假設 $R_1 = 90K\Omega$，$R_2 = 10K\Omega$，$R_E = 64\Omega$。

直流分析

1. 取戴維寧等效電路

$$V_{th} = \frac{R_2 V_{CC}}{R_1 + R_2} = \frac{(10K)(24)}{90K + 10K} = 2.4V$$

$$R_{th} = R_1 // R_2 = 9K\Omega$$

2. 取含 V_{BE} 迴路的方程式

$$V_{th} = I_B R_{th} + V_{BE} + (1 + \beta) I_B R_E$$

$$\therefore I_B = I_{BQ} = \frac{V_{th} - V_{BE}}{R_{th} + (1 + \beta)R_E} = \frac{24 - 0.7}{9K + (101)(64)} = 1.5mA$$

故 $I_{CQ} = \beta I_B = 0.15A$

$$\therefore V_{CEQ} = V_{CC} - I_E R_E = V_{CC} - (1 + \beta)I_B R_E$$

$$= 24 - (101)(1.5m)(64) = 14.3V$$

---

521. 承題 520，求由電源提供的功率 $P_{CC} = $ ？　(A) 28.8W　(B) 12.5W
(C) 24W　(D) 8.4W。　　　　　　　　　　　　　　【88 年二技電子】

解☞：（無答案）（送分）

$$P_{CC} = V_{cc}I_{CQ} = (24)(0.15) = 36W$$

---

522. 承題 520，若輸入信號為一正弦信號，在最大輸出且不失真的情形下，其最大輸出功率 $P_L = ?$

解☞：（無答案）（送分）

 1. 最佳工作點

  $R_{DC} = R_E = 64\Omega$

  $R_{AC} = n^2 R_L = (3)^2(4) = 36\Omega$

  $\therefore I_{CQ} = \dfrac{V_{CC}}{R_{AC} + R_{DC}} = \dfrac{24}{36 + 64} = 0.24A$

  $V_{CEQ} = I_{CQ}R_{AC} = (0.24)(36) = 8.64V$

  $\therefore P_{L,max} = \dfrac{1}{2}V_{CEQ}I_{CQ} = \dfrac{1}{2}(8.64)(0.24) = 1.04W$

---

523. 承題 520，此電路若加以改良，使其工作在最佳工作點條件下（指修改偏壓），則在輸出為最大且不失真的情形，本電路可得到最大效率 η_{max} 約為多少？ (A) 39% (B) 24% (C) 78.5% (D) 50%   【88 年二技電子】

解☞：(D)

 變壓器耦合式負載的 A 類放大器，在最佳偏壓情況下，最大效率 $\eta_{max} = 50\%$

---

524. 試設計電阻值 R_B，使圖之 A 類放大器電路，可有最大功率輸出（即 Q 點位於負載線中間處） (A) 11.3KΩ (B) 6.0KΩ (C) 5.4KΩ (D) 9.2KΩ。 （❖題型：直接耦合式 A 類放大器設計）

          【86 年二技電子】

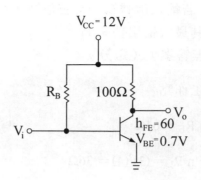

$V_{CC} = 12V$

R_B 100Ω

$h_{FE} = 60$
$V_{BE} = 0.7V$

V_i V_o

解☞：<u>(A)</u>

1. 最佳工作點時

$$I_{CQ} = \frac{V_{CC}}{R_{AC} + R_{DC}} = \frac{12}{0.1K + 0.1K} = 60mA$$

2. $\therefore I_B = \frac{I_{CQ}}{\beta} = \frac{60mA}{60} = 1mA$

故 $R_B = \frac{V_{CC} - V_{BE}}{I_B} = \frac{12 - 0.7}{1mA} = 11.3K\Omega$

525. 同上題，假設電晶體之 $V_T = 26mV$ 試求上圖中電路之電壓增
益$A_v = V_o / V_i = ?$　(A)－50　(B)－169　(C)－231　(D)－357。

（❖題型：CE Amp 小訊號分析）

【86 年二技電子】

解☞：<u>(C)</u>

1. 求參數

$$g_m = \frac{I_C}{V_T} = \frac{60\ mA}{26\ mV} = 2.31A/V$$

2. 小訊號分析

$$A_v = \frac{V_o}{V_i} = - g_m R_C = - (2.31)(100) = - 231$$

---

526. 下圖為一射極隨耦器（emitter follower），其中 $V_{CC} = 10V$，$I = 100mA$，$R_L = 100\Omega$，試求 Q_1 之靜態（即 $V_o = 0$ 時）功率消耗為何？　(A) 1W　(B) 2W　(C) 3W　(D) 4W。（❖**題型：以電流源偏壓的 A 類放大器**）

【84 年二技電子】

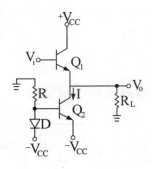

解 ☞ ：(A)

當 $V_o = 0$ 時，$I_L = 0$

$\therefore I_{C1} = I_{C2} = I$

$\therefore P_C = V_{CEQ1} I_{CQ1} = （10V）（100mA） = 1W$

---

527. 如圖電路中，若電晶體的 $\beta = 200$，$V_{BE} = 0.7V$ 且輸入信號 V_S 為正弦信號，試求此電路的最大不失真輸出電壓 $V_0 = V_{om} \sin\omega t$ 為若干？　(A) 6.24V　(B) 6V　(C) 2.63V　(D) 4.32V

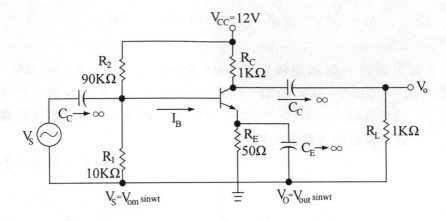

解☞：(C)

直流分析，取戴維寧等效電路

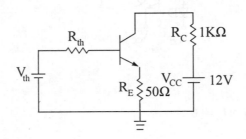

1. $R_{th} = 90K//10K = 9K\Omega$

$$V_{th} = \frac{R_1 V_{cc}}{R_1 + R_2} = \frac{(10K)(12)}{10K + 90K} = 1.2V$$

$$\therefore I_{BQ} = \frac{V_{th} - V_{BE}}{R_{th} + (1 + \beta)R_E} = \frac{1.2 - 0.7}{9K + (201)(50)} = 0.0263 \text{ mA}$$

故 $I_{CQ} = \beta I_{BQ} = (200)(0.0263mA) = 5.263 \text{ mA}$

2. 比較 I_{CQ} 是否為最佳工作點 I_{CQ}'

方法一：

∵ $R_{AC} = R_C // R_L = 0.5K\Omega$

$R_{DC} = R_C + R_E = 1050\Omega$

∴ $I_{CQ}' = \dfrac{V_{CC}}{R_{AC} + R_{DC}} = 7.74 \text{ mA}$

∵ $I_{CQ} < I_{CQ}'$

∴ $I_m = I_{CQ} \cdot \dfrac{R_C}{R_C + R_L} = \dfrac{1}{2}I_{CQ} = 2.63 \text{ mA}$

故 $V_{om} = I_m R_L = (2.63mA)(1K\Omega) = 2.63V$

方法二：

$V_{CEQ} = V_{CC} - R_C I_C - R_E I_E = 6.47(V)$

$V_{om} = \min \left[I_{CQ}R_{ac} , V_{CEQ} \right] = \min \left[2.63 , 6.47 \right] = 2.63(V)$

528.續上題中，電路的總損耗功率 P_{CC} 為若干？ (A) 149mW (B) 68mW (C) 60mW (D) 63mW 【82 年二技電子】

解☞：(D)

$P_{CC} = V_{CC}I_{CQ} = (12)(5.264 \text{ mA}) = 63mW$

529.同上題，若 R_C，R_E，R_L，β，V_{BE} 均不變，欲使此電路的不失真輸出訊號為最佳化（即輸出振幅擺動為最大），此時的偏壓 I_{BQ} 須改變，求調整後的工作點 (I_{CQ} , V_{CEQ})？ (A)（5.45mA，6V） (B)（7.74mA，3.87V） (C)（8.5mA，2.65V） (D)（3.75mA，7.88V）。 【82 年二技電子】

解☞：(B)

$$I_{CQ} = \frac{V_{CC}}{R_{DC} + R_{AC}} = \frac{12}{0.5K + 1.05K} = 7.74 \text{ mA}$$

$$V_{CEQ} = I_{CQ}R_{AC} = (7.74\text{mA})(0.5K) = 3.87V$$

530.(1)下圖中，若電晶體 Q 導通時 $V_{BE} = 0.7V$，β（或 h_{fe}）$= 100$，假設其飽和區（Saturation region）及截止區（Cutoff region）非常小，可以忽略，而 C_1 與 C_2 的電容值非常大，若想使 V_0 的無失真對稱擺盪幅度（Undistorted symmetric swing，在此簡寫成 USS）達到最大，則 Q 的操作點集極電流 I_{CQ} 為　(A) 4.3 mA　(B) 5 mA　(C) 5.5 mA　(D) 6.4 mA

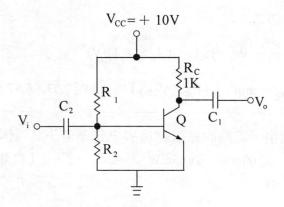

(2)將上題中的輸出端 V_d 與接地端之間加上一負載 $R_L = 1K\Omega$，若同樣欲使 V_0 的 USS 達到最大，則對新操作點而言，與上題的結果比較

(A)集極與射極間的操作電壓 V_{CEQ} 變大，I_{CQ} 變小，V_0 的 USS 變大

(B) V_{CEQ} 變小，I_{CQ} 變大，V_0 的 USS 變小

(C) V_{CEQ} 變大，I_{CQ} 變小，V_0 的 USS 變小

(D) V_{CEQ} 變小，I_{CQ} 變大，V_0 的 USS 變大

(3)將上題中的 R_C 改用由 V_{CC} 流向電晶體集極的理想電流源來取代，此時亦調整該電流源的電流值及 R_1, R_2，使得 V_0 得到最大的 USS，則與上題的結果相比較

(A)V_{CEQ} 變小，I_{CQ} 變大，V_0 的 USS 變小

(B)V_{CEQ} 變小，I_{CQ} 變大，V_0 的 USS 變大

(C)V_{CEQ} 變大，I_{CQ} 變小，V_0 的 USS 變大

(D)V_{CEQ}、I_{CQ} 與 V_0 皆不變　　　　【81 年二技電子】

解☞：此題解答見 229～231 題

531.若欲使輸出為最大而不失真，試回答下列問題（若電晶體的 $V_{CE,sat}$ 不計）

(1)$P_{L,max}$ ＝_____(W)

(2)$P_{C,max}$ ＝_____(W)

(3)$P_{C,min}$ ＝_____(W)

(4)效率η_{max} ＝_____(%)

（✧題型：變壓器耦合式 A 類放大器）

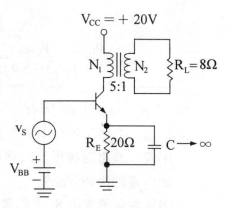

解☞：

(1) *1.* 直流分析 $R_{DC} = R_E = 20\Omega$

2. 交流分析 $R_{ac} = (\dfrac{N_1}{N_2})^2 R_L = (\dfrac{5}{1})^2(8) = 200\Omega$

3. 最佳工作點 $I_{CQ} = \dfrac{V_{CC}}{R_{DC} + R_{ac}} = \dfrac{20}{20 + 200} = 0.0909A$

$$V_{CEQ} = I_{CQ}R_{ac} = (0.0909)(200) = 18.18V$$

註：此題$V_{CEQ} \neq V_{CC}$，是因為$V_{CEQ} = V_{CC} - I_{CQ}R_E$

4.最大輸出功率

$$R_{L,max} = \frac{1}{2}V_{CEQ}I_{CQ} = (\frac{1}{2})(18.18)(0.091) = 0.827W$$

(2)最大損耗功率（發生在無交流輸出時）

$$P_{c,max} = P_{i(dc)} - I_{CQ}{}^2R_E = V_{CC}I_{CQ} - I_{CQ}{}^2R_E$$
$$= 2P_{L,max} = 1.653W$$

(3)最小損耗功率（發生在最大交流輸出時）

$$P_{c,min} = P_{i(dc)} - I_{CQ}{}^2R_E - P_{L,max} = P_{c,max} - P_{L,max} = P_{L,max}$$
$$= 0.827W$$

(4)效率

$$\eta_{max} = \frac{P_{L,max}}{P_{i(dc)}} = \frac{P_{L,max}}{V_{CC}I_{CQ}} = \frac{0.827W}{(20)(0.0909)} = 45.6\%$$

---

532. 已知一電晶體具有下列規格$P_{C,max} = 5W$，$BV_{CEO} = 30V$，$i_{C,max} = 1.5A$，若按下圖，其負載 $R_L = 8\Omega$，試求：

(1)使負載電阻獲得最大功率的工作點 Q 時之 $I_{CQ} = \underline{\qquad}$。

(2)所需的電源 $V_{CC} = \underline{\qquad}$。

(3)送到負載電阻 R_L 上的最大功率 $P_{L,max} = \underline{\qquad}$。（✛題型：
變壓器耦合式的 A 類放大器）

【77 年二技】

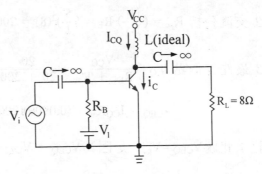

解☞：

(1)最佳工作點

$$I_{CQ} = \frac{1}{2}i_{C,max} = \frac{1.5}{2} = 0.75A$$

(2)直流分析時

$$R_{DC} = X_L = SL = 0 \quad \therefore V_{CC} = V_{CEQ}$$

交流分析時

$$R_{ac} = R_L$$

$$\therefore V_{cc} = V_{CEQ} = I_{CQ}R_{ac} = (0.75)(8) = 6V$$

(3)$P_{L,max} = \dfrac{V_{CE}I_{CQ}}{2} = \dfrac{(6)(0.75)}{2} = 0.25W$

題型變化

533. Q_1，Q_2，Q_3為特性完全相同的增強型NMOS，

$K = \dfrac{1}{2}\mu_n C_{Ox}\dfrac{W}{L} = 10mA/V^2$，

$V_T = 1V$，$R_L = R = 1K\Omega$，

則在維持A類操作下，

(1)v_1 的範圍為何？

(2)v_0 的範圍為何？

（❖題型：以電流鏡偏壓
的A類放大器）

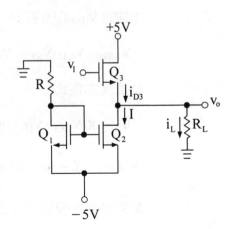

解☞：

1. 先求電流鏡上的 I

①取含 V_{GS1} 的方程式

$$V_{GS1} = V_{G1} - V_{S1} = -IR - V_{S1} = 5 - (1K)I$$

②電流方程式

$$I = I_{D1} = K(V_{GS1} - V_t)^2 = (10m)(V_{GS1} - 1)^2$$

③解聯立方程式①，②，得

$$I = 3.4mA，V_{GS1} = V_{GS2} = 1.6V$$

2. 求 $V_{0,max}$ 及 $V_{I,max}$（由 Q_3 決定）

①求區為 Q_3 位於飽和區及三極體區之分界點

∴ $|V_{GD3}| \leq |V_t|$ …飽和區條件

即 $V_{G3} - V_{D3} \leq V_t \Rightarrow V_I \leq V_t + V_{D3}$

∴ $V_{I,max} = V_t + V_{D3} = 1 + 5 = 6V$

②取含 V_{GS3} 的方程式

$$V_{GS3} = V_{G3} - V_{S3} = V_{I,max} - V_{O,max} = 6 - V_{0,max}$$

③電流方程式

$$I_{D3} = K(V_{GS3} - V_t)^2 = (10m)(6 - V_{0,max} - 1)^2$$

④又 $I_{D3} = I + i_L = 3.4 \text{ mA} + \dfrac{V_{0,max}}{R_L} = 3.4 \text{ mA} + \dfrac{V_{0,max}}{1k}$

⑤解聯立方程式②，③，④得

$$V_{0,max} = 4.1V$$

3. 求 $V_{0,min}$ 及 $V_{I,min}$（由 Q_2 決定或 Q_3 決定）

① $Q_3 =$ OFF 時

$$V_{0,min} = -IR_L = -3.4V$$

② 驗證 Q_2 是否維持在飽和區
$$|V_{GD2}| \leq |V_t|$$

$$\Rightarrow V_{G2} - V_{D2} \leq V_t \Rightarrow -IR - V_{0,min} \leq V_t \Rightarrow 0 \leq V_t$$

符合飽和條件，$\therefore Q_2$ 仍在飽和區工作（電流鏡條件）

③ Q_2 在飽和區邊緣時，

如上式：$|V_{GD2}| = |V_t|$

即 $V_{G2} - V_{D2} = V_t \Rightarrow V_{GS2} - 5 - V_{0,min} = 1$

$$\therefore V_{0,min} = V_{GS2} - 5 - 1 = 1.6 - 6 = -4.4V$$

故知 $V_{0,min} = \min [|-3.4V|, |-4.4V|] = -3.4V$

④ 求 $V_{i,min}$（發生在 Q_3 剛 OFF 時）

即 $V_{GS3} = V_t \Rightarrow V_{G3} - V_{S3} = V_t$

$$\therefore V_{I,min} - V_{O,min} = V_t$$

故 $V_{I,min} = V_t + V_{0,min} = 1 - 3.4 = -2.4V$

4.所以

$-2.4V \leq V_I \leq 6V$，$-3.4V \leq V_0 \leq 4.1V$

5.技巧說明

①Q_1，Q_2 為電流鏡需在飽和區工作

②$V_{0,max}$，$V_{I,max}$ 發生在 Q_3 的飽和邊界點

③$V_{I,min}$，$V_{0,min}$ 發生在 Q_2 的飽和邊界點或Q_3截止邊界點

534.下圖為一射極隨耦器，其中 $V_{CC} = 15V$，$R_L = 1K\Omega$，兩個電晶體的參數相同且 $V_{CE(sat)} = 0.2V$，$V_{BE} = 0.7V$，$\beta \to \infty$，則在維持 A 類操作且 v_0 恰好有最大輸出，

(1)輸出 v_0 的範圍為何？

(2)R 值為何？

(3)Q_1的射極電流範圍為何？（❖**題型：具主動性偏壓的 A 類放大器**）

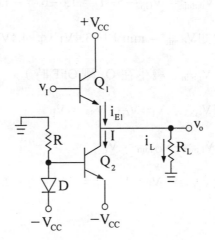

解☞：

(1) *1.* 求$V_{0,max}$（發生在Q_1飽和時）

$$\therefore V_{0,max} = V_{CC} - V_{CE1,sat} = 15 - 0.2 = 14.8V$$

2. 求$V_{0,min}$（發生在Q_1：OFF時，或Q_2飽和時）Q_2：恰在飽和區邊界時

$$V_{0,min} = -V_{CC} + V_{CE2} = -15 + 0.2 = -14.8V$$

3. $\therefore -14.8V \leq V_0 \leq 14.8V$

(2) 當$V_0 = V_{0,min}$（Q_1：OFF）

$$\therefore -I = i_L = \frac{V_{0,min}}{R_L} = \frac{-14.8}{1K} = -14.8 \text{ mA}$$

$$\text{又} I = \frac{0 - V_{BE2} - (-V_{CC})}{R} = \frac{0 - 0.7 + 15}{R} = 14.8 \text{ mA}$$

$$\therefore R = 0.966 \text{ K}\Omega$$

(3) ① 在$V_0 = V_{0,min}$時$\Rightarrow I_{E1} = I + i_{L1}$

即 $I_{E1} = I + i_{L1} = 14.8 \text{ mA} + \dfrac{V_{0,max}}{R_L} = 29.6 \text{ mA}$

② 在$V_0 = V_{0,min}$時$\Rightarrow I_{E1} = 0$（$\because Q_1$：OFF）

③ $\therefore 0 \leq I_{E1} \leq 29.3 \text{ mA}$

535.下圖為一射極隨耦器，其中
$V_{cc} = 10V$，$R_L = 100\Omega$，$I = 0.1A$，
輸出為 $V_0 = 8V$ 的弦波，則在忽略
D 的消耗下，
(1)負載的平均輸出功率為何？
(2)電源供應的平均功率為何？
(3)效率為何？（✤題型：**具主動性**
偏壓的 A 類放大器）

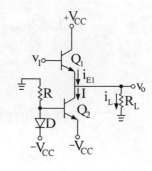

解☞：

    1. Q_1，Q_2 均在作用區工作時，

    $I_{C1} \approx I_{E1} \approx I$

    $\therefore P_{0,av} = \dfrac{V_0{}^2}{2R_L} = \dfrac{8^2}{(2)(100)} = 0.32W$

    2. $P_{i,av} = V_{CC}(I_{C1} + I) = 2V_{CC}I = (2)(10)(0.1) = 2W$

    3. $\eta = \dfrac{P_{0,av}}{P_{i,av}} = \dfrac{0.32}{2} = 16\%$

    註：i_L 的平均值為 0

536.右圖中的 DMOS 工作在線性區，且
$i_D = 3(v_{GS}) - V_T$ (A)
其中 $V_T = 2V$，則在維持 A 類操作下，
(1)v_I 的範圍為何？
(2)v_0 的範圍為何？
（✤題型：**恆流源偏壓的 A 類放大器**）

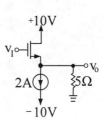

解☞：

1. $V_{0,max}$，$V_{I,max}$ 發生在 DMOS 飽和區邊界

2. $V_{0,min}$，$V_{I,min}$ 發生在 DMOS 截止區邊界

3. 求 $V_{0,max}$ 及 $V_{I,max}$

①飽和區條件：$|V_{GD}| \leq |V_t|$，即

$$V_G - V_D = V_I - 10 \leq V_t \Rightarrow V_I \leq V_t + 10$$

即

$$V_{I,max} = V_t + 10 = 2 + 10 = 12V$$

②電流方程式

$$i_D = 3(V_{GS} - V_t) = 3 \left[V_G - V_S - 2 \right] = 3 \left[V_{I,max} - V_{0,max} - 2 \right]$$

$$= 3 \left[12 - V_{0,max} - 2 \right] = 2A + \frac{V_{0,max}}{5}$$

$$\therefore V_{0,max} = 8.75V$$

4. 求 $V_{0,min}$，$V_{I,min}$

Q：OFF 時，$V_{0,min} = (-2A)(5) = -10V$

截止條件：即 $|V_{GD}| \leq |V_t|$，即

$$V_G - V_S = V_I - V_O \leq |V_t| \Rightarrow V_I \leq V_t + V_0$$

即

$$V_{I,min} = V_t + V_0 = 2 - 10 = -8V$$

5. 故 $-10V \leq V_0 \leq 8.75V$, $-8V \leq V_I \leq 12V$

537.下圖為一變壓器耦合之 A 類放大器電路，已知理想變壓器的阻抗匹配性能如下：

$$\frac{N_1}{N_2} = \frac{V_1}{V_2} = \frac{I_2}{I_1} = \sqrt{\frac{r_L}{R_L}}$$

其中 r_L：自變壓器初級進去之等效電阻若欲輸出一最大功率 5W 到 R_L 上，求(1) $n = \frac{N_1}{N_2} = ?$ (2)電晶體之偏壓集極電流 I_{CQ} ？（❖題型：變壓器耦合式的 A 類放大器）

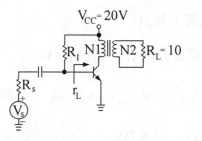

解☞：

(1)直流分析時 $R_{DC} = 0$

交流分析時 $R_{ac} = (\frac{N_1}{N_2})^2 R_L = 10n^2 \Omega$

$\therefore I_{CQ} = \frac{V_{cc}}{R_{ac}} = \frac{20}{10n^2}$

$V_{CEQ} = I_{CQ}R_{ac} = V_{cc} = 20V$

$P_{0,max} = \frac{1}{2}V_{CEQ}I_{CQ} = (\frac{1}{2})(20)(\frac{20}{10n^2}) = 5w$

$$\therefore n = 2$$

$$(2) I_{CQ} = \frac{20}{10n^2} = \frac{20}{(10)(4)} = 0.5A$$

8-3〔題型五十三〕：B 類放大器

考型 118 推挽式（Push-pull）B 類 BJT 放大器

一、基本 BJT B 類放大器之電路組態：

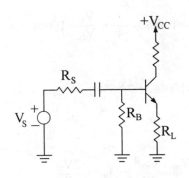
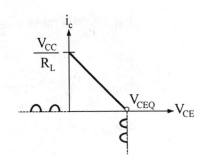

二、推挽式（push-pull）B 類 BJT 放大器

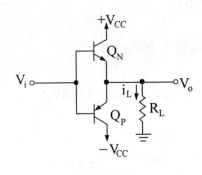
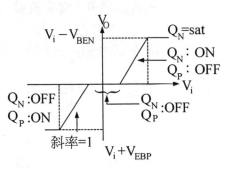

1. 當 V_i 為正，Q_1：ON，Q_2：OFF $\Rightarrow i_L = i_1$ 為正的半週弦波。

2. 當 V_i 為負，Q_2：ON，Q_1：OFF $\Rightarrow i_L = -i_2$ 為負的半週弦波。

3. 故弦波全波輸入時，負載電流也是全週的弦波。

4. 功率探討：

$$(1)\, P_i = V_I I_I = V_{cc}(i_{CN} + Icp) = V_{CC}(\frac{V_m/\pi}{R_L} + \frac{V_m/\pi}{R_L}) = \frac{2V_{cc}V_m}{\pi R_L}$$

$$(2)\, P_0 = \frac{V_{0,rms}^2}{R_L} = \frac{V_m^2}{2R_L}$$

$$(3)\, P_{0,max} = (\frac{V_m^2}{2R_L})_{max} = \frac{V_{cc}^2}{2R_L} \quad (\text{此時}\, V_m = V_{cc})$$

$$(4)\, \eta = \frac{P_{0(ac)}}{P_{i(dc)}} \times 100\% = \frac{\frac{V_m^2}{2R_L}}{\frac{2V_{cc}V_m}{\pi R_L}} \times 100\% = \frac{\pi}{4} \times \frac{V_m}{V_{cc}} \times 100\%$$

$$(5)\, \eta_{max} = \frac{P_{0(ac)max}}{P_{i(dc)}} \times 100\% = \frac{\pi}{4} \times 100\% = 78.5\%$$

$$(6)\, P_{0(dc)} = 0 \quad (\because I_{CQ} = 0)$$

$$(7)\, P_c = [P_i - P_{0(ac)}] = (\frac{2V_{cc}V_m}{\pi R_L} - \frac{V_m^2}{2R_L}) , \; I_{dc} = \frac{2V_m}{\pi R_L}$$

$$(8)\, P_{c,min} = 0 \,(\text{當交流輸入為}\, 0)$$

$$(9)\, P_{C,max} \Rightarrow \frac{\partial P_c}{\partial V_m} = 0 \,\text{時}\,(P_{C,max}\text{發生在}\, V_m = \frac{2V_{cc}}{\pi})$$

$$\frac{\partial P_c}{\partial V_m} = [\frac{2V_{CC}}{\pi R_L} - \frac{V_m}{R_L}] = 0 \Rightarrow V_m = \frac{2}{\pi}V_{cc} = 0.636V_{cc}$$

$$\text{a. } P_{C,max} = [\frac{2V_{cc} \cdot (\frac{2}{\pi}V_{cc})}{\pi R_L} - \frac{(\frac{2}{\pi}V_{cc})^2}{2R_L}] = \frac{2V_{cc}^2}{\pi^2 R_2}$$

b. 此時$\eta = \dfrac{\pi}{4} \cdot \dfrac{V_m}{V_{cc}} \times 100\%$

(10)與 A 類相反，B 類放大器在無訊號輸入時，電晶體功率損
耗最小。

考型 119 推挽式（push-pull）B 類 MOS 放大器

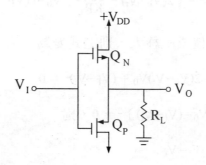

直流分析

1. 正半週分析

① $0 < V_I < V_t$：Q_P：OFF，Q_N：OFF $\Rightarrow V_0 = 0$

② $V_t < V_I < V_{DD} + V_t$：Q_p：OFF，Q_N：ON(sat)

a. 取含 V_{GSN} 的方程式

$V_{GSN} = V_{GN} - V_{SN} = V_I - V_O$

b. 電流方程式

$I_{DN} = K(V_{GSN} - V_t)^2 = \dfrac{V_0}{R_L}$

c. 解聯立方程式 a.b

$$K(V_{GSN}-V_t)^2 = \frac{V_0}{R_L}$$

$$\Rightarrow K(V_I-V_0-V_t)^2 = \frac{V_0}{R_L}$$

$$\Rightarrow K\left[(V_I-V_t)^2 - 2(V_I-V_t)V_0 + V_0{}^2\right] = \frac{V_0}{R_L}$$

$$\Rightarrow V_0{}^2 - \left[2(V_I-V_t) + \frac{1}{KR_L}\right]V_0 + (V_I-V_t)^2 = 0$$

若 k 值或 R_L 極大，則上式變為

$$V_0{}^2 - 2(V_I-V_t)V_0 + (V_I-V_t)^2 = 0$$

$$\Rightarrow \left[V_0-(V_I-V_t)\right]^2 = 0，則$$

$$V_0 = V_I-V_t$$

2. 負半週分析

   同理

   $$V_o = -(V_I - V_t)$$

3. 轉移曲線

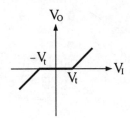

歷屆試題

538. 有一功率放大器如圖所示，圖中 $V_{cc} = 20V$，$R_L = 8\Omega$，電晶體 Q_1 及 Q_2 之飽和電壓 $V_{CE(sat)} = 1V$，試求輸出電壓為最大且不失真條件下之最大輸出功率 $P_L = ?$　(A) 19.5W　(B) 25W　(C) 45.13W　(D) 22.56W（✤題型：推挽式 B 類放大器）

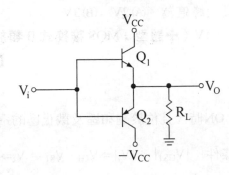

【87 年二技電子】

解☞：(D)

$$V_0 = V_{cc} - V_{CE1,sat} = 20 - 1 = 19V$$

$$\therefore P_{L,max} = \frac{V_0^2}{2R_L} = \frac{19^2}{(2)(8)} = 22.56W$$

---

539. 承上題，試求在最大功率輸出時，由電源所提供的功率 P_{supply} $= ?$　(A) 30.25W　(B) 47.5W　(C) 50W　(D) 36.8W【87 年二技電子】

解☞：(A)

$$P_{supply} = 2V_{cc}i_c = 2V_{cc}\frac{I_m}{\pi} = \frac{2V_{cc}}{\pi}\left[\frac{V_{cc} - V_{CE1,sat}}{R_L}\right]$$

$$= \frac{(2)(20)}{\pi}\left[\frac{19}{8}\right] \cong 30.25W$$

540. 右圖為一 B 類放大器，假設其中 N
通道場效電晶體 Q_1 及 P 通道場效電
晶體 Q_2 參數值相同，如下所示：
$|V_T| = 1V$ 且 $K = 100\,\mu A/V^2$。若輸入
信號為一峰值（peak value）為 5V 之
正弦波，且在不考慮負載條件下，
輸出信號最大峰值為　(A) 2V　(B) 3V
(C) 4V　(D) 1V（✛題型：MOS 推挽式 B 類放大器）

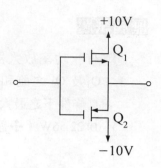

【85 年二技電子】

解☞：(C)

1. 當 Q_1：ON 時，且位於飽和區及截止區的邊緣點，可求 $V_{0,max}$

截止條件：$|V_{GS1}| = |V_t| \Rightarrow V_{G1} - V_{S1} = V_t \Rightarrow V_I - V_O = V_t$

∴$V_0 = V_I - V_t = 5 - 1 = 4V$

541. 上題中，若輸出端加一負載電阻，則負載電阻值多大時，輸
出信號峰值為輸入信號峰值之半？　(A) 13.1kΩ　(B) 12.1kΩ　(C)
11.1kΩ　(D) 10.1kΩ。　　　　　　　　【85 年二技電子】

解☞：(C)

1. 題意 $V_0 = \dfrac{1}{2}V_{im} = 2.5V = V_s$

2. $i_D = K(V_{GS} - V_t)^2 = (K)\,[V_G - V_S - V_t]^2$

$= (100\mu)\,[V_I - V_S - V_t]^2 = (100\mu)\,(5 - 2.5 - 1)^2$

$= 0.225mA$

3. ∴$R_2 = \dfrac{V_0}{i_{0,max}} = \dfrac{2.5V}{0.225\,mA} = 11.1K\Omega$

542. 下圖電路為一理想 B 類推挽式放大器，$R_L = 8Ω$，其最大信號輸出功率為 (A) 16W (B) 15W (C) 14W (D) 13W（❖題型：BJT推挽式 B 類放大器）

【80 年二技電子】【85 年南台二技電子】

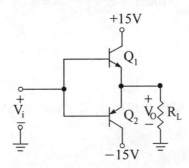

解☞：(C)

1. $P_{0,max}$ 發生在 $V_m = V_{cc}$ 時

$$\therefore P_{0,max} = \frac{V_m{}^2}{2R_L} = \frac{V_{CC}{}^2}{2R_L} = \frac{(15)^2}{(2)(8)} = 14W$$

---

543. 上題中，在最大信號輸出功率下，每一電晶體的集極消耗功率為 (A) 1W (B) 1.5W (C) 2W (D) 2.5W

【85 南、80 年二技電子】

解☞：(C)

$$\because P_{i,max} = \frac{2V_{cc}V_m}{\pi R_L} = \frac{2V_{CC}{}^2}{\pi R_L} = \frac{(2)(15)^2}{\pi(8)} = 18W$$

$$\therefore P_C = [P_i - P_0] = 18 - 14 = 4W = 2P_{C1}$$

$$\therefore P_{C1} = \frac{1}{2}P_C = 2W$$

544.承上題，試求此放大器最大效率為何？　(A) 52.9%　(B) 41%
(C) 78%　(D) 74.6%　　　　　　　　　　　【85 南，80 年二技電子】

解☞：(D)

$$\eta_{max} = \frac{P_{0,max}}{P_{supply}} \times 100\% = \frac{22.56}{30.25} = 74.6\%$$

題型變化

545.如下圖所示理想 B 類放大器，$V_{CC} = 15V$，$R_L = 4\Omega$，輸入為正
弦波，試求：

(1)最大輸出功率。

(2)在此輸出時，每一電晶體消耗之功率。

(3)轉換效率。

(4)每一電晶體最大散逸功率為何？此時效率多少？（✛題型：
推挽式 B 類放大器）

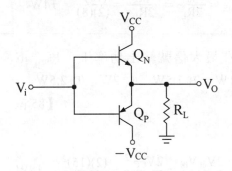

解☞：

$$(1) P_{0,max} = \frac{V_m^2}{2R_L} = \frac{V_{cc}^2}{2R_L} = 28.13W$$

(2) $P_{i,max} = \dfrac{2V_m V_{cc}}{\pi R_L} = \dfrac{2V_{cc}^2}{\pi R_L} = 35.81W$

$\therefore P_N = P_P = \dfrac{1}{2}P_C = \dfrac{1}{2}\left[P_{i,max} - P_{0,max}\right]$

$\qquad = \dfrac{1}{2}\left[35.81 - 28.13\right] = 3.84W$

(3) $\eta = \dfrac{P_{0,max}}{P_{i,max}} = \dfrac{28.13}{35.81} = 78.6\%$

(4) $P_{c,max} = (P_i - P_0) = \left(\dfrac{2V_m V_{cc}}{\pi P_L} - \dfrac{V_m^2}{2R_L}\right)$

$\qquad = \left[\dfrac{2V_{cc}(\dfrac{2V_{cc}}{\pi})}{\pi R_L} - \dfrac{(\dfrac{2V_{cc}}{\pi})^2}{2R_L}\right] = 5.6W$

$\qquad$（此時 $V_m = \dfrac{2V_{cc}}{\pi}$）

(5) $\eta = \dfrac{P_0}{P_i} = \dfrac{\dfrac{V_m^2}{2R_L}}{\dfrac{2V_m^2 V_{cc}}{\pi R_L}} = \dfrac{\pi}{4} \cdot \dfrac{V_m}{V_{cc}} \times 100\% = 50\%$

546.下圖為一 B 類放大器，$V_{cc} = 30V$，並偏壓在載止區內。求 I_c 及 V_c，V_B 之近似值為何？（✤題型：基本 B 類放大器）

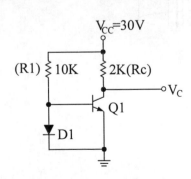

解☞ :

    1. $\because Q_1 : OFF \quad \therefore I_c = 0$

    2. $V_c \approx V_{cc} = 30V$

    3. $V_B = V_{D1} = 0.7V$

8-4 〔題型五十四〕：AB 類放大器

考型 120 各類 AB 類放大器

一、**AB 類放大器** ⇒ 改善 B 類放大器之交越失真現象，所設計出
    之放大器。

二、**交越失真**（Crossover distortion）：對 push-pull 式，B 類放大器
    而言，當輸入訊號 V_I 在零交越處（$|V_I| < V_{BE}$，cut−in）時，
    會有 Q_1、Q_2 均 OFF，輸出為 0 之不連續的失真現象。

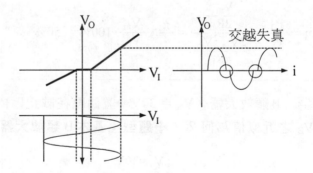

三、改善交越失真的方法（AB 類放大器）：

1. 以直流電壓源偏壓

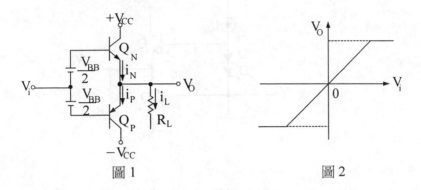

圖 1　　　　　　　　　圖 2

特色：

①以 $\dfrac{V_{BB}}{2} = 0.7V$ 提供 V_{BE} 偏壓

②$\dfrac{V_{BB}}{2}$ 可以電阻分壓法建立（如圖 3）

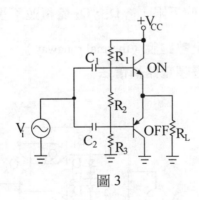

圖 3

2.以二極體偏壓

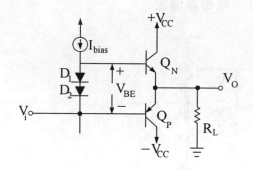

特色

(1)D_1，D_2：可用二極體或二極體接線式電晶體。

I_{bias} 與 I_Q 之關係。

  a. 一般$I_Q = n \times I_{bias}$，n為面積比

  b. I_{BN}的範圍，I_Q / β_N，I_L / β_N，$\therefore I_{bias}$ 不可太小。此設定了
    I_{bias}的下限，$\therefore D_1$，D_2 體積並不小（此乃缺點）

(2)可防止熱跑脫（thermal runaway）。

3.近似達靈頓電路補償法

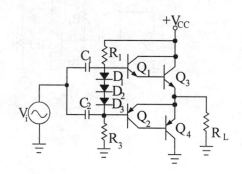

4. 以 OP 減少交越失真

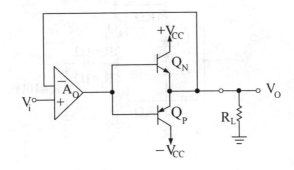

特色：

以 OP Amp 來減小交越失真

歷屆試題

547. 為避免交越（crossover）失真，AB 類音頻功率放大器（2 BJT 互補射極隨耦）的二基極之間常維持　(A) 0.51V　(B) 1.1V　(C) 2V　(D) 3V 　　　　【80 年二技】

解☞：(B)

題型變化

548. 下圖所示功率放大器，Q_1 與 Q_2 完全匹配，試求：

(1)每一電晶體基極對地的直流電壓 V_{B1} 和 V_{B2}。

(2)最大功率傳輸下的負載功率。

(3)負載有最大功率時之效率。（❖題型：以二極體偏壓的 AB 類放大器）

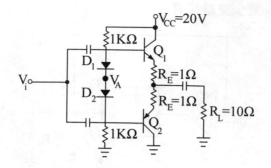

解☞ :

(1)平均分配原理　$V_A = \dfrac{1}{2}V_{cc} = 10V$

$\therefore V_{B1} = V_A + V_{D1} = 10 + 0.7 = 10.7V$

$V_{B2} = V_A - V_{D2} = 10 - 0.7 = 9.3V$

(2) $P_{L,max} = \dfrac{V_m{}^2}{2R} = \dfrac{V_{cc}{}^2}{2(R_E + R_L)} = \dfrac{(20)^2}{2(1 + 10)} = 18.18W$

(3) $P_{i,max} = V_{cc}(i_{cp}) = V_{cc}(\dfrac{V_m/\pi}{R_L} + \dfrac{V_m/\pi}{R_L})$

$\qquad = \dfrac{2V_{cc}V_m}{\pi R_L} = \dfrac{2V_{cc}{}^2}{\pi R_L} = \dfrac{(2)(20)^2}{\pi(10)} = 25.46W$

$\therefore \eta_{max} = \dfrac{P_{L,max}}{P_{i,max}} = \dfrac{18.18}{25.46} \times 100\% = 71.4\%$

8-5〔題型五十五〕：C 類放大器

考型 121 ⟩ C 類放大器

一、電路

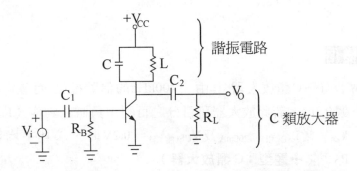

二、解說

1. C 類放大器,是輸入全波弦波訊號時,卻只有脈波式的輸出,故實用價值不高。

2. 一般是將 C 類放大器接上諧振電路,用振盪方法而重新獲得全波波形,供負載使用。

三、電路分析

1. 電晶體的功率損耗

$$P_C = V_{CE(sat)}I_{c(sat)}$$

2. 輸出功率

$$P_0 = \frac{V_{cc}^2}{2Z}$$

Z：為 LC 諧振電路的等效阻抗

3. 週期平均損耗功率

$$P_{c,av} = \frac{t_{ON}}{T} P_c$$

4. 效率 η

$$\eta = \frac{P_0}{P_0 + P_{c,av}} \times 100\% \approx \frac{P_0}{P_0} \approx 100\%$$

題型變化

549. 若有一C類放大器,其由一400kHz的信號推動,而導通時間為每週0.3μs，若此放大器可百分之百利用負載線動作（即 v_0 由0→ V_{cc}，當 $I_{c(飽和)} = 200mA$ 及 $V_{CE(飽和)} = 0.2V$ 時，求其平均消耗功率 P_D？（**✣題型：C 類放大器**）

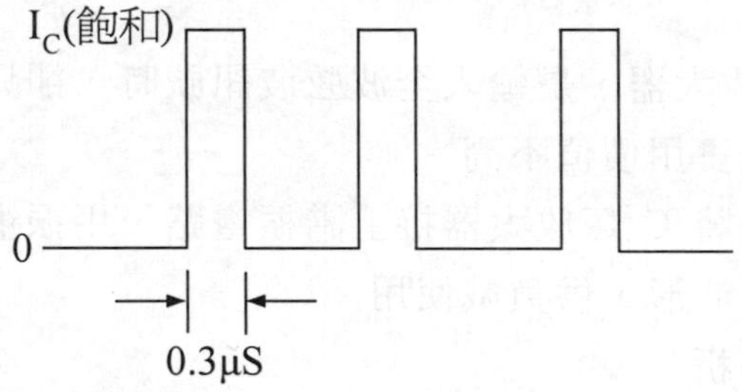

解☞：

1. $T = \frac{1}{f} = \frac{1}{400k} = 2.5\ \mu sec$

2. $P_{D,av} = \frac{t_{ON}}{T} P_c = \frac{t_{ON}}{T} V_{CE(sat)} I_{CC(sat)}$

$$= \frac{0.3\mu}{2.5\mu} \cdot (0.2) \cdot (200m) = 4.8\ mw$$

550. 同上題，若其消耗平均功率 $P_D = 4.8\text{mW}$，因 $V_{cc} = 12\text{V}$，Z 為 20Ω，求效率η，（Z 為並聯諧振阻抗）

解 ☞：

$$P_{0,max} = \frac{V_{cc}{}^2}{2Z} = \frac{(12)^2}{(2)(20)} = 3.6\text{W}$$

$$\therefore \eta = \frac{P_{0,max}}{P_{0,max} + P_{D,av}} = \frac{3-6}{3.6 + 4.8\text{m}} = 99.87\%$$

8-6〔題型五十六〕：各類功率放大器的比較

考型 122 各類功率放大器的比較

1.

類型	工作點位置	用途	效率	優點	缺點	導通週期	特色
A	負載線中心點	小功率放大	25%～50%	失真最小	①效率最低 ②無法消除諧波不能作大功率放大 ③失真	360°	①電阻性耦合 η = 25% ②變壓器耦合 η = 50% ③靜止時，消耗功率最大
推換式B	截止點	大功率放大	78.5%	(1)效率高 (2)可消除偶次諧波失真	①有交越失真 ②熱穩定性較差	360°	靜止時，沒有功率損耗
AB	在A，B類之間	大功率放大	在A，B類之間	消除交越失真	①效率較B類低 ②熱穩定性較差	180°～360°	是B類Amp的改善
C	截止點以下	①RF功率放大 ②諧波產生器	100%	效率最高	失真最大	∠180°	

2. 失真大小比較：

C 類 > B 類 > AB 類 > A 類

3. 效率大小比較

C 類 > 推挽 B 類 > AB 類 > A 類

歷屆試題

551. 有關共射極放大器，共基極放大器，及共集極放大器的敘述，下列何者為真？ (A)只有共射極放大器屬於A類放大器 (B)只有共基極放大器屬於A類放大器 (C)只有共集極放大器屬於A類放大器 (D)三種組態的放大器皆屬於 A 類放大器

【84 年二技電子】

解☞ : (D)

只要工作點在交流負載線中央點，皆為 A 類放大器。

---

552. 當輸入為正弦（sinusoidal）信號時，關於 A 類與 B 類功率放大器的敘述，何者為非？

(A)在一個週期裡，B 類放大器電晶體工作的時間為 A 類放大器的 1/2。

(B) B 類放大器的功率轉換效率（power conversion efficiency）的最大值大約為 A 值放大器最大值的 4 倍。

(C) B 類放大器的二次諧波（second harmonic）較 A 類為高。

(D)未加輸入信號時，B 類放大器電晶體的直流功率消耗幾乎為零。

【83 年二技電子】

解☞ : (B)

A 類：$\eta_A \cong 25\%$

B 類：$\eta_B \approx 78.5\%$

$$\therefore \frac{\eta_B}{\eta_A} \approx 3 \text{ 倍}$$

553. 一電晶體放大電路對輸入的弦波訊號僅只有半波導通的性能，此放大器之輸出級的種類為 (A)A類 (B)B類 (C)C類 (D)AB類。 【81年二技】
解☞： (B)

554. 一般功率放大器的最高功率轉換效率（power conversion efficiency）的大小依序： (A) A類≥AB類≥B類 (B) A類≥B類≥AB類 (C) AB類≥B類≥A類 (D) B類≥AB類≥A類 【81年二技】
解☞： (D)

555. B類功率放大器的工作點選在輸出電流為零的期間佔輸入正弦信號的 (A)$\frac{1}{3}$ (B)$\frac{1}{2}$ (C)$\frac{2}{3}$ (D)$\frac{1}{4}$ 【80年二技】
解☞： (B)
恰為一半

556. 以音頻功率放大器而言，正弦信號輸入時，B類的集極電路最高效率約為A類的 (A) 0.5倍 (B) 2倍 (C) 3倍 (D) 4倍 【80年二技】
解☞： (C)

557. 乙類推挽式放大器的最大效率為 (A) 25% (B) 50% (C) 75% (D) 78.5% 【69年二技】【78年二技】
解☞： (D)

558.乙類推挽式放大器的最主要優點為 (A)抵消所有諧波 (B)加寬頻率響應 (C)可具有較高的效率 (D)失真小。

【77年二技電機】

解☞：(C)

8-7〔題型五十七〕：熱效應

考型 123 熱阻

一、熱阻的意義

1. 熱阻的符號為 θ

2. 熱阻代表電晶體的散熱能力。熱阻值越小代表散熱能力越強。

3. $\theta = \dfrac{\Delta T}{P_c} = \dfrac{溫差}{消耗功率} C \ ℃/W$

二、電晶體的接合溫度

1. 接合溫度＝常溫＋常溫～散熱片溫度＋散熱片～外殼溫度＋（外殼～接合面溫度）

$$T_J = T_A + P_D \times \theta_{SA} + P_D \times \theta_{cs} + P_D \times \theta_{JC}$$

$$T_J = T_A + P_D (\theta_{JC} + \theta_{CS} + \theta_{SA}) = T_A + P_D\theta_{JA}$$

2. 散熱模型：

3.類比等效模型

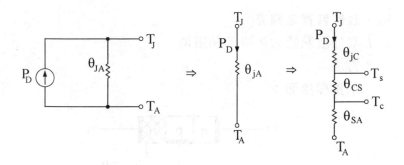

4. $J_{JA} = J_T - T_A = P_D \times \theta_{JA}$

三、熱穩定及熱不穩定條件

$$1 = \theta \cdot \frac{\partial P_c}{\partial T_j} \Rightarrow \frac{\partial P_c}{\partial T_j} = \frac{1}{\theta}$$

當 T↑，熱阻所能處理功率增加

1. 熱穩定條件 $\Rightarrow \frac{\partial P_c}{\partial T_j} < \frac{1}{\theta} \Rightarrow \frac{\partial P_c}{\partial I_c} \times \frac{\partial I_c}{\partial T_j} < \frac{1}{\theta}$

當 $\frac{\partial P_c}{\partial I_c} < 0$ 時必然熱穩定

2. 熱不穩定條件 $\Rightarrow \frac{\partial P_c}{\partial T_j} > \frac{1}{\theta}$

當 T↑，產生功率↑，超過熱阻散熱能力，而產生熱飛脫現象。

3. **熱飛脫**（thermal runaway）：

⇒當接面 T↑

又當 $\frac{\partial P_c}{\partial T_j} > \frac{1}{\theta}$ 時，T↑，I_c↑，P_c（$I_C V_{CB}$）↑，T↑↑，I_C↑↑，

$P_c \uparrow \uparrow \cdots\cdots$如此惡性循環

四、散熱裝置之擴充

1. 增加散熱能力，降低熱阻值。

2. 方法：

(1)集極接面：

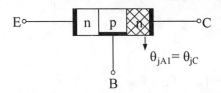

(2)金屬殼（Case）：

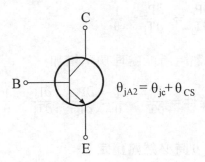

(3)散熱片（Sink）：

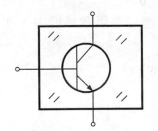

$$\theta_{jA3} = \theta_{jc} + \theta_{cs} + \theta_{SA}$$

3. 比較：$\theta_{jA1} > \theta_{jA2} > \theta_{jA3}$

4. $\begin{cases} T_j - T_A = \theta_{jA} P_c \\ \theta_{jA} = \theta_{jC} + \theta_{cs} + \theta_{SA} \end{cases}$

考型 124 功率遞減曲線的應用

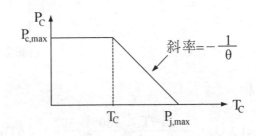

$$\theta = -\frac{\Delta T}{\Delta P} = \frac{T_{j,max} - T_C}{P_{c,max}}$$

歷屆試題

559. 一功率電晶體之最大接面溫度 $T_{jmax} = 180°C$，當電晶體金屬殼溫度 $T_c = 50°C$ 時，最大功率消耗 $P_c = 50W$，若金屬殼與散熱片間的散阻為 $0.6°C/W$，當電晶體功率消耗為 30W 時,試求散熱片溫度？　(A) 40°C　(B) 45°C　(C) 84°C　(D) 90°C（❖題型：熱阻計算）

【86年二技電子】

解☞：(C)

1. 等效圖：

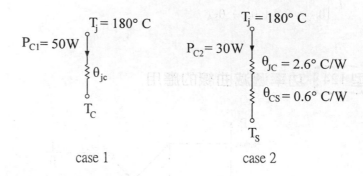

case 1   case 2

2. 分析

case1：$Q_{jc} = \dfrac{T_{j,max} - T_c}{P_{C1}} = \dfrac{180° - 50°}{50} = 2.6℃/W$

case2：$(T_j - T_S) = P_{c2}(\theta_{jc} + \theta_{cs})$

$\therefore T_S = T_j - P_{c2}(\theta_{jc} + \theta_{cs}) = 180° - (30)(0.6 + 2.6) = 84℃$

---

560. 設一功率電晶體之接面最高允許溫度 $T_{j(max)} = 175℃$ 於外殼溫度 $T_c = 25℃$ 下，若 $\theta_{jc} = 1℃/W$，則其最高功率散逸為 (A)150W (B)200W (C)250W (D)300W。（❖**題型：熱阻計算**）

【85 年二技】

解☞：(A)

1. 等效圖

$T_j = 175°\ C$

P_D　　$\theta_{jc} = 1°\ C/W$

$T_C = 25°\ C$

2.分析

$$P_D = \frac{T_j - T_c}{\theta_{jc}} = \frac{175 - 25}{1} = 150W$$

561.某功率電晶體接合面溫度最高容許值 = 100℃，接合面至電晶
體包裝殼之熱阻 $\theta_{jc} = 0.5℃/Watt$，包裝殼至散熱片之熱阻 =
1.5℃/Watt，散熱片至空氣之熱阻 = 3℃/Watt，空氣溫度 = 25℃，
則此電晶體之功率消耗應小於　(A) 5 Watt　(B) 10 Watt　(C) 15 Watt
(D) 20 Watt（❖題型：熱阻計算）

【79 年二技】

解☞：(C)

1.等效圖

T_D $T_j = 100° C$

$\theta_{jc} = 0.5° C/W$

$\theta_{CS} = 1.5° C/W$

$\theta_{SA} = 3° C/W$

T_A

2.分析

$$P_D = \frac{T_j - T_A}{\theta_{jc} + \theta_{cs} + \theta_{SA}} = \frac{100 - 25}{0.5 + 1.5 + 3} = 5W$$

562.有一電晶體的熱額定值如下：最大接面溫度 $T_{j,max} = 200℃$，接
面與外殼的熱阻 $\theta_{jc} = 0.5℃/W$。

(1)若電晶體的外殼溫 T_c 保持在 60℃ 時，而散熱片為無限大，
問該電晶體可以承受的功率為多少？

(2)若(1)中加裝一散熱片其熱阻為 $\theta_{sa} = 0.5℃/W$，且周圍溫度 T_a 為 40℃，問這時電晶體可以承受的功率又為若干？（❖題型：熱阻計算）

【77 年二技】

解☞：

(1) 1. 等效圖

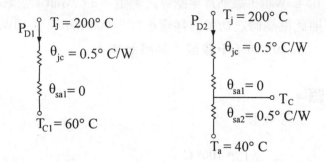

2. 分析

$$\therefore P_{D1} = \frac{T_j - T_C}{\theta_{jc1} + \theta_{sa1}} = \frac{200 - 60}{0.5} = 280W$$

(2) 1. 等效圖

2. 分析

$$P_{D2} = \frac{T_j - T_a}{\theta_{jc} + \theta_{sa2}} = \frac{200 - 40}{0.5 + 0.5} = 160W$$

---

563. 若 T_j 是接面溫度，P_D 是集極消耗功率，T_A 是周圍環境溫度，則功率電晶體的熱阻 θ 定義為 (A)$T_j \times T_A = \theta \times P_D$ (B)$T_A/T_j = P_D \times \theta$ (C)$T_j = P_D \times \theta + T_A$ (D)$T_j + P_D = \theta \times T_A$（❖題型：熱阻定義）

【76 年二技電子】

解☞：(C)

564.某二極體 PN 接合之溫度上限為150℃，由 PN 接合點至外殼之熱阻 Q_{jC} 為 2.5℃/Wat，最高環境溫度為50℃。外殼與周圍環境間之熱阻 θ_{CA} 為 10℃/Watt，則二極體最大可消耗之功率為 (A) 4 Watts (B) 6 Watts (C) 8 Watts (D) 10 Watts。（✣題型：熱阻）

【74 年二技】

解☞：(C)

1. 等效圖

$$P_D \quad \begin{array}{l} T_{j,max} = 150°\text{ C} \\ \theta_{jc} = 2.5°\text{ C/W} \\ \theta_{CA} = 10°\text{ C/W} \\ T_A = 50°\text{ C} \end{array}$$

2. 分析

$$P_D = \frac{T_{j,max} - T_A}{\theta_{jc} + \theta_{CA}} = \frac{150 - 50}{2.5 + 10} = 8W$$

565.某功率二極體之最高功率消耗容許值和其外殼溫度之關係如圖。此二極體之外殼和其 P-N 接合間之熱阻，θ_{jc} 為 (A) 3 W/℃ (B) 3℃/W (C) 2.4℃/W (D) 5 W/℃ （✣題型：功率遞減曲線的應用）

【73 年二技電子】

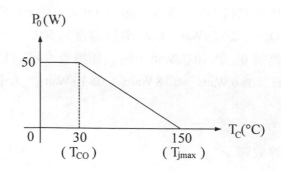

解☞：(C)

$$\theta_{jC} = \frac{-\Delta T}{\Delta P} = \frac{T_{j,max} - T_{C0}}{50 - 0} = \frac{150 - 30}{50} = 2.4°C/W$$

566. 半導體元件消耗之功率 W，溫度 T，和熱阻 θ 三者之關係，相當於歐姆定律。其中之 W 相當於　(A)電流　(B)電壓　(C)電阻　(D)任擇其一皆可。（✣題型：熱阻）

【73年二技電子】

解☞：(A)

567. 有 60 瓦的功率電晶體，60 瓦指的是　(A)信號交流輸出功率　(B)最大集極散逸直流功率　(C)電流供應直流功率　(D)最大集極散逸交流功率（✣題型：電晶體的規格）

【69年二技】

解☞：(B)

568. 某一功率電晶體在使用 $\theta_{SA} = 3.4°C/W$ 的散熱器下工作，經從電晶體手冊查得其在 $T_C = 25°C$ 時的 $P_{Dmax} = 50W$，而 $Q_{jc} = 0.5°C/W$，現使用 $Q_{CS} = 0.6°C/W$ 的絕緣墊片。若 $T_A = 40°C$ 且 $T_{jmax} = 100°C$，求電晶體可容許消耗的最大功率為若干？

（✚題型：熱阻）

解☞：

　1. 等效圖

P_D ○ $T_j = 100°\,C$

$\theta_{jc} = 0.5°\,C/W$

P_C ○

$\theta_{CS} = 0.6°\,C/W$

$\theta_{SA} = 3.4°\,C/W$

$T_A = 40°\,C$

　2. 分析

$$P_0 = \frac{T_j - TA}{\theta_{jc} + \theta_{cs} + \theta_{SA}}$$

$$= \frac{100 - 40}{0.5 + 0.6 + 3.4} = 13.3W$$

附錄 A

（本附錄之試題，文中均有詳解）

八十八學年度技術校院二年制聯合招生入學考試試題
電子電路（含實習）

注意：
1. 本試題計 40 題，每題 5 分，共 200 分。
2. 請選擇一個最適當的答案，以 2B 鉛筆依次劃在答案卡上。
3. 答錯者，倒扣題分四分之一；未答者，得零分。倒扣至零分為止。
4. 有關數值計算的題目，以最接近的答案為準。

---

1. 一 P 型半導體受熱（thermal）影響所產生的新電子或電洞數何者為多？　(A)電洞數　(B)電子數　(C)電子和電洞數一樣多　(D)不會產生新電子或電洞數。

---

2. 在 555 計時器 IC 中，所使用的正反器（flip flop）類型為：
(A) D 型　(B) T 型　(C) J-K 型　(D) R-S 型。

---

3. 二極體的逆向恢復時間（reverse recovery time，t_π），是由那些區段時間所組成？　(A)少數載子儲存時間（minority carrier storage time）　(B)過渡時間（transition time）　(C)多數載子儲存時間（majority carrier storage time）加過渡時間　(D)少數載子儲存時

間加過渡時間。

---

4. 圖一為一整流電路,已知輸入電壓 V_s 的有效值為 110V,60Hz;
R = 1kΩ 及 C = 1000μF;假設二極體為理想,試求輸出漣波電
壓(ripple voltage)?　(A) 2.6V　(B) 1.3V　(C) 1.8V　(D) 0.9V。

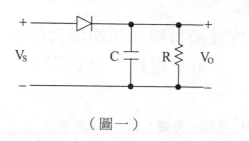

(圖一)

---

5. 承題(4),輸出之漣波百分比(ripple%)為若干?　(A) 2.36%
(B) 1.67%　(C) 1.15%　(D) 0.82%。

---

6. 承題(4),若要使漣波百分比降至 0.5%,C 應修正為多少?　(A)
1667μF　(B) 16.17μF　(C) 3334μF　(D) 33.34μF。

---

7. 圖二之電晶體電路中,若 V_{cc} = 100,β = 100,$V_{BE(on)}$ = 0.7V,
V_T = 26mV,R_1 = 56KΩ,R_2 = 12KΩ,R_c = 2KΩ 及 R_E = 0.5kΩ,
試 求 其 工 作 點(I_{CQ},V_{CEQ})?　(A)(1.76mA,5.6V)　(B)
(3mA,4V)　(C)(2.76mA,4.48V)　(D)(2mA,6V)。

---

8. 承題(7),其互導率(g_m)為若干?　(A) 76.9mA/V　(B) 115.4mA/
V　(C) 106.2mA/V　(D) 67.7mA/V。

---

9. 承題(7),其電壓增益 A_v = V_o/V_i 約為多少?　(A)－24　(B)－4

(C) － 10　(D) － 12。

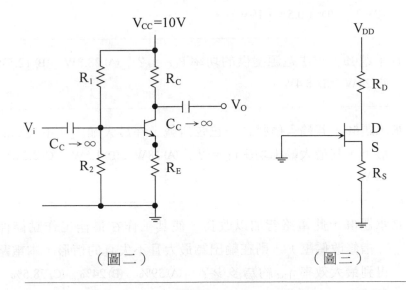

（圖二）　　　　　　　　　（圖三）

10. 圖三之 FET 電路中，若 FET 的參數為 $V_p = -4V$，$I_{DSS} = 5mA$ 及 $V_{DD} = 10V$；今 要 使 該 電 路 的 工 作 點 為 $I_{DQ} = 2.5mA$ 及 $V_{DSQ} = 4V$，試求 $V_{GSQ} = ?$　(A) － 1.172V　(B) － 6.828V　(C) － 0.293V　(D) － 1.707V。

11. 承題⑽，試求 $R_S = ?$　(A)2.7kΩ　(B)1.2kΩ　(C)0.68kΩ　(D)0.47kΩ。

12. 承題⑽，試求 $R_D = ?$　(A)180Ω　(B)1.2kΩ　(C)1.93kΩ　(D)1.72kΩ。

13. 承題⑽，該FET工作在那一區？　(A)飽和區　(B)截止區　(C)歐姆區　(D)崩潰區。

14. 圖四之電路中，已知$V_{CC} = 24V$，$n = 3$，$\beta = 100$，$V_{BE(on)} = 0.7V$，$V_{CE,\,sat} = 0V$，$R_L = 4\Omega$，$C_E \to \infty$，$C_C \to \infty$，試求工作點（I_{CQ}，

V_{CEQ}) = ?　(A)（1A，14V）　(B)（0.35A，20.5V）　(C)（1.2A，12V）　(D)（0.5A，19V）。

15. 承題⑭，求由電源提供的功率 P_{CC} = ?　(A) 28.8W　(B) 12.5W　(C) 24W　(D) 8.4W。

16. 承題⑭，若輸入信號為一正弦信號，在最大輸出且不失真的情形下，其最大輸出功率 P_L = ?　(A) 18W　(B) 1.5W　(C) 2.2W　(D) 4.5W。

17. 承題⑭，此電路若加以改良，使其工作在最佳工作點條件下（指修改偏壓），則在輸出為最大且不失真的情形，本電路可得到最大效率 η_{mx} 約為多少？　(A) 39%　(B) 24%　(C) 78.5%　(D) 50%。

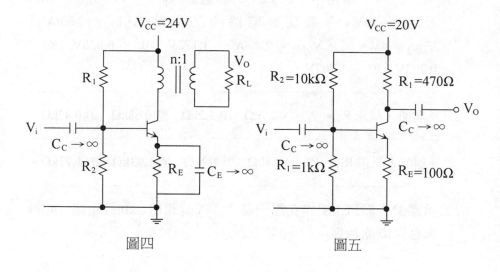

圖四　　　　　　　　　　圖五

18. 圖五之電路中，V_{cc} = 20V，R_2 = 10KΩ，R_1 = 1KΩ，R_c = 470Ω，

$R_E = 100\Omega$，I_{CBO}（在25℃）$= 0.1\mu A$，V_{BEQ}（在25℃）$= 0.7V$，$\beta = 100$ 試求在 75℃ 時 $I_{CBO} = ?$　(A) $5\mu A$　(B) $0.5\mu A$　(C) $3.2\mu A$　(D) $2.5\mu A$。

19. 承題⒅，試求此電路之工作點 I_{CQ} 對 I_{CBO} 的穩定度 S_{ICBO}（不考慮 V_{BE} 及 β 的變化）為多少？　(A) 0.1　(B) 101　(C) 50　(D) 1。

20. 承題⒅，試求此電路之工作點 I_{CQ} 對 V_{BE} 的穩定度 S_{VBE}（不考慮 I_{CBO} 及 β 的變化）為多少？　(A)$+ 1.01$　(B)$- 0.01$　(C)$+ 0.01$　(D)$- 1.01$。

21. 圖六為利用 CMOS 傳輸閘（transmission gate）所組成的邏輯電路，則輸出數位信號 $F = ?$　(A) $A \oplus B$　(B) AB　(C) $\overline{A \oplus B}$　(D) $A + B$。

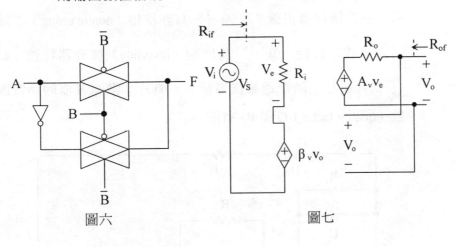

圖六　　　　　　　　　　圖七

22. 假設一交流放大器的增益函數為 $A_v(s) = \dfrac{Ks^2}{(s + 10)^2(s + 10^4)(s + 10^5)}$，若中頻帶（midband）的增益為 60dB，試求 $K = ?$　(A)10^{11}　(B)10^{12}　(C)10^{13}　(D)10^{14}。

23. 承題㉒，此放大器的增益頻寬乘積（gain－bandwidth product）
約為： (A)10^7 (B)10^8 (C)10^9 (D)10^{10}。

24. 圖七為一反饋放大器（feedBack ampilfier），若$A_v = 10^5$，$\beta_v =$
0.02，$R_1 = 10k\Omega$，$R_0 = 20k\Omega$，則R_{if}與R_{out}分別為： (A)20MΩ
與10Ω (B)20MΩ與40MΩ (C)5Ω與10Ω (D)5Ω與40MΩ。

25. 承題㉔，此架構最適於作為： (A)電流放大器 (B)電壓放大器
(C)跨導（transconductance）放大器 (D)跨阻（transresistance）放
大器。

26. 圖八為三階濾波器電路，假設所有運算放大器均為理想元件，
則下列敘述何者正確？ (A) $\dfrac{v_x}{v_t}$ 為非反相（noninverting）二階
高通濾波器特性 (B) $\dfrac{v_0}{v_y}$ 為反相（inverting）微分器特性 (C)
$\dfrac{v_y}{v_i}$為非反相二階帶通濾波器特性 (D)此二階濾波器的品質因
數（quality factor）Q 與 R_2 有關。

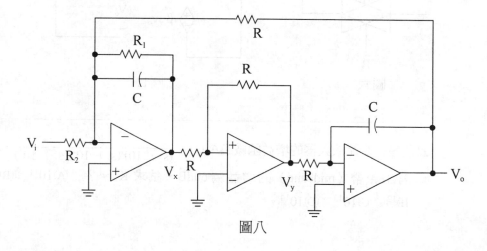

圖八

27. 承題⒃，若要求 $Q = 20$，極點頻率（pole frequency）$\omega_o = 5000\text{rad/}$ sec，假設 $C = 0.01\mu F$，試求 $R_1 = ?$　(A) 400kΩ　(B) 63.66kΩ　(C) 40kΩ　(D) 6.37kΩ。

28. 承題⒄，若低通濾波器的直流增益絕對值為 2，則帶通濾波器的中心頻率增益（center frequency gain）絕對值為：　(A) 10　(B) 20　(C) 30　(D) 40。

29. 圖九為一穩壓電路，A為理想運算放大器，曾納二極體（Zener diode）D_z 的崩潰電壓（breakdown voltage）為 5V，D 的順向導通電壓為 0.7V，若 v_o 要穩壓在 10V，則 $\dfrac{R_2}{R_1}$ 為：　(A) $\dfrac{1}{5}$　(B) $\dfrac{1}{2}$　(C) 1　(D) 2。

30. 承題⒆，若 $R_E = 5k\Omega$，$R_4 = 57k\Omega$，且維持穩壓時曾納二極體 D_2 的工作電流必須小於 1.2mA，試求當 v_1 由 0V 升至 10V 時，可讓此穩壓電路正常動作的 R_3 值為：　(A) 50kΩ　(B) 20kΩ　(C) 10kΩ　(D) 1kΩ。

31. 承題⒇，當 v_o 穩壓於 10V 後，若將 v_i 降為 0V，則 v_o 將變為：　(A) 10V　(B) 5V　(C) 0.7V　(D) 0V。

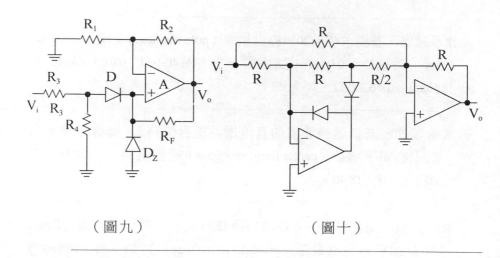

（圖九）　　　　　　　　　　（圖十）

32.圖十中的運算放大器皆為理想元件，若 v_i 為振幅＋1V的三角波 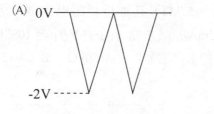 ，則 v_o 的波形為：

(A)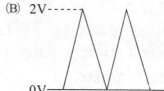

(B)

(D)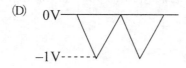

(C)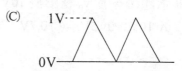

33.圖十一為正峰值檢波器（peak detector），其中 A_1 與 A_2 均為理想運算放大器，則下列敘述何者有誤？　(A) D_4 與 R_F 可以防止 A1 飽和　(B) A2 的作用為避免 C_H 透過 R_F 放電　(C) D_1 與 D_2 不

會同時導通 (D)D₁ 導通時，v₀ 會追隨 vᵢ 的正峰值。

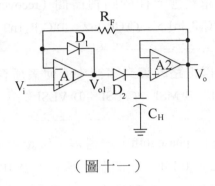

（圖十一）

34. 承題(33)，假設 D_1 與 D_2 的順向導通電壓為 0.7V，則當 v_o 正在
追隨 v_i 的正峰值時，v_{o1} 的值應為： (A)$v_i + 0.7$ (B)$v_i - 0.7$
(C)$v_o + 1.4$ (D)$v_o - 1.4$。

35. 下列何者具有最小的延遲耗能乘積（delay − power product）？(A)
74XX系列 (B)74SXX系列 (C)74ALSXX系列 (D)74LSXX系列。

36. 圖十二為單穩態（monostable）元件，假設所有二極體的順向
導通電壓均可忽略不計，且 $R \gg R_1$，A 為理想運算放大器，飽
和電壓為 ±12V，則此元件所產生的脈波寬度為： (A) CR ln2
(B)$C_x R_x$ln2 (C) CR ln1.5 (D)$C_x R_x$ln1.5。

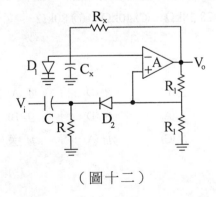

（圖十二）

37. 承題㊱，此單穩態元件的回復時間（recovery time）為：　(A) $CR \ln 1.5$　(B)$C_x R_x \ln 1.5$　(C) $CR \ln 2$　(D)$C_x R_x \ln 2$。

38. 下列代表積體電路的英文縮寫中，何者所含的邏輯閘數目最少？　(A) SSI　(B) MSI　(C) LSI　(D) VLSI。

39. 圖十三為移相（phase shift）振盪器，假設所有運算放大器均為理想元件，$C = 0.1\mu F$，試問若振盪頻率為 1000rad/sec，則 R 的值為：　(A) 5.77kΩ　(B) 7.07kΩ　(C) 10kΩ　(D) 17.32kΩ。

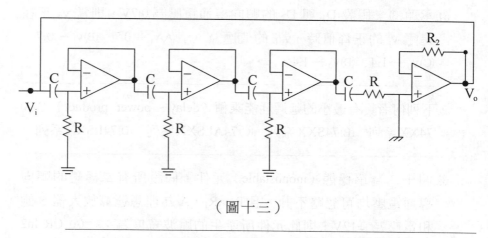

（圖十三）

40. 承題㊴，若要使得振盪器正常工作，請問 R_2 的最小值為：　(A) 10kΩ　(B) 28.28kΩ　(C) 40kΩ　(D) 80kΩ。

〈解答〉

1. (C)	2. (D)	3. (D)	4. (A)	5. (B)
6. (C)	7. (A)	8. (D)	9. (B)	10. (A)
11. (D)	12. (C)	13. (A)	14. 送分	15. 送分

16. 送分	17. 送分	18. (C)	19. 送分	20. (B)
21. (C)	22. (B)	23. (A)	24. (A)	25. (B)
26. (C)	27. (A)	28. (D)	29. (C)	30. (B)
31. (A)	32. (D)	33. (D)	34. (A)	35. (C)
36. (B)	37. (B)	38. (A)	39. 送分	40. 送分

八十七學年度技術校院二年制聯合招生入學考試試題
電子電路（含實習）

1. 圖一之二極體電路中，若二極體的特性為 $\begin{cases} i_D = 2\times10^{-2}v_D^2A & ,v_D\geq0 \\ i_D = 0 & ,v_D < 0 \end{cases}$ ，且輸入信號 $v_i(t) = 0.2\cos\omega t V$，試求該二極體的靜態工作點 $(V_{DQ}，I_{DQ})$　(A)（1V，20mA）　(B)（－1V，－20mA）　(C)（2V，10mA）　(D)（－2V，－10mA）。

2. 承題(1)，依輸入信號 $v_i(t)$ 之大小，求出此二極體的動態電阻 r_D　(A) 50Ω　(B) 20Ω　(C) 25Ω　(D) 10Ω。

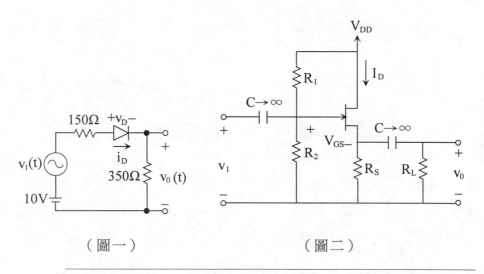

（圖一）　　　　　　　　　　（圖二）

3. 圖二之電路中，已知接面場效電晶體的參數為 $I_{DSS} = 10mA$，$V_p = -5V$，$r_d = 1.25M\Omega$，圖中 $V_{DD} = 15V$，其他元件值為 $R_1 = 1M\Omega$，$R_2 = 150k\Omega$，$R_L = 15k\Omega$，$R_S = 15k\Omega$。若 $I_D = 0.4mA$，試求 $V_{GS} = ?$　(A) －5V　(B) －4V　(C) －3V　(D) －6V。

4. 承題(3)，試求圖二中接面場效電晶體之互導參數 $g_m = $ ？ (A) 0.8mA/V (B) 0.4mA/V (C) 2mA/V (D) 1mA/V。

5. 承題(3)，試求電壓增益 $A_v = \dfrac{v_o}{v_i} = $ ？ (A) 0.52 (B) 5 (C) 0.86 (D) 6。

6. 一 η 值為 2 之二極體在順向偏壓 $v_D = 0.6V$ 時，其電流 $i_D = 1mA$；當電流上升至 $i_D = 75mA$ 時，其 v_D 為何？（熱電壓 $V_T = 25mV$，$\ln2 = 0.693$，$\ln3 = 1.099$，$\ln5 = 1.609$） (A) 0.750V (B) 0.690V (C) 0.816V (D) 0.832V。

7. 金半場效電晶體（Metal Semiconductor FET，MESFET）之特點為可以使其開關頻率達到接近 (A) 10MHz (B) 5GHz (C) 500MHz (D) 100MHz。

8. MOSFET 之特性曲線（i_D，v_{DS}）中，在不同的 v_{GS} 情況下，其電導曲線之路徑均會經過下列何者？
(A)（$i_D \neq 0$，$v_{DS} = 0$） (B)（$i_D = 0$，$v_{DS} \neq 0$）
(C)（$i_D = 0$，$v_{DS} = 0$） (D)（$i_D < 0$，$v_{DS} > 0$）。

9. 在 PN 二極體的累增崩潰（avalanche breakdown）特性中，其溫度係數的變化情形為何？ (A)正或負 (B)負 (C)零 (D)正。

10. 有一增強型（enhancement）MOSFET 電路如圖三所示，其相關參數為臨界電壓 $V_t = 1V$ 及物理參數 $K = 0.5Am/V^2$，試求其工作點（I_D，V_{GS}） (A)（1.096mA，$-$ 0.48V） (B)（0.584mA，2.08V） (C)（0.571mA，2.14V） (D)（0.571mA，4.29V）。

11. 承題(10)，電路中 MOSFET 是工作在那個區域？　(A)三極管區
（triode region）　(B)截止區（cut-off region）　(C)飽和區（saturation region）　(D)歐姆區（ohmic region）。

12. 承題(10)，試求 MOSFET 在工作點上的互導參數 g_m 為多少？
(A) 0.27mA/V　(B) 0.28mA/V　(C) 0.54mA/V　(D) 1.08mA/V。

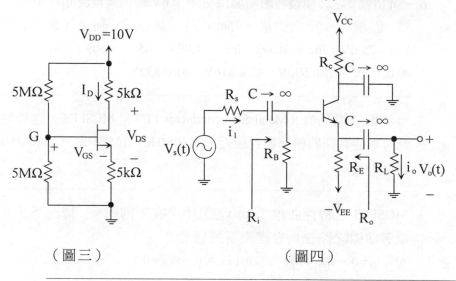

（圖三）　　　　　　　　　　　　（圖四）

13. 試以混合 π 參數分析圖四所示之電路，圖中之相關參數為 $r_\pi =$
3KΩ，$β = 100$，$r_o = 200$KΩ，$R_B = 200$KΩ，$R_E = 10$KΩ，$R_c =$
10KΩ，$V_{cc} = 3$KΩ，$V_{EE} = 10$V，試求輸入阻抗 R_i 約為　(A) 1MΩ
(B) 100kΩ　(C) 13kΩ　(D) 84kΩ。

14. 承題(13)，試求輸出阻抗 R_o 約為　(A) 120Ω　(B) 10kΩ　(C) 5kΩ
(D) 200Ω。

15. 承題⒀，試求電流增益 $A_i = \dfrac{i_o}{i_i}$ 約為　(A) 10.1　(B) 101　(C) 8.4 (D) 84。

---

16. 有一功率放大器如圖五所示，圖中 $V_{CC} = 20V$，$R_L = 8k\Omega$，電晶體 Q_1 及 Q_2 之飽和電壓 $V_{CE,\,sat} = 1V$，試求輸出電壓為最大且不失真條件下之最大輸出功率 $P_L = ?$　(A) 19.5W　(B) 25W (C) 45.13W　(D) 22.56W。

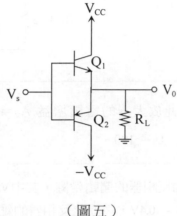

（圖五）

---

17. 承題⒃，試求在最大功率輸出時，由電源所提供的功率 $P_{supply} = ?$ (A) 30.25W　(B) 47.5W　(C) 50W　(D) 36.8W。

---

18. 承題⒃，試求此放大器最大效率為何？　(A) 52.9%　(B) 41% (C) 78%　(D) 74.6%。

---

19. 圖六為串疊放大器
    （cascode amplifier），
    圖中 Q_1 及 Q_2 之 β 值均
    為 200。試求(I_{C1}，I_{C2})
    (A)（3mA，6mA）
    (B)（3.8mA，3.8mA）
    (C)（2mA，2mA）
    (D)（6mA，3mA）。
    （圖六）

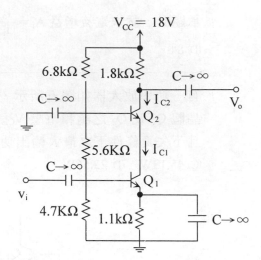

20. 承題⑲，試求此放大器的電壓增益 $A_v = \dfrac{v_o}{v_i}$　(A)＋180　(B)－265　(C)＋265　(D)－180。

21. 圖七所示為邏輯反相器的邏輯帶圖，其中V_{OH}＝2.4V，V_{IN}＝2V，V_{IL}＝0.8V，V_{OL}＝0.4V，請問此反相器的雜訊邊限（noise margin）為　(A)0.4V　(B)1.2V　(C)1.6V　(D)2V。

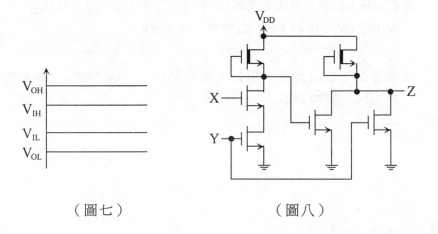

（圖七）　　　　（圖八）

22.有一數位邏輯電路如圖八所示,試問其輸出 Z 為　(A)$\overline{X}$　(B)
$\overline{X} + \overline{Y}$　(C) 1　(D) 0。

23.下列有關電晶體交流放大器低頻響應的敘述,何者有誤?　(A)
主要由於耦合及旁通電容所引起　(B)可以利用短路時間常數法
計算 3 分貝頻率　(C)其轉移函數呈現低通特性　(D) 3 分貝頻率
時的電壓增益為中頻帶增益的$1/\sqrt{2}$。

24.有一負回授系統如圖九所示,其中V_S為輸入信號,V_N為雜訊
源,請問其輸出V_o的信號－雜訊比(S/N ratio)為　(A)$\dfrac{V_S}{V_N}$　(B)
$k\dfrac{V_S}{V_N}$　(C)$kA\dfrac{V_S}{V_N}$　(D)$\dfrac{kA}{1 + kA\beta}\dfrac{V_S}{V_N}$。

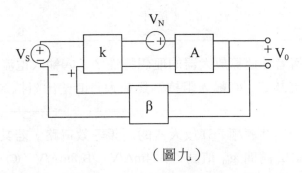

(圖九)

25.代表低耗能蕭特基(Schottky)TTL 的序號為　(A) 74XX　(B)
74SXX　(C) 74ASXX　(D) 74LSXX。

26.有一系統的轉換函數為 $T(s) = \dfrac{10}{10 + s}$,試問下列敘述何者正確?
　(A)高頻時相角接近 $-90°$　(B)直流增益為 10　(C)此為一高通
電路　(D) 3 分貝頻率為 1rad/s。

27. 圖十為共集極－共射極串接（cascade）放大器的架構示意圖，I為偏壓電流源，試問下列敘述何者有誤？　(A)Q1無米勒效應　(B)共集極放大器可改善高頻響應　(C) Q2無米勒效應　(D)中頻帶增益主要由共射極放大器所提供。

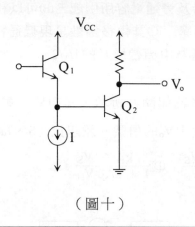

（圖十）

28. 下列何者非運算放大器的理想特性？　(A)輸入電流為零　(B)輸出電流為零　(C)輸入阻抗為無窮大　(D)輸出阻抗為零。

29. 圖十一為共源極 FET放大器的高頻等效電路，若其3分貝頻率為 90kHz 請問 g_m 值為　(A) 4mA/V　(B) 8mA/V　(C) 40mA/V　(D) 80mA/V。

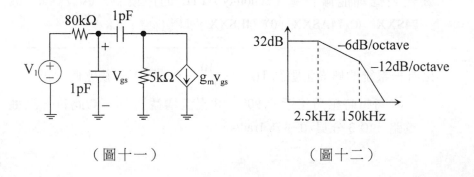

（圖十一）　　　　　（圖十二）

30. 差動放大器的共模拒斥比響應如圖十二所示,若差動增益(dif-ferential gain)在 100kHz 以下為 40dB,則在 10kHz 的共模增益(common-mode gain)為   (A) 8dB   (B) 12dB   (C) 16dB   (D) 20dB。

31. 如圖十三所示的電路,若輸入三角波信號 v_i 無直流成份且峰對峰值為 16V,A2 的飽和電壓為±13V,則輸出方波信號 v_o 的振幅為   (A) 5V   (B) 8V   (C) 13V   (D) 21V。

32. 承(31)題,請問輸出方波信號v_o的責任週期(duty cycle)為   (A) 50%   (B) 37.5%   (C) 25%   (D) 12.5%。

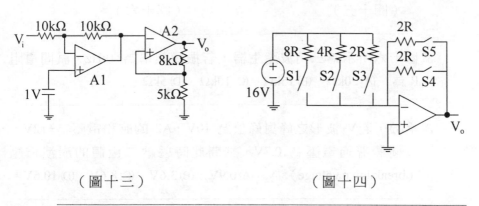

(圖十三)   (圖十四)

33. 圖十四所示為一 D/A 轉換器,以 {S1~S5} ,表示開關的組合,0 表示打開,1 表示關上,V_o 為輸出電壓。若 a = {10101},b = {01110},c = {11111},試問此三種組合的輸出絕對值大小關係為   (A) b > a > c   (B) c > a > b   (C) a > b > c   (D) c > b > a。

34. 圖十五為韋恩電橋(Wien − bridge)振盪器,請問達到穩定振盪時,下列敘述何者有誤?   (A)振盪頻率約為 1kHz   (B)RC 並

聯阻抗的實部為 5kΩ　(C)v_p 與 v_o 之間無相角差　(D)v_o 的振幅為 v_p 的兩倍。

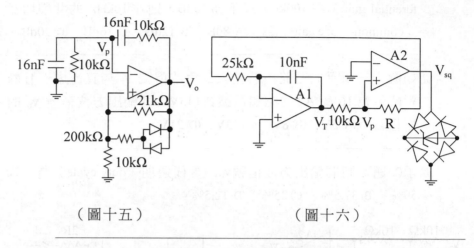

（圖十五）　　　　　　　　（圖十六）

35. 圖十六所示為三角波產生器,若振盪頻率為 1kHz,試問電阻 R 為　(A) 20kΩ　(B) 15kΩ　(C) 10kΩ　(D) 5kΩ。

36. 承(35),若 V_T 波形之峰對峰值為 10V,A2 的飽和電壓為 ±12V,二極體導通電壓為 0.7V,試問此時曾納二極體的崩潰電壓（breakdown voltage）為　(A) 0.9V　(B) 3.6V　(C) 8.6V　(D) 10.6V。

37. 承(35)題,試問 V_p 的波形為

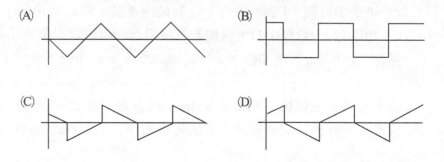

38. 如圖十七所示的電路，若輸入信號為 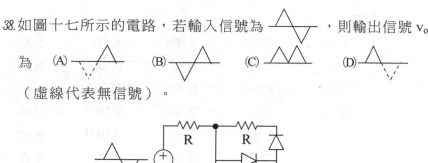 ，則輸出信號 v_o

為　(A) ──△── (B) ──△── (C) ──ΛΛ── (D) ──△──

（虛線代表無信號）。

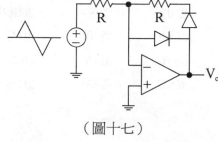

（圖十七）

39. 如圖十八所示的電路，輸入弦波電源 v_1 的均方根值為 110V，若
SCR 的觸發角度為 60°，則輸出的直流電壓 V_o 約為　(A) 26V
(B) 37V　(C) 52V　(D) 74V。

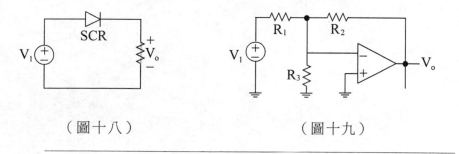

（圖十八）　　　　　　　　（圖十九）

40. 如圖十九所示，在反相（inverting）輸入端加入電阻 R_3 的用意
為　(A)增加開路增益　(B)補償頻率響應　(C)改變主要極點位置
(D)消除輸入偏移（offset）電壓的影響。

〈解答〉

1. (A)	2. (C)	3. (B)	4. (A)	5. (C)
6. (C)	7. (B)	8. (C)	9. (D)	10. (B)
11. (C)	12. (D)	13. (D)	14. (A)	15. (C)
16. (D)	17. (A)	18. (D)	19. (B)	20. (B)
21. (A)	22. (D)	23. (C)	24. (B)	25. (D)
26. (A)	27. (C)	28. (B)	29. (A)	30. (D)
31. (C)	32. (B)	33. (A)	34. (D)	35. (C)
36. (B)	37. (C)	38. (A)	39. (B)	40. (B)

八十六學年度技術校院二年制聯合招生入學考試試題
電子電路（含實習）

注意：
1. 本試題計 40 題，每題 5 分，共 200 分。
2. 請選擇一個最適當的答案，以 2B 鉛筆依次劃在答案卡上。
3. 答錯者，倒扣題分四分之一；未答者，得零分。倒扣至零分為止。
4. 有關數值計算的題目，以最近的答案為準。

1. 有關 p-n 接面二區體（p-n junction diode）的特性，下列敘述何者為非　(A)受到逆向偏壓時空乏區（depletion region）的寬度變大（與不加偏壓時比較）　(B)空乏區電場方向為由 p 區域指向 n 區域　(C)當順向偏壓時其擴散電容值隨電流值之變大而增大　(D)空乏區電場強度的最大值出現在 p 區域與 n 區域的接面上。

2. 在圖一中假設 D1 與 D2 為理想二極體（ideal diode，$V_{on} = 0$），已知輸入電壓 v_i 太大或太小時其輸出電壓 v_o 的值皆為定值。試求輸入電壓 v_i 的範圍使輸出電壓 v_o 的值隨 v_i 之增大而變大　(A) $7V \geq v_i \geq 1V$　(B) $3V \geq v_i \geq 2V$　(C) $9V \geq v_i \geq 3V$　(D) $10V \geq v_i \geq 4V$。

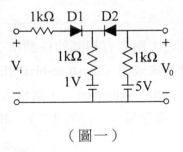

（圖一）

3. 有關金氧半電晶體（MOS）的特性與應用，下列敘述何者為非 (A)為電壓控制的元件 (B)應用於放大器電路時，其通常工作於三極體（triode）區 (C)nMOS的導電載子為電子 (D)適用於超大型積體電路（VLSI）的設計與製作。

4. 圖二所示為一數位反相器電路，其中M_1為增強型（enhancement）nMOS，M_2為空乏型（depletion）nMOS，其寬度 W 與長度 L 的比值如圖所示。假設M_1之臨界電壓（V_t）為 1V，M_2之$V_1 = - 2V$。基於此電路之操作，下列敘述何者為非 (A)其最高輸出電壓值為 5V (B)當輸入電壓為 5V時，M_1在三極體區工作，M_2在飽和區工作 (C)當輸入電壓為 5V時，此電路有穩態（static）功率消耗 (D)當 M_2 的 W 與 L 之比值（W/L）$_{M2}$ 變大時，其最低輸出電壓值將會變小（假設（W/L）$_{M2}$ 不變）。

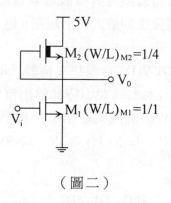

（圖二）

5. 同第 4 題，假設(1)兩者有相同的移動率 μ 及單位面積電容值C_{ox}，(2)不考慮基底效應（substrate-bias effect）與通道長度調變效應（channel-length modulation）。當輸入電壓為 5V 時，試求其低壓電位輸出電壓值＝？ (A) 0.30V (B) 0.25V (C) 0.20V (D) 0.13V。

6. 試求圖三電路所示的數位邏輯輸出 Z＝? 　(A)A⊕B 　(B)$\overline{A⊕B}$
(C) A ＋ B 　(D) A · B。

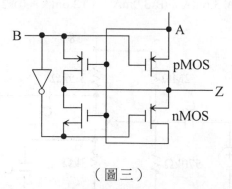

（圖三）

7. 於圖四中，已知 nMOS 的 $V_t = 1V$，$K = \frac{1}{2}\mu C_{ox}\frac{W}{L} = 0.4\frac{mA}{V^2}$。
假設不考慮通道長度調變效應，則 nMOS 的靜態汲極電流（qui-
escent drain current）為 　(A) 1.4mA 　(B) 1.6mA 　(C) 1.8mA 　(D)
2.0mA。

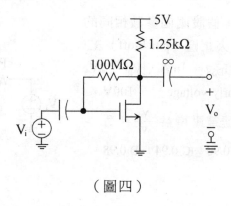

（圖四）

8. 同第 7 題，求其小訊號電壓增益 $\frac{v_o}{v_i}$＝? 　(A)－2 　(B)－3 　(C)
－4 　(D)－5。

9. 圖五所示為一 JFET 小訊號放大器電路，已知 JFET 的參數值 I_{DSS} = 8mA，夾止電壓 $|V_p|$ = 4V，則在直流偏壓時 JFET 的汲極電流為 　(A) 3.6mA　(B) 3.0mA　(C) 2.6mA　(D) 2.0mA。

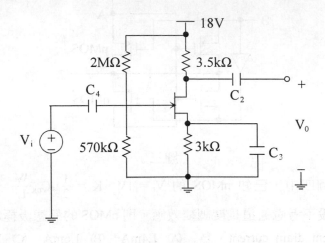

（圖五）

10. 於圖六中，假設兩個參數相同的 JFET 皆在夾止區（pinch-off）工作，已知 I_{DSS} = 1mA，$|V_p|$ = 2V 與 $|V_A|$（early voltage）= 100V。求其小訊號電壓增益 $\dfrac{v_o}{v_i}$ = ？

(A) 0.86　(B) 0.90　(C) 0.94　(D) 0.98。

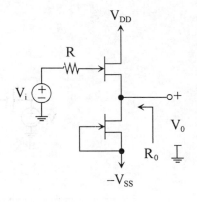

（圖六）

11. 同第 10 題，求其輸出阻抗 $R_o = $ ？　(A) 1.56kΩ　(B) 1.25kΩ　(C) 0.98kΩ　(D) 0.85kΩ。

12. 於圖七中，已知M_1，M_2與M_3具有相同的參數值：$V_t = 2V$ 與 $K = 20\frac{\mu A}{V^2}$，假設不考慮通道長度調變效應且M_3須在飽和區工作，則電阻R_D的最大值為　(A) 250kΩ　(B) 200kΩ　(C) 150kΩ　(D) 100kΩ。

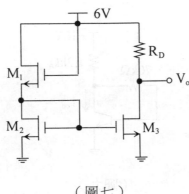

（圖七）

13. 圖八所示為一 BJT 小訊號放大器電路，在決定其集極電流I_C時，下列那一個參數值有變動時對I_C的影響最小？　(A)β　(B)V_{BE}　(C)V_{CE}　(D)I_{CBO}。

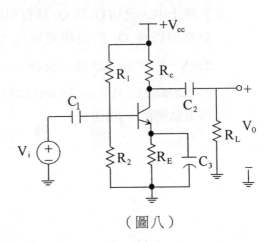

（圖八）

14. 同第 13 題，已知 $R_1 = R_2 = 100k\Omega$，$R_C = 2.1K\Omega$，$R_E = 2.9K\Omega$，$R_L = 1k\Omega$，電晶體的 π 混合模型參數 $r_\pi = 2K\Omega$，$g_m = 50\frac{mA}{V}$，$r_o = 100k\Omega$。求其小訊號電壓增益 $\frac{v_o}{v_i} = ?$（假設電容視為短路） (A)-34 (B)-45 (C)-52 (D)-58。

---

15. 於圖九中，假設電晶體的 $\beta = 100$，$V_{BE} = 0.7V$，$V_A \to \infty$。則電晶體的集極電流 $I_{CQ} = ?$ (A) 4.65mA (B) 4.86mA (C) 5.14mA (D) 5.36mA。

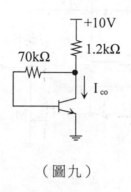

（圖九）

---

16. 於圖十中，已知 Q_1 與 Q_2 具有相同的 $\beta = 100$，$r_o = \infty$。假設直流偏壓電路使 Q_2 的集極電流為 $I_{C2Q} = 100\mu A$，$I_{bias} = 10\mu A$，$V_T = 25mV$，則下列敘述何者為非。 (A)Q_1 的 $g_m = 0.44\frac{Am}{V}$ (B)Q_2 的 $r_\pi = 25k\Omega$ (C)等效組合（compound）電晶體 $r_\pi^C = 2.1M\Omega$ (D)等效組合電晶體 $\beta^c = 10100$。

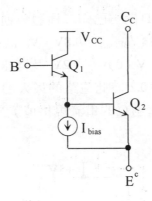

（圖十）

17. 圖十一為一 CC－CE 小訊號放大器電路，已知Q_1與Q_2具有相同的$\beta = 150$，$V_A = 130V$，$V_T = 25mV$及相同的直流偏壓集極電流$I_{C1Q} = I_{C2Q} = 100\mu A$。試求其小訊號電壓增益$\dfrac{v_o}{v_i} = ?$　(A)－826　(B)－902　(C)－985　(D)－1254。

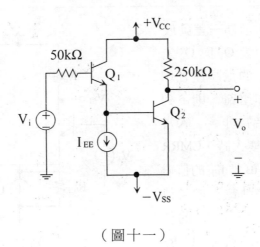

（圖十一）

18.圖十二為一 NAND 閘，已知二極體導通時的壓降 $V_{on} = 0.7V$，電晶體 Q 的參數為 $V_{BE(sat)} = 0.8V$，$V_{CE(sat)} = 0.2V$，$\beta = 40$，假設低電位輸入電壓 V（0）= 0.2V 及高電位輸入電壓 V（1）= 5V。試求在 $v_o = 0.2$ 時此電路的最大扇出值（fan－out）＝？（假設 I_C 沒有超過 Q 的電流規格值）　(A) 20　(B) 16　(C) 12　(D) 8。

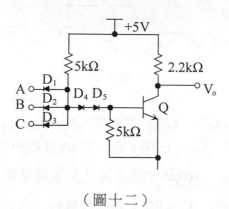

（圖十二）

19.圖十三所示為一差動放大器，假設 Q_1 與 Q_2 為完全匹配的電晶體且均工作在作用區，則下列敘述何者為非。　(A)當 R_{EE} 的值變大時，CMRR 值變大　(B)當 I_{EE} 的值變大時，差動電壓增益值 $|A_{DM}|$ 增大　(C)R_C 的值越大則$|A_{DM}|$越大　(D) R_C 的值越大則共模型壓增益值 $|A_{CM}|$ 越小。

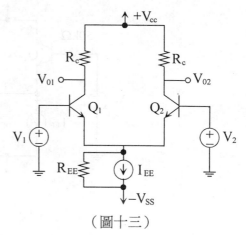

（圖十三）

20. 在圖十四電路中，假設理想運算放大器（OP-mAp）工作於線性區，若 $v_i = 150mV$，試求輸出電壓的值 $v_o = ?$　(A)$-12.25V$　(B)$-13.25V$　(C)$-14.25V$　(D)$-15.25V$。

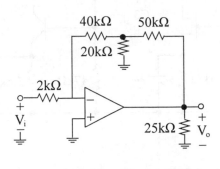

（圖十四）

21. 在圖十五中曾納二極體（Zener diode）之崩潰電壓 $V_Z = 7.5V$，電晶體之 $V_{BE} = 0.7V$，試求曾納二極體之功率消耗？　(A)153mW　(B)187.5mW　(C)1.4mW　(D)15.6mW。

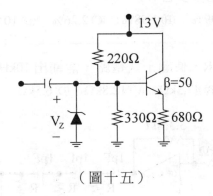

（圖十五）

22. 圖十六為一放大電路，FET之 $g_m = 5mS$，電晶體之 $h_{ie} = 2k\Omega$ 及 $h_{fe} = 100$，試求整個電路之電壓增益 $A_v = v_o/v_i$？　(A)1619　(B)1000　(C)4200　(D)3153。

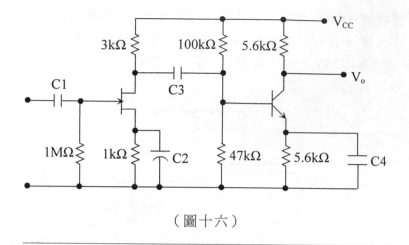

（圖十六）

23. 有一負回授放大電路如圖十七，假設開迴路增益 A 增加 10%，則整個負回授放大電路之增益 A_f 將增加多少百分比？　(A) 0.99%　(B) 1.58%　(C) 2.26%　(D) 10.0%。

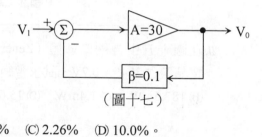

（圖十七）

24. 設計電阻值 R，使圖十八電路，能輸出 10kHz 之振盪波形。
　　(A) 99.1kΩ　(B) 47.3kΩ　(C) 12.8kΩ　(D) 6.5kΩ。

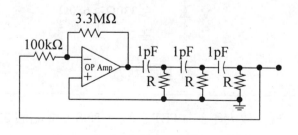

（圖十八）

25.圖十九為一低通放大濾波器，若其電壓增益 A ＝－ 10 且高頻
截止頻率（upper 3-dB frequency）f_h＝ 15.9Hz，試設計電容 C_F
值。　(A) 0.01μF　(B) 0.1μF　(C) 1μF　(D) 10μF。

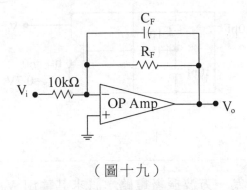

（圖十九）

26.一石英晶體之等效電路如圖二十將有兩個共振頻率，試問下列
何者是共振頻率之一？　(A) 15.9MHz　(B) 10.5MHz　(C) 4.35MHz
(D) 1.67MHz。

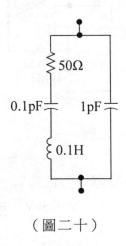

（圖二十）

27.圖二十為一皮爾思（Pierce）振盪器，其石英晶體之等效電路
如圖二十所示，試求整個電路之振盪頻率？　(A) 8300kHz　(B)

980kHz   (C) 1600kHz   (D) 3710kHz。

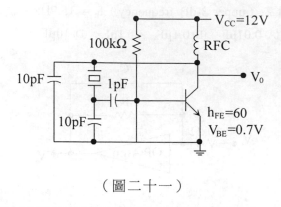

（圖二十一）

28.圖二十二為一方波振盪電路，試求其輸出 V_o 之振盪頻率？
（ln3 = 1.098）   (A) 10kHz   (B) 7.2kHz   (C) 4.5kHz   (D) 3.3kHz。

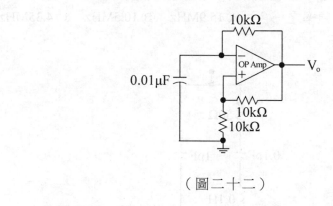

（圖二十二）

29.圖二十三為全波濾波器，若輸入V_i = 10 sinωt伏，試求輸出值
流電壓值（V_o之dc值）   (A) 6.36V   (B) 10V   (C) 5V   (D) 13.2V。

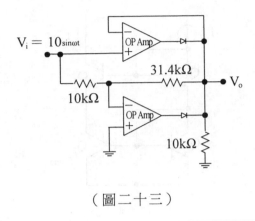

$V_i = 10_{\sin\omega t}$

OP Amp

$31.4k\Omega$

$10k\Omega$

V_o

OP Amp

$10k\Omega$

（圖二十三）

---

30. 圖二十四所示，電晶體之 $\beta = 200$、$V_{BE} = 0.7V$，$V_1 = V_2 = 0$時，
試求其 CMRR 值？　(A) 680　(B) 570　(C) 200　(D) 140。

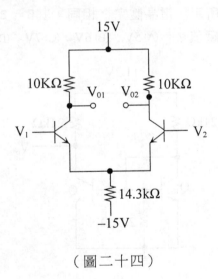

15V

$10K\Omega$　V_{01}　V_{02}　$10K\Omega$

V_1　　　　　　　　V_2

$14.3k\Omega$

$-15V$

（圖二十四）

---

31. 如圖二十五所示，已知$I_{ref} = 1mA$及$\beta = 20$，試求I_o值　(A) 0.95mA
(B) 0.83mA　(C) 0.77mA　(D) 1mA。

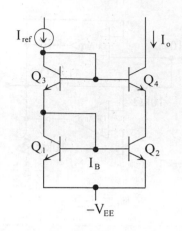

（圖二十五）

32.如圖二十六所示，電晶體完全相同，其$\beta = 200$、$V_{BE} = 0.7V$，
試求V_o之電壓值？ (A) 5V (B) 6V (C) 7V (D) 8V。

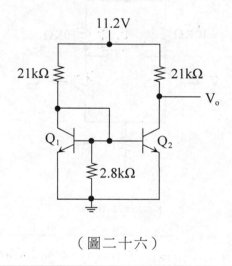

（圖二十六）

33.如圖二十七所示，電晶體之$\beta = 100$，$I_S = 10^{-14}A$，$V_T = 26mV$，
請求射極輸出電壓V_E？（$\ln 10 = 2.3$） (A) $-0.718V$ (B) $-0.356V$

(C) 0.691V (D) 0.272V。

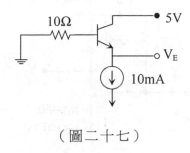

（圖二十七）

---

34. 圖二十八為一FET高頻等效電路，若欲使高頻截止頻率（upper 3 − dB frequency）f_h = 180KHz，則R_L = ? (A) 2.23kΩ (B) 3.33kΩ (C) 4.23kΩ (D) 5.33kΩ。

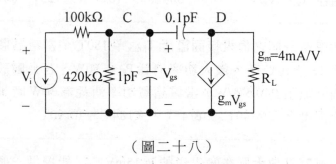

（圖二十八）

---

35. 同第34.題，請求圖二十八電路之增益頻寬比值（gain-bandwidth product） (A) 9.21MHz (B) 6.75MHz (C) 3.4MHz (D) 1.3MHz。

---

36. 試設計電阻值R_H，使圖二十九之 A 類放大電路，可有最大功率輸出（即 Q 點位於負載線中間處）。 (A) 11.3kΩ (B) 6.0kΩ (C) 5.4kΩ (D) 9.2kΩ。

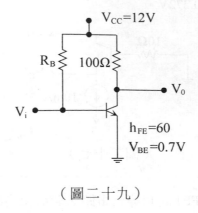

（圖二十九）

37. 同第 36. 題，假設電晶體之 $V_T = 26mV$，試求圖二十九電路之電壓增益 $A_v = V_o/V_i$？ (A) -50 (B) -169 (C) -231 (D) -357。

38. 一功率電晶體之最大接面溫度 $T_{jmax} = 180℃$，當電晶體金屬殼溫度 $T_C = 50℃$ 時，最大功率消耗 $P_C = 50W$，若金屬殼與散熱片間的散阻為 $0.6℃/W$，當電晶體功率消耗為 30W 時，試求散熱片溫度？ (A) 40℃ (B) 45℃ (C) 84℃ (D) 90℃。

39. 一個無回饋放大器在輸入訊號為 15mV 時，能提供一個的基本輸出訊號 15V，同時伴帶著 10% 的二次諧波失真，如果此放大器加上一負回授，使二次諧波失真被降到 1%，當基本輸出訊號被要求維持在 15V，則輸入電壓將為何值？ (A) 150mV (B) 1.5V (C) 75mV (D) 25mV。

40. 圖三十中電源 AC 100V，負載 $R_L = 100Ω$，欲使負載獲得平均功率 50W，則 SCR 之激發角度應為多少？ (A) 135° (B) 60° (C) 45° (D) 90°。

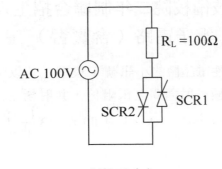

AC 100V $R_L = 100\Omega$

SCR2 SCR1

（圖三十）

〈解答〉

1. (B)	2. (C)	3. (B)	4. (D)	5. (D)
6. (A)	7. (B)	8. (A)	9. (D)	10. (D)
11. (C)	12. (A)	13. (C)	14. (A)	15. (B)
16. (C)	17. (A)	18. (B)	19. (D)	20. (C)
21. (D)	22. (A)	23. (C)	24. (D)	25. (B)
26. (D)	27. (C)	28. (C)	29. (D)	30. 無答
31. (B)	32. (B)	33. (A)	34. 題誤	35. 題誤
36. (A)	37. (C)	38. (C)	39. (A)	40. (D)

八十五學年度技術校院二年制聯合招生入學考試試題
電子電路（含實習）

1. 圖一為雙極性電晶體的小訊號 T 模型，若以 r_π 表示小訊號混合模型的基極－射極間之電阻值，共射極電流增益 $\beta = g_m r_\pi$，試求圖中的 $r_e = ?$　(A)$(1 + \beta) r_\pi$　(B)$\dfrac{1 + \beta}{\beta g_m}$　(C)$\dfrac{1}{g_m} + r_\pi$　(D)$(\dfrac{1}{r_\pi} + g_m)^{-1}$。

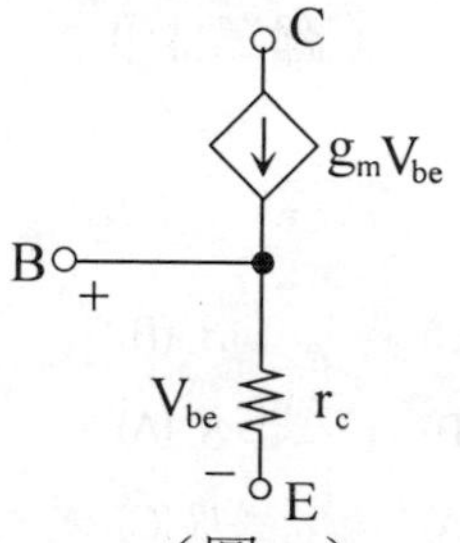

（圖一）

2. 試求圖二所示電路的輸出位邏輯 $Y = ?$　(A)$\overline{AB + AC}$　(B)$\overline{A + BC}$　(C) $A + BC$　(D) $AB + AC$。

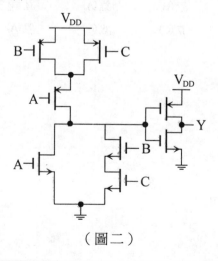

（圖二）

3. 在圖㈢的電路中，假設Q_P與Q_N具有相同的$|V_T|$值（$|V_T| = 1V$）以及相同的K值（$K = \frac{1}{2}\mu C_{ox}\frac{W}{L} = 0.1\frac{Am}{V^2}$）。若$0 \leq V_i \leq 5$，並假設基體效應（body effect）與通道長度調變效應（channel-length modulation effect）可忽略，則流經Q_P與Q_N的電流I之最大值為

(A) 225μA　(B) 2.25mA　(C) 1.6mA　(D) 400μA。

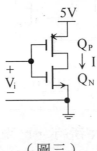

（圖三）

4. 圖四所示電路的Q_1與Q_2為完全相同的電晶體，各電晶體的$V_T = 1V$，假設可忽略基體效應與通道長度調變效應，試求使Q_1飽和的輸入電壓V_i之最大值＝？　(A) 1V　(B) 2V　(C) 3V　(D) 4V。

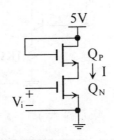

（圖四）

5. 圖五的電路包含五個完全相同的電晶體，各電晶體的$V_T = 1V$，假設可忽略基體效應與通道長度調變效應，請求輸出電壓V_0＝？　(A) 1V　(B) 2V　(C) 3V　(D) 4V。

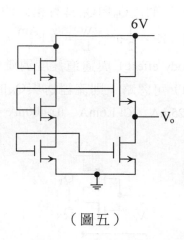

（圖五）

6. 一偏壓電路圖六所示，已知電晶體在飽和區時 $V_{BE} = 0.8V$，$V_{CE} = 0.2V$，試求維持該電晶體於飽和區的最小 β（共射極電流增益）為若干？　(A) 49　(B) 32　(C) 21　(D) 11。

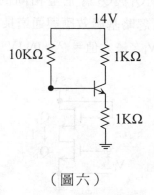

（圖六）

7. 一放大器電路如圖七所示，其中的接面場效電晶體（JFET）工作於飽和區內，電晶體的夾止電壓（pinch-off voltage）$V_P = -4V$，$I_{DSS} = KV_P^2 = 10mA$，假設可忽略電晶體的通道長度調變效應，並且C_1、C_2有很大的電容值，試計算電壓增益 $A_v = \dfrac{V_o}{V_i} = ?$　(A) 0.83　(B) 1.67　(C) 3.26　(D) 6.25。

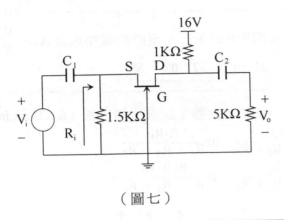

（圖七）

8. 同上題（即第 7 題），圖七所示電路的輸入電阻R_i＝？　(A) 173Ω　(B) 375Ω　(C) 612Ω　(D) 1.26kΩ。

9. 一電晶體電路如圖八所示，假設各電晶體的β＝ 50，V_{BE}＝ 0.7V，V_T＝ 25mV，C_1、C_2、C_3、C_4有很大的電容值，則電晶體的g_m＝？（$g_m = \dfrac{I_C}{V_T}$）　(A) 20mA/V　(B) 30mA/V　(C) 40mA/V　(D) 50mA/V。

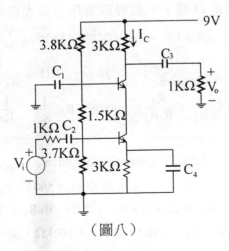

（圖八）

10.同上題（即第9題），此電路的電壓增益 $A_v = \dfrac{V_o}{V_i} = ?$　(A) —

11　(B) — 21　(C) — 32　(D) — 53。

11.圖九為一反饋放大器，試求反饋因數（feedBack factor）β ＝ ?

(A)$\dfrac{R_1 R_2}{R_1 + R_2 + R_F}$　(B)$\dfrac{R_2 R_F}{R_1 + R_2 + R_F}$

(C)$\dfrac{R_2}{R_1 + R_2 + R_F}$　(D)$\dfrac{R_1 + R_F}{R_1 + R_2 + R_F}$。

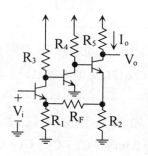

（圖九）

12.同上題（即第11題），假設圖九所示放大器的迴路增益（loop

gain）很大（Aβ≫1），則小訊號電壓增益 $\dfrac{V_o}{V_s} = ?$

(A) — $g_m R_5(1 + \dfrac{R_1}{R_2} + \dfrac{R_F}{R_2})$　(B) — $g_m R_5(1 + \dfrac{R_2}{R_1 + R_F})$

(C) — $R_5(\dfrac{1}{R_1} + \dfrac{1}{R_2} + \dfrac{R_F}{R_1 R_2})$　(D) — $R_5(\dfrac{1}{R_2} + \dfrac{1}{R_F} + \dfrac{R_1}{R_2 R_F})$。

13.圖㈩為一反向放大器（inverting amplifier），試設計R_1及R_2值，

使電壓增益為 — 10，且輸入電阻為 100kΩ。完成設計後的R_1及

R_2值應為　(A)$R_1 = 200kΩ$，$R_2 = 2MΩ$　(B)$R_1 = 100kΩ$，$R_2 = 2MΩ$

(C)$R_1 = 200kΩ$，$R_2 = 1MΩ$　(D)$R_1 = 100kΩ$，$R_2 = 1MΩ$。

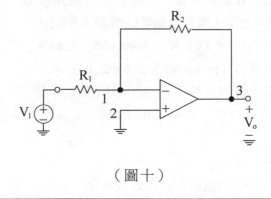

（圖十）

14.圖十一為一放大器，工作於 $I_D = 1mA$，g_m 值（transconductance）為 1mA/V，若忽略 r_o（output resistance），則中頻增益（mid band gain）為　(A)－30　(B)－20　(C)－10　(D)－1。

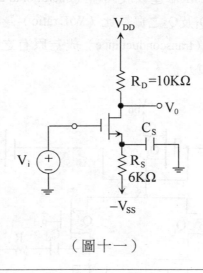

（圖十一）

15.第 14 題中，C_S 之值為多大時，與其相對應之極點（pole）為 10Hz？
　(A)$C_S = 16.6\mu F$　(B)$C_S = 17.6\mu F$　(C)$C_S = 18.6\mu F$　(D)$C_S = 19.6\mu F$。

16. 圖十二為一 B 類放大器，假設其中 N 通道場效電晶體Q_1及 P 通道場效電晶體Q_2參數值相同，如下所示：$|V_T| = 1V$且$K = 100\mu A/V^2$。若輸入信號為一峰值（peak value）為 5V 之正弦波，且在不考慮負載條件下，輸出信號最大峰值為 (A) 2V (B) 3V (C) 4V (D) 1V。

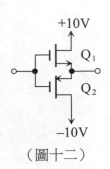

（圖十二）

17. 第 16 題中，若輸出端加一負載電阻，則負載電阻值多大時，輸出信號峰值為輸入信號峰值之半？ (A) 13.1kΩ (B) 12.1kΩ (C) 11.1kΩ (D) 10.1kΩ。

18. 圖十三為一 CMOS 運算放大器（operational amplifier），若增加場效電晶體Q_1及Q_2之寬長比（W/L ratio）為原有之四倍，則Q_1及Q_2之g_m值（transconductance）成為原有之 (A) 四倍 (B) 三倍 (C) 二倍 (D) 八倍。

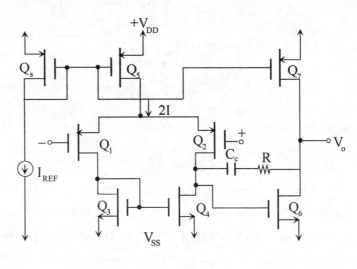

（圖十三）

19. 第 18 題中，運算放大器整體（overall）電壓增益成為原有之
   (A)四倍　　(B)三倍　　(C)二倍　　(D)八倍。

20. 圖十四為一 KHN 二階濾波器，其極點頻率（pole frequency）為
   10kHz。若 C = 1nF，則 R =　　(A) 16.9kΩ　(B) 15.9kΩ　(C) 14.9kΩ
   (D) 13.9kΩ。

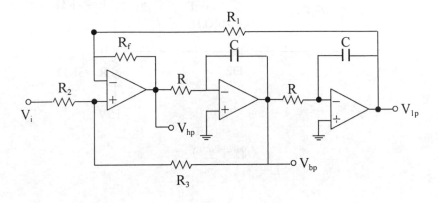

（圖十四）

21. 圖十五為一韋氏電橋（Wien − bridge）振盪器，其振盪頻率為
   (A) 10kHz　(B) 5kHz　(C) 1kHz　(D) 2kHz。

22. 圖十六為一精密半波整流器，其中 R = 1kΩ。若 v_I = − 1V，則
   V_o =　　(A) 1V　(B) 0.7V　(C) − 0.7V　(D) 0V。

23. 圖十七為一雙穩態多諧振盪器（astable multivibrator）電路，則
   v_o 電壓波形為　(A)正弦波　(B)三角波　(C)方波　(D)梯形波。

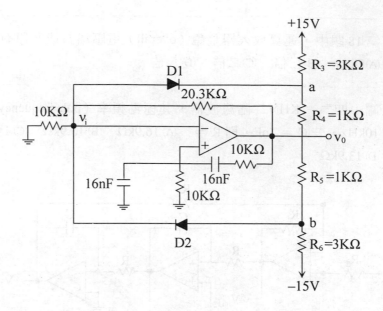

（圖十五）

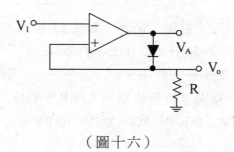

（圖十六）

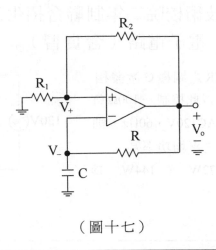

（圖十七）

24.第 23 題中，v^- 電壓波形近似　(A)正弦波　(B)三角波　(C)方波　(D)梯形波。

25.圖 23 題中，v^+ 電壓波形為　(A)正弦波　(B)三角波　(C)方波　(D)梯形波。

〈解答〉

1. (D)	2. (C)	3. (A)	4. (C)	5. (B)
6. (D)	7. (B)	8. (B)	9. (C)	10. (A)
11. (A)	12. (C)	13. (D)	14. (C)	15. (C)
16. (C)	17. (C)	18. (C)	19. (C)	20. (B)
21. (C)	22. (D)	23. (C)	24. (B)	25. (C)

八十四學年度技術校院二年制聯合招生入學考試試題
電子電路（含實習）

1. 圖一中若 SCR 之閘極 G 激發相
   位角在 60°，以此控制一 100Ω負
   載，電源為 AC120V，60Hz，則
   負載R_L所獲之平均功率為
   (A) 24W (B) 72W (C) 144W (D)
   56W。

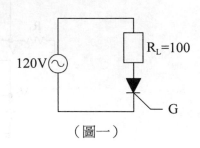

（圖一）

2. 如圖二所示電路為何種邏輯閘 (A)AND閘 (B)OR閘 (C)NAND
   閘 (D) NOR 閘。

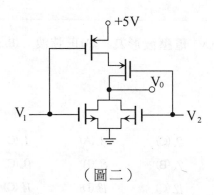

（圖二）

3. 下列那一種元件較不適於超大型積體電路（VLSI）之設計與製
   造 (A)二極體 (B)SCR (C)雙極性電晶體 (D)場效應電晶體。

4. 在體積電路設計中，圖三為一邏輯反相
   電路，則Q_1，Q_2應為何種型式之NMOS
   電晶體　(A)Q_1：增強型，Q_2：增強型
   (B)Q_1：增強型，Q_2：空乏型　(C)Q_1：空
   乏型，Q_2：增強型　(D)Q_1：空乏型，
   Q_2：空乏型。

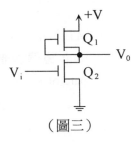

（圖三）

---

5. 一個矽二極體在反偏壓區內之飽和電流和電流大約是0.1μA（T
   ＝20℃），當溫度升高至40℃，試決定該飽和電流的近似值為
   何？　(A) 0.1μA　(B) 0.2μA　(C) 0.3μA　(D) 0.4μA。

---

6. 一放大器有如下之電壓轉換函數 $H(S) = \dfrac{10S}{(1 + s/10^2)(1 + s/10^5)}$ 則
   當角頻率ω＝10^7rad/sec時，此轉換函數之相位（phase）為　(A)
   90°　(B) 45°　(C) － 45°　(D) － 90°。

---

7. 圖四為一非反相（noninverting）
   運算放大器，假設此運算放
   大器具無限大輸入阻抗及零
   輸出阻抗，則其回授因素
   （feedBack factor）β 值為

   (A)$\dfrac{R_1}{R_2}$　(B)$\dfrac{(R_1 + R_2)}{R_2}$

   (C)$\dfrac{R_1}{(R_1 + R_2)}$　(D)$\dfrac{R_2}{R_1}$。

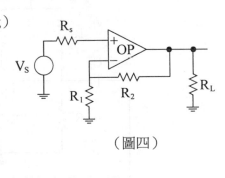

（圖四）

---

8. 一類比信號電壓值介於 0 至 10V 間，若將其轉換為一 8 － bit 之
   數位信號，則其解析度（resolution）為　(A) 0.0196V　(B) 0.0392V

(C) 0.0588V　(D) 0.0784V。

9. 圖五所示電路為　(A)單穩態多諧振盪器（monostable multivibrator）
(B)非穩態多諧振盪器（astable multivibrator）　(C)比較器（com-
parator）　(D)史密特觸發器（Schmitt trigger）。

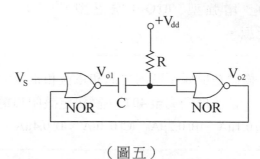

（圖五）

10. 圖六所示電路為　(A)石英振盪器　(B)韋氏電橋（Wien bridge）振
盪器　(C)柯畢子（Colpitts）振盪器　(D)哈特里（Hartley）振盪器。

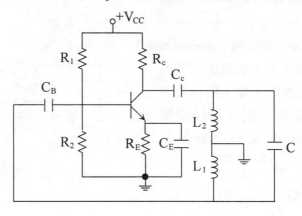

（圖六）

第二類選擇題：（計20題，每題8分，共160分）

11. 兩個 P － N 矽裂二極體串接如圖七，並供給5V電源，則二極體D1之兩端電壓V_{D1}為多少？（$\eta V_T = 0.052V$，$\ln 2 = 0.693$）
    (A) 0.7V　(B) 0V　(C) 0.36V　(D) 0.15V。

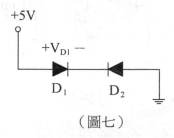

（圖七）

12. 有一 NPN 電晶體直流偏壓電路如圖八，電路要求規格如下：
    (1)集極電流$I_C = 2mA$，(2)$V_{R3} = V_{CE} = 6V$，(3)$\beta_{dc} = 50$，(4)$I_{R1} = 1.2mA$，請設計R_2之電阻值。　(A) 3kΩ　(B) 9.1kΩ　(C) 6kΩ (D) 1.5kΩ。

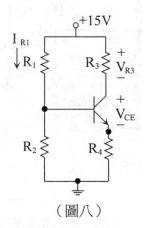

（圖八）

13. 在圖九電路中，輸入端 $V_i = 2V$ 時，輸出端 V_o 最後之輸出電壓為多少？ (A) $-6V$ (B) $-4V$ (C) $-2V$ (D) $-1V$。

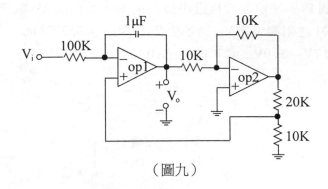

（圖九）

14. 就圖十之電晶體放大器，請計算下列何者正確？ (A) $Z_i = 1.9k\Omega$ (B) $Z_o = 1k\Omega$ (C) $A_v = \dfrac{V_o}{V_i} = 77.6$ (D) $A_i = \dfrac{I_o}{I_i} = 38.1$。

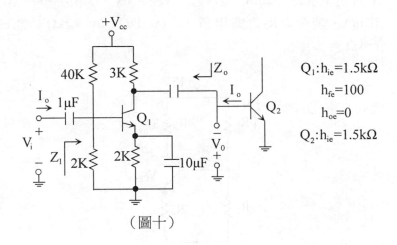

（圖十）

15. 圖十一為一差動放大電路，所有電晶體完全一樣。當 $V_1 - V_2 = 0$ 時，$I_{EQ1} = I_{EQ2} = 1mA$，若 $V_d = V_1 - V_2$ 為兩輸入信號之差額電

壓，請計算V_d之最大範圍值。　(A)±17mV　(B)±35mV　(C)±70mV　(D)±140mV。

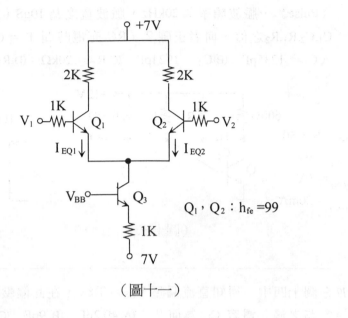

（圖十一）

16. 同上題，請繼續計算電晶體Q_3上之V_{BB}電壓值。　(A) 1.4V　(B) 2.5V　(C) 3.6V　(D) 4.3V。

17. 圖十二為一反相放大器，其中 OP（運算放大器）之輸入阻抗$R_i = 100kΩ$，電壓增益$A_d = 100,000$，輸出阻抗$R_o = 100Ω$，試求出整個電路之輸出阻抗r_{out}　(A) 0Ω　(B) 0.05Ω　(C) 980Ω　(D) 99.8Ω。

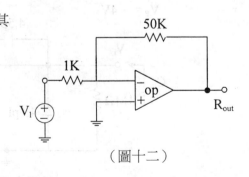

（圖十二）

18. 如圖十三為一非穩態振盪器，欲使其輸出端E。產生一連串脈波
（Pulse），脈波頻率為 20kHz，脈波寬度為 10μS，試計算下列
C_1, C_2, R_1, R_2 之值，何者正確？（RC 充電時間 T = 0.693RC）
(A)C_1 = 1235pF   (B)C_2 = 1924pF   (C)R_1 = 20kΩ   (D)R_2 = 40kΩ。

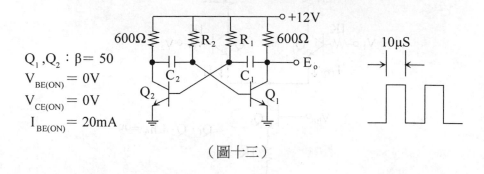

（圖十三）

19. 在圖十四中，得知直流偏壓 V_{GS} = 1.8V，在此偏壓點，計算該
電路之輸入電容 C_{in} 為何？   (A) 40.2pF   (B) 9pF   (C) 21.7pF   (D)
65pF。

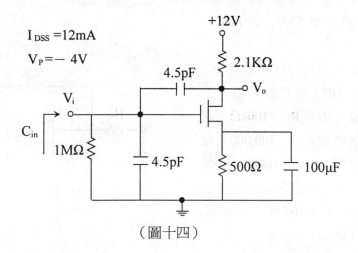

（圖十四）

20.就圖十五電路而言，試決定V_i的最大範圍值（$V_{i,max}$ or $V_{i,min}$），使其能夠保持V_L在 8V，且不超過曾納二極體的最大功率額定（$P_{zm} = 400mW$）　(A)$V_{i,min} = 8.2V$　(B)$V_{i,min} = 12.5V$　(C)$V_{i,max} = 11.3V$　(D)$V_{i,max} = 15.8V$。

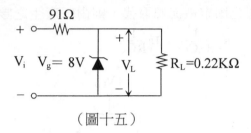

（圖十五）

21.圖十六是威爾森電流鏡（Wilson current mirror）假設所有雙極性電晶體彼此完全匹配且有相同之共射極電流增益（common emitter current gain）β，則I_o/I_{REF}近似於　(A) 1　(B)$\dfrac{1}{1 + \beta}$　(C)$\dfrac{1}{1 + 2/\beta^2}$　(D)$\dfrac{1}{1 + 2\beta^2}$。

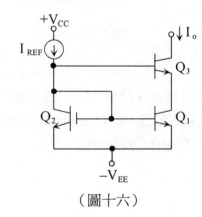

（圖十六）

22.一放大器具有如下之轉換函數 $T(s) = \dfrac{s(s + 10)}{(s + 100)(s + 25)}$ ，則其低頻3-dB 頻率約為　(A)0　(B)10rad/sec　(C)25rad/sec　(D)100rad/sec。

23.圖十七為一共源極放大器（common－source amplifier），若R_s被一理想化固定電流源取代，則由C_S產生之零點$\omega_Z = ?$　(A)0　(B)$\dfrac{1}{RC_{C1}}$　(C)$\dfrac{1}{R_DC_{C2}}$　(D)$\dfrac{1}{RC_S}$。

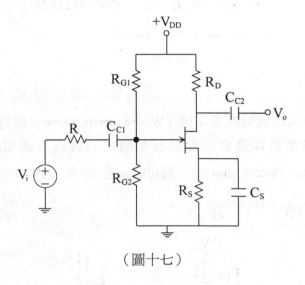

（圖十七）

24.若圖㈩中，電壓增益 V_o / V_i 為－3.3，試以米勒定理（Miller's theorem）求其輸入電阻（input resistance）值為多少？　(A)100kΩ　(B)2.33MΩ　(C)5.2MΩ　(D)10MΩ。

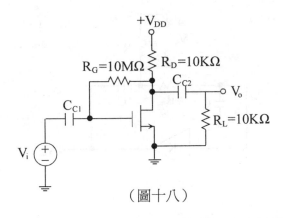

（圖十八）

25.圖十九為一非反相運算放大器（noninverting op amp），若運算放大器具有如下性質：開路增益（open loop gain）$A(S) = \dfrac{10^4}{1 + S/(2\pi)(100)}$ 且 $R_1 = 1\mathrm{k\Omega}$，$R_2 = 9\mathrm{k\Omega}$，則此閉路放大器（closed－loop amplifier）之高頻 3-dB 頻率為　(A) 1.1kHz　(B) 10.1kHz　(C) 100.1kHz　(D) 1.1MHz。

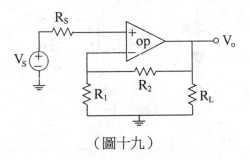

（圖十九）

26.圖二十中放大器具無限輸入阻抗及零輸出阻抗，則 K 超過何值時，此電路開始不穩定？　(A) 1　(B) 2　(C) 3　(D) 4。

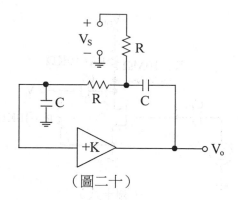

（圖二十）

27. 圖二十一為一射極隨耦器（emitter follower）其中 $V_{CC} = 10V$，$I = 100mA$，$R_L = 100\Omega$，試求 Q_1 之靜態（即 $V_o = 0$ 時）功率消耗為何？　(A) 1W　(B) 2W　(C) 3W　(D) 4W。

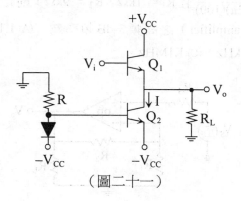

（圖二十一）

28. 圖二十二中 Q_1 及 Q_2 電晶體之共射極電流增益（common-emitter current gain）各為 β_P 及 β_N，則下列何者為正確？　(A) $i_B \simeq i_C$　(B) $i_B \simeq \dfrac{i_C}{\beta_N \beta_P}$　(C) $i_E \simeq \dfrac{\beta_N}{\beta_P} i_C$　(D) $i_B \simeq i_E$。

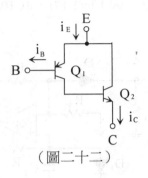

（圖二十二）

---

29. 使用圖二十三設計一二階帶通濾波器（second-order bandpass filter），其中心頻率（center-frequency）$f_o = 10\text{kHz}$，極點品質因素（pole quality factor）$Q = 20$，中心頻率增益（center-frequency gain）為 1，若 $R = 10\text{k}\Omega$，則 C 值為　(A) 1.19nF　(B) 1.39nF　(C) 1.59nF　(D) 1.79nF。

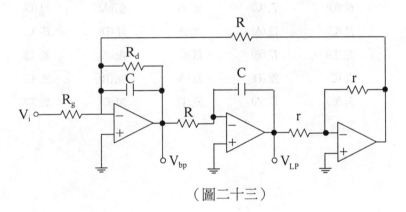

（圖二十三）

---

30. 圖二十四為一單穩態電路（monostable circuit），其中 $C_1 = 0.1\mu F$，$V_D = 0.7V$，$\beta = R_1/(R_1 + R_2) = 0.1$，且運算放大器飽和電壓（saturation voltage）為 $\pm 12V$，若欲產生一寬度 $100\mu S$ 之脈波，

則 R_3 之值為何？　(A) 1/ln(1.17)　(B) 10/ln(1.17)　(C) 100/ln(1.17)
(D) 1000/ln(1.17)。

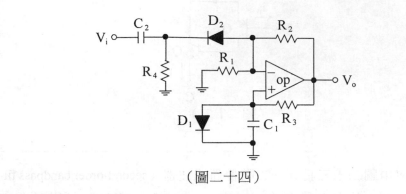

（圖二十四）

〈解答〉

1. (D)	2. (D)	3. (B)	4. (C)	5. (D)
6. (D)	7. (C)	8. (B)	9. (A)	10. (D)
11. (C)	12. (A)	13. (A)	14. (D)	15. (C)
16. (D)	17. (B)	18. (C)	19. (A)	20. (D)
21. (C)	22. (D)	23. (A)	24. (B)	25. (C)
26. (C)	27. (A)	28. (B)	29. (C)	30. (D)

八十三學年度技術校院二年制聯合招生入學考試試題
電子電路（含實習）

1. 有一二極體電路如圖一所示，其中D1，D2 為理想二極體（ideal diode），若$V_i = 3V$，則V_o為　(A) 5V　(B) 3V　(C) 1.5V　(D) 8V。

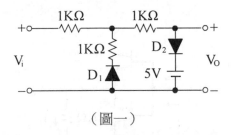

（圖一）

---

2. 第1題中，若$V_i = -5V$，則V_o為　(A)$-10V$　(B) 0V　(C)$-2.5V$ (D)$-5V$。

---

3. 一個二極體其順向偏壓為 0.60V 時，通過電流為 1mA，如果現在通過電流為 50mA，則其順向偏壓應為若干？（已知該二極體的物理特性$\eta = 1$，室溫的電壓等效值為$V_T = 25mV$，相關數據：$\ln 2 = 0.693$，$\ln 3 = 1.099$，$\ln 5 = 1.609$）　(A) 0.70V　(B) 0.50V (C) 0.65V　(D) 0.75V。

---

4. 有關電晶體（BJT）的敘述何者為非　(A)電晶體作為開關時，是在它的截止（cutoff）與飽和（saturation）兩個區工作　(B)電晶體在飽和區時，B-E 和 B-C 兩個接面都是反偏（reverse bias）(C)電晶體在作用（active）區時，B-E接面順偏（forward bias），B-C 接面反偏　(D)電晶體作為放大器使用時，是在作用（active）區做放大的動作。

---

5. 圖二所示為並聯 pnp 和 npn 電晶體各一的放大器，已知各電晶體都已偏壓在作用（active）區。此二電晶體的元件參數完全相同，其低頻小信號混合參數中的$r_b = 0$，$r_\pi = 1k\Omega$，$\beta = 100$，$r_o = \infty$。試求此放大器的小信號電流增益大小，$|A_I| = ?$　(A) 200　(B) 50　(C) 100　(D) 150。

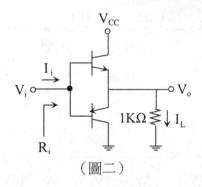

（圖二）

6. 第 5 題中，試求此放大器的小信號電壓增益大小，$|A_v| = ?$
(A) 2　(B) 0.99　(C) 50　(D) 100。

7. 第 5 題中，試求此放大器的輸入阻抗 $R_i = ?$　(A) 200kΩ　(B) 50kΩ　(C) 10MΩ　(D) 100kΩ。

8. 圖三所示為串接的射極隨耦器（emitter follower），假設三個電晶體的特性完全相同，其低頻小訊號混合參數裡的 $r_b = 0$，$r_o = \infty$，$\beta = 50$，r_π 忽略不計，則其輸入阻抗為　(A) 125MΩ　(B) 2.5MΩ　(C) 150kΩ　(D) 1kΩ。

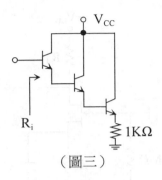

（圖三）

---

9. 比較共射極（CE），共基極（CB），和共集極（CC）的電晶體低頻小信號放大器，假設電晶體的參數為典型值，$r_b = 0$，$r_\pi = 1k\Omega$，$\beta = 100$，$r_o = 50k\Omega$ 並且電路中其它元件的值都相同，則下列敘述何者為非　(A)共基極（CB）的輸入阻抗最低　(B)共射極（CE）的輸出阻抗最低　(C)共基極（CB）的電流增益最低　(D)共集極（CC）的電壓增益小於 1。

---

10. 視頻放大器中常用的 cascode 接法是將兩級放大器接成何種組態？　(A)共集－共集（CC-CC）　(B)共射－共集（CE-CC）　(C)共射－共基（CE-CB）　(D)共集－共基（CC-CB）。

---

11. 圖四所示為一 n 通道 JFET 電路，此 JFET 的夾止電壓（pinch － off voltage）$V_p = -2.0V$，V_{GS} 為零時的汲極電流 $I_{DD} = 2.65mA$。如要 $I_D = 1.25mA$，則 R_S 為　(A) $2.7k\Omega$　(B) 850Ω　(C) 250Ω　(D) 500Ω。

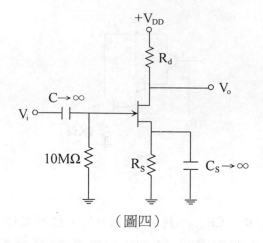

（圖四）

12. 第 11 題中，在此偏壓狀態下，此 JFET 的轉移電導（transconductance）g_m 為　(A) 0.63mA/V　(B) 1.33mA/V　(C) 1.82mA/V　(D) 1.18mA/V。

13. 第 11 題中，如 JFET 的低頻小訊號等效電路裡的 $r_d =$ 500kΩ，而電路中的 $R_d =$ 10kΩ，則此電路的電壓增益大小為　(A) 17.8　(B) 11.6　(C) 13.0　(D) 6.2。

14. 關於增強型（emhancement-type）與空乏型（depletion-type）n-channel MOSFET 的敘述何者為非　(A)增強型與空乏型都是使用 p-type 基片（substrate）　(B)增強型 MOSFET 結構上在閘極（gate）下方，源極（source）與汲極（drain）之間，植入一個 n 型通道　(C)空乏型 MOSFET 的 V_{GS} 的臨界電壓（threshold voltage）V_{th} 為負的　(D)作為放大器使用時，增強型 MOSFET 的 V_{GS} 加正的偏壓。

15. 圖五所示為兩個增強型 NMOS
    組成的電流鏡（current mirror），
    假設Q_1與Q_2完全相同，其元件參
    數如下：K（已包含外觀比（aspect
    ratio））$= 20\mu A/V^2$，臨界電壓
    （threshold voltage）$V_t = 1V$，爾利
    電壓（Early voltage）$V_A = 50V$，如
    $I_{REF} = 10\mu A$，則V_{GS}為 (A) 0.29V
    (B) 1.50V (C) 3.0V (D) 1.71V。

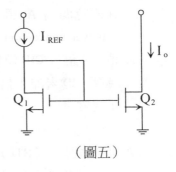

（圖五）

16. 第15題中，自Q_2端看此電路的輸出阻抗為 (A) 170kΩ (B) 100kΩ
    (C) 5MΩ (D) 500kΩ。

17. 圖六所示電路$V_{CC} = 12V$，$R = 10k\Omega$
    ，Q_1與Q_2為特性完全相同的電晶
    體，其$\beta = 50$，$V_{BE} = 0.7V$，則I_C為
    (A) 0.55mA (B) 1.08mA (C) 0.75mA
    (D) 1.25mA。

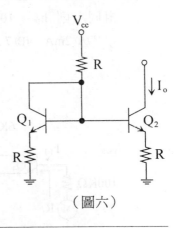

（圖六）

18. 第17題中，如β增加100%而成為100時，則I_C的增加量百分比
    為 (A) 0.5% (B) 0.1% (C) 2.5% (D) 1.6%。

19. 常輸入為正弦（sinusoidal）信號時，關於 A 類與 B 類功率放大
    器的敘述，何者為非 (A)在一個週期裡，B 類放大器電晶體工

作的時間為 A 類放大器 1/2　(B) B 類放大器的功率轉換功率
（power conversion effieiency）的最大值大約為 A 類放大器最大
值的 4 倍　(C)B 類放大器的二次諧波（second harmonic）較 A 類
為高　(D)未加入信號時，B類放大器電晶體的直流功率消耗幾
乎為零。

20.有關電晶體（BJT）和場效電晶體（FET）的比較，下列何者為
非　(A) BJT 是雙載子（carrier）元件，而 FET 是單載子元件
(B)在積體電路製作上，BJT比FET佔較大的空間　(C)BJT與FET
都是電壓控制（voltage－controlled）的電流源　(D)一般而言，
FET 作為放大器產生的雜訊（noise）較 BJT 為低。

21.有一差動放大器如圖七所示，圖中所有電晶體的共射極特性均
相同，則 h_{fe} = 100，h_{ie} = 1kΩ，h_{re} = 0，V_T = 25mV，試求 I_{E3}
= ? (A) 2mA　(B) 7.21mA　(C) 1mA　(D) 8.43mA。

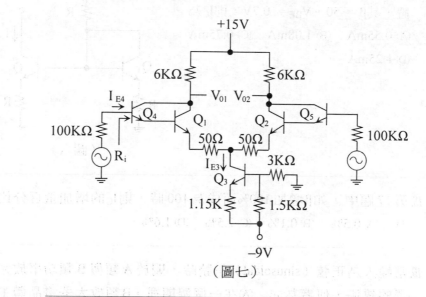

（圖七）

22. 如圖七所示之電路，設參數如 21 題之假設，設求圖中電流 I_{B4} 之值　(A) 0.02mA　(B) 0.01mA　(C) 100nA　(D) 200nA。

23. 如圖七所示之電路，設參數如 21 題之假設，試求圖中電阻 R_i 之值　(A) 501kΩ　(B) 612kΩ　(C) 102kΩ　(D) 107kΩ。

24. 第 21 題中，其差模增益（differential − mode gain）$|A_d|$ = ?　(A) 2000　(B) 240　(C) 1000　(D) 500。

25. 如圖八所示，試求 $V_C(s)$ = ?　(A)$\dfrac{V_s}{sCR_2}$　(B)sCR_2V_s　(C)$\dfrac{R_1}{R_2}$　(D) $\dfrac{R_1V_s}{2 + sCR_2}$。

26. 如圖八所示，本電路的節點①和②之間可作為　(A)電流至電壓轉換器　(B)電壓至電流轉換器　(C)電壓放大器　(D)電流放大器。

27. 如圖八所示，本電路的 V_o 和 V_s 之間可形成　(A)對數器　(B)加法器　(C)微分器　(D)積分器。

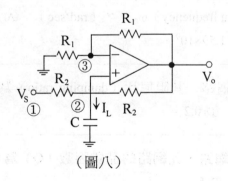

（圖八）

28. 有一電晶體在電流增益$|A_i| = 1$時，其增益頻寬積為$f_T = 100MHz$，若此電晶體在中頻段的電流增益$h_{fe} = 200$，試問其$-3dB$頻寬$f_\beta = ?$ (A) 50kHz (B) 20GHz (C) 500kHz (D) 20MHz。

29. 若第28題中之電晶體被使用在頻寬為10MHz的範圍，其電流增益h_{fe}為若干？ (A) 10 (B) 100 (C) 1000 (D) 10000。

30. 若第28題中之電晶體電路，其相關參數為$r_{be} = 200\Omega$，$R_L = 250\Omega$，$g_m = 0.6(V/A)$，$C_{be} = 150$及$C_{be} = 3pF$，試問此電路的$-3dB$頻寬f_H為若干？ (A) 1.74MHz (B) 5.2MHz (C) 1.32MHz (D) 2.65MHz。

31. 若第30題中的電晶體，其輸出埠（output port）為短路（即$R_L = 0$），則此時短路電流增益下降3dB的頻寬$f_\beta = ?$ (A) 2.65MHz (B) 1.75MHz (C) 265MHz (D) 5.2MHz。

32. 有一網路由RLC組成，其轉移函數為$\dfrac{V_o(s)}{V_s(s)} = \dfrac{1}{1 + s(L/R) + s^2 LC}$，已知$L = 0.2mH$，$C = 0.5\mu F$及$R = 100\Omega$，試求此網路的諧振頻率（resonant frequency）$\omega_o = ?$（rad/sec） (A) 1.59×10^4 (B) 10^5 (C) 10^{10} (D) 1.59×10^9。

33. 如32題之網路，其阻尼比（damping ratio）為何？ (A) 0.1 (B) 10 (C) 0.5 (D) 0.2。

34. 如32題之網路，此網路的品質因數（Q）為多少？ (A) 1 (B) 20 (C) 10 (D) 5。

35. 如 32 題之網路，此網路為何種濾波器？ (A)高通 (B)低通 (C)帶通 (D)全通 濾波器。

36. 圖九為一非穩態多諧波振盪器，試求此電路之振盪頻率 f = ？
(A)[RCln2]⁻¹ (B)[2RCln2]⁻¹ (C)[2RCln3]⁻¹ (D)[RCln3]⁻¹。

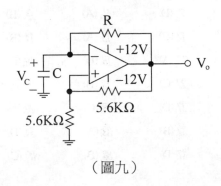

（圖九）

37. 如圖九之電路，若 R = 3.3kΩ，且所需要之振盪頻率為 f = 2kHz，則電容值 C 應為多少？（ln2 = 0.693，ln3 = 1.099，ln5 = 1.609） (A) 138nF (B) 220nF (C) 110nF (D) 69nF。

38. 有一 D/A 轉換器，其滿格輸出電壓為 12V，若解析度為 20mV，則此 D/A 轉換器須多少位元（bit）就能達到規格之要求？ (A) 9 (B) 10 (C) 8 (D) 12。

39. 有一 12 − bitD/A 轉換器，其每一步級（step）電壓大小為 5mV，求此 D/A 轉換器之滿格輸出電壓？ (A) 20.500V (B) 20.485V (C) 20.475V (D) 20.480V。

40. 第 39 題中之 D/A 轉換器的電壓解析度百分比為　(A) 0.0244%
(B) 2.44%　(C) 0.0488%　(D) 0.488%。

〈解答〉

1. (B)	*2.* (C)	*3.* (A)	*4.* (B)	*5.* (C)
6. (B)	*7.* (D)	*8.* (A)	*9.* (B)	*10.* (C)
11. (D)	*12.* (C)	*13.* (A)	*14.* (B)	*15.* (D)
16. (C)	*17.* (A)	*18.* (D)	*19.* (B)	*20.* (C)
21. (A)	*22.* (C)	*23.* (B)	*24.* 送分	*25.* (A)
26. (B)	*27.* (D)	*28.* (C)	*29.* (A)	*30.* (C)
31. (D)	*32.* (B)	*33.* (A)	*34.* (D)	*35.* (B)
36. (C)	*37.* (D)	*38.* (B)	*39.* (C)	*40.* (A)

八十二學年度技術校院二年制聯合招生入學考試試題
電子電路（含實習）

1. 有一二極體電路如圖一所示，圖中二極體的特性表示為$i_D =$
$$\begin{cases} 1.5 \times 10^2 V_D^2, & V_D \geqq 0 \\ 0, & V_D < 0 \end{cases}$$ 則該二極體的直流工作點（V_{DQ}，I_{DQ}）為
(A) 1.33V，26.53mA　(B) 1.16V，20.18mA　(C) 1V，15mA　(D) 0.85V，
10.84mA。

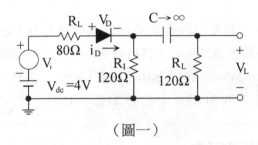

（圖一）

---

2. 第一題中，若輸入信號 $v_i(t) = 0.1 \sin\omega t$ 伏特，則輸出電壓
$v_L(t) = v_{Lm} \sin\omega t$ 之最大值 v_{Lm} 為若干？　(A) 34.62mV　(B) 42.86mV
(C) 30.33mV　(D) 60mV。

---

3. 一電晶體電路如圖二所示，假設該電晶體的$\beta = 150$ 不受溫度
變化影響，今經量測得知 I_{CEO}（85℃）時，逆向飽和電流 I_{CO}
（25℃）為若干？　(A) 39μA　(B) 0.243μA　(C) 16.56μA　(D) 0.521μA。

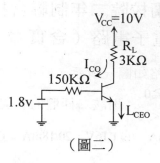

（圖二）

4. 第三題中，若設定該電晶體的開關轉換點在$V_{BE} = 0V$時，則該電晶體在攝氏幾度（℃）會自行導通？（相關數據：$\ln2 = 0.69$，$\ln3 = 1.1$，$\ln5 = 1.61$，$\ln10 = 2.3$，$\ln50 = 3.91$，$\ln100 = 4.61$）
(A) 67.25℃　(B) 31.65℃　(C) 75.21℃　(D) 81.50℃。

5. 有一 n 通道 JFET 電路如圖三所示，圖中 JFET 的$I_{DSS} = 20mA$ 及$V_p = -6V$，試求其偏壓點$V_{GSQ} = ?$　(A) $-2.75V$　(B) $-3.45V$　(C) $-9.45V$　(D) $-4.65V$。

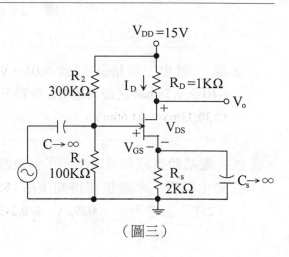

（圖三）

6. 第五題中，該電路的直流工作點（I_{DQ}，V_{DSQ}）為若干？　(A)（3.60mA，4.20V）　(B)（1mA，12V）　(C)（4.50mA，1.50V）　(D)（2.25mA，8.25V）。

7. 一電晶體電路如圖四所示，已知該電晶體 β = 200，I_{CQ} = 5mA，
   溫度的電壓等效值為 $V_T = \dfrac{T}{11600}$，其中 T 的單位為 K，試求在
   27℃ 時，該電晶體的 g_m 及 r_π 值為若干？（該電晶體的物理特
   性 η = 1）
   (A)g_m = 193mA/V，r_π = 38.60Ω (B)g_m = 5.2mA/V，r_π = 38.46Ω
   (C)g_m = 193Am/V，r_π = 1036Ω (D)g_m = 2.148Am/V，r_π = 93.11Ω。

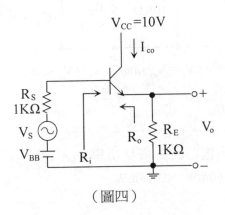

（圖四）

8. 第七題中，電路的輸入阻抗 R_i 及輸出阻抗 R_o 為若干？表示為
   （R_i，Ro） (A)（202kΩ，10.1Ω） (B)（201kΩ，5.1Ω） (C)
   （201kΩ，5.4Ω） (D)（202kΩ，196.3Ω）。

9. 圖五電路中，若電晶體的 β = 200，V_{BE} = 0.7V，且輸入信號為
   V_s 正弦信號，試求此電路的最大不失真輸出電壓 $V_o = V_{om}\sin\omega t$
   之 V_{om} 為若干？ (A) 6.24V (B) 6V (C) 2.63V (D) 4.32V。

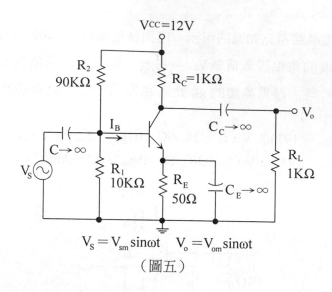

Vcc=12V

R₂ 90KΩ

Rc=1KΩ

IB

Cc→∞

Vo

C→∞

Vs

R₁ 10KΩ

RE 50Ω

CE→∞

RL 1KΩ

$V_S = V_{sm}\sin\omega t \quad V_o = V_{om}\sin\omega t$

（圖五）

10.第九題中，電路的總損耗功率 P_{CC} 為若干？　(A) 149mW　(B) 68mW　(C) 60mW　(D) 63mW。

11.第九題中，若電路的 R_C、R_L、R_E、β 及 V_{BE} 均不變，欲使此電路的不失真輸出信號為最佳化（即輸出振盪擺動為最大），此時的偏壓 I_{BQ} 需改變，試求調整後的工作點（I_{CQ}，V_{CEQ}）為若干？　(A)（5.45mA，6V）　(B)（7.74mA，3.87V）　(C)（8.5mA，2.65V）　(D)（3.75mA，7.88V）。

12.有一電壓調整器如圖六所示，其中曾納二極體（Zener diode）為 4.7V 且其最小工作電流為 12mA，若負載的變化範圍為由 15mA 至 100mA。已知電源為 $V_{dc} = 15$V，試求最佳 R_1 值至少為若干？　(A) 686Ω　(B) 103Ω　(C) 91Ω　(D) 381Ω。

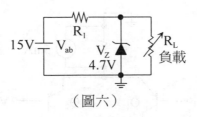

（圖六）

13. 第十二題中，若負載R_L不小心開路可能會造成曾納二極體的負擔，試問此曾納二極體至少應承受多少瓦功率，本電路才能安全工作？　(A) 127mW　(B) 766mW　(C) 470mW　(D) 527mW。

14. 見圖七$V_1 = 15V$，$V_{BE} = 0.75V$，$I_o = 5mA$，$\beta \gg I_oR =$　(A) 0.75kΩ　(B) 1.4kΩ　(C) 3kΩ　(D) 5kΩ。

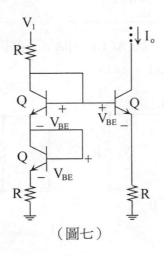

（圖七）

15. 見圖八，$R_E \to \infty$，$|V_{B1} - V_{B2}| \to 0$，則$|V_{C1} - V_{C2}| / |V_{B1} - V_{B2}| =$
(A) 26　(B) 190　(C) 48　(D) 96。

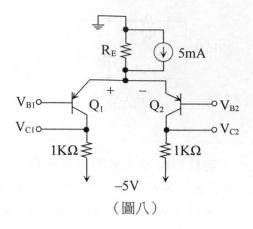

（圖八）

16. 見圖八，$R_E = 50k\Omega$，$V_{B1} = V_{B2}\Delta V_{CM}$，$|\Delta V_{C1} / \Delta V_{CM}| =$　(A) 0.05　(B) 0.04　(C) 0.01　(D) 0.02。

17. 見圖九，$I_0/V_s =$　(A) A/（1＋βA）　(B) β（1＋βA）　(C) A/（1－βA）　(D) $R_0A/(1 + βA)$。

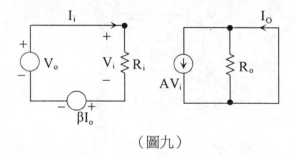

（圖九）

18. 見圖九，$I_i / V_s =$　(A) $1/[R_0(1 - βA)]$　(B) $(1 - βA)/R_0$　(C) $(1 + βA)/R_i$　(D) $1/[R_I(1 + βA)]$。

19. 見圖十，$R_1 = 2R_2$，當 $R_{in} = -1K\Omega$ 時，R = (A) 1000Ω (B) 500Ω (C) -500Ω (D) 200Ω。

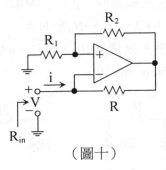

（圖十）

---

20. 見圖十一，$C_h \to \infty$，$|V_{CE}(j\omega)/V_s(j\omega)|$ 之上截止（upper-3dB cutoff）頻率為 (A)124×10^6Hz (B)780×10^6Hz (C)175×10^6Hz (D)100×10^6Hz。

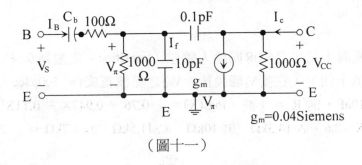

（圖十一）

---

21. 見圖十二，希望 $|V_{CE}(j\omega)/V_s)j\omega)|$ 之下截止（lower-3dB cutoff）頻率為 10kHz，則 $C_b =$ (A)0.056nF (B)0.028μF (C)0.014μF (D)0.08μF。

---

22. 某回授放大器之閉迴路增益為 A（jω）/ [1 + βA（jω）]，β 為正實數，A(jω) = 80 / (1 + jω / ω_c)^3，ω_c 為實數。若 β 選得適當，則此電路可作弦波（sinusoid）振盪於 ω (A)$\sqrt{3}\omega_c$ (B)$\sqrt{2}\omega_c$ (C)

$0.866\omega_c$ (D) $0.707\omega_c$。

---

23. 第 22 題中,在弦波振盪時,$\beta =$ (A) 0.5   (B) 2   (C) 10   (D) 0.1。

24. 見圖(土),設 i = 1,2,3,…N_o 令 N = 4,則圖中數位信號輸入為 0000_2。若將輸入改成 1010_2,則 $i_o = \alpha \times V_{ref} / R$,其中 $\alpha =$ (A) 0.1   (B) 5/8   (C) 5/16   (D) 10。

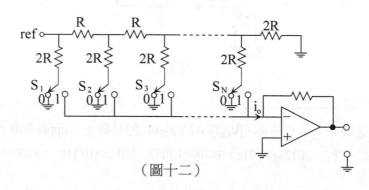

(圖十二)

---

25. 見圖十三,設 NOR 閘輸入轉態(transition)電壓為 $0.58V_{DD}$(見圖十四),在受 V_i 觸發後,V_{o2} 之脈波寬度 t = 100μsec,若 C = 10nF,則 R =(註:$\log_e(X) = -0.76 + 0.947X - 0.11X^2$,$1.8 \leq X \leq 2.6$)(A) 14.3kΩ   (B) 10kΩ   (C) 11.5kΩ   (D) 8.7kΩ。

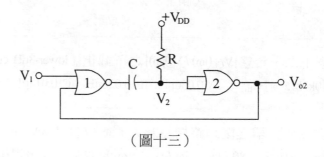

(圖十三)

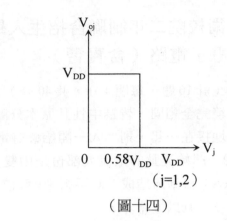

（圖十四）

〈解答〉

1. (C)	2. (A)	3. (B)	4. (D)	5. (B)
6. (A)	7. (C)	8. (A)	9. (C)	10. (D)
11. (B)	12. (C)	13. (D)	14. (B)	15. (D)
16. (C)	17. (A)	18. (D)	19. (B)	20. (A)
21. (C)	22. (A)	23. (D)	24. (B)	25. (C)

八十一學年度技術校院二年制聯合招生入學考試試題
電子電路（含實習）

一、第一類選擇題：（計10題，每題4分，共40分）

1. 將所處物理環境完全相同，皆為中性且原本分離的 p 型矽及 n 型矽直接緊密地接在一起，則　(A)一開始會有電流由n型矽流向 p 型矽　(B)一開始流動的電流大部份是由雙方的少數載子（minority carriers）移動所造成　(C)平衡後 p 型矽內電洞的數目會較平衡前為多　(D)以上皆非。

2. 對一共射極（CE）npn 電晶體放大電路而言，若保持該電晶體在線性區（linear 或 active region）內工作，則　(A)操作點（Q－point）的基極電流愈大，集極與射極間的有效小訊號電阻愈大　(B)操作點的基極電流愈大，集極與射極間的操作電壓愈大（其值元件值不變）　(C)換一個共射極順向電流增益β（或h_{fe}）較大的npn電晶體來用，若其它參數不變，則集極與射極間的操作電壓變小　(D)以上皆非。

3. 若 n 通道 JFET 在歐姆區（ohmic region）內正常工作，則閘極與源極間的電壓V_{GS}負得愈多　(A)匱乏區（depletion region）愈大，D 極與 S 極間的有效阻抗愈大　(B)匱乏區愈小，D 極與 S 極間的有效阻抗愈大　(C)匱乏區愈大，D 極與 S 極間的有效阻抗愈小　(D)匱乏區愈小，D 極與 S 極間的有效阻抗愈小。

4. 一般功率放大器的最高功率轉換效率（power conversion efficiency）的大小次序　(A) A 類$\geq$AB 類$\geq$B 類　(B) A 類$\geq$B 類$\geq$AB 類　(C) AB 類$\geq$B 類$\geq$A 類　(D) B 類$\geq$AB 類$\geq$A 類。

5. 將二最大輸出電流，最高輸出電壓及放大倍數皆相同但放大相位相反的功率放大器橋接如圖一，則其最大輸出功率為原來單一放大器的 (A)2倍 (B)4倍 (C)1/2倍 (D)1/4倍。

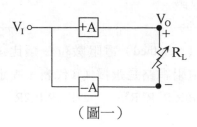

（圖一）

6. 若一恆流源差動放大器的各個 BJT 參數相同，即 $\beta_o = 100$，$h_{ie} = 1k\Omega$。則放大器的差模（differential mode）輸入端電阻值約等於 (A)200kΩ (B)20kΩ (C)2kΩ (D)200Ω。

7. 已知一 pn 二極體的切入（cut－in）電壓是 0.7V，又已知一運算放大器的開環差模增益$A_d = 10^5$，並與二極體組成精密（precision）半波整流器。若各偏差（offset）電壓，電流效應均可略而不計，則起始導流的輸入電位是 (A)$7 \times 10^{-5}V$ (B)$7 \times 10^{-6}V$ (C)$7 \times 10^{-7}V$ (D)$7 \times 10^{-8}V$。

8. 圖二電路是一 JFET 放大器的低頻效應電路，則低（lower）－3dB 頻率是 (A)5Hz (B)20Hz (C)80Hz (D)200Hz。

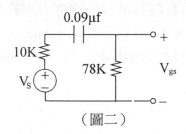

（圖二）

9. 作波德（Bode）圖的漸近（asymptotic）線時，常用到角（corner or break）頻率及　(A) 10，1/10　(B) 2，$1/\sqrt{2}$　(C) 3，$1\sqrt{3}$　(D) π，$1/\pi$ 倍頻率畫線段。

10. 二進位加權（weigthed）電阻數位－類比（digital to analog）轉換器的加權電阻網路是選擇（R代表一固定電阻值）　(A) R,3R,R/3,R/9,…　(B) R,R^2,R^4,R^R,…　(C) R,2R,R,2R　(D) R,R/2,R/4,R/8,…。

二、第二類選擇題：（計 20 題，每題 8 分，共 160 分）

11. 圖三中，若 $14V \leqq V_B \leqq 20V$，$R_i = 16\Omega$，$50\Omega \leqq R_L \leqq 100\Omega$，若採用 10V 理想增納（Zener）二極體，則　(A) I_Z 最大為 0.625A　(B) I_Z 最大為 0.525A　(C) I_Z 最小為 0.15A　(D) I_Z 最小為 0.25A。

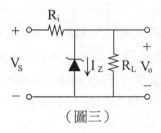

（圖三）

12. 圖四中，若電晶體 Q 導通時 $V_{BE} = 0.7V$，β(或 h_{fe}) = 100，假設其飽和區（saturation region）及截止區（cutoff region）非常小可以忽略，而 C_1 與 C_2 的電容值非常大，若想使 V_o 的無失真對稱擺盪幅度（undistorted symmetric swing，在此間寫成 USS）達到最大，則 Q 的操作集極電流 I_{CQ} 為　(A) 4.3mA　(B) 5mA　(C) 5.7mA　(D) 6.4mA。

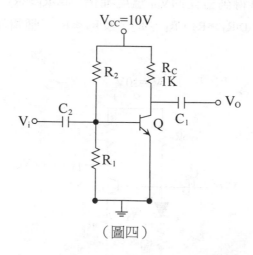

（圖四）

13. 將 12 題中的輸出端V_o與接地之間加上一負載$R_L = 1k\Omega$，若同樣欲使V_o的 USS 達到最大，則對新操作點而言，與 12 題的結果比較　(A)集極與射極間的操作電壓V_{CEQ}變大，I_{CQ}變小，V_o的 USS 變大　(B)V_{CEQ}變小，I_{CQ}變大，V_o的 USS 變小　(C)V_{CEQ}變大，V_o的USS變小　(D)V_{CEQ}變小，I_{CQ}變大，V_o的USS變大。

14. 將 13 題中的 R_C 改用由 V_{CC} 流向電晶體的理想電流源來取代，此時亦調整該電流源的電流值及 R_1，R_2 使得V_o得到最大的 USS，則與 13 題的結果相比較　(A)V_{CEQ} 變小，I_{CQ} 變大，I_{CQ} 變小，V_o 的 USS 變小　(B)V_{CEQ} 變小，I_{CQ} 變大，V_o 的 USS 變大　(C)V_{CEQ} 變大，I_{CQ} 變小，V_o 的 USS 變大　(D)V_{CEQ}，I_{CQ} 與 V_o 皆不變。

15. 圖五中，若二極體的切入電壓（cut-in voltage，V_r）在任何溫度下與電晶體的 V_{BE} 相同，則在電晶體導通的情況下，下列何

種情況可得到最佳的V_{BE}溫度補償　(A)$R_1 \gg R_2$　(B)$R_1 = R_2$　(C)
$R_1 \ll R_2$　(D)$R_1 \gg R_2$，$R_1 = R_2$，及$R_1 \ll R_2$三種情況的補償效果相
同。

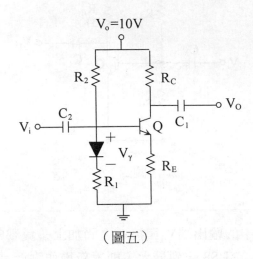

（圖五）

16. 圖六中，若Q_1與Q_2完全相同，二者所處的物理環境亦相同，
　　且皆在線性區下工作，則此二電晶體的h_{ie}參數大小關係為
　　(A)$Q_1 = Q_2$　(B)$Q_1 < Q_2$　(C)$Q_1 > Q_2$　(D)不一定。

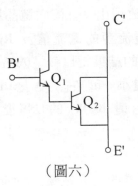

（圖六）

17. 16題中，由 B′ 到 E′ 間的小訊號等效輸入阻抗為（設 β 遠大於 1）
(A)$\beta^2 h_{ie2}$（h_{ie2} 為 Q_2 的 h_{ie}）　(B)$\beta^2 h_{ie1}$（為 h_{ie1} 為 Q_1 的 h_{ie}）　(C)$2h_{ie2}$
(D)$2h_{ie1}$。

---

18. 圖㈦中若三電晶體完全相同，且其 β≫1，V_{BE} 亦皆等於 0.7V，
則正常工作下 I_{C2} ＝　(A) 31.4mA　(B) 30mA　(C) 29.3mA　(D)
28.6mA。

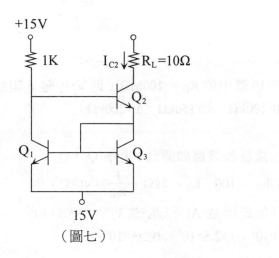

（圖七）

---

19. 圖八中，若 D 極放電流為 $i_D = K(V_{GS} - V_p)^2$，$K = 0.25mA/V^2$，
$V_p = 2V$，V_{GS} 為 G 極與 S 極間的電壓；D 極與 S 極間的有效阻
抗 $r_d = 100V/I_D$，I_D 為操作點的 i_D 值。若 $r_d \ll R_G$，欲使 V_o/V_i 的
小訊號增益為－100，設圖中的電容非常大，則 I ＝　(A) 1.04mA
(B) 1.14mA　(C) 1.23mA　(D) 1.30mA。

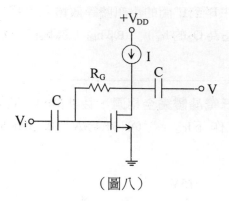

（圖八）

20.若 19 題中的 $R_G = 100M\Omega$，則 V_i 的輸入阻抗 R_{in} 為 　(A) $80k\Omega$
(B) $100k\Omega$　(C) $150k\Omega$　(D) $200k\Omega$。

21.一達靈頓電路如圖九，已知 Q_1、Q_2
的 $h_{fe} = 100$，$h_{ie} = 1k\Omega$，$\dfrac{1}{h_{oe}} = 40k\Omega$，則
其電流增益 $A_i = i_o/i_b$ 值約為　(A) 5×10^4
(B) 10^4　(C) 2.5×10^3　(D) 2.5×10^2。

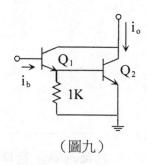

（圖九）

---

22. 已 知 一 MOSFET 差 動 放 大 器 的 元 件 參 數 如 下：
$g_m = 5mS(S = \Omega^{-1})$，$r_d = 100k\Omega$，汲極負荷 $R_d = 5k\Omega$，源極電流
源內阻 $R_B = 50k\Omega$，則 CMRR 值約等於　(A) 2000　(B) 1500　(C)
1000　(D) 500。

23.圖十電路工作於 300K 室溫。若 $\dfrac{V_f}{\eta V_T} \gg 1$，則 V_o 等於　(A)$\exp(\dfrac{V_s}{R})$

(B) $\dfrac{\eta}{V_T \ln\dfrac{V_s}{R}}$　(C) $-\eta V_T(\ln\dfrac{V_s}{R} - \ln I_S)$　(D) $\dfrac{\ln I_S}{\eta V_T}(\ln\dfrac{V_s}{R})$。

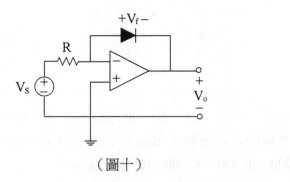

（圖十）

24.一高頻共射極（CE）放大器的 $g_m = 7\text{mS}(S = \Omega^{-1})$，$R_L = 1.3\text{k}\Omega$，基－集間電容 $C_{bc} = 3\text{pF}$，則米勒（Miller）電容量約等於　(A) 12pF　(B) 21pF　(C) 30pF　(D) 42pF。

25.一相移振盪器正進行穩定振盪，若放大器的轉移（transfer）函數是 $10\angle 173°$，則 RC 相移網路的轉移函數是　(A) $2\pi\angle -173°$　(B) $0.1\angle 187°$　(C) $-1\angle 360°$　(D) $2\angle 360°$。

26.圖十一中，若 M_1 的 $r_{ds}(\text{off}) = 3\times10^{10}\Omega$，運算放大器輸入端電阻 $R_i = 10^{11}\Omega$，電容器內漏電阻值為 100MΩ，則所取的電壓在 C 兩端漏洩到 $0.37V_A$ 需時　(A) 20s　(B) 15s　(C) 10s　(D) 5s。

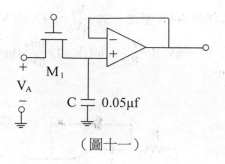

V_A 的左側有 M_1，下方 C $\quad$ 0.05μf

（圖十一）

27. 已知一積體電路中某一積體電路的長、寬為 6μm 和 1.5μm。若材料的電阻參數是 $R_{poly} = 50\Omega/\square$，則其最低的電阻值是 (A) 200 (B) 450 (C) 300 (D) 960 歐姆。

28. 一放大器的尼奎（Nyquist）曲線示於圖十二。若以 T（s）表示回歸比（return ratio），則在右半複頻率（s）平面上 1 + T(s)的極點數目是 (A) 1 (B) 2 (C) 3 (D) 0 個。

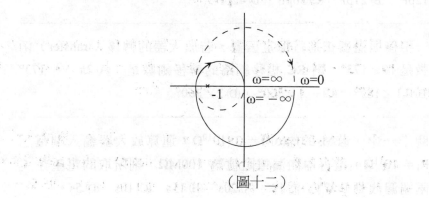

（圖十二）

29. 電源電壓為V_{SS} = 10V的兩個 CMOS NOR 閘接成振盪器如圖㈫。則所產生的信號頻率 f⇒ (A)3.8Hz (B)7.6Hz (C)13.8Hz (D)17.6Hz。

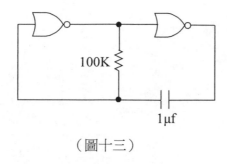

（圖十三）

30. 設各種閘和反相器的延遲時間相同，則圖(由)中及閘的延遲時間 t_{pd} (A) 0.05μs (B) 0.5μs (C) 5.3μs (D) 7.3μs。

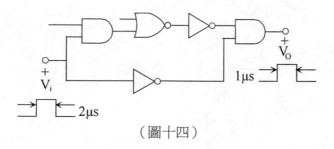

（圖十四）

〈解答〉

1. (D)	*2.* (C)	*3.* (A)	*4.* (D)	*5.* (B)
6. (C)	*7.* (B)	*8.* (B)	*9.* (A)	*10.* (D)
11. (B)	*12.* (B)	*13.* (B)	*14.* (C)	*15.* (C)
16. (C)	*17.* (A)	*18.* (D)	*19.* (A)	*20.* (B)
21. (A)	*22.* (D)	*23.* (C)	*24.* (C)	*25.* (B)
26. (D)	*27.* (A)	*28.* (B)	*29.* 無解	*30.* (B)

附錄 B

（本附錄之試題，文中均有詳解）

八十八學年度技術校院二年制聯合招生入學考試試題（電機題）電子學與電路學

注意：

1. 本試題計 40 題，每題 5 分，共 200 分。

2. 請選擇一個最適當的答案，以 2B 鉛筆依次劃在答案卡上。

3. 答錯者，倒扣題分的四分之一；未答者，得零分。倒扣至零分為止。

4. 有關數值計算的題目，以最接近的答案為準。

1. 如圖一，其中 $\beta = 100$，$r_\pi = 2.5k\Omega$，$R_E = 1K\Omega$ 且 $R_L = 10k\Omega$，求 $|v_o/v_b|$： (A) 12.7 (B) 9.7 (C) 6.3 (D) 3.1

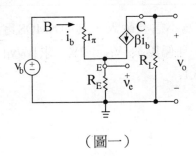

（圖一）

2. 續第 1 題，求 v_e/v_b： 　(A) 0.98 　(B) 0.75 　(C) 0.55 　(D) 0.32

3. 如圖二，圖中 OPA 為理想運算放大器，求 $|v_0/v_1|$： 　(A) 12 　(B) 10 　(C) 8 　(D) 6

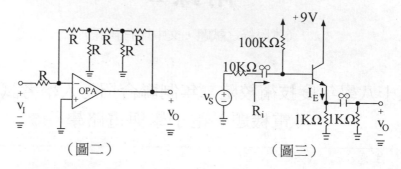

（圖二） 　　　　　　　　　（圖三）

4. 如圖三，其中電晶體的參數 $\beta = 200$ 且熱電壓 $V_T = 25\text{mV}$。圖中 v_S 為小信號輸入，求射極偏壓電流 I_E： 　(A) 1.4mA 　(B) 2.4mA 　(C) 3.5mA 　(D) 5.5mA

5. 續第 4 題，求小信號輸入電阻 R_i： 　(A) 50kΩ 　(B) 40kΩ 　(C) 30kΩ 　(D) 20kΩ

6. 如圖四，v_i 為小信號輸入，其中 NMOS 電晶體具有 $|V_t| = 0.9\text{V}$，$V_A = 50\text{V}$，且偏壓於 $V_D = 2\text{V}$。求 $|v_0/v_i|$： 　(A) 13.2 　(B) 10.5 　(C) 8.3 　(D) 6.1

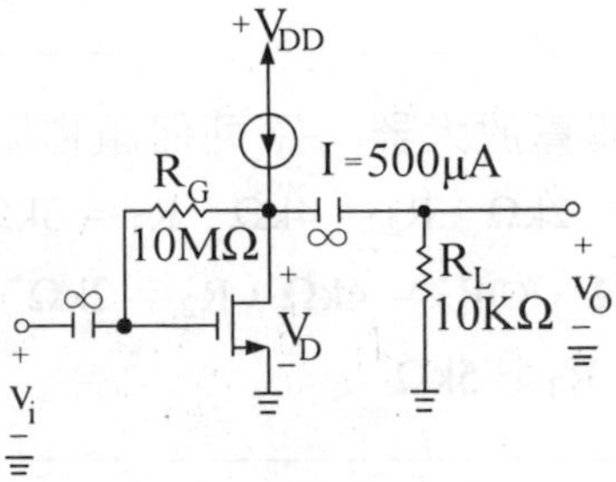

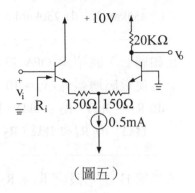

（圖四）　　　　　　　　　　　（圖五）

---

7. 如圖五，其中電晶體的參數 $\beta = 100$，且熱電壓 $V_T = 25mV$。
求小信號增益 v_o/v_i：　(A) 10　(B) 20　(B) 30　(D) 40

---

8. 續第 7 題，求小信號輸入電阻 R_i：　(A) 40kΩ　(B) 50kΩ　(C) 60kΩ
(D) 70kΩ

---

9. 如圖六，其中 $R = 100kΩ$，$g_m = 4mA/V$，$R_L = 5kΩ$，$C_{gs} = 1pF$。
求低頻增益 v_o/v_i：(A) $-$ 20　(B) $-$ 10　(B) $-$ 5　(D) $+$ 10

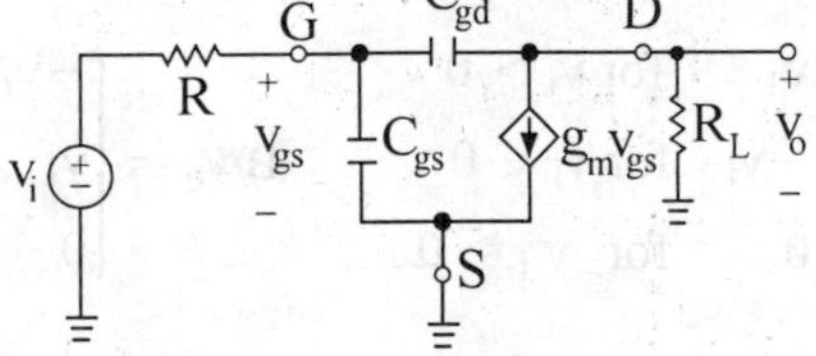

（圖六）

---

10. 續第 9 題，求上三分貝頻率 ω_H 約：　(A) 160krad/s　(B) 270krad/s

(C) 450kard/s (D) 750kard/s

11. 如圖七，圖中兩 OPA 皆為理想運算放大器，下列何組電阻值可使電壓增益 $v_0 / v_i = 10$ (A) $R_1 = 2k\Omega$，$R_2 = 4k\Omega$，$R_3 = 3k\Omega$ (B) $R_1 = 3k\Omega$，$R_2 = 6k\Omega$，$R_3 = 3k\Omega$ (C) $R_1 = 4k\Omega$，$R_2 = 2k\Omega$，$R_3 = 6k\Omega$ (D) $R_1 = 1k\Omega$，$R_2 = 4k\Omega$，$R_3 = 5k\Omega$

12. 續第 11 題，假設 $R_1 = R_2 = R_3 = R_4 = 1k\Omega$，且 $v_1 = 1V$，求 I_1：
(A) 5mA (B) 4mA (C) 3mA (D) 2mA

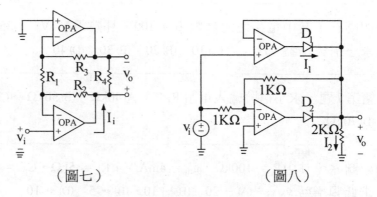

（圖七）　　　　　（圖八）

13. 圖八中，兩 OPA 均為理想運算放大器，D_1 及 D_2 均為理想二極體，則圖中 v_0 與 v_1 的關係為：

$$(A)\, v_o = \begin{cases} v_1 & \text{for } v_i > 0 \\ -v_i & \text{for } v_i < 0 \\ 0 & \text{for } v_i = 0 \end{cases} \qquad (B)\, v_o = \begin{cases} -v_i & \text{for } v_i > 0 \\ v_i & \text{for } v_i < 0 \\ 0 & \text{for } v_i = 0 \end{cases}$$

$$(C)\, v_o = \begin{cases} v_i & \text{for } v_i > 0 \\ 0 & \text{for } v_i \leq 0 \end{cases} \qquad (D)\, v_o = \begin{cases} -v_i & \text{for } v_i > 0 \\ 0 & \text{for } v_i \leq 0 \end{cases}$$

14. 續第 13 題，當圖中 $I_2 = 3mA$ 時，則 I_1 的電流為：(A) 0mA (B) 2mA (C) 3mA (D) 4mA

15.一濾波器具有轉移函數 T（s）＝ 1/[（s＋1）（s²＋s＋1）]，
當 ω＝ 1rad/s 時，求｜T（Jω）｜： (A) 0.9 (B) 0.7 (C) 0.5 (D) 0.3

16.某電壓放大器因飽和而有非線性現象，其輸出v_0與輸入v_i之間
的關係為：

$$v_0 = \begin{cases} 10v_i & \text{for } 0V \le |v_i| < 1.5V \\ 15V & \text{for } 1.5V \le v_i \\ -15V & \text{for } -1.5V \ge v_i \end{cases}$$

當v_i＝ 0.8（1＋ sint）V 時，v_0的峰對峰值（peak-to-peak value）
為： (A) 14V (B) 15V (C) 16V (D) 18V

17.續第 16 題，現將此非線性放大器接成電壓串聯負回授型式，
回授因子與頻率無關且其值為β＝ 0.1，當輸入為v_i＝ 1.6sintV
時，v_0的峰對峰值為： (A) 10V (B) 12V (C) 14V (D) 16V

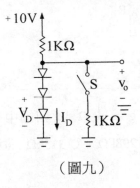

（圖九）

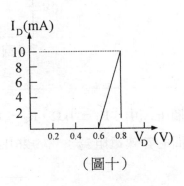

（圖十）

18.圖九中，三個二極體均具有圖十所示的順向特性曲線，當開關
S 開啟（OPEN）時，V_0的電壓為： (A) 1.99V (B) 2.15V (C)
2.26V (D) 2.48V

19. 續第 18 題，當開關 S 關閉（CLOSE）時，V_0的電壓為： (A) 1.97V (B) 2.05V (C) 2.14V (D) 2.34V

20. 續第 18 題，當開關 S 關閉（CLOSE）時，電流 I_D 為： (A) 5.72mA (B) 4.92mA (C) 2.87mA (D) 1.27mA

21. 已知圖十一中，電流 $I = \frac{7}{3}A$，則圖中電阻 R 的阻值為： (A) 20Ω (B) 25Ω (C) 30Ω (D) 35Ω

22. 續第 21 題，求圖十一中兩電阻所消耗的總功率為： (A) 54.1W (B) 63.3W (C) 75.6W (D) 88.9W

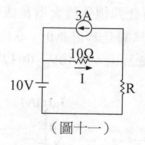

（圖十一）

23. 圖十二中，$R_1 = 1kΩ$，$R_2 = 10kΩ$、$g = \frac{1}{30}Ω^{-1}$，則圖中 ab 兩點間的等效電阻為： (A) 261kΩ (B) 298kΩ (C) 315kΩ (D) 344kΩ

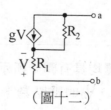

（圖十二）

24. 圖十三中，v_0是此電路的輸出，則對此電路的敘述，下列何者正確？　(A)輸入接於b_1b_2點間，且a_1a_2點間短路，c_1c_2點間短路，則此電路為高通濾波器　(B)輸入接於c_1c_2點間，且b_1b_2點間開路，a_1a_2點間短路，則此電路為高通濾波器　(C)輸入接於a_1a_2點間，且b_1b_2點間短路，c_1c_2點間短路，則此電路為低通濾波器　(D)輸入接於a_1a_2點間，且b_1b_2點間開路，c_1c_2點間短路，則此電路為高通濾波器

25. 同第 24 題，則此電路的敘述，下列何者正確？　(A)輸入接於b_1b_2點間，且a_1a_2點間短路，c_1c_2點間短路，則此電路為高通濾波器　(B)輸入接於c_1c_2點間，且b_1b_2點間短路，a_1a_2點間短路，則此電路為高通濾波器　(C)輸入接於a_1a_2點間，且b_1b_2點間短路，c_1c_2點間短路，則此電路為低通濾波器　(D)輸入接於a_1a_2點間，且b_1b_2點間短路，c_1c_2點間短路，則此電路為高通濾波器

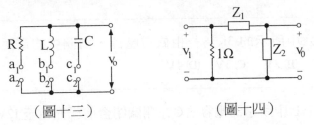

（圖十三）　　　　（圖十四）

26. 已知圖十四是一階線性電路，以實驗方式量測v_1及v_2之間的穩態關係。量測一：v_1接上 1V 的直流電壓源，量測得v_2為直流 1V；量測二：v_1接上正弦電壓源，頻率 1Hz，振幅 1V，量測得v_2亦是同頻率的正弦波，但振幅約 0.7V，且相位落後v_1約 $45°$，則對此電路的敘述，下列何者正確？　(A) Z_1是 1Ω 的電阻，Z_2是 1H 的電感　(B) Z_1是 1Ω 的電阻，Z_2是 2H 的電感　(C) Z_1是 1H 的電感，Z_2是 1Ω 的電阻　(D) Z_1是 2H 的電感，Z_2是 1Ω 的電阻

27. 續第 26 題，在量測二的實驗中，如同時以示波器觀察 v_1 及 v_2 的波形，則兩者的正斜率零交越點間隔多少時間： (A) 0.125 秒 (B) 0.25 秒 (C) 0.45 秒 (D) 0.5 秒

28. 圖十五中的電路元件的端電壓 v 及端電流 i 在時間 t<0 時均為零；在 t ≥ 0 時分別為 $v = 100000te^{-500t}V$ 及 $i = 10te^{-500t}A$。則最大功率供輸給電路的時刻為： (A) 1ms (B) 2ms (C) 3ms (D) 4ms

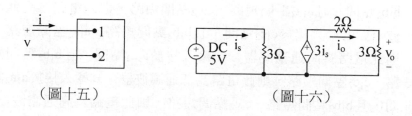

（圖十五）   （圖十六）

29. 圖十六中所示的 $3i_s$ 為一相依電壓源，則圖中的電壓 V_0 為： (A) 1V (B) 2V (C) 3V (D) 4V

30. 設圖十七中所示的電容器 C 在開關閉合前已充電至 12V。開關在 t−0 時閉合，令時間單位為 s，電壓 $v_c(t)$ 的單位為 V，則電容器 C 兩端所跟電壓 $v_c(t)$ 的數學表示為：
(A) $v_c(t) = 8 - 6(1 - e^{10t})$
(B) $v_c(t) = 8 - 6e^{-10t}$
(C) $v_c(t) = -2 - 6(1 - e^{-10t})$
(D) $v_c(t) = 8 - 6e^{-0.1t}$

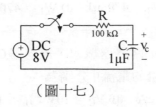

（圖十七）

---

31. 圖十八中所示的電阻 R 為：　(A) 1Ω　(B) 3Ω　(C) 5Ω　(D) 7Ω

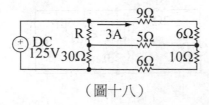

（圖十八）

---

32. 設圖十九中所示的電容器 C_1 及 C_2 均已充電至最終值，則其所儲存的電荷 Q_1 及 Q_2 分別為：

(A) $Q_1 = 256\mu C$；$Q_2 = 4704\mu C$　　(B) $Q_1 = 32\mu C$；$Q_2 = 168\mu C$

(C) $Q_1 = 32\mu C$；$Q_2 = 0\mu C$　　　　(D) $Q_1 = 0\mu C$；$Q_2 = 0\mu C$

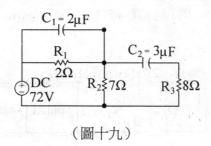

（圖十九）

---

33. 續第 32 題，電容器 C_1 及 C_2 所儲存的能量 W_1 及 W_2 分別為：

(A) $W_1 = 32\mu J$；$W_2 = 168\mu J$　　(B) $W_1 = 168\mu J$；$W_2 = 32\mu J$

(C) $W_1 = 256\mu J$；$W_2 = 4704\mu J$　(D) $W_1 = 4704\mu J$；$W_2 = 256\mu J$

34. 假設圖二十所示電路已達穩態，電容器 C 兩端所跨的電壓 V_C 及
　 電感器 L 內所流過的電流 I_L 分別為：
　 (A) $V_C = 6V$；$I_L = 2A$　(B) $V_C = 10V$；$I_L = 1.14A$
　 (C) $V_C = 10V$；$I_L = 0A$　(D) $V_C = 0V$；$I_L = 0A$

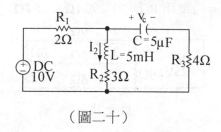

（圖二十）

35. 續第 34 題，電感器 L 內所儲存的能量為：　(A) 10mJ　(B) 5mJ
　 (C) 3.25mJ　(D) 0mJ

36. 圖二十一所示電路中的開關已經開啟很久了，假定在 $t = 0$ 瞬
　 間，開關閉合。則 i 的初始值為：　(A) 40mA　(B) 10mA　(C) 0mA
　 (D) $-$ 20mA

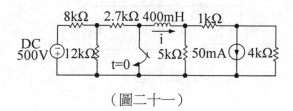

（圖二十一）

37. 續第 36 題，i 的最終值為： (A) 40mA (B) 10mA (C) 0mA (D) － 20mA

---

38. 圖二十二所示交流電路的總阻抗 Z_T 為： (A) $21 - j2\ \Omega$ (B) $3 + j1\ \Omega$ (C) $1.79 - j2\ \Omega$ (D) $0.3 - j0.1\ \Omega$

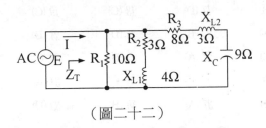

（圖二十二）

---

39. 續第 38 題，若圖二十二所示電路中交流電壓源 E 為 $220\angle0°$V，則圖中電流 I 為： (A) $56.86 - j47.89$A (B) $60 + j20$A (C) 64.43A (D) $60 - j20$A

---

40. 圖二十三所示電路的 z 參數為：

(A) $z_{11} = 2\Omega$；$z_{12} = 1.5\Omega$；$z_{21} = 1.5\Omega$；$z_{22} = 1.875\Omega$

(B) $z_{11} = 4\Omega$；$z_{12} = 1\Omega$；$z_{21} = 1\Omega$；$z_{22} = 3\Omega$

(C) $z_{11} = 5\Omega$；$z_{12} = -1\Omega$；$z_{21} = -1\Omega$；$z_{22} = 4\Omega$

(D) $z_{11} = 2\Omega$；$2_{12} = -1.5\Omega$；$z_{21} = -1.5\Omega$；$z_{22} = 1.875\Omega$

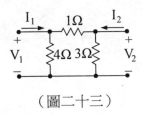

（圖二十三）

<解答>

1. (B)	2. (A)	3. (C)	4. (D)	5. (A)
6. (C)	7. (D)	8. (B)	9. (A)	10. (C)
11. (D)	12. (B)	13. (A)	14. (A)或(C)	15. (B)
16. (B)	17. (D)	18. (C)	19. (C)	20. (A)
21. (A)	22. (B)	23. (D)	24. (B)	25. (B)
26. (C)	27. (A)	28. (B)	29. (C)	30. (B)
31. (D)	32. (B)	33. (C)	34. (A)	35. (A)
36. (D)	37. (A)	38. (B)	39. (D)	40. (A)

八十七學年度技術校院二年制聯合招生入學 （電機類）電子學與電路學

1. 圖一電路中，二極體 D 具有圖二所示的順向特性曲線，則V_o為 (A) 1.3V (B) 1.5V (C) 1.1V (D) 2V

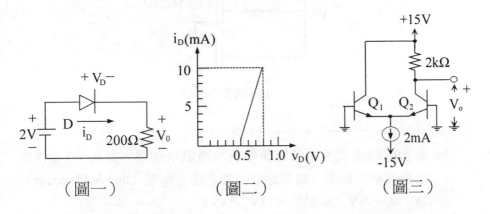

（圖一）　　　　　（圖二）　　　　　（圖三）

---

2. 圖三為差動放大器，已知Q_1及Q_2均工作於主動區，則Q_1及Q_2具有相同之特性。假設兩電晶體之β值極高，故可忽略其基極電流，則直流輸出電壓V_o為 (A) 0V (B) 11V (C) 13V (D) 15V

---

3. 圖四為互補金氧半場效電晶體組成之邏輯閘電路，邏輯定義使用正邏輯，則此電路為 (A)及（AND）閘 (B)反及（NAND）閘 (C)或（OR）閘 (D)反或（NOR）閘

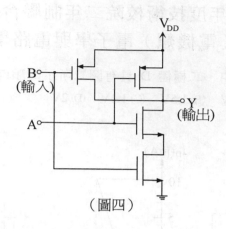

（圖四）

4. 圖五中的金氧半場效電晶體為 N 通道增強型，其 $i_D - V_{DS}$ 特性曲線如圖六所示。請問此電晶體之臨界電壓（threshold voltage）為　(A) $-1V$　(B) $0V$　(C) $1V$　(D) $2V$

5. 同第 4 題，今欲將圖五中的電晶體偏於圖六中的 P 點，則圖五中 R_D 及 R_S 的電阻值應分別為

(A) $R_S = 257\Omega$，$R_D = 3743\Omega$　(B) $R_S = 444\Omega$，$R_D = 3556\Omega$
(C) $R_S = 731\Omega$，$R_D = 3269\Omega$　(D) $R_S = 1000\Omega$，$R_D = 3000\Omega$

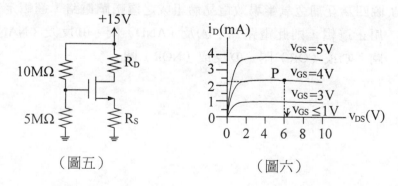

（圖五）　　　　　（圖六）

6.圖七電路中，A是理想電壓放大器，A的電壓增益為K（K>0），
 此電路之增益波德圖（Bode plot）如圖八所示，則圖七中的電
 阻R_1及R_2分別為
  (A) $R_1 = 50k\Omega$，$R_2 = 2k\Omega$　(B) $R_1 = 5\Omega$，$R_2 = 200M\Omega$
  (C) $R_1 = 2k\Omega$，$R_2 = 50k\Omega$　(D) $R_1 = 200M\Omega$，$R_2 = 5\Omega$

7.同第6題，試求圖七中理想電壓放大器 A 的增益 K 為　(A) 1
 (B) 10　(C) 20　(D) 100

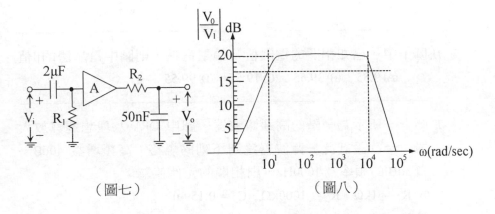

（圖七）　　　　　　　（圖八）

8.試求圖九電路中電壓增益V_O/V_S為　(A) 857　(B) 699　(C) 524　(D) 462

9.試求圖九電路中之R_{in}為　(A) 1430kΩ　(B) 1120kΩ　(C) 850kΩ　(D) 740kΩ

10.試求圖九電路中之R_{out}為　(A) 105.1Ω　(B) 88.5Ω　(C) 69.4Ω　(D) 52.7Ω

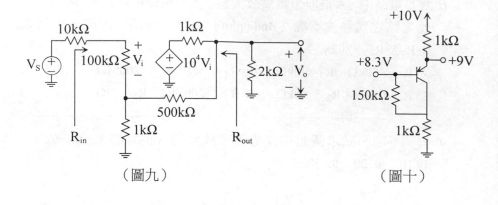

（圖九）　　　　　　　　　　（圖十）

11. 圖十中，已知相關的電阻值及偏壓電壓，則圖中電晶體的β值
為　(A) 9.55　(B) 39.55　(C) 19.55　(D) 99.55

12. 圖十一所示為一階的高通濾波器，圖中 OPA 為理想運算放大
器。今欲設計此一濾波器達到下列的規格：高頻增益 40dB，
負 3dB 的頻率為 1000Hz，則相關的元件值為：
(A) $R_1 = 1k\Omega$，$R_2 = 1000k\Omega$，$C = 0.159\mu F$
(B) $R_1 = 1k\Omega$，$R_2 = 100k\Omega$，$C = 1\mu F$
(C) $R_1 = 1k\Omega$，$R_2 = 100k\Omega$，$C = 0.159\mu F$
(D) $R_1 = 1k\Omega$，$R_2 = 500k\Omega$，$C = 1\mu F$

13. 同第 12 題，若輸入電壓V_1為峰值 1V 的正弦波，則在以下何種
頻率時，輸出電壓V_0與輸入電壓V_1的振幅會相同：　(A) 1Hz
(B) 10Hz　(C) 100Hz　(D) 1000Hz

14. 圖十二為一振盪電路，圖中 OPA 為理想運算放大器。已知運
算放大器的輸出飽和電壓為±10V，則該振盪電路的振盪週期

與下列何者具有線性的正比關係　(A) RC　(B)（$R_1 + R$)C　(C)
（$R_2 + R$）C　(D)（$R_1 + R_2$）C

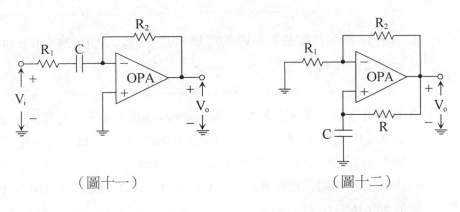

（圖十一）　　　　　　　（圖十二）

15. 圖十三為電晶體－電晶體邏輯閘電路,邏輯定義使用正邏輯,
則該電路為　(A) 反或（NOR）閘　(B) 或（OR）閘　(C) 反及
（NADA）閘　(D) 及（AND）閘

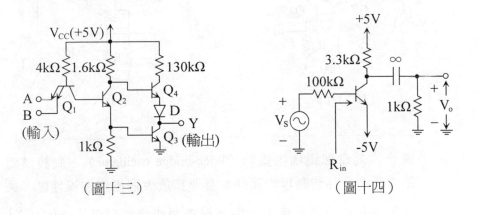

（圖十三）　　　　　　　（圖十四）

16. 圖十四所示的電晶體電路,假設輸入信號v_S為交流小信號且其
直流成份為零,若電晶體的$\beta = 120$,v_0可忽略,熱電壓（thermal

voltage）$V_T = 25mV$，$V_{EB} = 0.7V$，則如圖十四所示的輸入電阻 R_{in} 為　(A) 40.2kΩ　(B) 95.8kΩ　(C) 185.8kΩ　(D) 369kΩ

17. 同第 16 題，該電晶體電路的電壓增益 $\dfrac{v_o}{v_s}$ 為　(A) 0.474　(B) 0.147　(C) 47.4　(D) 14.7

18. 圖十五所示為達靈頓結構（Darlington configuration）的電路，假設 Q_2 之 $I_E = 5mA$，且已知 $R_S = 100kΩ$，$R_E = 1kΩ$，兩電晶體的 β 值均等於 100，熱電壓（thermal voltage）$V_T = 25mV$，則圖十五所示的輸入電阻 R_{in} 為　(A) 1.3MΩ　(B) 10.3MΩ　(C) 100.3MΩ　(D) 500.3MΩ

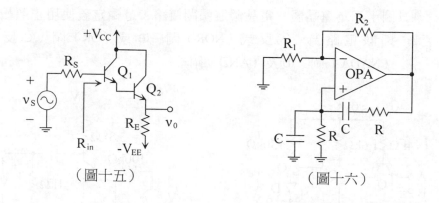

（圖十五）　　　　　（圖十六）

19. 圖十六為韋恩電橋振盪器（Wien-bridge oscillator），假設該電路中所有元件皆為理想元件，且運算放大器操作在線性區（未進入飽和區或截止區），則該振盪器能持續振盪的條件為 $\dfrac{R_2}{R_1}$ 等於　(A) 0.5　(B) 1.0　(C) 1.5　(D) 2.0

20. 同第 19 題，該振盪器的振盪頻率ω_0　(A)$\dfrac{1}{(R_1 + R_2 + R)C}$　(B) $\dfrac{1}{(R_1 + R)C}$　(C)$\dfrac{1}{(R_2 + R)C}$　(D)$\dfrac{1}{RC}$

---

21. 交流電路中，電壓波形為 $v(t) = 100\cos(\omega t - 30°)$ V，電流波形為 $i(t) = 20\sin(\omega t)$ A，則二者之相位關係為　(A)電壓超前電流 30°　(B)電壓超前電流 60°　(C)電壓落後電流 30°　(D)電壓落後電流 60°

---

22. 三電阻分別為 4Ω、6Ω 及 10Ω，且接成△型，則下列何者不是其 Y 型等效電路之電阻值　(A) 1Ω　(B) 1.2Ω　(C) 2Ω　(D) 3Ω

---

23. RC 串聯電路經一開關接至直流電壓源 E = 20V，已知 R = 100kΩ，C = 100μF，且開關投入前電容沒有儲能，若在 t = 0 秒時開關投入，則充電電流將於幾秒時衰減為 t = 0 秒時電流之 5%（計算時使用 e = 2.718）　(A) 10 秒　(B) 20 秒　(C) 30 秒　(D) 40 秒

---

24. 直流電流源 I = 2A 供應二並聯之電阻器 R_1 及 R_2。若電阻器 R_1 上之電流與跨壓分別為 i_1 與 v_1，且$i_1 = 6 + v_1 + v_1^2$；電阻 R_2 上之電流與跨壓分別為 i_2 與 V_2，且 $i_2 = 3v_2$；則 i_1 為何　(A) 4A　(B) 6A　(C) 8A　(D) 10A

---

25. 某串聯 RLC 電路之電流響應可表六為 $Ae^{-0.5t} + Be^{-4.5t}$，且 A 與 B 皆為實數，若電阻值為 10Ω，則電感值應為何　(A) 2H　(B) 4H　(C) 6H　(D) 8H

26.同第 25 題，其電容值應為何　(A) $\frac{2}{9}$F　(B) $\frac{4}{9}$F　(C) $\frac{6}{9}$F　(D) $\frac{8}{9}$F

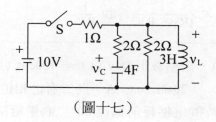

（圖十七）

27.如圖十七之直流電路，若在 t = 0 秒時，開關 S 投入，且開關
投入前電容及電感沒有儲能，則 t = 0秒時電感上之跨壓v_L為
(A) 1V　(B) 3V　(C) 5V　(D) 7V

28.同第 27 題如圖十七，當 t = ∞ 秒時，其電容上之跨壓v_C為　(A)
0V　(B) 2V　(C) 4V　(D) 6V

29.同第 27 題如圖十七，當 t = 0秒時，其電容上跨壓之一階導數
值$\frac{dv_c}{dt}$為　(A) 0 V/s　(B) 0.625V/s　(C) 1.25V/s　(D) 2.5V/s

30.若跨接於並聯 RC 電路之電流源可表為 i（t）= 10sin（1000t）
A，已知電路之 R = 1kΩ，C = 1μF，則穩態之電阻跨壓 v（t）
為　(A) 7070sin（1000t − 45°）V　(B) 14140sin（1000t − 45°）V
(C) 7070sin（1000t ＋ 45°）V　(D) 14140sin（1000t − 45°）V

31.某電路電流之微分方程式可表為 $\frac{d^2(t)}{dt^2} + 4\frac{di(t)}{dt} + 5i(t) = 5u(t)$ ，
u(t)為單位步階函數，已知起始值為 i(0⁻) = 1A 及$\frac{di(0^-)}{dt}$ = 2A/s，
若 i(t) = α ＋ βsintA，則 α = 　(A) u(t)　(B) 3u(t)　(C) 5u(t)　(D) 7u(t)

32. 同第 31 題，則 β ＝　(A) e^{-1}　(B)$2e^{-2t}$　(C) $3e^{-3t}$　(D) $4e^{4t}$

33. 某工廠使用 60Hz 之單相電源，電壓之有效值為 2300V，且吸收之平均功率為 250kW，功率因數為 0.707 落後，若欲將其功率因數提昇為 1 時，則所應並聯之電容值為　(A) 100μF　(B) 125μF　(C) 150μF　(D) 175μF

34. 某電路之電流可表為 i（t）＝ Kte^{-at}，1≥0，且 α 為正實數，K 為常數，則何時電流將達到最大值　(A) $\dfrac{1}{\alpha}$　(B) K　(C) $\dfrac{1}{K}$　(D) α

35. 雙埠網路如圖十八所示，若將其參數表示為 $\begin{cases} V_1 = z_{11}I_1 + z_{12}I_2 \\ V_2 = z_{21}I_1 + z_{22}I_2 \end{cases}$，則 z_{11} ＝　(A) 0.2Ω　(B) − 0.2Ω　(C) 0.4Ω　(D) − 0.4Ω

36. 同第 35 題如圖十八所示，若將其參數表示為 $\begin{cases} I_1 = y_{11}V_1 + y_{12}V_2 \\ I_2 = y_{21}V_1 + y_{22}V_2 \end{cases}$，則 y_{22} ＝　(A) 0.5mho　(B) − 0.5mho　(C) 1mho　(D) − 1mho

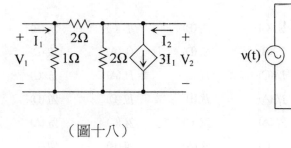

（圖十八）

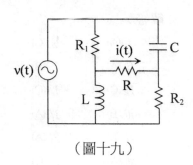

（圖十九）

37. 電壓源 v（t）供應一橋式交流電路如圖十九所示，已知電阻 R_1 = 200Ω，R_2 = 1000Ω、R = 50Ω，電容 C = 5μF，現欲使流經電阻 R 之電流 i(t) 為零時，則電感 L 值應為何　(A) 4H　(B) 3H (C) 2H　(D) 1H

38. 三相平衡負載接成 Y 型時，吸收功率為 300W。若將該負載改接成△型時，則其吸收功率應為　(A) 100W　(B) 171W　(C) 423W　(D) 900W

39. 某電源電壓之有效值為 160V，電源內部阻抗為 8 + j4Ω，則負載所能吸收之最大功率為　(A) 400W　(B) 600W　(C) 800W　(D) 1000W

40. 有二交流電路，其一為由電阻 R_S 與電容 C_S 串聯之電路，其二為由電阻 R_P 與電容 C_P 並聯之電路，當交流信號之頻率為 8kHz 時，此二交流電互為等效。已知電阻 R_S = 100Ω、電容 C_S = 0.2μF，則電阻 R_P 為何　(A) 10Ω　(B) 100Ω　(C) 200Ω　(D) 800Ω

＜解答＞

1. (A)	2. (C)	3. (B)	4. (C)	5. (B)
6. (A)	7. (B)	8. (D)	9. (A)	10. (D)
11. (C)	12. (C)	13. (B)	14. (A)	15. (C)
16. (B)	17. (A)	18. (B)	19. (D)	20. (D)
21. (B)	22. (A)	23. (C)	24. (C)	25. (A)
26. (A)	27. (C)	28. (A)	29. (B)	30. (A)
31. (A)	32. (B)	33. (B)	34. (A)	35. (D)
36. (B)	37. (D)	38. (D)	39. (C)	40. (C)

八十六學年度技術校院二年制聯合招生入學考試試題
電機類　專業㈠（電子學與電路學）

注意：

1. 本試題 40 題，每題 5 分，共 200 分。

2. 請選擇一個最適當的答案，以 2B 鉛筆依次劃在答案卡上。

3. 答錯者，倒扣題分的四分之一；未答者，得零分。倒扣至零分為止。

4. 有關數值計算的題目，以最接近的答案為準。

---

1. 如圖一之電路，求其 3dB 頻率（假設理想運算放大器）。　(A) 10^6rad/s　(B) 10^7rad/s　(C) 18^8rad/s　(D) 10^9rad/s

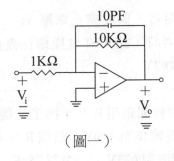

（圖一）

---

2. 如圖二，求 I 與 V（假設二極體為理想）。　(A) 2.5mA，0V　(B) 0mA，5A　(C) 0.5mA，0V　(D) 5mA，5V

---

3. 假設一運算放大器之變動率（slew rate）為 4V/µs，且其最大額定輸出為 ±10V，則其全功率頻率（full-power frequency）為　(A) 31.81KHz　(B) 47.58KHz　(C) 63.66KHz　(D) 82.73KHz

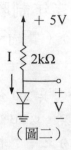

（圖二）

4. 對 JEET 而言，假設其操作在夾止（pinch off）區，且其夾止電壓 $V_P = -4V$，$I_{DSS} = 8mA$，$V_{GS} = -2V$，求其小信號之傳導（transeonductance）g_m　(A) 4mA/V　(B) 3mA/V　(C) 2mA/V　(D) 1mA/V

5. 對 P 型之 JFET 而言，假設夾止電壓 $V_P = 5V$，$V_{SG} = -3V$，則當 v_{SD} 為下列何者時，此 JFET 會操作在夾止區？　(A) $-1V$　(B) 1V　(C) $-3V$　(D) 3V

6. 一橋式整流器的負觸電阻 R 上並接了一個電容 C，假如輸入為 60Hz 之弦波且其峰值為 100V，負載 $R = 10k\Omega$，求 C 值使其峰對峰之漣波電壓限製在 3V。　(A) 27.78μF　(B) 30.43μF　(C) 17.23μF　(D) 25.67μF

7. 如圖三，求 v_b 之直流偏壓，其中 $V_{CC} = +15V$，$R_{B1} = R_{B2} = 100k\Omega$，$R_E = 2k\Omega$，$\beta = 100$，$V_{BE} = 0.7V$　(A) 7.15V　(B) 6.15V　(C) 5.15V　(D) 4.15V

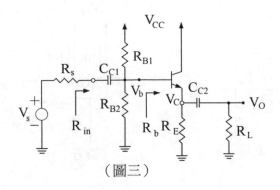

（圖三）

---

8. 同第7.題，求流經R_E之直流電流。　(A) 4.73mA　(B) 3.73mA
(C) 2.73mA　(D) 1.73mA

---

9. 同第7.題，求輸入電阻R_{in}，其中$R_S = 2k\Omega$，$R_L = 2k\Omega$，熱電壓
$V_T = 25mV$。　(A) 23.54kΩ　(B) 33.54kΩ　(C) 43.54kΩ　(D) 53.54kΩ

---

10. 如圖四，假設$\beta_1 = \beta_2/4$，臨界電壓$V_{T1} = V_{T2} = 2V$，求V_o。　(A)
3V　(B) 4V　(C) 5V　(D) 6V

---

11. 考慮一負迴授放大器，其開路轉換函數 $A(s) = (\dfrac{10}{1 + s/10^3})^3$，
假設負迴授因子β與頻率無關，求使此放大器變成不穩定之臨
界β值。　(A) 0.008　(B) 0.007　(C) 0.006　(D) 0.005

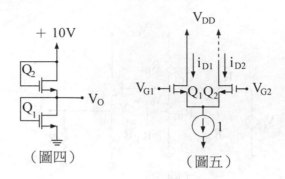

（圖四）　　　　　（圖五）

12. 如圖五，增強型 MOS 差動放大器，假定此兩個元件相匹配因此有相同的 β 與 V_T（β = 0.5mA/V^2，V_T = 2V），且 I = 4mA。求當 Q_2 恰好截止時，v_{id} = V_{G1} − V_{G2} = ？　(A) 1V　(B) 2V　(C) 3V　(D) 4V

13. 同第 12. 題之差動放大器，求每一元件之傳道 g_m。　(A) 1.414mA/V　(B) 1.732mA/V　(C) 0.707mA/V　(D) 2mA/V

14. 有一個半導體電阻器 R 是由一塊長寬為 W×L = 2μm×20μm 而片阻值 R_S 為 90Ω/□ 的半導體作成，如果 R_S 變動 ±20%，求 R 的最小值。假設 W 與 L 皆保持固定。　(A) 820Ω　(B) 720Ω　(C) 620Ω　(D) 520Ω

15. 為獲得大的 β 值而設計的 BJT，其集極 (C)，基極 (B) 與射極 (E) 的摻雜濃度（doping concentration）情況為下列何者？　(A) C > B > E　(B) B > C > E　(C) B > E > C　(D) E > B > C

16. 功率 BJT 與功率 MOSFET 比較，下列何者不是功率 MOSFET 的特性？　(A) 二次崩潰　(B) 切換速度較快　(C) 能並聯使用　(D) 較

低的切換損失

17. 如圖六，此增強型 MOSFET 之 $V_T = 15V$，$\beta = 0.25mA/V^2$，$r_o = \dfrac{50}{I_D}$，求其中頻（midband）之增益為何？ (A)-1.1 (B)-2.2 (C)-3.3 (D)-4.4

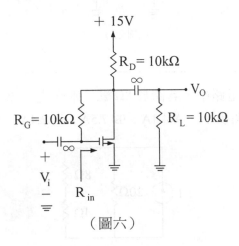

（圖六）

18. 同第 17. 題，求其輸入電阻。 (A) 1.23MΩ (B) 3.32MΩ (C) 4.25MΩ (D) 2.33MΩ

19. 當 BJT 之 B-E 接面順偏、B-C 接面順偏時，此 BJT 是操作在那一模式？ (A)順向作用 (B)反向作用 (C)截止作用 (D)飽和

20. 如圖七，已知當電晶體之集極電流為 lmA 時，其 $V_{BE} = 0.7V$。假設我們忽略 β 為有限值之效應，當 $I_O = 20\mu A$ 時，求電阻 R_1 值（熱電壓 $V_T = 25mV$，$\ln5 = 1.609$，$\ln2 = 0.693$）。 (A) 450kΩ (B) 460kΩ (B) 470kΩ (D) 480kΩ

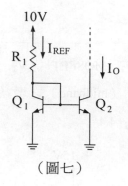

（圖七）

21. 圖八所示電路中，若跨於 8Ω 電阻兩端之電壓為 5V，則電流電源 I 應為多少？　(A) 4.1A　(B) 7.5A　(C) 2.4A　(D) 1A

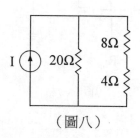

（圖八）

22. 假設 $v(t) = v \sin(\omega t)$ 的均方根值為 V_1，當 $v(t)$ 通過一個理想全波整流器後，其輸出電壓之均方根值為 v_2，則 v_1/v_2 等於　(A) 1　(B) 0.5　(C) 2　(D) 0.707

23. 三個電阻 $R_1 = 1\Omega$，$R_2 = 1/2\Omega$，$R_3 = 1/3\Omega$ 並聯後，在兩端接上一直流電源。令其消耗率分別為 P_1、P_2 以及 P_3。則 $P_1 : P_2 : P_3$ 等於　(A) 6：3：2　(B) 1：1：1　(C) 1：2：3　(D) 1：4：9

24. 在圖九之電路中，6Ω 電阻所消耗的功率為　(A) 12W　(B) 24W

(C) 2.67W　(D) 6W

25. 已知某電路的阻抗為 $1 - j1\Omega$，則此電路之組成不可能為　(A)由 R 和 C 串聯而成　(B)由 R 和 C 並聯而成　(C)由 R，L 和 C 三者組成　(D)由 R 和 L 串聯而成

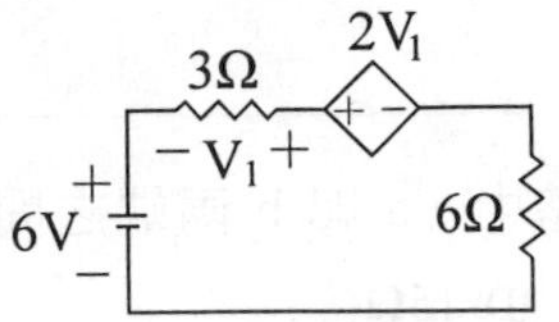

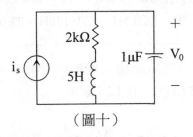

（圖九）

26. 調整圖十所示電路中之弦波電流源頻率，使得 v_o 與 I_s 同相位，求此頻率為何？　(A) 500rad/s　(B) 250rad/s　(C) 200rad/s　(D) 144rad/s

（圖十）

27. 假設跨於電容 C 兩端的外加電壓 $v(t) = V_m \sin(\omega t)$ V，則此電容消耗的瞬時功率 $p(t)$ 等於　(A) 0W　(B) $\frac{1}{2}\omega CV_m{}^2 \sin(2\omega t)$W　(C) $CV_m{}^2 \sin^2(\omega t)$W　(D) $\omega CV_m{}^2 \sin(\omega t)$ W

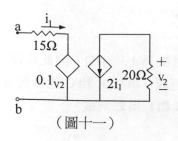

（圖十一）

28.圖十一所示的電路中，a 與 b 兩端之間的等效阻抗為　(A) 11Ω
　(B) 19Ω　(C) 8.57Ω　(D) 15Ω

29.同第 28.題，a 與 b 兩端之間的戴維寧（Thevenin）等效電壓為
　(A) 1.5V　(B) 2V　(C) 3V　(D) 0V

30.兩線圈之自感分別為$L_1 = 0.2H$，$L_2 = 0.8H$，耦合係數為 0.8，則
　其互感為　(A) 2H　(B) 0.5H　(C) 0.128H　(D) 0.32H

31.圖十二所示電路之短路輸入導納y_H等於　(A) 2.22 姆歐　(B) 0.45
　姆歐　(C) 0.375 姆歐　(D) 1.25 歐姆

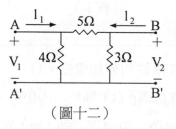

（圖十二）

32.承第 31.題，圖十二所示電路中，如果我們在端點 AA'間與 BB'
　間分別加上電流源，使得$I_1 = 3A$，$I_2 = 4A$，則V_1之值為　(A)

17V (B) 2.9V (C) 10V (D) 12V

33. 兩個雙埠網路N_a與N_b用串接（cascade）方式聯接後所成之雙埠網路為 N，則下列有關 N 雙埠參數之敘述何者正確？ (A)其 z 參數等於N_a與N_b個別 z 參數之和 (B)其 z 矩陣等於N_a與N_b個別 z 矩陣之乘積 (C)其傳輸矩陣等於N_a與N_b個別傳輸矩陣之乘積 (D)其 y 參數等於N_a與N_b個別 y 參數之和

34. RLC 串聯電路中，R = 10kΩ，L = 2mH，C = 1.8（F，在接上一交流電源後，其功率因數為 1，則此電源之頻率為 (A)3.6KHz (B)2.65KHz (C)22.6KHz (D)16.7KHz

35. 三相平衡 Y 接型電路中，相電壓為 1.2kV，相電流為 80A，功率因數為 90%，則其總功率為 (A) 166.3kW (B) 259.2kW (C) 288kW (D) 149.6kW

36. 在一個 RLC 串聯電路中，如果我們希望電路之濾波特性為低通，則輸出電壓應跨於下列何者之兩端？ (A)電容 (B)電阻 (C)電感 (D)電源

37. 圖十三所示電路中，開關在 t = 0 時被關閉。假設在開關關閉前電路已達穩態。則v_a（0^-）與$v_a(0^+)$分別為
(A) $v_a(0^-)$ = 4V，$v_a(0^+)$ = 3.2V (B) $v_a(0^-)$ = 10V，$v_a(0^+)$ = 4V
(C) $v_a(0^-)$ = 10V，$v_a(0^+)$ = 6V (D) $v_a(0^-)$ = 5V，$v_a(0^+)$ = 4V)

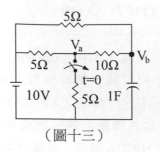

（圖十三）

38. 同第 37.題，在開關被關上後，當電路再次達到穩態時，跨於電容兩端之電壓v_b（∞）等於　(A)8.6V　(B)4.8V　(C)6.0V　(D)3.3V

39. 假設交流電源之內部阻抗為 40 ＋ j30Ω，若將電源接到一可調電阻負載R_L，則負載可得最大功率時其電阻值等於　(A) 40Ω　(B) 70Ω　(C) 50Ω　(D) 60Ω

40. 以二瓦特計法測三相電功率時，若負載為平衡，$W_1 = 20kW$，$W_2 = 12kW$，試求此電路之功率因數　(A) 0.92　(B) 0.81　(C) 0.60　(D) 0.50

<解答>

1. (B)	*2.* (A)	*3.* (C)	*4.* (C)	*5.* (D)
6. (A)	*7.* (B)	*8.* (C)	*9.* (B)	*10.* (D)
11. (A)	*12.* (D)	*13.* (A)	*14.* (B)	*15.* (D)
16. (A)	*17.* (C)	*18.* (D)	*19.* (D)	*20.* (C)
21. (D)	*22.* (A)	*23.* (C)	*24.* (B)	*25.* (D)
26. (C)	*27.* (B)	*28.* (A)	*29.* (D)	*30.* (D)
31. (B)	*32.* (D)	*33.* (C)	*34.* (B)	*35.* (B)
36. (A)	*37.* (C)	*38.* (A)	*39.* (C)	*40.* (A)

八十五學年度技術校院二年制聯合招生入學考試試題
（電機類）電子學與電路學

注意：

1. 本試題計 40 題，每題 5 分，共 200 分。

2. 請選擇一個最適當的答案，以 2B 鉛筆依次劃在答案卡上。

3. 答錯者，倒扣題分的四分之一；未答者，得零分。倒扣至零分為止。

4. 有關數值計算的題目，以最接近的答案為準。

---

1. 一般二極體電流開始有效增加時之電壓稱為起始電壓或切入電壓，以矽半導體為例，此電壓約為　(A) 0.3V　(B) 0.6V　(C) 1.0V　(D) 1.2V

---

2. 設 $V_1 = 5V$，$V_2 = 0V$，且 $r_D = 20\Omega$，$V_D = 0.2V$，試求圖一電路之 V_o 值　(A) 0.663V　(B) $-$ 0.392V　(C) 0.392V　(D) $-$ 0.663V

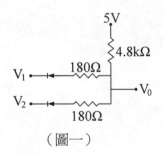

（圖一）

---

3. 設 $V_D = 0.7V$，$\eta = 2$，且熱電壓（thermal voltage）$V_T \cong 25mV$，試求圖二電路之 V_o 值　(A) 0.00049sinωtV　(B) 0.00037sinωtV　(C) 0.7 + 0.00049sinωtV　(D) 0.7 + 0.00037sinωtV

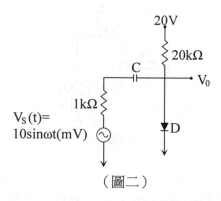

（圖二）

4. 雙極性電晶體（BJT）之結構可視為由何種接面組成　(A)基－射接面　(B)集－射接面　(C)集－基接面　(D)基－射接面及集－基接面

5. 設一 npn 電晶體在主動區動作，且其 $\alpha = 0.99$，則其 β 應為　(A) 99　(B) 49　(C) 39　(D) 29

6. 下列何種組態之npn電晶體適合作為電壓或電流訊號之放大應用　(A)共射　(B)共集　(C)共型　(D)三者相同

7. 電晶體在何種情形，$I_C \cong I_E$（即 $\alpha \cong 1$）　(A)飽和區　(B)順向主動區　(C)截止區　(D)反向主動區

8. 設於圖三電路中，$\beta_p = 20$，$\beta_N = 50$，$I_{SP} = 10^{-14}A$，求其電流增益　(A) 20　(B) 50　(C) 1000　(D) 70

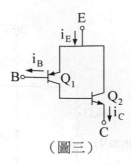

（圖三）

9. 在反相器中（inverter）中，電晶體只工作於 (A)飽和區 (B)飽和或截止區 (C)主動區 (D)截止區

10. 雙極性電晶體（BJT）中，I_{CEO} 與 I_{CBO} 之比為 (A) α_F (B) $1 + \alpha_F$ (C) β_F (D) $1 + \beta_F$

11. 若某一電晶體之 α_F 與 α_R 分別為 0.98 與 0.2，$V_{CC} = 10V$，$R_C = 1k\Omega$，則使此電晶體進入飽和區操作之最小基極電流 $I_{B(min)}$ 為 (A) 0.1mA (B) 0.2mA (C) 0.3mA (D) 0.4mA

12. 圖四之差動放大器，其輸出電壓將與下列何種信號成正比 (A) V_1 (B) V_2 (C) $V_1 + V_2$ (D) $V_1 - V_2$

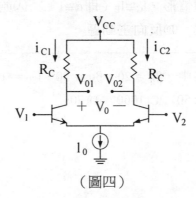

（圖四）

13. 設一功率電晶體之接面最高允許溫度T_J(max) = 175℃，於外殼溫度T_C = 25℃下，若θ_{JC} = 1℃/W，則其最高功率散逸P_D(max)為　(A) 150W　(B) 200W　(C) 250W　(D) 300W

14. 圖五之偏壓電路中，若V_{CC} = 9V，R_B = 410kΩ，β = 100，R_C = 2.4kΩ，試求I_C值　(A) 1.52mA　(B) 2.02mA　(C) 3.61mA　(D) 4.05mA

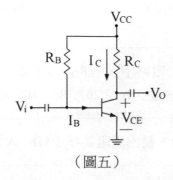

（圖五）

15. 同題 14.，試求V_{CE}值　(A) 2.25V　(B) 3.05V　(C) 4.15V　(D) 5.24V

16. 求圖六放大電路之V_{CE}值，設β = 99　(A) 4.6V　(B) 5.3V　(C) 7.7V　(D) 9.3V

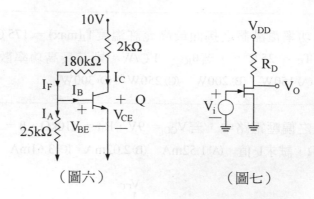

（圖六）　　　　　　　　　（圖七）

17. 圖七之 FET 放大電路中，若 $R_D = 20k\Omega$，且 FET 之 $r_d = 10k\Omega$，$\mu = 30$，求電壓增益　(A)-20　(B)-10　(C)10　(D)20

18. 求 17. 題之電路中，輸出電阻為多少 $k\Omega$　(A)5　(B)10　(C)20　(D)30

19. 圖八之聲頻 FET 放大器中，設 FET 之放大因數 $\mu = 20$，求低三分貝頻率　(A)80Hz　(B)91Hz　(C)97Hz　(D)122Hz

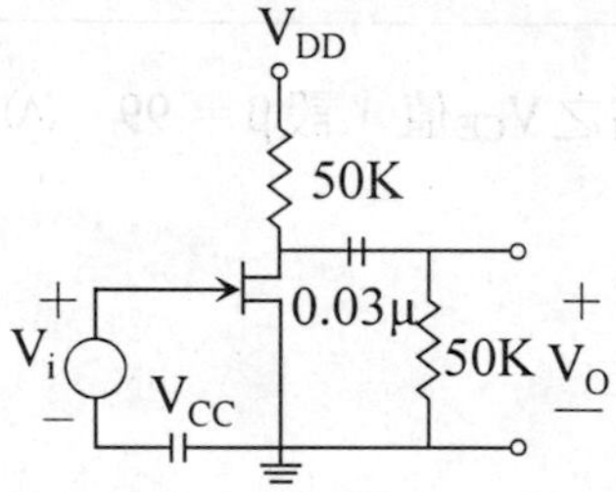

（圖八）

20. 試求 19. 題在頻率為 500Hz 時之電壓增益值　(A)14.05　(B)16.15　(C)18.22　(D)24.11

21. 若 v（t）= 2sin（ωt）− cos（2ωt）V，則 v（t）的均方根值 V_{rms} 為 　(A) 1.22V 　(B) 1.58V 　(C) 3V 　(D) 1V

22. 有 A、B 兩條銅線，A 的直徑與長度均為 B 的兩倍，若在 A、B 的兩端分別加上等量的電壓，假設其消耗功率分別為 P_A 及 P_B，則 P_A/P_B = 　(A) 1 　(B) 0.5 　(C) 2 　(D) 4

23. 一個電容器以 2mA 的電流充電，0.1 秒後其電壓值增加 5V，則此電容值為 　(A) 40μF 　(B) 200μF 　(C) 100μF 　(D) 25μF

24. 在 RL 串聯電路中，R = 80Ω，L = 4mH，以及外加電壓 v = 110cos（2×10⁴t）V，則其阻抗為 　(A) 50∠45°Ω 　(B) 89.4∠37°Ω (C) 113.1∠45°Ω 　(D) 80∠63.4°Ω

25. 如圖九所示之電路，假設 a 點與 b 點的電壓分別為 V_1 與 V_2，則 V_1 = 4V，V_2 = − 4V 　(B) V_1 = 2.85V，V_2 = − 4.29V 　(C) V_1 = 3V，V_2 = 1V 　(D) V_1 = 2V，V_2 = − 6V

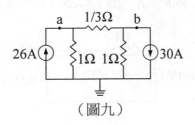

（圖九）

26. 圖十所示之電路中，由 ab 端看入之電阻為 　(A) 1.25Ω 　(B) 0.8Ω (C) 1.5Ω 　(D) 3Ω

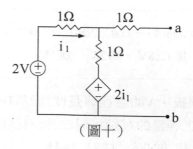

（圖十）

27. 圖十之電路中，如果在 ab 端接上一個電阻負載R_L，則R_L自電路中獲取之最大功率為　(A)0.9W　(B)0.75W　(C)0.375W　(D)0.45W

28. RLC 串聯電路中，若輸出電壓等於電阻兩端之電壓，則此電路之濾波特性為　(A)低通　(B)帶通　(C)高通　(D)帶拒

29. 串聯電路中，R = 20Ω、L = 2μH、C = 50pF，則其頻帶寬為
(A) 0.21HMz　(B) 5.03MHz　(C) 10MHz　(D) 1.59MHz

30. 圖十一中，試求電流 i 為
(A) 2cos（t − 36.8°）A　(B) 2cos（t + 36.8°）A
(C) 1.41cos（t − 36.8°）A　(D) 1.41cos（t + 36.8°）A

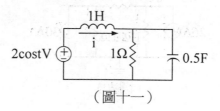

（圖十一）

31. 如圖十二所示之電路，假設電橋處於平衡狀態，則C值為　(A)

2pF　(B) 5pF　(C) 50pF　(D) 20pF

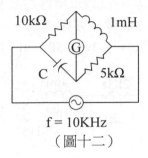

10kΩ　　　1mH

Ⓖ

C　　　5kΩ

f = 10KHz

（圖十二）

32.同第 31.題，如果交流電源的頻率增加一倍，若欲使電橋平衡，
電容 C 須　(A)加倍　(B)減半　(C)不變　(D)增為原來的三倍

33.平衡之 Y 形接法三相交流發電機，各線電壓均為 200V，接至
一 Y 形接法之三個電阻 R = 100Ω，則總功率為　(A) 484W　(B)
838.3W　(C) 279.4W　(D) 1452W

34.假設圖十三(a)及(b)互為等效電路，則 Z_A 等於　(A) $5 + j75\Omega$
(B) $10 + j15\Omega$　(C) $15 + j10\Omega$　(D) $15 - j10\Omega$

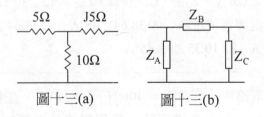

5Ω　　J5Ω　　　　　Z_B

10Ω　　　　Z_A　　Z_C

圖十三(a)　　　　圖十三(b)

35.圖十四的電路在開關接通後，電路的時間常數為　(A) 0.5μs
(B) 2μs　(C) 1.56μs　(D) 0.39μs

36.一個電路微分方程式的拉普拉斯轉換可寫為 V(s)(3s + 1) + 2 = I(s)(5s + 4)，則原時域微分方程式為　(A) v = 5i' + 4i　(B) v + 3v' + 2 = 5i' + 4i　(C) v + 3v' = 5i' + 4i　(D) v + 3v' + 2 = 5i + 4

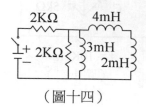

（圖十四）

37.兩線圈以串聯方式連接，當二者之磁通為互助時，其等效電感為 6mH；當二者之磁通為互消時，其等效電感為 3mH，則兩線圈之間的互感為　(A) 0.75mH　(B) 1.5mH　(C) 2.25mH　(D) 3mH

38.一個 1F 的電容器，接於 0.5V，60Hz 的交流電壓源，則其平均功率為　(A) 9.42W　(B) 6.66W　(C) 4.71W　(D) 0W

39.有一三相三線 240V 之 ABC 系統，連接一個△接之負載，已知 $V_{AB} = 240∠120°V$，$Z_{AB} = 12∠0°Ω$，$Z_{BC} = 12∠30°Ω$，$Z_{CA} = 18∠-30°Ω$，則總電流 I_B 為　(A) 38.64∠45°A　(B) 38.64∠-45°A　(C) 10.35∠45°A　(D) 10.35∠-45°A

40.RLC 串聯電路中，已知 L = 10mH，C = 40μF，在接上角頻率 ω = 1000rad/sec 的交流電源時，發現電流較電壓超前 30°，電阻應為　(A) 30.0Ω　(B) 52.0Ω　(C) 26.0Ω　(D) 15.0Ω

＜解答＞

1. (B)	*2.* (C)	*3.* (C)	*4.* (D)	*5.* (A)
6. (A)	*7.* (B)	*8.* (C)	*9.* (D)	*10.* (D)
11. (B)	*12.* (D)	*13.* (A)	*14.* (B)	*15.* (C)
16. (C)	*17.* (A)	*18.* (A)	*19.* 無解	*20.* 無解
21. (B)	*22.* (C)	*23.* (A)	*24.* (C)	*25.* (D)
26. (A)	*27.* (D)	*28.* (B)	*29.* (D)	*30.* (A)
31. (D)	*32.* (C)	*33.* (A)	*34.* (D)	*35.* (B)
36. (C)	*37.* (A)	*38.* (D)	*39.* (B)	*40.* (C)

附錄 C

八十七學年度專校技優生甄保入學二技考試試題
類別：電子類　　科目：電子電路

一、第一類選擇題：（計14題，每題5分，共70分）

1. 下列何種積體電路最為省電？　(A)NMOS　(B)CMOS　(C)BiCMOS　(D) Bipolar

---

2. 下列何者非為CMOS數位邏輯電路之優點？　(A)溫度穩定性高　(B)扇出數很高　(C)高雜訊免疫性　(D)每閘傳播延遲時間較其它數位邏輯電路短

---

3. 光檢二極體（Photodiode）係工作於第幾象限，若以電壓為橫軸（X），以電流為縱軸（Y）　(A)第一象限　(B)第二象限　(C)第三象限　(D)第四象限

---

4. 第一 NPN 雙極性電晶體結構而言，下列何者對提高電晶體增益有所幫助？　(A)增加基極摻雜濃度　(B)減少射極摻雜濃度　(C)增加集極摻雜濃度　(D)減少基極寬度

---

5. 共基極放大器的輸入電阻　(A)很小　(B)很大　(C)和 CE 一樣　(D)和 CC 一樣

6. 放大器之電壓增益增加時，頻寬　(A)不受影響　(B)增加　(C)降低　(D)失真

7. 全波整流器使用電容濾波電路濾波，假如負載電阻減少，則漣波電壓會　(A)增加　(B)減少　(C)不受影響　(D)有不同的頻率

8. 假設二極體導通時，兩端壓降為0.7伏特，則圖㈠的電路，下列何者錯誤？　(A)I = 1.64mA　(B) $V_1 = 7.71V$　(C) $V_2 = 3.61V$　(D) $V_0 = -0.8V$

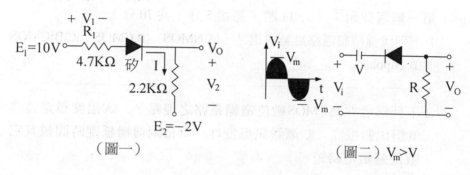

（圖一）　　　　　　　　　　　　　　　　（圖二）$V_m > V$

9. 視二極體為理想二極體，圖㈡電路的 V_0 波形為

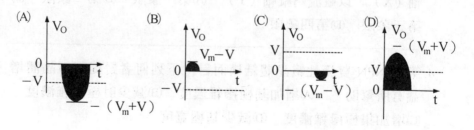

10. 計算圖三的輸出電壓為若干？　(A) 6.5V　(B) 3V　(C) − 15V　(D) 15V

11. 如圖四之電路，請問為何種電路？　(A) NANA 閘　(B) AND 閘　(C) NOR 閘　(D) OR 閘

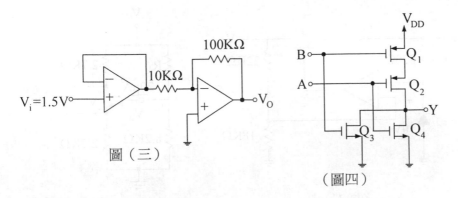

圖（三）

（圖四）

12. 某電路之轉移函數（Transfer Function）為 $100/[(1 + s)(10 + s)]$，以波德圖（Bode Plot）法求增益邊限（Gain Margin），約為　(A) 10dB　(B) 25dB　(C) 30dB　(D) 40dB

13. 承上題（即第 12 題），相位邊限（Phase Margin）約為　(A) 15°　(B) 30°　(C) 45°　(D) 60°

14. 功率 20dBm 表示該功率是　(A) 10mW　(B) 20mW　(C) 100mW　(D) 200mW

第二類選擇題：（計 9 題，每題 10 分共 90 分）

15. 計算圖五電路的穩壓輸出 V_o 為　(A) 0.22V　(B) 10V　(C) 22.2V　(D) 40V

16.利用圖六所給定的資訊，求出V_E為　(A) 4.44V　(B) 1.42V　(C) 2.42V　(D) 10.4V

17.承上題（即第 16 題），求出R_1電阻為　(A) 4.7KΩ　(B) 64KΩ　(C) 16.79KΩ　(D) 32.16KΩ

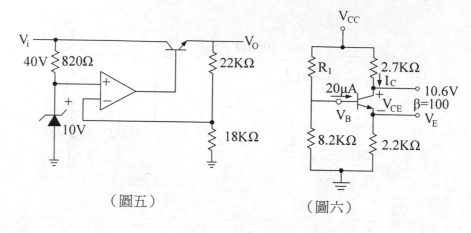

（圖五）　　　　　　　　　（圖六）

18.如圖七的電晶體電路，假設$V_{CE(sat)} = 0V$，$V_{BE(sat)} = 0.8V$，$β = 200$，當$V_{IN} = 4V$時，計算可使電晶體飽和的最大R_B為　(A) 100KΩ　(B) 64KΩ　(C) 200KΩ　(D) 120KΩ

19.如圖八的 JFET 電路，試求其V_{GSQ}為　(A)$-$1.5V　(B)$-$2.6V　(C)$-$0.4V　(D) 2.16V

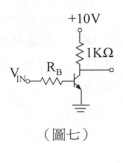

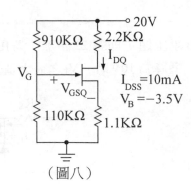

（圖七）　　　　　　　　（圖八）

20.如圖九運算放大器之 $Z_{in}=$ 1MΩ，$Z_{out}=$ 75Ω，開環路電壓增益 $A_{ol}=200000$，放大器之輸入阻抗為　(A) 17420MΩ　(B) 8701MΩ　(C) 4350MΩ　(D) 2175MΩ

21.如圖十之電路，請問為何種電路？　(A)低通濾波器　(B)高通濾波器　(C)帶通濾波器　(D)以上皆非

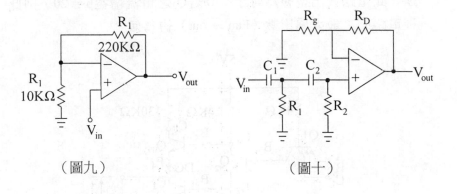

（圖九）　　　　　　　　（圖十）

22.如圖十一，曾納二極體（Zener Diode）為 1N916，其 $V_2=$ 10V，$I_{ZM}=$ 32mA，若 $R_S=$ 500Ω，$V_1=$ 30V，則要維持 R_L 之壓降為 10V 時，R_L 之最小值為　(A) 500Ω　(B) 250Ω　(C) 200Ω　(D) 125Ω

23. 承上題（即第22題），若$R_S = 500\Omega$，$R_L = 1K\Omega$，要維持R_L之壓降為10V時，V_1之最大值為　(A)35V　(B)31V　(C)25V　(D)V

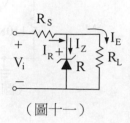

（圖十一）

三、計算題：（計1題，共40分）

24. 如圖(±)，每個電晶體之$V_{CE(sat)} = 0.2V$，$V_{BE(sat)} = 0.8V$，$V_{BE(cut-in)} = 0.5V$，$V_{BE(ON)} = 0.7V$, $V_{DO(cut-in)} = 0.6V$, $V_{DO(ON)} = 0.7V$　(A)若輸入 A 為 0.2V，則輸出V_0為何？　(B)當$V_0 = 0.2V$ 時，輸入 A 變為 0.2V，則流經電阻130Ω之電流為何？　(C)二極體DO之用途？此電路輸出型態為何？　(D)若Q_3之電流增益$\beta = 20$，則此種電路間之最大扇出數（Fan－out）約為何？

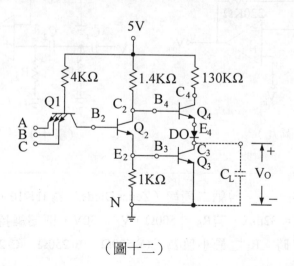

（圖十二）

八十六學年度專校技優生甄保入學考試試題
電子電路　電子類

1. 一數位反向器電路如圖一所示，其中 M1 與 M2 為 n 通道增強
   型金氧半（enhancement nMOS）電晶體。假設
   ① 兩者的參數值皆相同、且其臨界電壓（V_t）為 1V，
   ② 寬度 W 與長度 L 的比值如圖所示，
   ③ 不考慮基底效應（substrate-bias effect）與通道長度調變效應
   （channel-length modulation）。
   (1) 求其高電位輸出電壓(V_{OH})。（5 分）
   (2) 當輸入電壓等於V_{OH}時，求其低電位輸出電壓(V_{OL})。（10 分）
   (3) 請繪出一數位 MOS 電路以實現下列函數
   $$F（A，B，C，D） = \overline{（A + B）CD}　（10 分）$$

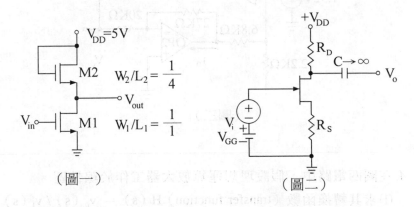

（圖一）　　　　　　　　　　（圖二）

2. 圖二所示為一小訊號放大器，其$R_D = 20k\Omega$及$R_S = 1k\Omega$。假設
   n 通道接面場效電晶體（n − channel JFET）工作於夾止（pinch
   − off）區，其轉移電導（transconductance）$g_m = 1mA/V$，通道
   電阻$r_{ds} = 30k\Omega$。

(1)假設電容效應可忽略不計，求其電壓放大器$A_v = v_0/v_s$。（10分）

(2)假設I_{DSS}值（當$V_{GS} = 0V$，且$|V_{DS}| = |V_P|$時的汲極電流）增加 20%，而夾止電壓V_P及V_{GS}仍保持定值，求新的A_v值。（10分）

(3)比較 JFET 及 MOS 兩種元件之相同與相異點。（5分）

3.在圖三電路中，假設理想運算放大器（OP-Amp）工作於線性區。

(1)列舉出理想運算放大器所需滿足的條件（基本假設）。（7分）

(2)請繪出理想運算放大器的等效電路圖。（8分）

(3)請計算圖中所標示的電流值i_o與電壓值v_x。（10分）

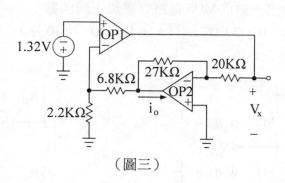

（圖三）

4.在圖四電路中，假設理想運算放大器工作於線性區。

(1)求其轉換函數（transfer function）$H(s) = v_o(s) / v_i(s)$。（15分）

(2)假設$v_i(t) = 500\cos t100t\,mV$，求在穩定狀態時$v_o(t)$的輸出值。（已知$\tan^{-1}1 = 45°, \tan^{-1}2 = 63.43°, \tan^{-1}3 = 71.57°$）（10分）

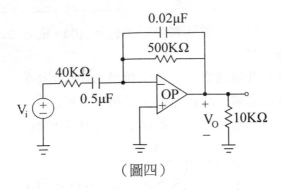

（圖四）

5. 圖五為一 A 類功率放大器，最大可提供 1W 功率至負載R_L，每一電晶體$V_{BE} = 0.7V$，二極體$V_D = 0.6V$。

(1)試求每一電晶體之靜態電流（Quiescent Current）及靜態功率消耗（Quiescent Power Dissipation）。（9分）

(2)若輸入端為一正弦波 Asint，且欲達到 1W 最大功率輸出時，試求其輸入電壓值 A ＝？（8分）

(3)若此放大器欲輸出 10W 功率至負載R_L，請問電源V_S須供給多少電壓？（8分）

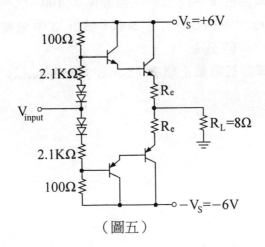

（圖五）

6. 圖六中，已知兩電晶體參數為$h_{fe} = 100$，$h_{ie} = 2k\Omega$（其中h_{oc}及h_{re}忽略不計）。

(1)請繪出其整個電路之小信號模式。（7分）

(2)求電路之輸入阻抗及輸出阻抗。（9分）

(3)求電路之電壓增益、電流增益及功率增益。（9分）

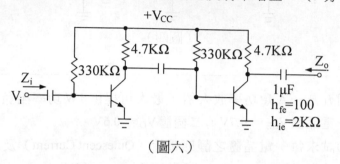

（圖六）

7.

(1)請繪出圖七之低頻混合 π－模式（Hybrid π－Model）。（5分）

(2)請繪出圖七之高頻混合 π－模式。（5分）

(3)在高頻混合 π－模式中，假設$\beta_0 = 100$，$C_\pi = 13.9pF$，$C_\mu = 2pF$，$r_0 = 1000k\Omega$，$r_x = 50\Omega$，請計算中頻帶增益（Midbnd Gain）。（7分）

(4)請計算其低頻截止頻率（Lower 3dB Frequency）。（8分）

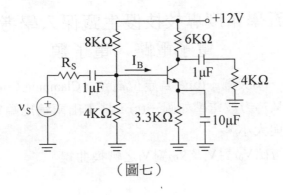

（圖七）

8.在圖八電路中，已知$L_3 = 0.4mH$，$L_2 = 0.1mH$且$C_1 = 0.002\mu F$

(1)請問V_0之輸出波形為何？（7分）

(2)請決定R_1及R_T之電阻值，以確保電路永續振盪。（9分）

(3)請求出其振盪波頻率 f。（9分）

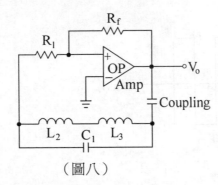

（圖八）

八十五學年度專校技優生甄保入學考試試題
電子電路　電子類

1. (A)圖一(a)與圖一(b)皆為定位電路（Clamping Circuit），若在輸入端 V_i 為方波電壓如圖一(c)。請畫出兩輸出端 V_{01} 和 V_{02} 之電壓波形與大小。

   (B)請畫出 V_{01} 對 V_i 及 V_{02} 對 V_i 之轉換曲線。

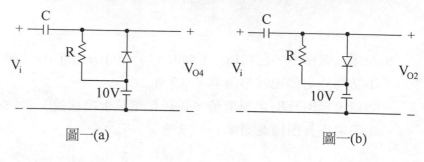

圖一(a)　　　　　　　　　　圖一(b)

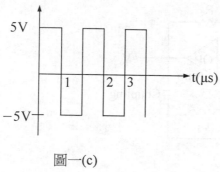

圖一(c)

2. (A)畫出圖二放大器之直流等效電路。

   (B)畫出圖二放大器之低頻等效電路。

   (C)電晶體之 $h_{EE} = 50$，求電流 I_B、I_C。並指出電晶體工作於何種區域中。

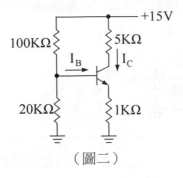

（圖二）

---

3. 利用空乏型NMOS電晶體為負載，在使用單一負載條件下，繪
   出 NMOS 電路結構以執行

   $$Y = \overline{(A + B)} \cdot \overline{(C + D)}$$

   (B)試繪出 CMOS 電路結構以執行 $Y = \overline{AB + C}$。

   (C)敘述 MOSFET 在 LSI 與 VLSI 領域中比 BJT 重要的原因。

---

4. 請求出圖三之 Z_i、Z_o、A_v 及 A_i。

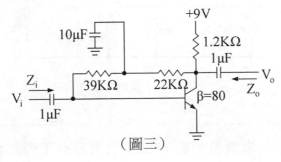

（圖三）

---

5. 繪出下列增益函數之大小（magnitude）及相位（phase）漸近曲線。

$$A（s）= 40\frac{1+\dfrac{s}{10}}{1+\dfrac{s}{50}}$$

6. 圖四中為一共射極放大器有下列之元件值：

$r_i = 10K\Omega$，$C_{b'c} = 2pF$；

$R_b = 2K\Omega$，$C_{b'e} = 200pF$，

$r_{bb'} = 20\Omega$，$g_m = 0.5S$，

$r_{b'e} = 150\Omega$，$R_L = 200\Omega$，且$R_o \gg R_L$，求出中頻增益（midband gain）及 3dB 頻率（3dB frequency）。

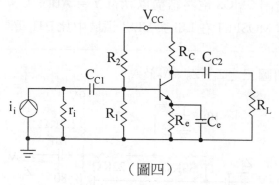

（圖四）

7. 圖五中，場效電晶體（FET）放大器有下列之元件值：$R_1 = 20K\Omega$，$R_2 = 80K\Omega$，$R_0 = 10\Omega$，$R_D = 10k\Omega$，$g_m = 4000\mu S$，求出反饋下之電壓增益。

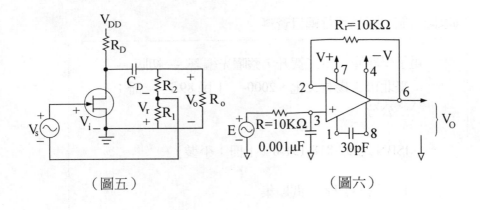

（圖五）　　　　　　　　　（圖六）

8. 圖六中，R ＝ 10KΩ且 C ＝ 0.001μF，求出此低通率波器之截止
頻率（cutoff frequency）。

國家圖書館出版品預行編目資料

電子學題庫大全／賀升，蔡曜光編著. -- 初版. --
臺北市：揚智文化，2000-　〔民 89〕　冊；
公分

ISBN　957-818-131-0（上冊：平裝）

1. 電子工程 - 問題集

448.6022　　　　　　　　　　　　　　89005382

電子學題庫大全（上冊）

編　　著／賀升　蔡曜光

出 版 者／揚智文化事業股份有限公司

總 編 輯／孟　樊

執行編輯／陶明潔

登 記 證／局版北市業字第 1117 號

地　　址／台北市新生南路三段 88 號 5 樓之 6

電　　話／(02)2366-0309　2366-0313

傳　　真／(02)2366-0310

印　　刷／偉勵彩色印刷股份有限公司

法律顧問／北辰著作權事務所　蕭雄淋律師

初版一刷／2000 年 6 月

ISBN ／957-818-131-0

定　　價／新台幣 750 元

帳戶／揚智文化事業股份有限公司　郵政劃撥／14534976

E–mail／tn605547@ms6.tisnet.net.tw　網址／http://www.ycrc.com.tw

本書如有缺頁、破損、裝訂錯誤，請寄回更換。